Noël Gastinel · Lineare numerische Analysis

Logik und Grundlagen der Mathematik

Herausgegeben von

Prof. Dr. Dieter Rödding, Münster

Band 9

Band 1

L. Felix, Elementarmathematik in moderner Darstellung

Band 2

A. A. Sinowjew, Über mehrwertige Logik

Band 3

J. E. Whitesitt, Boolesche Algebra und ihre Anwendungen

Band 4

G. Choquet, Neue Elementargeometrie

Band 5

A. Monjallon, Einführung in die moderne Mathematik

Band 6

S. W. Jablonski / G. P. Gawrilow / W. B. Kudrjawzew,
Boolesche Funktionen und Postsche Klassen

Band 7

A. A. Sinowjew, Komplexe Logik

Band 8

J. Dieudonné, Grundzüge der modernen Analysis

Band 9

N. Gastinel, Lineare numerische Analysis

Noël Gastinel

Lineare numerische Analysis

Mit 38 Bildern

V

FRIEDR. VIEWEG + SOHN
BRAUNSCHWEIG

Übersetzung aus dem Französischen: Dipl.-Math. Horst Antelmann

Originaltitel: Analyse numérique linéaire

Erschienen bei: HERMANN, Paris, 1966

ISBN 3 528 08291 7

1972

Satz und Druck: VEB Druckhaus „Maxim Gorki", Altenburg

Printed in the German Democratic Republic

VORWORT ZUR DEUTSCHEN AUSGABE

An Büchern über lineare Algebra — entweder im Zusammenhang mit der analytischen Geometrie bzw. der Theorie der Vektorräume oder im Zusammenhang mit der Theorie der Matrizen und ihren Eigenwerten — besteht bekanntlich kein Mangel. Die Herausgabe des vorliegenden Werkes in deutscher Sprache bedarf daher einer Motivierung.

Die Besonderheit dieses Buches besteht darin, daß nicht bloße Theorie geboten wird, sondern daß numerische Verfahren angegeben und miteinander verglichen werden und daß auch zugehörige ALGOL-Prozeduren nicht fehlen. Bei den vielfältigen Anwendungen der linearen Algebra in der Technik und bei Optimierungsfragen in der Ökonomie werden in steigendem Maße elektronische Datenverarbeitungsanlagen benutzt, ja man kann ohne Übertreibung sagen, daß die meisten dieser Probleme ohne maschinelle Rechentechnik nicht in vernünftiger Weise lösbar wären. Daher wird jeder, der auf den erwähnten Gebieten tätig ist, sei er Mathematiker oder Programmierer, gern nach diesem Werk greifen, das ihm nicht nur das theoretische Rüstzeug, sondern auch die praktischen Methoden — nicht in Rezeptform, sondern sinnvoll in den Gesamtrahmen eingebaut — zur Verfügung stellt. Das gleiche gilt für den Ingenieur, der sich beispielsweise mit Eigenwertproblemen beschäftigt.

Der Verfasser sagt in seinem Vorwort (auf dessen vollständige Wiedergabe wir wegen seiner Bezugnahme auf französische Lehr- und Ausbildungspläne verzichten): „Wir legen hier ein Buch der Rechenverfahren oder Algorithmen vor. Uns kam es stets darauf an, die einzelnen Rechenverfahren zu begründen und entsprechende ALGOL-Prozeduren anstelle von Zahlentabellen anzugeben, die in Anwendung dieses oder jenes Verfahrens bei dem einen oder anderen Beispiel erhalten werden. Das ist das Anliegen praktischer Rechnungen, die von Studenten durchgeführt werden sollten. Dazu stehen nur jeweils spezielle Anlagen zur Verfügung. Daher müßte das vorliegende Werk eigentlich durch ein Übungsbuch ergänzt werden.

Der Kenner wird bemerken, daß die betrachteten Algorithmen im Grunde nicht ausreichend behandelt werden. Vor allem denken wir dabei an die Untersuchung des Einflusses und der Ausbreitung von Rechenfehlern bei den angeführten Methoden. Zum gegenwärtigen Zeitpunkt können solche Fragen jedoch entweder nur vom experimentellen Standpunkt aus behandelt werden — und dann gehört dieser Gegenstand in das bereits genannte Übungsbuch — oder von einem theoretischen Standpunkt aus, doch würden diese Untersuchungen (die bisher nur in geringem Umfang erfolgten) den Rahmen des vorliegenden Lehrbuches bei weitem übersteigen.

... Ich danke der Belegschaft des Instituts für Angewandte Mathematik der Universität Grenoble, die mich bei der Endredaktion dieses Buches unterstützte, und dabei besonders Fräulein Laborde sowie den Herren Laurent und Robert Benzaken, die freundlicherweise das Manuskript durchgesehen haben, und Fräulein Meunier, die für dessen Anfertigung sorgte.“

Frühjahr 1971 Der Verlag

INHALT

1. ELEMENTARE EIGENSCHAFTEN VON MATRIZEN

1.1. Allgemeine Theorie

1.1.1. *Definition des Vektorraumes*

Bei der Untersuchung vieler physikalischer Systeme erweisen sich Gruppierungen von n Zahlen als besonders interessant, die dann „zusammengefaßt" betrachtet werden.

Beispiel. In einem aus n Leitern bestehenden Stromkreis sollen zu einem bestimmten Zeitpunkt die Stromstärken der in den n Leitern fließenden Ströme erfaßt werden (Abb. 1.1).

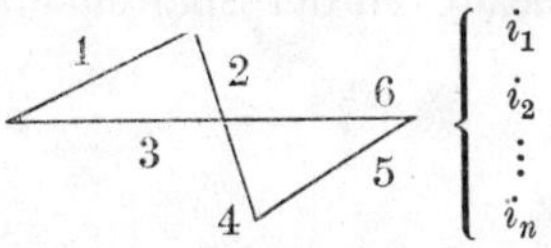

Abb. 1.1

Man gelangt so dahin, diese „Spalte" von Zahlen als etwas Existierendes anzusehen, dessen Kenntnis für die Untersuchung des Stromkreises unentbehrlich ist.

Für diese Art von Objekten

$$X = \begin{bmatrix} x_1 \\ \vdots \\ x_n \end{bmatrix}$$

lassen sich *Operationen* definieren.

1. Addition

Gegeben seien zwei Spalten X und X' von n Zahlen:

$$X = \begin{bmatrix} x_1 \\ \vdots \\ x_n \end{bmatrix}, \qquad X' = \begin{bmatrix} x'_1 \\ \vdots \\ x'_n \end{bmatrix}.$$

Die Summenspalte dieser beiden Spalten ist nach Definition die Spalte

$$X + X' = \begin{bmatrix} x_1 + x'_1 \\ \vdots \\ x_n + x'_n \end{bmatrix} = Y.$$

Eigenschaften. Die Addition dieser Objekte genügt den Gruppengesetzen.

α) Die Addition ist assoziativ: $X + (X' + X'') = (X + X') + X''$.

β) Die Addition ist kommutativ: $X + X' = X' + X$.

γ) Es gibt eine Spalte Ω, so daß $X + \Omega = X$ ist,

$$\Omega = \begin{bmatrix} 0 \\ \vdots \\ 0 \end{bmatrix}.$$

δ) Zu jedem X gibt es ein X', so daß $X + X' = \Omega$ ist.

2. Multiplikation mit einer Zahl λ oder „Homothetie"; dazu setzt man

$$\lambda X = \begin{bmatrix} \lambda x_1 \\ \vdots \\ \lambda x_n \end{bmatrix} = X\lambda.$$

Wie man leicht nachprüft, besitzt diese Multiplikation folgende

Eigenschaften.

α) $\lambda(X + X') = \lambda X + \lambda X'$ (Distributivität bezüglich der Spaltenaddition),

β) $(\lambda + \mu)X = \lambda X + \mu X$,

γ) $\lambda(\mu X) = (\lambda\mu)X$,

δ) $1X = X$.

Definition. Wenn sich in einer Menge von Objekten zwei Operationen definieren lassen — eine Addition und eine Multiplikation mit einer Zahl —, so daß dabei die Bedingungen 1. und 2. erfüllt sind, dann wird diese Menge *Vektorraum* genannt. Die Elemente (Objekte) heißen *Vektoren*.

Die Spalten von n reellen Zahlen bilden einen Vektorraum, der mit R^n bezeichnet wird (gelegentlich spricht man von dem reellen Spaltenvektorraum).

Die Spalten von n komplexen Zahlen bilden einen Vektorraum, der mit C^n bezeichnet wird (komplexer Spaltenvektorraum).

Aufgaben.

1. Man beweise, daß die Menge $\Pi_n[u]$ der Polynome in u von höchstens n-tem Grade mit reellen Koeffizienten bezüglich der üblichen Addition von Polynomen und der üblichen Multiplikation mit einer reellen Zahl einen Vektorraum bildet.

2. Man beweise, daß die Menge $C[0, 1]$ der auf dem Intervall $[0, 1]$ definierten reellwertigen Funktionen bezüglich der Operationen

$$f + g\colon x \to f(x) + g(x), \qquad \lambda f\colon x \to \lambda f(x)$$

einen Vektorraum über R darstellt.

1.1.2. *Lineare Abbildungen*

Gegeben seien zwei Vektorräume $\mathscr{E}$ und $\mathscr{E}'$ (wobei diese auch identisch sein können, beispielsweise R^n und R^n oder C^n und C^n).

Man hat eine Abbildung von $\mathscr{E}$ in $\mathscr{E}'$ definiert — etwa f —, wenn man eine Vorschrift angegeben hat, mit deren Hilfe jedem Element aus $\mathscr{E}$ ein wohlbestimmtes Element aus $\mathscr{E}'$ zugeordnet wird, sein *Bild* bei f; das Bild eines Elementes X aus $\mathscr{E}$ bei der Abbildung f bezeichnen wir mit $f(X)$ (Abb. 1.2).

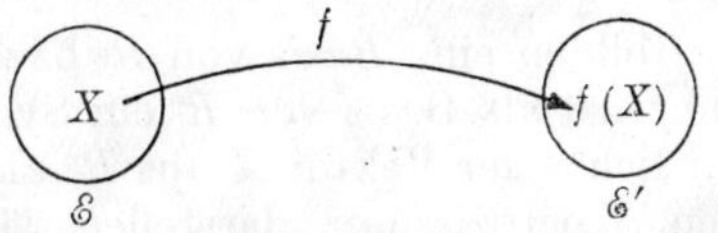

Abb. 1.2

Im Fall zweier Vektorräume interessieren nun diejenigen Abbildungen am meisten, welche die Operationen 1. und 2. „übertragen", d.h., bei denen das Bild einer Summe gleich der Summe der Bilder und das Bild eines „Vielfachen" gleich dem „Vielfachen" des Bildes ist. Mit anderen Worten, die Abbildung f soll folgenden Bedingungen genügen:

$$\text{(L)} \begin{cases} f(X + X') = f(X) + f(X') & \text{für alle } X, X', \\ f(\lambda X) = \lambda f(X) & \text{für alle } X \text{ und beliebiges } \lambda. \end{cases}$$

Definition. Eine Abbildung, die die Bedingungen (L) erfüllt, heißt *linear*.

Aufgaben.

1. Man zeige, daß die Abbildung φ von $\Pi_n[u]$ (vergleiche 1.1.1., Aufgabe 1) in $\Pi_{n-1}[u]$, $\varphi: f(u) \to f'(u)$, eine lineare Abbildung ist ($f'(u)$ ist das abgeleitete Polynom von $f(u)$).

2. Es sei $X \in R^3$, $X = \begin{bmatrix} x_1 \\ x_2 \\ x_3 \end{bmatrix}$, $a, b, c \in R$. Man beweise, daß

$$f\colon\ X \to x_1 a + x_2 b + x_3 c$$

eine lineare Abbildung ist.

1.1.3. *Lineare Abbildungen von R^n in R^m (bzw. von C^n in C^m)*

Es sei $X = \begin{bmatrix} x_1 \\ \vdots \\ x_n \end{bmatrix}$ ein Spaltenvektor aus R^n. Wir führen die folgenden speziellen Spaltenvektoren ein:

$$e_j = \begin{bmatrix} 0 \\ \vdots \\ 0 \\ 1 \\ 0 \\ \vdots \\ 0 \end{bmatrix} \leftarrow j\text{-te Stelle}; \quad e_1 = \begin{bmatrix} 1 \\ 0 \\ 0 \\ \vdots \\ 0 \end{bmatrix}, \quad e_2 = \begin{bmatrix} 0 \\ 1 \\ 0 \\ \vdots \\ 0 \end{bmatrix}, \ldots$$

Wie man sieht, läßt sich jede Spalte X in der Form

$$X = x_1 e_1 + x_2 e_2 + \cdots + x_n e_n = \sum_{j=1}^{n} x_j e_j$$

schreiben; hierbei sind die x_j gerade die in X vorkommenden Zahlen.

Definition. Man sagt, die Vektoren e_i bilden eine *Basis* von R^n bzw. C^n, die sogenannte *Fundamentalbasis*. (Allgemein wird als Basis von R^n ein System von Vektoren V_i bezeichnet, bezüglich dessen sich jeder Vektor X aus R^n als Linearkombination mit eindeutig bestimmten Koeffizienten darstellen läßt (vgl. 3.1.3.):

$$X = \xi_1 V_1 + \xi_2 V_2 + \cdots + \xi_n V_n .)$$

Angenommen, es existiere eine lineare Abbildung f von R^n in R^m. Wenn $X = x_1 e_1 + x_2 e_2 + \cdots + x_n e_n$ ein Vektor aus R^n ist, dann erhalten wir auf Grund der Linearitätsbedingungen (L)

$$f(X) = x_1 f(e_1) + x_2 f(e_2) + \cdots + x_n f(e_n).$$

Wenn die Vektoren $Y_i = f(e_i)$ $(i = 1, 2, \ldots, n)$ aus R^m bekannt sind, dann ordnet f also jedem Vektor

$$X = \begin{bmatrix} x_1 \\ x_2 \\ \vdots \\ x_n \end{bmatrix}$$

aus R^n die Linearkombination $x_1 Y_1 + x_2 Y_2 + \cdots + x_n Y_n$ aus R^m zu.

Sind umgekehrt n Vektoren Y_i $(i = 1, 2, \ldots, n)$ aus R^m gegeben, so stellt man unmittelbar fest, daß die Abbildung

$$X = \begin{bmatrix} x_1 \\ x_2 \\ \vdots \\ x_n \end{bmatrix} \to x_1 Y_1 + x_2 Y_2 + \cdots + x_n Y_n \in R^m$$

linear ist. (Damit ist die Existenz linearer Abbildungen bewiesen.)

Folgerung. Jede lineare Abbildung f von R^n in R^m ist durch die Bilder der Vektoren der Fundamentalbasis von R^n bestimmt.

Um eine lineare Abbildung zu definieren, genügt es, die Spalten

$$f(e_j) = \begin{bmatrix} a_{1j} \\ a_{2j} \\ \vdots \\ a_{mj} \end{bmatrix} \in R^m$$

anzugeben. Dazu werden nm Zahlen a_{ij} $(i = 1, 2, \ldots, m;\ j = 1, 2, \ldots, n)$ fixiert, worauf sich $f(e_j) = a_{1j} e'_1 + a_{2j} e'_2 + \cdots + a_{mj} e'_m$ ergibt (wobei $e'_1, e'_2, \ldots, e'_m$

die Vektoren der Fundamentalbasis von R^m darstellen). Folglich ist

$$\begin{aligned} f(X) = x_1(a_{11}e'_1 + a_{21}e'_2 + \cdots + a_{m1}e'_m) \\ + x_2(a_{12}e'_1 + a_{22}e'_2 + \cdots + a_{m2}e'_m) + \cdots \\ + x_n(a_{1n}e'_1 + a_{2n}e'_2 + \cdots + a_{mn}e'_m); \end{aligned}$$

für

$$f(X) = \begin{bmatrix} x'_1 \\ x'_2 \\ \vdots \\ x'_m \end{bmatrix} \in R^m$$

findet man

$$\begin{aligned} x'_1 &= a_{11}x_1 + a_{12}x_2 + \cdots + a_{1n}x_n, \\ x'_2 &= a_{21}x_1 + a_{22}x_2 + \cdots + a_{2n}x_n, \\ &\cdots\cdots\cdots\cdots\cdots\cdots\cdots\cdots \\ x'_m &= a_{m1}x_1 + a_{m2}x_2 + \cdots + a_{mn}x_n. \end{aligned}$$

Definition. Das aus m Zeilen und n Spalten bestehende Schema

$$A = \begin{bmatrix} a_{11} & a_{12} & \ldots & a_{1n} \\ a_{21} & a_{22} & \ldots & a_{2n} \\ \vdots & \vdots & & \vdots \\ a_{m1} & a_{m2} & \ldots & a_{mn} \end{bmatrix}, \tag{1}$$

dessen j-te Spalte $f(e_j)$ ist, nennen wir die die lineare Abbildung f definierende *Matrix*.

Neben der Schreibweise (1) wird für die Matrix A auch folgende Bezeichnung verwendet: $A = (a_{ij})$ ist eine *Matrix vom Typ* (m, n). Ist $m = n$, so heißt die Matrix A *quadratisch*.

Man schreibt $A_{.j}$, um die j-te Spalte von A zu kennzeichnen,

$$A_{.j} = f(e_j),$$

und $A_{i.}$ zur Bezeichnung der i-ten Zeile von A ($A_{i.}$ ist eine Matrix vom Typ $(1, n)$).

Bemerkung. Die Matrizen vom Typ $(m, 1)$ sind Elemente von R^m.

Die Menge der Matrizen vom Typ (m, n) über R (bzw. C) wird mit $\mathcal{M}_{(m,n)}(R)$ (bzw. $\mathcal{M}_{(m,n)}(C)$) bezeichnet.

Aufgabe. Jedem Vektor X aus R^{n+1} wird das Element $f(u) = x_1u^0 + x_2u^1 + \cdots + x_{n+1}u^n$, $f(u) \in \Pi_n[u]$ zugeordnet (vgl. 1.1.1., Aufgabe 1, und 1.1.2., Aufgabe 1); bei der Abbildung φ geht $f(u)$ über in $f'(u) \in \Pi_{n-1}[u]$; dem Polynom $f'(u)$ entspricht ein Element X' aus R^n, das aus den Koeffizienten von $f'(u)$ gebildet wird. Es sei l: $X \to X'$ die so definierte Abbildung von R^{n+1} in R^n. Man bestimme die Matrix, die diese Abbildung definiert (und zeige, daß die Abbildung l linear ist).

1.2. Matrizenrechnung

1.2.1. *Summe zweier Matrizen*

Es seien A, B zwei Matrizen vom selben Typ (m, n):

A definiert eine Abbildung f von R^n in R^m,
B definiert eine Abbildung g von R^n in R^m.

Einem Element X aus R^n ordnen wir das Element $f(X) + g(X)$ aus R^m zu; es sei $\varphi(X) = f(X) + g(X) \in R^m$. Offensichtlich gilt:

1. φ ist eine Abbildung von R^n in R^m;
2. φ ist eine lineare Abbildung;

in der Tat ist

$$\begin{aligned}\varphi(X+X') &= f(X+X') + g(X+X') = \big(f(X)+f(X')\big) + \big(g(X)+g(X')\big)\\ &= \big(f(X)+g(X)\big) + \big(f(X')+g(X')\big) = \varphi(X) + \varphi(X'),\\ \varphi(\lambda X) &= f(\lambda X) + g(\lambda X) = \lambda f(X) + \lambda g(X) = \lambda\varphi(X).\end{aligned}$$

Die Abbildung φ kann daher durch eine Matrix C vom Typ (m, n) definiert werden.

Als j-te Spalte von C ergibt sich $\varphi(e_j) = f(e_j) + g(e_j)$ bzw. $A_{.j} + B_{.j} = C_{.j}$ bzw.

$$c_{ij} = a_{ij} + b_{ij} \qquad (i = 1, 2, \ldots, m; \quad j = 1, 2, \ldots, n).$$

Definition. Die Matrix C vom Typ (m, n), die man bei der Addition von einander entsprechenden Elementen der Matrizen A und B erhält, heißt die *Summe der Matrizen* A und B.

Beispiel.

$$\underset{A}{\begin{bmatrix} 0 & -1 \\ 0 & 2 \\ 3 & 4 \end{bmatrix}} + \underset{B}{\begin{bmatrix} 1 & 1 \\ 3 & -2 \\ 5 & 5 \end{bmatrix}} = \underset{C}{\begin{bmatrix} 1 & 0 \\ 3 & 0 \\ 8 & 9 \end{bmatrix}}.$$

Bemerkung. Sind beide Matrizen vom Typ $(m, 1)$, so stellt diese Regel die Regel für die Addition von Spaltenvektoren dar.

a) Eigenschaften. $X, X', X'' \in \mathcal{M}_{(m,n)}$.

1. $X + (X' + X'') = (X + X') + X''$ (Assoziativität).
2. $X + X' = X' + X$ (Kommutativität).
3. Es gibt eine Matrix Ω, so daß $X + \Omega = X$ ist (*Nullmatrix*):

$$\Omega = \left.\overbrace{\begin{bmatrix} 0 & 0 \ldots 0 \\ \vdots & \vdots \quad \vdots \\ 0 & 0 \ldots 0 \end{bmatrix}}^{n}\right\} m \qquad \big(\text{Typ } (m, n)\big).$$

4. Zu gegebenem X gibt es ein X_1, so daß $X + X_1 = \Omega$ ist.

Bezüglich der Addition bildet also $\mathcal{M}_{(m,n)}$ eine Gruppe.

b) Numerische Berechnung. Wenn $A + B$ maschinell berechnet werden soll, speichert man zunächst A und B; dazu benötigt man 2 mn Zellen.

Die Rechnung besteht aus dem Aufruf der Terme a_{ij} und b_{ij}, der Addition und dem Rücktransport der c_{ij}, wozu weitere mn Speicherzellen gebraucht werden.

Im allgemeinen erfolgt die Rechnung zeilenweise, wie es das Diagramm in Abb. 1.3 angibt.

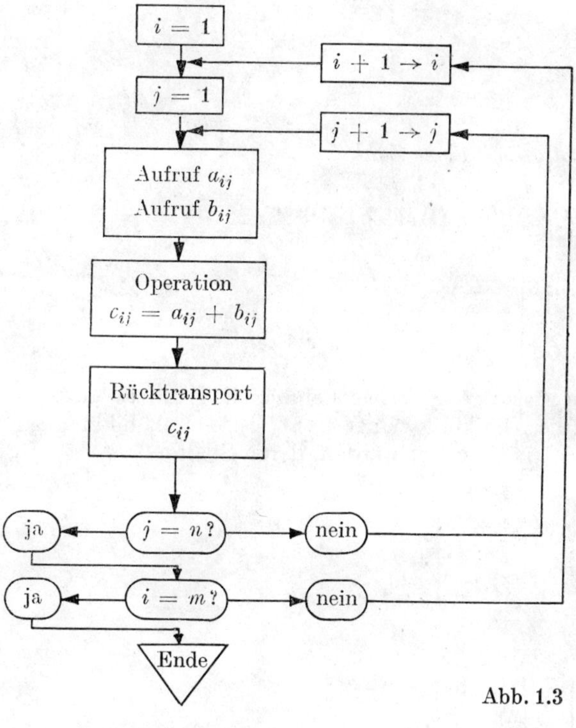

Abb. 1.3

Anzahl der Operationen. nm Additionen.

Fehler. Es können nur Additionsfehler auftreten, wobei es sich bei Festkommaschreibweise um Überschreitungen des Zahlbereiches handelt. Wenn für die Additionen die Gleitkommadarstellung verwendet wird, sind die Fehler komplizierter; sie rühren dann von Mängeln in den Unterprogrammen für die Gleitkommaoperationen her.

Bemerkung. Die sehr große Anzahl von Speicherzellen ($3mn$) bewirkt, daß allgemeine Programme oft nicht verwendbar sind; für einen großen Teil von Problemen ist es günstiger, die „Leere“ der Matrizen zu berücksichtigen, was die Rechnung verkürzt.

Es folgt eine ALGOL-Prozedur, die einer allgemeinen Addition entspricht:

```
  'PROCEDURE' SUMME VON ZWEI MATRIZEN (A,B)
ERGEBNIS: (C) TYP: (M,N) ;
'REAL''ARRAY' A,B,C ; 'INTEGER' M,N ;
'COMMENT' DIESE PROZEDUR BERECHNET DIE
TERME C[I,J] EINER MATRIX C, DIE SUMME DER
BEIDEN MATRIZEN A UND B VOM TYP (M,N) IST ;
'BEGIN''INTEGER' I,J;
  'FOR' I := 1 'STEP' 1 'UNTIL' M 'DO'
  'FOR' J := 1 'STEP' 1 'UNTIL' N 'DO'
  C[I,J] := A[I,J] + B[I,J]
'END' ;
```

1.2.2. *Multiplikation mit einer Zahl*

Es sei A eine Matrix vom Typ (m, n); diese Matrix definiert eine Abbildung f von R^n in R^m, so daß

$$f(e_j) = \begin{bmatrix} a_{1j} \\ \vdots \\ a_{mj} \end{bmatrix}$$

die j-te Spalte von A ist; es sei ferner λ eine reelle Zahl, $\lambda \in R$.

Wir betrachten die Abbildung $\varphi\colon X \to \lambda f(X)$. Die Abbildung φ ist linear und kann durch eine Matrix definiert werden, deren Spalten $\varphi(e_j) = \lambda f(e_j)$ sind, d. h. durch die Matrix

$$A' = \begin{bmatrix} \lambda a_{11} & \dots & \lambda a_{1n} \\ \vdots & & \vdots \\ \lambda a_{m1} & \dots & \lambda a_{mn} \end{bmatrix}.$$

Beispiel.

$$5 \begin{bmatrix} 1 & 2 \\ 3 & 1 \\ 0 & 1 \end{bmatrix} = \begin{bmatrix} 5 & 10 \\ 15 & 5 \\ 0 & 5 \end{bmatrix}.$$

Die Matrix von φ ist nach Definition das Produkt der Matrix A mit der Zahl λ. Wir schreiben dafür $A' = \lambda A = A\lambda$ mit $a'_{ij} = \lambda a_{ij}$.

Eigenschaften.

1. $\lambda(A + B) = \lambda A + \lambda B,$
2. $(\lambda + \mu) A = \lambda A + \mu A,$
3. $\lambda(\mu A) \quad = (\lambda\mu) A,$
4. $1 A \qquad = A.$

Damit ist bewiesen, daß die Matrizen eines Typs bezüglich der Addition und der oben definierten Multiplikation mit einer Zahl einen Vektorraum $\mathcal{M}_{(m,n)}$ bilden.

Bemerkung. Einer Matrix $A \in \mathcal{M}_{(m,n)}$ ordnen wir das Element $V_A \in R^{m \times n}$ zu, das sich ergibt, wenn wir die Spalten von A von der ersten bis zur n-ten untereinander schreiben:

$$\psi\colon A \in \mathcal{M}_{(m,n)} \to \begin{bmatrix} a_{11} \\ \vdots \\ a_{m1} \\ a_{12} \\ \vdots \\ a_{m2} \\ \vdots \\ a_{1n} \\ \vdots \\ a_{mn} \end{bmatrix} \begin{matrix} \left.\vphantom{\begin{matrix} a \\ \vdots \\ a \end{matrix}}\right\} \text{1. Spalte} \\ \left.\vphantom{\begin{matrix} a \\ \vdots \\ a \end{matrix}}\right\} \text{2. Spalte} \\ \\ \left.\vphantom{\begin{matrix} a \\ \vdots \\ a \end{matrix}}\right\} n\text{-te Spalte} \end{matrix} = V_A \in R^{m \times n}.$$

Offensichtlich ist ψ eine lineare Abbildung von $\mathcal{M}_{(m,n)}$ auf $R^{m \times n}$; die Abbildung ψ ist eineindeutig, und es gilt

$$\psi(A + B) = V_A + V_B,$$

$$\psi(\lambda A) = \lambda V_A.$$

Eine derartige Abbildung nennen wir einen *Isomorphismus*, und $\mathcal{M}_{(m,n)}$ und $R^{m \times n}$ werden als *isomorphe* Vektorräume bezeichnet.

1.2.3. *Das Produkt von zwei Matrizen*

Gegeben seien zwei Matrizen, $A = (a_{ij})$ vom Typ (m, p) und $B = (b_{kl})$ vom Typ (p, n) sowie die Vektorräume R^n, R^p, R^m. Die Matrix B definiert eine lineare

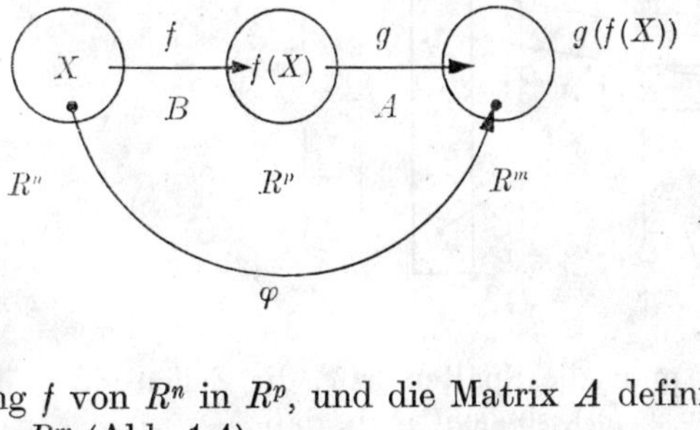

Abb. 1.4

Abbildung f von R^n in R^p, und die Matrix A definiert eine lineare Abbildung g von R^p in R^m (Abb. 1.4).

Es sei

$$\varphi\colon X \in R^n \to g(f(X)) \in R^m.$$

Die Abbildung φ ist linear; denn es gilt

$$\begin{aligned}\varphi(X+X') &= g(f(X+X')) = g(f(X)+f(X')) = g(f(X)) + g(f(X'))\\ &= \varphi(X)+\varphi(X'),\\ \varphi(\lambda X) &= g(f(\lambda X)) = g(\lambda f(X)) = \lambda g(f(X)) = \lambda\varphi(X).\end{aligned}$$

Folglich existiert eine Matrix C vom Typ (m, n), die diese Abbildung definiert. Ihre j-te Spalte ist $\varphi(e_j)$, wenn e_j der j-te Basisvektor aus R^n ist. Wir finden

$$\begin{aligned}\varphi(e_j) &= g(f(e_j)) = g(b_{1j}e'_1 + b_{2j}e'_2 + \cdots + b_{pj}e'_p)\\ &= b_{1j}g(e'_1) + b_{2j}g(e'_2) + \cdots + b_{pj}g(e'_p);\end{aligned}$$

denn es ist $f(e_j) = b_{1j}e'_1 + b_{2j}e'_2 + \cdots + b_{pj}e'_p$ (e'_j sind die Basisvektoren von R^p). Nun ist aber $g(e'_l) = a_{1l}e''_1 + a_{2l}e''_2 + \cdots + a_{ml}e''_m$ (e''_j sind die Basisvektoren von R^m); damit ergibt sich

$$\begin{aligned}\varphi(e_j) = b_{1j}&(a_{11}e''_1 + a_{21}e''_2 + \cdots + a_{m1}e''_m)\\ &+ b_{2j}(a_{12}e''_1 + a_{22}e''_2 + \cdots + a_{m2}e''_m) + \cdots\\ &+ b_{pj}(a_{1p}e''_1 + a_{2p}e''_2 + \cdots + a_{mp}e''_m).\end{aligned}$$

Für das Element in der i-ten Zeile der Spalte $\varphi(e_j)$, d. h. für c_{ij}, erhalten wir hieraus die Darstellung

$$c_{ij} = a_{i1}b_{1j} + a_{i2}b_{2j} + \cdots + a_{ip}b_{pj} = \sum_{k=1}^{p} a_{ik}b_{kj}.$$

Definition. Die Matrix $C = (c_{ij})$ vom Typ (m, n), die wir aus den Matrizen A und B unter Beachtung der Reihenfolge soeben bestimmt haben, heißt das *Produkt* von A und B, und man schreibt dafür $C = AB$ (vgl. Abb. 1.5).

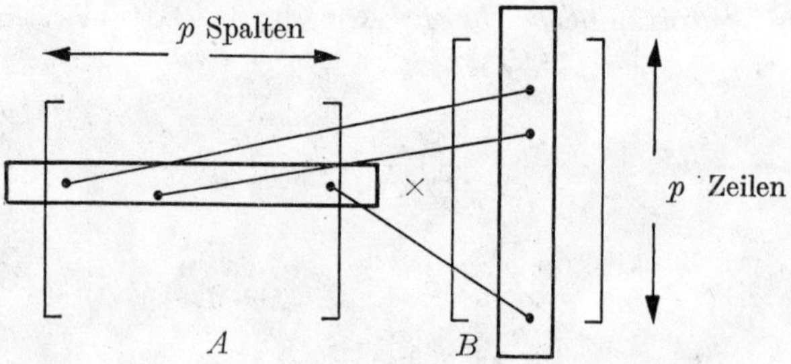

Abb. 1.5

Bemerkung. Betrachtet man die Spalten bzw. die Zeilen einer Matrix als Matrizen vom Typ $(m, 1)$ bzw. $(1, n)$, so sieht man, daß

$$C_{.j} = AB_{.j} \quad \text{und} \quad C_{i.} = A_{i.}B, \qquad c_{ij} = A_{i.}B_{.j}$$

ist.

Beispiele.

1. $$\begin{bmatrix} 0 & 1 \\ 1 & 0 \end{bmatrix} \cdot \begin{bmatrix} 1 & 1 \\ 0 & 0 \end{bmatrix} = \begin{bmatrix} 0 & 0 \\ 1 & 1 \end{bmatrix}.$$

2. $$\begin{bmatrix} 1 \\ 2 \\ 3 \end{bmatrix} \cdot [1, 2] = \begin{bmatrix} 1 & 2 \\ 2 & 4 \\ 3 & 6 \end{bmatrix}$$

(Typ (3, 1) $\times$ Typ (1, 2) = Typ (3, 2)).

Eigenschaften

I. *Die Matrizenmultiplikation ist assoziativ.*

Gegeben seien die drei Matrizen A vom Typ (r, m), B vom Typ (m, p), C vom Typ (p, n) sowie die Räume R^n, R^p, R^m, R^r:

$$R^n \xrightarrow[C]{f} R^p \xrightarrow[B]{g} R^m \xrightarrow[A]{h} R^r.$$

Die Abbildung $h(g(f(X)))$ kann einmal zusammengefaßt werden als $h(\varphi(X))$, wobei $\varphi(X) = g(f(X))$ ist, zum anderen aber auch als $\psi(f(X))$ mit $h(g(Y)) = \psi(Y)$, d. h., die zur Matrix $(AB)C$ gehörende Abbildung (hier $\psi(f(X))$) stimmt mit der zur Matrix $A(BC)$ gehörenden Abbildung (hier $h(\varphi(X))$) überein; daraus folgt

$$A(BC) = (AB)C.$$

Bemerkung. Selbstverständlich muß man sich überzeugen, ob die Multiplikation überhaupt erklärt ist.

Beispiel. Für eine quadratische Matrix A ist A^n stets definiert; es ist

$$A^n = (A^{n-1})A = A(A^{n-1});$$

außerdem gilt für ganze Zahlen $p, q \geqq 1$

$$A^{p+q} = A^p A^q.$$

II. *Die Multiplikation von Matrizen ist im allgemeinen nicht kommutativ.*

1. Beispiel.

$$[1, 0] \cdot \begin{bmatrix} 0 \\ 1 \end{bmatrix} = (0) \quad (\text{Typ } (1, 1)), \qquad \begin{bmatrix} 0 \\ 1 \end{bmatrix} \cdot [1, 0] = \begin{bmatrix} 0 & 0 \\ 1 & 0 \end{bmatrix} \quad (\text{Typ } (2, 2)).$$

2. Beispiel (quadratische Matrizen):

$$\begin{bmatrix} 0 & 1 \\ 1 & 0 \end{bmatrix} \cdot \begin{bmatrix} 1 & 1 \\ 0 & 0 \end{bmatrix} = \begin{bmatrix} 0 & 0 \\ 1 & 1 \end{bmatrix}, \qquad \begin{bmatrix} 1 & 1 \\ 0 & 0 \end{bmatrix} \cdot \begin{bmatrix} 0 & 1 \\ 1 & 0 \end{bmatrix} = \begin{bmatrix} 1 & 1 \\ 0 & 0 \end{bmatrix}.$$

Matrizen A, B, für die $AB = BA$ gilt, heißen *vertauschbar*.

III. *Es existiert eine quadratische Matrix, die bei linksseitiger Multiplikation mit einer Matrix vom Typ* (m, n) (*d. h. mit einer* n-*spaltigen Matrix*) *diese Matrix ungeändert läßt.*

Ist $A = (a_{ij})$ vom Typ (m, n) und

$$I_n = \begin{bmatrix} 1 & 0 & \dots & 0 \\ 0 & 1 & & \vdots \\ \vdots & & 1 & \vdots \\ & & & \ddots \\ 0 & \dots & \dots & 1 \end{bmatrix} = (\delta_{kl}) \qquad (k, l = 1, 2, \dots, n)$$

mit

$$\delta_{kl} = \begin{cases} 0 & \text{für } k \neq l, \\ 1 & \text{für } k = l \end{cases}$$

(δ_{kl} ist das Kroneckersymbol), dann gilt offensichtlich $A I_n = A$; dies ergibt sich sofort aus

$$c_{ij} = \sum_{k=1}^{n} a_{ik}\delta_{kj} = a_{ij} \qquad (i = 1, 2, \dots, m; \quad j = 1, 2, \dots, n).$$

Die Matrix I_n nennen wir die *Einheitsmatrix* n-ter Ordnung. Darüber hinaus gilt $I_n A = A$, wenn die Matrix A vom Typ (n, m) ist.

IV. *Es gibt von der Nullmatrix verschiedene Matrizen, deren Produkt gleich der Nullmatrix ist.*

Beispiel.

$$\begin{bmatrix} 0 & \alpha & 0 \\ 0 & 0 & 0 \\ 0 & \beta & 0 \end{bmatrix}^2 = \begin{bmatrix} 0 & 0 & 0 \\ 0 & 0 & 0 \\ 0 & 0 & 0 \end{bmatrix}.$$

Allgemein gilt (wichtig!): Ist H eine quadratische Matrix, deren Elemente bis auf die einer Spalte alle gleich Null sind, und ist auch das zu dieser Spalte gehörende Diagonalelement gleich Null,

$$H = \begin{bmatrix} 0 & \dots & \alpha & \dots & 0 \\ 0 & \dots & \beta & \dots & 0 \\ \vdots & & \vdots & & \vdots \\ 0 & \dots & 0 & \dots & 0 \\ \vdots & & \vdots & & \vdots \\ 0 & \dots & \gamma & \dots & 0 \\ 0 & \dots & \mu & \dots & 0 \end{bmatrix},$$

dann ist $H^2 = H \cdot H = 0$.

V. *Die Multiplikation ist bezüglich der Addition (links- und rechts-)distributiv:*

$$A(B + B') = AB + AB' \tag{1}$$

und

$$(A + A')B = AB + A'B. \tag{2}$$

Wir wollen eine der Beziehungen, etwa (1), beweisen. Die Matrizen B und B' seien beide vom Typ (p, n). Wir setzen $\tilde{B} = B + B'$. Es sei A vom Typ (m, p). Für das Element $\tilde{c}_{ij}$ aus $A\tilde{B}$ ergibt sich

$$\tilde{c}_{ij} = \sum_{k=1}^{p} a_{ik}\tilde{b}_{kj} = \sum_{k=1}^{p} a_{ik}(b_{kj} + b'_{kj}) = c_{ij} + c'_{ij}.$$

Aufgabe. Man beweise (1) (bzw. (2)) unter Verwendung der zu A, B, B' (bzw. A, A', B) gehörenden linearen Abbildungen.

Beispiele.

1. $(A + B)^2 = A^2 + B^2 + AB + BA$ (A, B quadratische Matrizen).
2. Es sei H eine quadratische Matrix, $H^2 = 0$ (man vergleiche dazu das unter IV angeführte Beispiel). Dann gilt

$$(I + H)(I - H) = I + H - H - H^2 = I;$$

es ist also $(I + H)^{-1} = I - H$ (vgl. 3.6.). Dieses Beispiel sollte man sich besonders einprägen.

VI. *Es ist* $\lambda(AB) = A(\lambda B)$; der Beweis ist offensichtlich.

1.2.4. *Produkte spezieller Matrizen*

1.2.4.1. Dreiecksmatrizen

Definition. Eine quadratische Matrix heißt *obere* (*untere*) *Dreiecksmatrix*, wenn alle Elemente unterhalb (oberhalb) der Hauptdiagonale gleich Null sind.

Eine Matrix A heißt *Diagonalmatrix*, wenn sie zugleich obere und untere Dreiecksmatrix ist, d. h., wenn die Elemente a_{ij} für $i \neq j$ gleich Null sind.

Eine Matrix A vom Typ (n, n) ist also eine obere Dreiecksmatrix, wenn $a_{ij} = 0$ für $i > j$ ist, und sie ist eine untere Dreieckmatrix, wenn $a_{ij} = 0$ für $i < j$ ist.

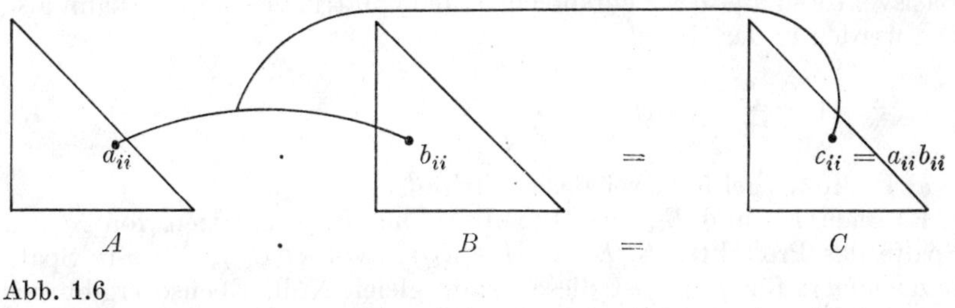

Abb. 1.6

Satz. *Das Produkt von zwei oberen (unteren) Dreiecksmatrizen A, B ist wieder eine obere (untere) Dreiecksmatrix. Die Diagonalelemente von AB sind $c_{ii} = a_{ii}b_{ii}$* (Abb. 1.6).

Beweis. Es ist $c_{ij} = \sum_{k=1}^{n} a_{ik} b_{kj}$. Für $i > j$ zerfällt diese Summe echt:

$$c_{ij} = \sum_{k=1}^{j} a_{ik} b_{kj} + \sum_{k=j+1}^{n} a_{ik} b_{kj};$$

in der ersten Summe sind alle a_{ik} gleich Null, in der zweiten sind alle b_{kj} gleich Null. Unter der Voraussetzung $i > j$ ist ferner

$$c_{ii} = \underbrace{\sum_{k=1}^{i-1} a_{ik} b_{ki}}_{=0} + a_{ii} b_{ii} + \underbrace{\sum_{k=i+1}^{n} a_{ik} b_{ki}}_{=0}.$$

Spezialfälle.

1. Diagonalmatrizen; das Produkt zweier Diagonalmatrizen ist wieder eine Diagonalmatrix, die sich durch Multiplikation einander entsprechender Elemente in den Ausgangsmatrizen ergibt.

2. *Unitäre* obere (untere) Dreiecksmatrizen, d. h. Matrizen, deren Diagonalelemente gleich Eins sind; sie bilden eine *multiplikativ abgeschlossene* Menge in $\mathcal{M}_{(n,n)}$.

1.2.4.2. Basismatrizen

Definition. Eine Matrix vom Typ (m, n) heißt *Basismatrix* für $\mathcal{M}_{(m,n)}$, wenn sie von der Form

$$E_{ij} = \begin{bmatrix} 0 \dots 0 \dots 0 \\ \vdots \quad \vdots \quad \vdots \\ 0 \dots 1 \dots 0 \\ \vdots \quad \vdots \quad \vdots \\ 0 \dots 0 \dots 0 \end{bmatrix}$$

ist, d. h., wenn das Element an der Stelle (i, j) (i-te Zeile, j-te Spalte) gleich Eins ist und alle übrigen Elemente gleich Null sind.

Hieraus folgt, daß die Basismatrizen über den Isomorphismen ψ aus 1.2.2. den Basisvektoren aus $R^{m \times n}$ entsprechen. Jede Matrix $A \in \mathcal{M}_{(m,n)}$ kann also geschrieben werden in der Gestalt

$$A = \sum_{i=1}^{m} \sum_{j=1}^{n} a_{ij} E_{ij}.$$

a) Produktregel für zwei Basismatrizen von $\mathcal{M}_{(m,n)}$

Es seien E_{ij} und E_{kl} zwei (quadratische) Basismatrizen von $\mathcal{M}_{(n,n)}$. Die p-te Spalte des Produktes $E_{ij} E_{kl}$ ist $E_{ij} (E_{kl})_p$ (wobei $(E_{kl})_p$ die p-te Spalte von E_{kl} bezeichnet); für $p \neq l$ ist diese Spalte gleich Null. Ebenso ergibt sich, daß die q-te Zeile des Produktes $_q(E_{ij}) E_{kl}$ (wobei $_q(E_{ij})$ die q-te Zeile von E_{ij} bezeichnet) für $q \neq i$ gleich Null ist. Das einzig mögliche von Null verschiedene Element ist daher $_i(E_{ij}) (E_{kl})_l$, und wie man sogleich sieht, wird dieses Produkt für $j \neq k$ Null und anderenfalls ($j = k$) Eins.

Damit sind wir zu der folgenden Regel gelangt:

$$E_{ij}E_{kl} = \begin{cases} 0 & \text{für } j \neq k, \\ E_{il} & \text{für } j = k. \end{cases}$$

Man zieht diese Zerlegung und die obenstehende Multiplikationsregel heran, um die Produkte von „sehr leeren" Matrizen in vereinfachter Weise zu schreiben.

Beispiel (in $\mathcal{M}_{(4,4)}$).

$$\begin{bmatrix} 1 & 2 & 0 & 0 \\ 0 & 0 & 0 & 1 \\ 0 & 0 & 0 & 0 \\ 0 & 1 & 0 & 0 \end{bmatrix} \cdot \begin{bmatrix} 5 & 0 & 0 & 1 \\ 2 & 0 & 0 & 0 \\ 0 & 0 & 0 & 0 \\ 0 & 0 & 0 & 0 \end{bmatrix} = (E_{11} + 2E_{12} + E_{24} + E_{42})(5E_{11} + 2E_{21} + E_{14})$$

$$= 5E_{11} + 4E_{11} + 2E_{41} + E_{14} = \begin{bmatrix} 9 & 0 & 0 & 1 \\ 0 & 0 & 0 & 0 \\ 0 & 0 & 0 & 0 \\ 2 & 0 & 0 & 0 \end{bmatrix}.$$

Im folgenden werden wir für diese Regel wichtige Beispiele kennenlernen.

b) Produkte AE_{kl}, $E_{kl}A$

Es sei A eine quadratische Matrix, $A \in \mathcal{M}_{(n,n)}$:

$$A = \sum_{i=1}^{n} \sum_{j=1}^{n} a_{ij} E_{ij}.$$

Die linksseitige Multiplikation mit E_{kl} ergibt

$$E_{kl}A = \sum_{i=1}^{n} \sum_{j=1}^{n} a_{ij} E_{kl} E_{ij},$$

und auf Grund der obigen Produktregel erhalten wir

$$E_{kl}A = \sum_{j=1}^{n} a_{lj} E_{kj};$$

es ist also

$$E_{kl}A = \left[\begin{array}{ccc} 0 & 0 \ldots & 0 \\ \vdots & \vdots & \vdots \\ 0 & 0 \ldots & 0 \\ \hline a_{l1} & a_{l2} \ldots & a_{ln} \\ \hline 0 & 0 \ldots & 0 \\ \vdots & \vdots & \vdots \\ 0 & 0 \ldots & 0 \end{array}\right] \leftarrow k\text{-te Zeile},$$

d. h., die k-te Zeile der Produktmatrix ist die l-te Zeile von A, und alle übrigen Elemente sind gleich Null.

Analog beweist man

$$A\,E_{kl} = \begin{bmatrix} 0 \dots 0 & a_{1k} & 0 \dots 0 \\ 0 \dots 0 & a_{2k} & 0 \dots 0 \\ \vdots \quad \vdots & \vdots & \vdots \quad \vdots \\ 0 \dots 0 & a_{nk} & 0 \dots 0 \end{bmatrix}, \quad \text{(a_{1k} in der l-ten Spalte)}$$

d. h., die l-te Spalte der Produktmatrix ist die k-te Spalte von A, und alle anderen Elemente sind gleich Null.

Hieraus folgt: $E_{ii}A$ ist die Matrix

$$\begin{bmatrix} 0 & 0 & \dots & 0 \\ \vdots & \vdots & & \vdots \\ 0 & 0 & \dots & 0 \\ \hline a_{i1} & a_{i2} & \dots & a_{in} \\ \hline 0 & 0 & \dots & 0 \\ \vdots & \vdots & & \vdots \\ 0 & 0 & \dots & 0 \end{bmatrix} \leftarrow i\text{-te Zeile};$$

und es ist

$$A\,E_{jj} = \begin{bmatrix} 0 \dots 0 & a_{1j} & 0 \dots 0 \\ 0 \dots 0 & a_{2j} & 0 \dots 0 \\ \vdots \quad \vdots & \vdots & \vdots \quad \vdots \\ 0 \dots 0 & a_{nj} & 0 \dots 0 \end{bmatrix} \quad \text{(a_{1j} in der j-ten Spalte)}$$

(Matrizen zur Auswahl von Zeilen oder Spalten).

Das Produkt $(I + cE_{ij})A$ ist diejenige Matrix, die man erhält, wenn man zur i-ten Zeile von A die mit c multiplizierte j-te Zeile von A addiert, d. h. die Matrix

$$\begin{vmatrix} a_{11} & \dots\ a_{1n} \\ \vdots & \vdots \\ \hline a_{i1} + ca_{j1} & \dots\ a_{in} + ca_{jn} \\ \hline \vdots & \vdots \\ a_{n1} & \dots\ a_{nn} \end{vmatrix} \leftarrow i\text{-te Zeile.}$$

Analog findet man, daß $A(I + cE_{ij})$ die Matrix ist, die man erhält, wenn man zur j-ten Spalte von A die mit c multiplizierte i-te Spalte von A addiert.

Setzt man $V_{ij} = I - E_{ii} - E_{jj} + E_{ij} + E_{ji}$, so ergibt sich:

$V_{ij}A$ ist die Matrix, die man durch Vertauschen der i-ten und der j-ten Zeile in A erhält;

$A\,V_{ij}$ ist die Matrix, die man durch Vertauschen der j-ten und der i-ten Spalte in A erhält.

Gelangt man also zu einer Matrix A' durch Vertauschen von Zeilen und Spalten in A, so gibt es zwei Matrizen P_1 und P_2, die beide Produkt einer gewissen Anzahl von Matrizen V_{ij} sind, so daß $A' = P_1 A P_2$ ist.

Aufgaben.

1. Man bestimme $H^2, H^3, H^4, \ldots, H^n$ für die Matrix $H \in \mathcal{M}_{(n,n)}$:

$$H = \begin{bmatrix} 0 & 1 & 0 & \cdots & 0 \\ 0 & 0 & 1 & & \vdots \\ 0 & 0 & 0 & \ddots & \vdots \\ \vdots & & & \ddots & 1 \\ 0 & \cdots & \cdots & \cdots & 0 \end{bmatrix}$$

(d. h., es ist $h_{ij} = 0$ für $j - i \neq 1$ und $h_{i,i+1} = 1$).

2. Es sei H die Matrix aus Aufgabe 1, I die Einheitsmatrix aus $\mathcal{M}_{(n,n)}$; man bestimme $(\lambda I + H)^p$.

1.2.5. *Numerische Berechnung des Matrizenproduktes*

Die Matrizen $A = (a_{ij})$ vom Typ (m, p) und $B = (b_{kl})$ vom Typ (p, n) seien bereits in $mp + pn$ Zellen gespeichert. Das Produkt ist vom Typ (m, n). Das Programm zeigt Abb. 1.7.

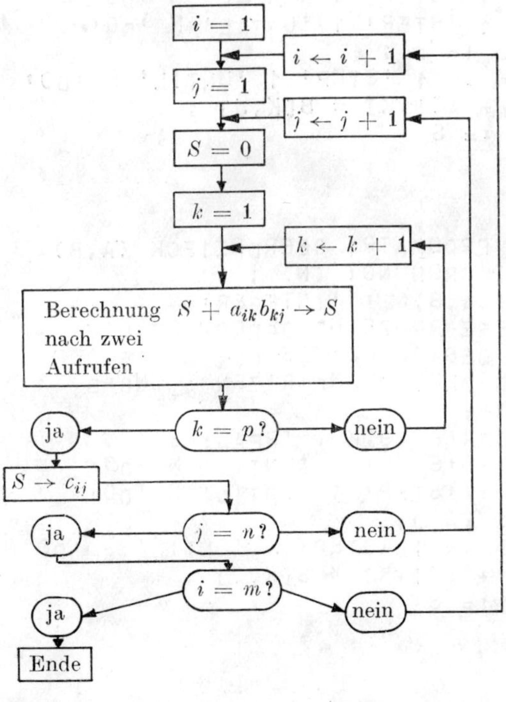

Abb. 1.7

Die Berechnung von $C = AB$ kann so erfolgen, daß C Zeile für Zeile durchlaufen wird; für jedes Element sind dann p Multiplikationen und p Additionen erforderlich. Man braucht also mnp Multiplikationen (im quadratischen Fall n^3) und mnp Additionen. Außerdem müssen die Elemente oft aus dem Speicher gerufen werden, und zwar für jeden Term von C eine Zeile von A und eine Spalte von B.

Das ist ein langwieriges und kostspieliges Verfahren. Daraus leitet sich die Notwendigkeit ab, spezielle Programme zu benutzen, welche der jeweiligen Struktur der Matrizen angepaßt sind (die also deren „Leere" ausnutzen).

Genauigkeit. Es ist klar, daß die Genauigkeit eines Elementes c_{ij} aus der Produktmatrix gleich der einer Summe von Produkten ist:

$$a_{i1}b_{1j} + a_{i2}b_{2j} + \cdots + a_{ip}b_{pj}.$$

Nachstehend sind zwei ALGOL-Prozeduren angegeben, wovon die erste einem allgemeinen und die zweite einem Produkt von oberen Dreiecksmatrizen entspricht:

```
  'PROCEDURE' PRODUKT VON ZWEI MATRIZEN (A,B)
ERGEBNIS: (C) TYPEN: (M,P,N) ;
'REAL''ARRAY' A,B,C ; 'INTEGER' M,N,P ;
'COMMENT' DIESE PROZEDUR BERECHNET DIE TERME
C[I,J] DES PRODUKTES C = A * B DER BEIDEN
MATRIZEN A VOM TYP (M,P) UND B VOM TYP  (P,N) ;
'BEGIN''INTEGER' I,J,K ; 'REAL' S ;
  'FOR' I := 1 'STEP' 1 'UNTIL' M 'DO'
  'FOR' J := 1 'STEP' 1 'UNTIL' N 'DO'
    'BEGIN' S := 0 ;
      'FOR' K := 1 'STEP' 1 'UNTIL' P 'DO'
      S := S + A[I,K] * B[K,J] ;
      C[I,J] := S
    'END'
'END' ;

  'PROCEDURE' PRODMATRI OBERDREIECK (A,B)
ERGEBNIS: (C) ORDNUNG: (N) ;
'REAL''ARRAY' A,B,C ; 'INTEGER' N ;
'COMMENT' DIESE PROZEDUR BERECHNET DIE
TERME C[I,J] DES PRODUKTES C = A * B DER
BEIDEN OBEREN DREIECKSMATRIZEN A UND B
VOM TYP (N,N) ;
'BEGIN''INTEGER' I,J,K ; 'REAL' S ;
  'FOR' I := 1 'STEP' 1 'UNTIL' N 'DO'
  'FOR' J := I 'STEP' 1 'UNTIL' N 'DO'
    'BEGIN' S := 0;
      'FOR' K := I 'STEP' 1 'UNTIL' J 'DO'
      S := S + A[I,K] * B[K,J] ;
      C[I,J] := S
    'END'
'END' ;
```

1.2.6. *Aus einer gegebenen Matrix abgeleitete Matrizen*

1.2.6.1. Transponierte Matrix

Definition 1. Gegeben sei eine Matrix $A = (a_{ij})$ vom Typ (m, n); die zu A *transponierte Matrix* (*Transponierte*) ist die Matrix A^T vom Typ (n, m), deren Zeilen die Spalten (und deren Spalten die Zeilen) von A sind. Es ist also

$$(a_{ij}^\mathsf{T}) = A^\mathsf{T},$$
$$a_{ij}^\mathsf{T} = a_{ji} \qquad (i = 1, 2, \ldots, n; \quad j = 1, 2, \ldots, m).$$

Beispiele.

$$A = \begin{bmatrix} 1 & 0 \\ 0 & 1 \\ 1 & 1 \end{bmatrix}, \quad A^\mathsf{T} = \begin{bmatrix} 1 & 0 & 1 \\ 0 & 1 & 1 \end{bmatrix};$$

$$X = \begin{bmatrix} x_1 \\ \vdots \\ x_n \end{bmatrix}, \quad X^\mathsf{T} = [x_1, \ldots, x_n].$$

Definition 2. Ist $A = A^\mathsf{T}$, so heißt die Matrix A *symmetrisch*.

Eine symmetrische Matrix ist notwendigerweise quadratisch, und es gilt $a_{ij} = a_{ji}$.

Eigenschaften.

0. $(A^\mathsf{T})^\mathsf{T} = A$;

1. $(A + B)^\mathsf{T} = A^\mathsf{T} + B^\mathsf{T}$ (zum Beweis betrachte man die allgemeinen Terme auf beiden Seiten);

2. $(\lambda A)^\mathsf{T} = \lambda A^\mathsf{T}$ (zum Beweis betrachte man die allgemeinen Terme auf beiden Seiten);

3. $(AB)^\mathsf{T} = B^\mathsf{T} A^\mathsf{T}$; denn für $AB = C$, $c_{ij} = \sum\limits_{k=1}^{p} a_{ik} b_{kj}$ ergibt sich

$$c_{ij}^\mathsf{T} = \sum_{k=1}^{p} a_{jk} b_{ki} = \sum_{k=1}^{p} b_{ik}^\mathsf{T} a_{kj}^\mathsf{T} = (B^\mathsf{T} A^\mathsf{T})_{ij}.$$

Beispiele.

1. Es sei A eine Matrix vom Typ (m, n); das Produkt $AA^\mathsf{T} = C$ ist immer definiert, vom Typ (m, m) und symmetrisch; denn es ist

$$C^\mathsf{T} = (AA^\mathsf{T})^\mathsf{T} = AA^\mathsf{T} = C.$$

Das gleiche gilt für die Matrix $A^\mathsf{T} A = C'$ vom Typ (n, n).

2. Sind X, Y Spaltenvektoren aus R^n, dann ist die Matrix $X^\mathsf{T} Y$ vom Typ $(1, 1)$:

$$X^\mathsf{T} Y = x_1 y_1 + x_2 y_2 + \cdots + x_n y_n = Y^\mathsf{T} X.$$

Man identifiziert die genannte Matrix mit dem von ihr dargestellten Skalar und spricht von $X^\mathsf{T} Y = Y^\mathsf{T} X$ als dem *Skalarprodukt* der beiden Spalten X, Y.

$X^{\mathsf{T}}X = x_1^2 + x_2^2 + \cdots + x_n^2$ ist stets eine nichtnegative Zahl, die genau dann Null ist, wenn

$$X = \begin{bmatrix} 0 \\ \vdots \\ 0 \\ \vdots \\ 0 \end{bmatrix} \in R^n$$

ist.

1.2.6.2. Konjugierte und adjungierte Matrizen (über C)

Definition 1. Es sei $A = (a_{ij})$ eine Matrix vom Typ (m, n). Die *konjugierte Matrix* $\bar{A}$ (*Konjugierte*) ist diejenige Matrix vom selben Typ wie A, deren Elemente zu den Elementen von A konjugiert komplex sind:

$$\bar{A} = (\bar{a}_{ij}).$$

Die konjugierte Matrix der Transponierten von A nennen wir die *adjungierte Matrix* (*Adjungierte*) von A und bezeichnen sie mit A^*:

$$A^* = (\bar{A})^{\mathsf{T}} = \overline{(A^{\mathsf{T}})} \quad (\text{Typ } (n, m)),$$

$$a_{ij}^* = \bar{a}_{ji} \quad (i = 1, 2, \ldots, n;\, j = 1, 2, \ldots, m).$$

Beispiel.

$$A = \begin{bmatrix} 1 & -i \\ 2i & 1 \\ 0 & 2 \end{bmatrix}, \quad \bar{A} = \begin{bmatrix} 1 & i \\ -2i & 1 \\ 0 & 2 \end{bmatrix}, \quad A^* = \begin{bmatrix} 1 & -2i & 0 \\ i & 1 & 2 \end{bmatrix}.$$

Definition 2. Eine Matrix A heißt *hermitesch*, wenn $A^* = A$ ist. Hermitesche Matrizen sind notwendigerweise quadratisch, ihre Diagonalelemente reell, und allgemein gilt $\bar{a}_{ij} = a_{ji}$.

Eigenschaften.

1. $\overline{(\bar{A})} = A, \quad (A^*)^* = A,$
2. $\overline{A + B} = \bar{A} + \bar{B}, \quad (A + B)^* = A^* + B^*,$
3. $\overline{AB} = \bar{A}\,\bar{B}, \quad (AB)^* = B^*A^*,$
4. $\overline{(\lambda A)} = \bar{\lambda}\bar{A}, \quad (\lambda A)^* = \bar{\lambda}A^*.$

Beispiele.

1. AA^{T} ist immer hermitesch.
2. Hermitesches Skalarprodukt in C^n. Es seien X, Y zwei Vektoren aus C^n. Das Produkt X^*Y ergibt eine Matrix vom Typ (1, 1), die mit der komplexen Zahl

$$X^*Y = \bar{x}_1 y_1 + \bar{x}_2 y_2 + \cdots + \bar{x}_n y_n$$

identifiziert wird. Wie man leicht sieht, ist $Y^*X = \overline{X^*Y}$ (keine Kommutativität).

Definition. Die komplexe Zahl, die das einzige Element der Matrix X^*Y ist, heißt das *hermitesche Skalarprodukt* der beiden Vektoren X und Y; dabei ist die Reihenfolge X, Y zu beachten.

Das hermitesche Skalarprodukt $X^*X = \overline{XX^*}$ ist reell, und es gilt

$$X^*X = \bar{x}_1 x_1 + \bar{x}_2 x_2 + \cdots + \bar{x}_n x_n = |x_1|^2 + |x_2|^2 + \cdots + |x_n|^2 \geqq 0.$$

2. VEKTOR- UND MATRIZENNORMEN

2.1. Grundlegende Eigenschaften

In der linearen numerischen Analysis handelt es sich bei den Unbekannten der unterschiedlichsten Probleme vielfach um Vektoren oder Matrizen (über R bzw. C). Es ist deshalb wichtig, die „Abstände“ zwischen diesen Objekten bestimmen zu können. Hinreichend dafür ist die Angabe einer Norm in den Vektorräumen, deren Elemente die betrachteten Objekte sind.

2.1.1. *Definition der Norm*

Es sei $\mathscr{E}$ ein Vektorraum über R (bzw. C). Man sagt, daß in $\mathscr{E}$ eine *Norm* φ definiert ist, wenn es eine Abbildung $\varphi\colon x \in \mathscr{E} \to \varphi(x) \in R_+$ gibt, die jedem $x \in \mathscr{E}$ eine reelle Zahl $\varphi(x) \geqq 0$ $(0 \in R_+)$ zuordnet, so daß folgendes gilt:

(N_1) $\quad \varphi(x) = 0 \Leftrightarrow x = 0 \in \mathscr{E}$;

(N_2) $\quad \varphi(\lambda x) = |\lambda|\, \varphi(x)$ für alle $\lambda \in R$ (bzw. C) und $x \in \mathscr{E}$;

(N_3) $\quad \varphi(x + y) \leqq \varphi(x) + \varphi(y)$ für alle $x, y \in \mathscr{E}$.

Für $x, y \in \mathscr{E}$ ist der *Abstand* oder die *Entfernung* von x und y nach dieser Norm gegeben durch $d(x, y) = \varphi(x - y)$.

2.1.2. *Beispiele für Vektornormen*

1. Es sei $\mathscr{E} = R^n$ und $x = \begin{bmatrix} \xi_1 \\ \vdots \\ \xi_n \end{bmatrix}$, $y = \begin{bmatrix} \eta_1 \\ \vdots \\ \eta_n \end{bmatrix}$. Wir setzen $\varphi_\infty(x) = \max\limits_{i=1,\dots,n} |\xi_i|$.

Offensichtlich sind die Bedingungen (N_1) und (N_2) erfüllt. Die Bedingung (N_3) folgt aus der Ungleichung

$$\max_{i=1,\dots,n} |\xi_i + \eta_i| \leqq \max_{i=1,\dots,n} |\xi_i| + \max_{i=1,\dots,n} |\eta_i|.$$

Es handelt sich bei diesem Beispiel um eine der wichtigsten Normen (*Maximumnorm*).

2. Es sei $\varphi_1(x) = \sum_{i=1}^{n} |\xi_i|$. Man überzeugt sich leicht, daß φ_1 eine Norm ist (*Betragssummennorm*).

3. Die beiden vorhergehenden Normen sind Spezialfälle der Normen

$$\varphi_p(x) = \left(\sum_{i=1}^{n} |\xi_i|^p \right)^{1/p} \quad (p \geqq 1).$$

Die zweite Norm entspricht dem Fall $p = 1$, und wie man leicht beweist, strebt $\varphi_p(x)$ gegen $\varphi_\infty(x)$ (Maximumnorm) für $p \to +\infty$.

Für $p = 2$ erhalten wir die Norm

$$\varphi_2(x) = \sqrt{|\xi_1|^2 + |\xi_2|^2 + \cdots + |\xi_n|^2} = \sqrt{x^{\mathsf{T}} x} \quad (\text{in } R^n)$$
$$= \sqrt{x^* x} \quad (\text{in } C^n),$$

die *euklidische Norm* heißt und oft mit $\|x\|$ bezeichnet wird.

Die Normen φ_p werden *Höldersche Normen* genannt.

Wir wollen nun zeigen, daß $\varphi_p(x)$ für $p \geqq 1$ eine Norm ist. Die Bedingungen (N_1) und (N_2) sind offensichtlich erfüllt; zu beweisen bleibt die Bedingung (N_3). Dazu leiten wir als erstes die sogenannte Höldersche Ungleichung ab. Es sei G

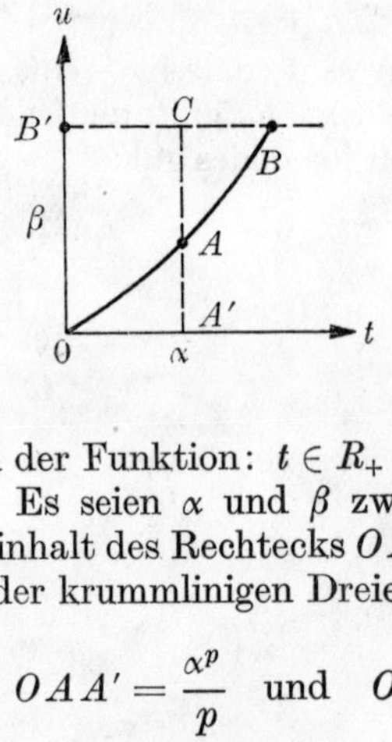

Abb. 2.1

das Bild der Funktion: $t \in R_+ \to t^{p-1} = u$ $(p > 1)$; diese Kurve ist nach oben konvex. Es seien α und β zwei nichtnegative Zahlen. Beachten wir, daß der Flächeninhalt des Rechtecks $OA'CB'$ kleiner oder gleich der Summe der Flächeninhalte der krummlinigen Dreiecke (Abb. 2.1)

$$OAA' = \frac{\alpha^p}{p} \quad \text{und} \quad OBB' = \frac{\beta^q}{q}$$

ist $\left(\text{mit } q = \left(1 - \frac{1}{p}\right)^{-1} = \frac{p}{p-1} \text{ oder } \frac{1}{p} + \frac{1}{q} = 1, \text{ da } t = u^{1/p-1} = u^{q-1} \text{ ist} \right)$, dann ergibt sich

$$\alpha\beta \leqq \frac{\alpha^p}{p} + \frac{\beta^q}{q}. \tag{1}$$

Das Gleichheitszeichen steht hier nur dann, wenn A, B, C zusammenfallen, d. h., wenn

$$\beta = \alpha^{p-1} \quad \text{bzw.} \quad \alpha = \beta^{q-1},$$

d. h., wenn $\beta^q = \alpha^p$ ist. Setzen wir in (1)

$$\alpha = \frac{|\xi_i|}{\varphi_p(x)}, \quad \beta = \frac{|\eta_i|}{\varphi_q(y)},$$

so ergibt sich

$$\frac{|\xi_i \eta_i|}{\varphi_p(x)\,\varphi_q(y)} \leqq \frac{|\xi_i|^p}{p(\sum |\xi_i|^p)} + \frac{|\eta_i|^q}{q(\sum |\eta_i|^q)} \quad (i = 1, 2, \ldots, n). \tag{2}$$

Addieren wird diese Ungleichungen, so finden wir

$$\frac{\sum_{i=1}^{n} |\xi_i \eta_i|}{\varphi_p(x)\,\varphi_q(y)} \leqq \frac{1}{p} + \frac{1}{q} = 1,$$

woraus sich die *Höldersche Ungleichung* ableitet:

$$\sum_{i=1}^{n} |\xi_i \eta_i| \leqq \varphi_p(x)\varphi_q(y) \tag{3}$$

bzw.

$$\left|\sum_{i=1}^{n} \xi_i \eta_i\right| \leqq \varphi_p(x)\varphi_q(y). \tag{4}$$

Diese Ungleichung gilt für alle x und y. Ist (4) eine Gleichung, dann gilt auch in (3) und in allen Ungleichungen (2) das Gleichheitszeichen. Es gilt also für alle i

$$\frac{|\eta_i|^q}{\sum |\eta_i|^q} = \frac{|\xi_i|^p}{\sum |\xi_i|^p};$$

offensichtlich ist

$$\left|\sum_{i=1}^{n} \xi_i \eta_i\right| \leqq \max |\xi_i| \cdot \sum_{i=1}^{n} |\eta_i|;$$

somit gilt (4) auch für $q = 1$ und $q = \infty$. Für $p = 2$ geht (4) in eine symmetrische Form über (denn für $p = 2$ ist auch $q = 2$):

$$\left|\sum_{i=1}^{n} \xi_i \eta_i\right| \leqq \|x\| \cdot \|y\|. \tag{5}$$

Wegen $|\xi_i \eta_i| = |\bar{\xi}_i \eta_i|$ kann man auch schreiben:

$$\left|\sum_{i=1}^{n} \bar{\xi}_i \eta_i\right| \leqq \|x\| \cdot \|y\|. \tag{5*}$$

Die Ungleichungen (5) bzw. (5*) werden *Cauchy-Schwarz-Bunjakowskische Ungleichungen* genannt [(5) für den reellen, (5*) für den komplexen Fall].

Zum Beweis von (N_3) sei bemerkt, daß

$$(|\xi_i| + |\eta_i|)^p = |\xi_i|\,(|\xi_i| + |\eta_i|)^{p-1} + |\eta_i|\,(|\xi_i| + |\eta_i|)^{p-1}$$

ist. Addieren wir und wenden die Höldersche Ungleichung an, so finden wir

$$\sum_{i=1}^{n} (|\xi_i| + |\eta_i|)^p \leqq \varphi_p(x) \left(\sum_{i=1}^{n} (|\xi_i| + |\eta_i|)^{q(p-1)} \right)^{1/q}$$
$$+ \varphi_p(y) \left(\sum_{i=1}^{n} (|\xi_i| + |\eta_i|)^{q(p-1)} \right)^{1/q},$$

und wegen $p = q(p-1)$ ist

$$\left(\sum_{i=1}^{n} (|\xi_i| + |\eta_i|)^p \right)^{1-(1/q)} \leqq \varphi_p(x) + \varphi_p(y);$$

hieraus folgt (Minkowski)

$$\varphi_p(x + y) \leqq \varphi_p(x) + \varphi_p(y).$$

Damit ist für $d_p(x, y) = \varphi_p(x - y)$ die Ungleichung

$$d_p(x,z) \leqq d_p(x, y) + d_p(y, z)$$

gezeigt (*Dreiecksungleichung*).

2.1.3. *Matrizennormen*

Da $\mathcal{M}_{(m,n)}$ zu $R^{m \times n}$ (algebraisch) isomorph ist, läßt sich in $\mathcal{M}_{(m,n)}$ eine Norm in der gleichen Weise definieren wie für $R^{m \times n}$. Wenn beispielsweise A ein Element aus $\mathcal{M}_{(m,n)}$ ist, $A = (a_{ij})$, dann ist

$$\Phi_\infty(A) = \max_{\substack{i=1,\ldots,m \\ j=1,\ldots,n}} |a_{ij}|, \qquad \Phi_1(A) = \sum_{i=1}^{m} \sum_{j=1}^{n} |a_{ij}|,$$

$$\Phi_2(A) = \|A\| = \left(\sum_{i=1}^{m} \sum_{j=1}^{n} |a_{ij}|^2 \right)^{\frac{1}{2}} = \left(\sum_{i=1}^{m} \|A_{i.}\|^2 \right)^{\frac{1}{2}} = \left(\sum_{j=1}^{n} \|A_{.j}\|^2 \right)^{\frac{1}{2}}.$$

Weiter unten werden wir noch eine andere Möglichkeit kennenlernen, Matrizennormen zu definieren. Es sei bemerkt, daß die hier angeführten Normen im allgemeinen unberücksichtigt lassen, daß in $\mathcal{M}_{(n,n)}$ (für quadratische Matrizen also) ein Produkt definiert ist.

Aufgabe. Man gebe eine ALGOL-Prozedur für die Norm $\varphi_1(x)$, $x \in R^n$, an; desgleichen für $\varphi_\infty(x)$ und $\varphi_2(x)$.

2.1.4. *Vergleich der Hölderschen Normen* $\varphi_p(x)$ $(p \geqq 1)$

Wir setzen

$$\mathcal{M}_p(x) = \left[\frac{1}{n} \sum_{i=1}^{n} |\xi_i|^p \right]^{1/p} = n^{-1/p} \varphi_p(x).$$

Ist $p' > p$, so wählen wir $p = \frac{p'}{K}$ mit $K > 1$. Mit $\frac{1}{n} |\xi_i|^{p'} = u_i$ und $\frac{1}{n} = v_i$ erhalten wir dann

$$\frac{1}{n} |\xi_i|^p = \frac{1}{n} |\xi_i|^{p'/K} = \left(\frac{1}{n} |\xi_i|^{p'}\right)^{1/K} \left(\frac{1}{n}\right)^{1-(1/K)} = u_i^{1/K} v_i^{1/K'},$$

wobei $\frac{1}{K} + \frac{1}{K'} = 1$ ist. Nach der Hölderschen Ungleichung folgt hieraus (mit K, K')

$$[\mathcal{M}_p(x)]^p = \sum_{i=1}^{n} u_i^{1/K} v_i^{1/K'} \leqq \left(\sum u_i^{K/K}\right)^{1/K} \left(\sum v_i^{K'/K'}\right)^{1/K'} = \left(\sum u_i\right)^{1/K} = \left(\frac{1}{n} \sum |\xi_i|^{p'}\right)^{p/p'},$$

woraus sich $\mathcal{M}_p(x) \leqq \mathcal{M}_{p'}(x)$ ergibt, d. h.

$$n^{-1/p} \varphi_p(x) \leqq n^{-1/p'} \varphi_{p'}(x), \quad p' > p$$

(was auch noch für $p' = \infty$ gilt).

Andererseits folgt unter den Voraussetzungen $y_i = \frac{|\xi_i|}{\varphi_p(x)}$, $y_i \geqq 0$ und $\sum y_i^p = 1$, d. h. $y_i \leqq 1$, und $p' > p$

$$y_i^{p'} \leqq y_i^p;$$

daher gilt

$$\sum y_i^{p'} \leqq \sum y_i^p = 1,$$

$$\frac{\sum |\xi_i|^{p'}}{\varphi_p^{p'}(x)} \leqq 1 \quad \text{und} \quad \varphi_{p'}(x) \leqq \varphi_p(x) \quad (\text{Jensen}).$$

Zusammenfassend erhalten wir für $p' > p$

$$\varphi_{p'}(x) \leqq \varphi_p(x), \tag{1}$$

$$n^{-1/p} \varphi_p(x) \leqq n^{-1/p'} \varphi_{p'}(x). \tag{2}$$

(Diese Ungleichungen gelten auch für $p' = \infty$.)

Aufgabe. Man beweise, daß in den Ungleichungen (1) und (2) das Gleichheitszeichen stehen kann.

Anwendung. Wir wollen annehmen, daß sich nach Abschluß eines Rechenverfahrens zwei Vektoren $x, y \in R^n$ als gleich herausstellen, d. h., daß ihre feststellbare Differenz Null ist. In diesem Fall ist $x - y$ ein Vektor, dessen Komponenten ξ_i dem Betrag nach höchstens gleich einer gewissen Zahl ε sind, die bei den verwendeten rechnerischen Hilfsmitteln als Null anzusehen ist, d. h., es ist

$$\varphi_\infty(x - y) \leqq \varepsilon.$$

Nach (2) gilt nun aber ($p' = \infty$, $p = 2$)

$$n^{-1/2} \varphi_2(x - y) \leqq \varphi_\infty(x - y);$$

also ist

$$\varphi_2(x - y) = \|x - y\| \leqq \sqrt{n} \cdot \varepsilon .$$

Der euklidische Abstand braucht also keineswegs so klein zu sein, daß man ihn vernachlässigen darf.

Im allgemeinen ist ε durch die Registerlänge vorgeschrieben. Wenn man erreichen will, daß die Rechnungen Resultate liefern, die bezüglich der euklidischen Norm mit Sicherheit einen kleineren Fehler als η ergeben, so braucht man nur $\sqrt{n} \cdot \varepsilon < \eta$ zu halten. Ist $\varepsilon = 10^{-9}$, $\eta = 10^{-3}$, dann ergibt sich $\sqrt{n} < 10^6$, $n < 10^{12}$.

2.1.5. *ALGOL-Prozedur zur Berechnung von drei Matrizennormen*

```
 'REAL''PROCEDURE' NORM (A,N,P) ;
'REAL''ARRAY' A ; 'INTEGER' N,P ;
'COMMENT' FUER EINE QUADRATISCHE MATRIX A
VOM TYP (N,N) WIRD BERECHNET
    FUER  P = 1  DIE BETRAGSSUMMENNORM
    FUER  P = 2  DIE EUKLIDISCHE NORM
    FUER  P = 3  DIE MAXIMUMNORM ;
'BEGIN''SWITCH' V := NORM 1 , NORM 2 , NORM 3 ;
        'REAL' S ;
                   'GOTO' V[P] ;
NORM 1:
    'BEGIN''INTEGER' I,J ; S := 0 ;
      'FOR' I := 1 'STEP' 1 'UNTIL' N 'DO'
      'FOR' J := 1 'STEP' 1 'UNTIL' N 'DO'
      S := S + ABS(A[I,J]) ;
      'GOTO' AUSGANG
    'END' ;
NORM 2:
    'BEGIN''INTEGER' I,J ; S := 0 ;
      'FOR' I := 1 'STEP' 1 'UNTIL' N 'DO'
      'FOR' J := 1 'STEP' 1 'UNTIL' N 'DO'
      S := S + A[I,J] * A[I,J] ;
      S := SQRT(S) ;
      'GOTO' AUSGANG
    'END' ;
NORM 3:
    'BEGIN''INTEGER' I,J ; S := 0 ;
      'FOR' I := 1 'STEP' 1 'UNTIL' N 'DO'
      'FOR' J := 1 'STEP' 1 'UNTIL' N 'DO'
      S := 'IF' ABS(A[I,J]) 'NOTLESS' S
      'THEN' ABS(A[I,J]) 'ELSE' S ;
      'GOTO' AUSGANG
    'END' ;
AUSGANG: NORM := S
'END' ;
```

2.1.6. *Definition „geometrischer“ Normen*

Gegeben seien zwei normierte Vektorräume $\mathscr{E}$, $\mathscr{F}$ (über R oder C): $\mathscr{E}$ mit der Norm φ, $\mathscr{F}$ mit der Norm ψ, und es sei f eine lineare Abbildung von $\mathscr{E}$ in $\mathscr{F}$ (Abb. 2.2). Von besonderem Interesse ist ein Vergleich von $\varphi(x)$, der Norm von x in $\mathscr{E}$, und $\psi(f(x))$, der Norm des Bildes $f(x)$ von x in $\mathscr{F}$.

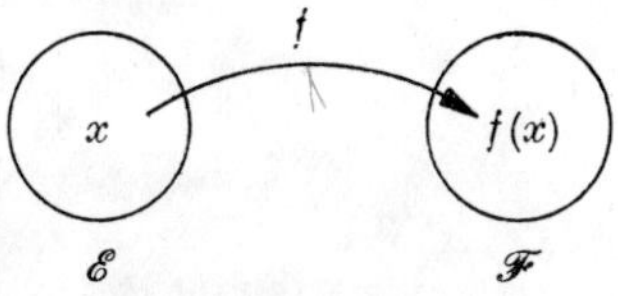

Abb. 2.2

Für einen vom Nullvektor verschiedenen Vektor x aus $\mathscr{E}$ bilden wir zu diesem Zweck das Verhältnis

$$r(x) = \frac{\psi(f(x))}{\varphi(x)}.$$

Dieser Quotient ist entweder positiv oder Null. Wie man sich überzeugt, ist $r(\lambda x) = r(x)$ für $\lambda \neq 0$ (Homogenität).

Satz 1. *Die lineare Abbildung* $f: x \in \mathscr{E} \to f(x) \in \mathscr{F}$ *ist genau dann in jedem Punkt* $x_0 \in \mathscr{E}$ *stetig, wenn* $r(x)$ *für alle* $x \in \mathscr{E}$ *nach oben beschränkt ist, d. h., wenn eine Konstante* $M \geqq 0$ *existiert, so daß* $r(x) \leqq M$ *für alle* x *ist.*

Beweis.

1. Die Bedingung ist hinreichend. Wir wählen ein beliebiges Element x_0 aus $\mathscr{E}$ und setzen $y_0 = f(x_0)$. Es sei $W_\varepsilon(y_0)$ eine Umgebung von y_0,

$$W_\varepsilon(y_0) = \{y \in \mathscr{F}: \psi(y - y_0) < \varepsilon\}.$$

($W_\varepsilon(y_0)$ ist die Menge der Punkte aus $\mathscr{F}$, deren Abstand zu y_0 kleiner als ε ist.) Wir wollen zeigen, daß eine Umgebung $V_\eta(x_0) = \{x \in \mathscr{E}: \varphi(x - x_0) < \eta\}$ existiert, deren Bild $f(V_\eta(x_0))$ bei f in $W_\varepsilon(y_0)$ enthalten ist. Die Bildmenge $f(V_\eta(x_0))$ besteht aus allen $y \in \mathscr{F}$, zu denen ein $x \in V_\eta(x_0)$ existiert, so daß $f(x) = y$ ist. Nach Definition von M ist $r(x - x_0) \leqq M$; wir finden damit

$$\psi(f(x - x_0)) \leqq M\varphi(x - x_0) \tag{1}$$

(wobei (1) auch für $x = x_0$ gilt). Ist nun $\varphi(x - x_0) < \dfrac{\varepsilon}{M} = \eta$, so folgt aus (1) die Ungleichung $\psi(f(x) - f(x_0)) < \varepsilon$, was zu beweisen war.

2. Die Bedingung ist notwendig. Wir nehmen an, f sei in einem Punkt stetig, etwa in x_0. Es existiert dann ein $\varepsilon > 0$, so daß aus $\varphi(x - x_0) < \varepsilon$ die Ungleichung $\psi(f(x) - f(x_0)) < 1$ folgt. Es sei ξ ein beliebiges, von x_0 verschiedenes Element aus $\mathscr{E}$. Dann gilt

$$u = x_0 + \frac{\xi - x_0}{\varphi(\xi - x_0)}\,\frac{\varepsilon}{2} \in \mathscr{E},$$

und offensichtlich ist

$$\varphi(u - x_0) = \frac{\varphi(\xi - x_0)}{\varphi(\xi - x_0)} \frac{\varepsilon}{2} = \frac{\varepsilon}{2},$$

d. h., es ist $\psi(f(u) - f(x_0)) < 1$. Aus der Linearität von f ergibt sich

$$\psi\left(f(x_0) + \frac{\varepsilon}{2} \frac{f(\xi - x_0)}{\varphi(\xi - x_0)} - f(x_0)\right) < 1,$$

woraus

$$\psi(f(\xi - x_0)) < \frac{2}{\varepsilon} \varphi(\xi - x_0)$$

folgt (was auch für $\xi = x_0$ gilt); da ξ beliebig gewählt war, ist somit für alle $v \in \mathscr{E}$ die Ungleichung

$$\psi(f(v)) < \frac{2}{\varepsilon} \varphi(v)$$

gezeigt; daher gilt

$$r(v) < \frac{2}{\varepsilon} = M,$$

was zu beweisen war.

Die Zahl

$$\sup_{\substack{x \neq 0 \\ x \in \mathscr{E}}} \left(\frac{\psi(f(x))}{\varphi(x)}\right),$$

deren Existenz eine notwendige und hinreichende Bedingung für die Stetigkeit der linearen Abbildung f ist, wird mit $S_{\varphi\psi}(f)$ bezeichnet. Es gilt also

$$\frac{\psi(f(x))}{\varphi(x)} \leqq S_{\varphi\psi}(f).$$

Es sei $L(\mathscr{E}, \mathscr{F}; \varphi, \psi)$ (oder einfach L) die Menge der linearen und stetigen Abbildungen von $\mathscr{E}$ in $\mathscr{F}$. Sind f, g zwei Abbildungen aus L, so sind (wie in 1.2.1. gezeigt wurde) auch die Abbildungen

$$f + g\colon \quad x \to f(x) + g(x),$$
$$\lambda f\colon \quad x \to \lambda f(x)$$

linear. In L ist also eine Addition sowie eine Multiplikation mit einem Skalar definiert. Man sieht sogleich, daß damit L eine Vektorraumstruktur besitzt (Eigenschaften siehe 1.1.1.).

Satz 2. *$S_{\varphi\psi}(f)$ ist in $L(\mathscr{E}, \mathscr{F}; \varphi, \psi)$ eine Norm.*

Beweis.

1. Aus $S_{\varphi\psi}(f) = 0$ folgt $\psi(f(x)) \leqq 0$ für alle $x \in \mathcal{E}$. Also sind $\varphi(x)$, $\psi(f(x))$ gleich Null, und f ist die Abbildung $x \to 0 \in \mathcal{F}$, d. h., es ist $f \equiv 0$ (Nullabbildung).

2. $S_{\varphi\psi}(\lambda f) = \sup\left(\frac{\psi(\lambda f(x))}{\varphi(x)}\right) = |\lambda| \cdot \sup\left(\frac{\psi(f(x))}{\varphi(x)}\right) = |\lambda| \cdot S_{\varphi\psi}(f)$.

3. $$S_{\varphi\psi}(f + g) = \sup\left(\frac{\psi(f(x) + g(x))}{\varphi(x)}\right)$$
$$\leqq \sup\left(\frac{\psi(f(x))}{\varphi(x)}\right) + \sup\left(\frac{\psi(g(x))}{\varphi(x)}\right) = S_{\varphi\psi}(f) + S_{\varphi\psi}(g).$$

Das bisher Gesagte trifft für beliebige normierte Vektorräume zu. Wir geben jetzt einige Spezialfälle an.

2.1.7. „*Geometrische*" *Matrizennormen*

Es seien $R^n = \mathcal{E}$ und $R^m = \mathcal{F}$ (die folgenden Überlegungen gelten auch für $C^n = \mathcal{E}$ und $C^m = \mathcal{F}$), φ eine Norm in R^n, ψ eine Norm in R^m (wobei $m = n$ und $\psi = \varphi$ zugelassen ist); mit f bezeichnen wir eine lineare Abbildung von R^n in R^m.

Satz 1. *Jede lineare Abbildung f von R^n (mit der Norm φ) in R^m (mit der Norm ψ) ist stetig.*

Beweis. Ist $\{e_1, e_2, \ldots, e_n\}$ die Fundamentalbasis von R^n, $x \in R^n$,

$$x = \begin{bmatrix} x_1 \\ \vdots \\ x_n \end{bmatrix},$$

dann ist

$$\psi(f(x)) = \psi(x_1 f(e_1) + x_2 f(e_2) + \cdots + x_n f(e_n))$$

und

$$\varphi(x) = \varphi(x_1 e_1 + x_2 e_2 + \cdots + x_n e_n).$$

Damit finden wir

$$\varphi(x) \leqq \max_{i=1,\ldots,n} |x_i| \left(\varphi(e_1) + \varphi(e_2) + \cdots + \varphi(e_n)\right). \tag{1}$$

1. Für $y = \begin{bmatrix} y_1 \\ y_2 \\ \vdots \\ y_n \end{bmatrix} \in R^n$ ist

$$|\varphi(y) - \varphi(x)| \leqq \varphi(y - x)$$
$$\leqq \max_{i=1,\ldots,n} |y_i - x_i| \cdot \left(\varphi(e_1) + \varphi(e_2) + \cdots + \varphi(e_n)\right).$$

Nun kann $\varphi(e_1) + \varphi(e_2) + \cdots + \varphi(e_n)$ aber nicht Null sein, denn nach (1) folgte daraus $\varphi(x) = 0$ für alle x, und φ wäre keine Norm $\big(\text{Axiom } (\mathrm{N}_1)\big)$.

Ist daher

$$\max_{i=1,\ldots,n} |y_i - x_i| < \frac{\varepsilon}{\varphi(e_1) + \varphi(e_2) + \cdots + \varphi(e_n)},$$

dann gilt

$$|\varphi(y) - \varphi(x)| < \varepsilon.$$

Die Abbildung $x = \begin{bmatrix} x_1 \\ \vdots \\ x_n \end{bmatrix} \to \varphi(x) \in R_+$ ist also stetig (als Funktion der n Veränderlichen $x_1, x_2, \ldots, x_n$).

2. Es sei B die Menge derjenigen x aus R^n, für die

$$\varphi_\infty(x) = \max_{i=1,\ldots,n} |x_i| = 1$$

ist. Die Menge B stellt die Seitenflächen des Einheitswürfels in R^n dar; sie ist abgeschlossen und beschränkt, also kompakt.

Wenn x die Menge B durchläuft, ist die stetige Funktion $x \to \varphi(x)$ auf der kompakten Menge B beschränkt, $a \leqq \varphi(x) \leqq b$, und die Randwerte werden angenommen, d. h., es existiert ein $\xi \in B$, so daß $\varphi(\xi) = a$ ist, und ein $\eta \in B$, so daß $\varphi(\eta) = b$ ist. Offenbar ist $a \neq 0$; anderenfalls wäre $\varphi(\xi) = 0$, also $\xi = 0$ in B enthalten, was der Bedingung $\max\limits_{i=1,\ldots,n} |\xi_i| = 1$ widerspricht.

3. Für $x \neq 0$ ergibt sich mit $X = \dfrac{x}{\varphi_\infty(x)}$ die Beziehung $\varphi_\infty(X) = 1$. Daher gilt $a \leqq \varphi(X)$, woraus $a \leqq \dfrac{\varphi(x)}{\varphi_\infty(x)}$ und damit

$$a\varphi_\infty(x) \leqq \varphi(x) \tag{2}$$

folgt (was auch für $x = 0$ und damit für alle $x \in R^n$ gilt).

4. Zusammenfassend erhalten wir

$$\psi\big(f(x)\big) \leqq \max_{i=1,\ldots,n} |x_i| \cdot \Big(\psi\big(f(e_1)\big) + \psi\big(f(e_2)\big) + \cdots + \psi\big(f(e_n)\big)\Big) \leqq \varphi_\infty(x) \cdot M$$

$$\Big(M = \psi\big(f(e_1)\big) + \psi\big(f(e_2)\big) + \cdots + \psi\big(f(e_n)\big)\Big),$$

woraus sich mit (2)

$$\psi\big(f(x)\big) \leqq \frac{M}{a}\,\varphi(x)$$

ergibt. Der Quotient $r(x)$ ist also beschränkt, d. h., die Abbildung f ist stetig. Damit ist der Beweis von Satz 1 abgeschlossen.

Nehmen wir an, die Abbildung f entspräche einer Matrix A vom Typ (m, n), und es sei in Matrizenschreibweise $f(x) = Ax$.

Satz 2. *Ist A eine Matrix vom Typ (m, n) über R (oder C), φ eine Norm in R^n und ψ eine Norm in R^m, dann ist die nichtnegative Zahl*

$$S_{\varphi\psi}(A) = \sup \frac{\psi(Ax)}{\varphi(x)}$$

immer definiert. Außerdem existiert ein ξ, so daß

$$S_{\varphi\psi}(A) = \left(\frac{\psi(A\xi)}{\varphi(\xi)}\right)$$

ist. Man schreibt dafür

$$S_{\varphi\psi}(A) = \max \left(\frac{\psi(Ax)}{\varphi(x)}\right).$$

Der erste Teil der Behauptung folgt aus dem Vorhergehenden. Der Beweis des zweiten Teils stimmt mit dem zweiten Teil des Beweises von Satz 1 überein.

1. Die Abbildung $x \to \psi(Ax) \in R_+$ ist stetig (als Ergebnis der Komposition von zwei stetigen Abbildungen, $x \xrightarrow{A} Ax \xrightarrow{\psi} \psi(Ax)$).

2. Die Menge B_φ der x mit $\varphi(x) = 1$ ist kompakt (in R^n beschränkt und abgeschlossen).

3. Auf Grund der Homogenität gilt

$$\sup_{x \neq 0} \left(\frac{\psi(Ax)}{\varphi(x)}\right) = \sup_{x \in B_\varphi} \left(\psi(Ax)\right).$$

4. Es existiert ein ξ, so daß $\psi(A\xi) = \sup_{x \in B_\varphi} \left(\psi(Ax)\right)$, $\xi \in B_\varphi$ ist; denn $x \to \psi(Ax)$ ist auf der kompakten Menge B_φ stetig.

Aus 2.1.6., Satz 2, folgt, daß

$$S_{\varphi\psi}\colon\ A \to S_{\varphi\psi}(A) \in R_+$$

eine Norm in $\mathcal{M}_{(m,n)}$ ist.

Beispiele.

1. In $\mathcal{M}_{(m,n)}$ betrachten wir $S_{\varphi\psi}$; dabei sei $\varphi = \varphi_\infty$ in R^n und $\psi = \psi_\infty$ in R^m. Es ist

$$S_{\varphi\psi} = \max_{x \in R^n} \left[\frac{\max\limits_{i=1,\ldots,m} |a_{i1}x_1 + a_{i2}x_2 + \cdots + a_{in}x_n|}{\max\limits_{i=1,\ldots,n} |x_i|}\right].$$

Andererseits gilt

$$|a_{i1}x_1 + a_{i2}x_2 + \cdots + a_{in}x_n| \leqq \max_{i=1,\ldots,n} |x_i| \cdot \sum_{j=1}^{n} |a_{ij}|;$$

daraus folgt

$$S_{\varphi\psi}(A) \leqq \max_{i=1,\ldots,m} \left[\sum_{j=1}^{n} |a_{ij}|\right].$$

Ist k der Index der Zeile, für die die Summe der absoluten Beträge ihrer Elemente maximal ist, und sind $x_i = \operatorname{signum}(a_{ki})$ die Komponenten von x ($\operatorname{signum}(\xi) = +1$ für $\xi \geqq 0$, $\operatorname{signum}(\xi) = -1$ für $\xi < 0$), dann wird offenbar in diesem x das Maximum angenommen. Es ist also

$$S_{\varphi_\infty\psi_\infty}(A) = \max_{i=1,\ldots,m} \left[\sum_{j=1}^{n} |a_{ij}|\right].$$

2. In gleicher Weise zeigt man, daß für $\varphi = \varphi_1$ in R^n und $\psi = \varphi_1$ in R^m

$$S_{\varphi_1\varphi_1}(A) = \max_{j=1,\ldots,n} \left[\sum_{i=1}^{m} |a_{ij}|\right]$$

gilt.

3. Wir werden später beweisen, daß

$$S_{\varphi_2\varphi_2} = \max \frac{\|Ax\|}{\|x\|} = +\sqrt{\lambda_M}$$

ist, wobei λ_M den betragsgrößten Eigenwert von $A^\top A$ (oder von $AA^\top$) bezeichnet.

Wir wollen eine weitere Anwendung von Satz 1 angeben. In R^n wählen wir zwei Normen φ und ψ; daneben betrachten wir die identische Abbildung $x \to x$ von R^n auf R^n. Es existieren also zwei positive Konstanten α, β, so daß

$$\frac{\varphi(x)}{\psi(x)} \leqq \alpha, \tag{3}$$

$$\frac{\psi(x)}{\varphi(x)} \leqq \beta \tag{4}$$

ist. Die Ungleichungen (3) und (4) zeigen, wie sich in R^n zwei Normen vergleichen lassen: Es gibt immer positive Konstanten a, b und a', b', so daß folgende Ungleichungen gelten:

$$a\psi(x) \leqq \varphi(x) \leqq b\psi(x) \tag{5}$$

und

$$a'\varphi(x) \leqq \psi(x) \leqq b'\varphi(x). \tag{6}$$

Für Höldersche Normen liefern die Ausführungen in 2.1.4. die Werte von a, b, a', b'.

2.1.8. *Matrizennormen in $\mathcal{M}_{(n,n)}$ (quadratische Matrizen)*

In der Menge $\mathcal{M}_{(n,n)}(R)$ (bzw. $\mathcal{M}_{(n,n)}(C)$) gibt es neben der Addition und der Multiplikation mit einem Skalar, die $\mathcal{M}_{(n,n)}$ zu einem Vektorraum über R (bzw. C) machen, eine weitere wichtige innere Operation: die *Multiplikation*. Damit wird $\mathcal{M}_{(n,n)}$ zu einer *Algebra*. Das ist auch der Grund dafür, daß den Normen in $\mathcal{M}_{(n,n)}$ eine besondere Bedeutung zukommt; außer den Axiomen (N_1), (N_2) und (N_3) aus 2.1.1. genügen die Normen in $\mathcal{M}_{(n,n)}$ noch dem folgenden Axiom:

(N_4) $\quad \varphi(AB) \leqq \varphi(A)\varphi(B)$.

Derartige Normen werden als *multiplikativ* bezeichnet.

Satz 1. *In R^n (bzw. C^n) ist jede Norm der Gestalt*

$$S_{\varphi\varphi}(A) = \max_x \left(\frac{\varphi(Ax)}{\varphi(x)}\right)$$

multiplikativ.

Beweis. Wie wir uns bereits in 2.1.7. überzeugen konnten, handelt es sich dabei um eine Norm. Darüber hinaus ist

$$\frac{\varphi(ABx)}{\varphi(x)} = \frac{\varphi\big(A(Bx)\big)}{\varphi(Bx)} \cdot \frac{\varphi(Bx)}{\varphi(x)} \quad (\text{für} \quad Bx \neq 0).$$

Somit finden wir

$$\max_x \left(\frac{\varphi(ABx)}{\varphi(x)}\right) \leqq \sup_{\substack{y=Bx \\ y\neq 0}} \left(\frac{\varphi(Ay)}{\varphi(y)}\right) \cdot \max_x \left(\frac{\varphi(Bx)}{\varphi(x)}\right),$$

und daraus folgt

$$S_{\varphi\varphi}(AB) \leqq S_{\varphi\varphi}(A) S_{\varphi\varphi}(B). \tag{1}$$

Beispiele. Die Normen in 2.1.7., Beispiele 1, 2, 3, sind für quadratische Matrizen also multiplikativ.

Satz 2. *Zu einer Matrizennorm $\Phi(A)$ in $\mathcal{M}_{(n,n)}(R)$ $\big($bzw. $\mathcal{M}_{(n,n)}(C)\big)$ existiert stets eine Konstante $c > 0$, so daß $c\Phi(A) = \Psi(A)$ eine multiplikative Matrizennorm ist.*

Beweis.

1. Bekanntlich ist für eine Matrizennorm $\Phi(A)$ in $\mathcal{M}_{(n,n)}$ das Produkt $c\Phi(A) = \Psi(A)$ $(c > 0)$ wieder eine Matrizennorm (es genügt, die Ungleichungen in den Axiomen (N_1), (N_2), (N_3) mit $c > 0$ zu multiplizieren).

2. Wir wissen, daß beispielsweise die Norm $\Phi_\infty(A) = S_{\varphi_\infty\varphi_\infty}(A)$ multiplikativ ist und daß (vgl. die Bemerkung am Schluß von 2.1.7.) es positive Konstanten a, b gibt, so daß für alle $A \in \mathcal{M}_{(n,n)}$

$$a\Phi_\infty(A) \leqq \Phi(A) \leqq b\Phi_\infty(A)$$

gilt; daher ist

$$\Phi(AB) \leqq b\Phi_\infty(A \cdot B) \leqq b\Phi_\infty(A)\Phi_\infty(B) \leqq \frac{b}{a^2}\,\Phi(A) \cdot \Phi(B). \tag{2}$$

Multiplizieren wir diese Ungleichung mit $\dfrac{b}{a^2}$ und setzen $\Psi(A) = \dfrac{b}{a^2}\,\Phi(A)$ usw., so ergibt sich

$$\Psi(AB) \leqq \Psi(A)\,\Psi(B).$$

Satz 3 (Ostrowski). *Ist $\Psi(A)$ eine multiplikative Matrizennorm in $\mathcal{M}_{(n,n)}(R)$ $\big($bzw. $\mathcal{M}_{(n,n)}(C)\big)$, dann existiert eine Vektornorm φ in R^n (bzw. C^n), so daß*

$$S_{\varphi\varphi}(A) \leqq \Psi(A)$$

ist.

Beweis. Ordnen wir $x \in R^n$ die Matrix

$$X = \begin{bmatrix} x_1 & 0 \ldots 0 \\ x_2 & 0 \ldots 0 \\ \vdots & \vdots \quad \vdots \\ x_n & 0 \ldots 0 \end{bmatrix} \in \mathcal{M}_{(n,n)} \quad \text{für} \quad x = \begin{bmatrix} x_1 \\ x_2 \\ \vdots \\ x_n \end{bmatrix}$$

zu, so ist offenbar (auf Grund von (N_1), (N_2), (N_3))

$$x \to \Psi(X) = \varphi(x)$$

eine Vektornorm in R^n. Es sei

$$\frac{\varphi(Ax)}{\varphi(x)} = \frac{\Psi(AX)}{\Psi(X)} \leqq \Psi(A);$$

daher ist $S_{\varphi\varphi}(A) \leqq \Psi(A)$.

Als Ergänzung zum Satz von Ostrowski geben wir ohne Beweis (siehe dazu [8]) das folgende Ergebnis an:

Satz 4. *Wenn φ und φ' zwei Vektornormen in R^n (bzw. C^n) sind und wenn für alle $A \in \mathcal{M}_{(n,n)}$ die Ungleichung $S_{\varphi\varphi}(A) \leqq S_{\varphi'\varphi'}(A)$ gilt, erhalten wir $S_{\varphi\varphi} = S_{\varphi'\varphi'}$. Die Normen vom Typ $S_{\varphi\varphi}$ sind folglich „minimale" Elemente in der Menge der multiplikativen Normen von $\mathcal{M}_{(n,n)}$; d. h., ist $\psi(A)$ eine multiplikative Norm und existiert ein φ, so daß $\psi(A) \leqq S_{\varphi\varphi}(A)$ für alle A ist, dann ist $\psi = S_{\varphi\varphi}$.*

2.1.9. *R^n (bzw. C^n) als Hilbertraum*

Wie wir bemerkt haben, ist

$$\|x\| = \varphi_2(x) = \sqrt{x^\mathsf{T} x} \qquad \left(\text{bzw. } \sqrt{x^* x}\right)$$

eine Norm in R^n (bzw. C^n). Es handelt sich dabei um die Quadratwurzel aus dem Skalarprodukt eines Vektors mit sich selbst.

Definition 1. Ein Vektorraum $\mathcal{H}$ über R (bzw. C) heißt *Hilbertraum*, wenn eine Abbildung von $\mathcal{H} \times \mathcal{H}$ in R (bzw. C) existiert, ein sogenanntes *Skalarprodukt*, die jedem Paar (x, y) eine Zahl $\langle x, y\rangle$ aus R (bzw. C) mit den folgenden Eigenschaften zuordnet:

(S_1) $\langle x, y\rangle = \overline{\langle y, x\rangle}$ in C (bzw. $\langle x, y\rangle = \langle y, x\rangle$ in R);

(S_2) $\langle x, \alpha_1 y_1 + \alpha_2 y_2\rangle = \alpha_1\langle x, y_1\rangle + \alpha_2\langle x, y_2\rangle$ für $x, y_1, y_2 \in \mathcal{H}$; $\alpha_1, \alpha_2 \in R$ (bzw. C);

(S_3) $\langle x, x\rangle \geqq 0$ (nach (S_1) ist $\langle x, x\rangle$ reell);

(S_4) $\langle x, x\rangle = 0$ genau dann, wenn $x = 0 \in \mathcal{H}$ ist.

Beispiele. Offensichtlich sind $\langle x, y\rangle = x^\mathsf{T} y$ in R^n und $\langle x, y\rangle = x^* y$ in C^n Skalarprodukte.

467

Definition 2. In einem Hilbertraum sind zwei Vektoren x, y genau dann *orthogonal*, wenn $\langle x, y\rangle = 0$ ist.

Eigenschaften.

1. $\langle \alpha x, \alpha x\rangle = \alpha\langle \alpha x, x\rangle = \alpha\overline{\langle x, \alpha x\rangle} = \alpha(\overline{\alpha\langle x, x\rangle}) = |\alpha|^2\langle x, x\rangle$ (offensichtlich ist $\langle \alpha x, y\rangle = \bar{\alpha}\langle x, y\rangle$).

2. Es sei $\langle x, y\rangle \neq 0$; wir setzen $\theta = \dfrac{\langle x, y\rangle}{|\langle x, y\rangle|}$. Bildet man $\langle \theta x + \lambda y, \theta x + \lambda y\rangle$, dann ist diese Zahl (auf Grund von (S_3)) für alle $\lambda \in R$ reell und nichtnegativ:

$$0 \leqq \langle \theta x + \lambda y, \theta x + \lambda y\rangle = |\theta|^2 \langle x, x\rangle + \langle \lambda y, \theta x\rangle + \langle \theta x, \lambda y\rangle + \lambda^2\langle y, y\rangle$$
$$= \langle x, x\rangle + \lambda\theta\langle y, x\rangle + \bar{\theta}\lambda\langle x, y\rangle + \lambda^2\langle y, y\rangle$$
$$= \langle x, x\rangle + \lambda \frac{\langle x, y\rangle}{|\langle x, y\rangle|} \overline{\langle x, y\rangle} + \lambda \frac{\overline{\langle x, y\rangle}}{|\langle x, y\rangle|} \langle x, y\rangle + \lambda^2\langle y, y\rangle,$$

und da

$$\langle x, y\rangle \overline{\langle x, y\rangle} = |\langle x, y\rangle|^2$$

ist, ergibt sich

$$\langle x, x\rangle + 2\lambda\,|\langle x, y\rangle| + \lambda^2 \langle y, y\rangle \geqq 0.$$

Dieses Polynom zweiten Grades in λ (λ reell) mit reellen Koeffizienten hat eine Diskriminante, die nicht positiv ist, was zu der Ungleichung

$$|\langle x, y\rangle|^2 \leqq \langle x, x\rangle \langle y, y\rangle$$

führt. Daraus ergibt sich (erneut) die Cauchy-Schwarz-Bunjakowskische Ungleichung

$$|\langle x, y\rangle| \leqq \sqrt{\langle x, x\rangle}\, \sqrt{\langle y, y\rangle}. \tag{2}$$

In (2) steht dann und nur dann das Gleichheitszeichen, wenn eine reelle Wurzel existiert, d. h., wenn es ein λ gibt, so daß $\langle \theta x + \lambda y, \theta x + \lambda y\rangle = 0$ ist, d. h. nach (S_4):

$$\theta x + \lambda y = 0. \tag{3}$$

Daraus folgt

$$x = \alpha y \qquad (\alpha = -\lambda/\theta).$$

3. Die Zahl

$$\langle x + y, x + y\rangle = \langle x, x\rangle + \langle x, y\rangle + \langle y, x\rangle + \langle y, y\rangle$$

ist reell und nicht negativ; es ist ferner

$$\langle x + y, x + y\rangle = \langle x, x\rangle + \left(\langle x, y\rangle + \overline{\langle x, y\rangle}\right) + \langle y, y\rangle;$$

da (nach (S_2))

$$\langle x, y\rangle + \overline{\langle x, y\rangle} \leqq 2\,|\langle x, y\rangle| \leqq 2\sqrt{\langle x, x\rangle}\, \sqrt{\langle y, y\rangle} \tag{4}$$

ist, finden wir

$$\langle x + y, x + y\rangle \leqq \langle x, x\rangle + 2\sqrt{\langle x, x\rangle}\sqrt{\langle y, y\rangle} + \langle y, y\rangle$$

$$= \left(\sqrt{\langle x, x\rangle} + \sqrt{\langle y, y\rangle}\right)^2; \tag{5}$$

daraus folgt

$$\sqrt{\langle x + y, x + y\rangle} \leqq \sqrt{\langle x, x\rangle} + \sqrt{\langle y, y\rangle}. \tag{6}$$

Damit in (6) das Gleichheitszeichen gilt, muß es in (5) stehen, d. h. auch in (4); folglich ist

$$\langle x, y\rangle = \sqrt{\langle x, x\rangle}\sqrt{\langle y, y\rangle}. \tag{7}$$

Man beachte das Fehlen der Betragsstriche auf der linken Seite; nach (3) ist nämlich $x = \alpha y$ (wobei α ein reeller Skalar ist), d. h., aus Gleichung (7) folgt die Realität von $\langle x, y\rangle$. Weiter sei bemerkt, daß $\langle x, y\rangle = \langle \alpha y, y\rangle = \alpha\langle y, y\rangle$ ist, woraus sich auf Grund von (7) $(y \neq 0)$

$$\alpha = \frac{\sqrt{\langle x, x\rangle}}{\sqrt{\langle y, y\rangle}} \geqq 0$$

ergibt; α ist also entweder positiv oder Null.

Aus diesen Eigenschaften folgt: Ein Vektorraum $\mathcal{H}$ ist ein Hilbertraum (d. h., in $\mathcal{H}$ gibt es ein Skalarprodukt $\langle x, y\rangle$, so daß die Axiome (S_1) bis (S_4) erfüllt sind), wenn die reelle Zahl $\sqrt{\langle x, x\rangle}$ (auf Grund der Axiome (N_3), (N_4) und der Eigenschaft (6)) die Eigenschaften einer Norm besitzt. Die so in $\mathcal{H}$ erhaltene (*assoziierte*) *Norm* wird mit $\|x\| = \sqrt{\langle x, x\rangle}$ bezeichnet.

Gegeben seien die Vektorräume R^n und R^m (bzw. C^n und C^m) sowie eine lineare Abbildung f von R^n in R^m, die durch die Matrix $A \in \mathcal{M}_{(m,n)}$ definiert sei. Für die Matrizennorm

$$\Phi(A) = S_{\varphi_2\varphi_2}(A) = \max_{\substack{x\in R^n\\ x\neq 0}} \frac{\|Ax\|}{\|x\|}$$

gilt

$$\Phi^2(A) = \max_{\substack{x\in R^n\\ x\neq 0}} \left(\frac{\langle Ax, Ax\rangle}{\langle x, x\rangle}\right).$$

(Es ist klar, daß sowohl die Normen als auch die Skalarprodukte in R^n und in R^m erklärt sein müssen.) Nun seien $x, y \in R^n$; dann finden wir in R^m

$$|\langle Ax, Ay\rangle| \leqq \|Ax\| \cdot \|Ay\| \leqq \Phi^2(A)\,\|x\| \cdot \|y\|. \tag{8}$$

Wie wir wissen, existiert ein ξ derart, daß $\Phi(A) = \dfrac{\|A\xi\|}{\|\xi\|}$ ist; setzen wir $x = y = \xi$ in (8), so sehen wir, daß in (8) das Gleichheitszeichen gilt, und wir können schreiben:

$$\Phi^2(A) = \max_{\substack{x,y\in R^n\\ x\neq 0, y\neq 0}} \left(\frac{|\langle Ax, Ay\rangle|}{\|x\| \cdot \|y\|}\right).$$

Es sei A eine komplexe Matrix vom Typ (m, n); A entspricht einer linearen Abbildung f von C^n in C^m (Abb. 2.3). Es sei $y \in C^m$; dann kann in C^m das Skalarprodukt $\langle Ax, y\rangle = \langle f(x), y\rangle$ gebildet werden. Wir betrachten etwa für ein festes y die Abbildung

$$\varphi\colon\ x \in C^n \to \overline{\langle Ax, y\rangle} \in C.$$

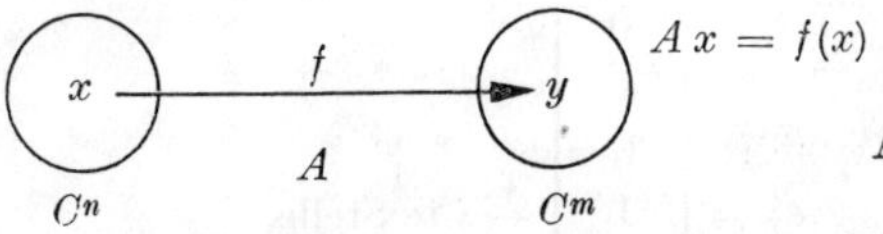

Abb. 2.3

Die Abbildung φ ist linear:

$$\alpha)\qquad \varphi(x + x') = \overline{\langle A(x + x'), y\rangle} = \overline{\langle Ax + Ax', y\rangle} = \overline{\langle Ax, y\rangle} + \overline{\langle Ax', y\rangle}$$
$$= \varphi(x) + \varphi(x'),$$

$$\beta)\qquad \varphi(\lambda x) = \overline{\langle A(\lambda x), y\rangle} = \overline{\langle \lambda Ax, y\rangle} = \overline{\bar{\lambda}\langle Ax, y\rangle} = \lambda\varphi(x).$$

Ist $x = x_1e_1 + x_2e_2 + \cdots + x_ne_n$ ($\{e_i\}$ bezeichne die Fundamentalbasis von C^n), so kann φ durch die $(1, n)$-Matrix (Zeile)

$$|\varphi(e_1), \varphi(e_2), \ldots, \varphi(e_n)|, \quad \varphi(e_j) = \overline{\langle Ae_j, y\rangle}$$

definiert werden, und wir schreiben:

$$\overline{\langle Ax, y\rangle} = x_1\varphi(e_1) + x_2\varphi(e_2) + \cdots + x_n\varphi(e_n).$$

Bezeichnet $z \in C^n$ den Vektor

$$z = \begin{bmatrix} \overline{\varphi(e_1)} = \langle Ae_1, y\rangle \\ \vdots \\ \overline{\varphi(e_n)} = \langle Ae_n, y\rangle \end{bmatrix}$$

(man beachte, daß hier die Konjugierten der $\varphi(e_j)$ eingehen), so erhalten wir

$$\overline{\langle Ax, y\rangle} = \langle z, x\rangle. \tag{9}$$

Wir haben somit jedem $y \in C^m$ ein $z \in C^n$ zugeordnet; diese Abbildung sei $g\colon\ y \to g(y) = z \in C^n$.

Die Abbildung g ist linear; denn die j-te Komponente von $g(y + y')$ ist $\langle Ae_j, y + y'\rangle = \langle Ae_j, y\rangle + \langle Ae_j, y'\rangle$, d. h. gleich der Summe der j-ten Komponenten von $g(y)$ und $g(y')$; also ist $g(y + y') = g(y) + g(y')$, und wie man sieht, ist die j-te Komponente von $g(\lambda y)$ gerade $\langle Ae_j, \lambda y\rangle = \lambda\langle Ae_j, y\rangle$.

Daraus folgt, daß die Abbildung g durch eine Matrix $D \in \mathscr{M}_{(n,m)}$ definiert werden kann. Wenn $e_1', e_2', \ldots, e_m'$ die Vektoren der Fundamentalbasis von C^m

darstellen, sind die Spalten der Matrix D von der Form:

$$i\text{-te Spalte:}\quad \begin{bmatrix} \langle A e_1, e_i'\rangle \\ \vdots \\ \langle A e_n, e_i'\rangle \end{bmatrix}.$$

Das Element in der i-ten Spalte und in der j-ten Zeile ist $\langle A e_j, e_i'\rangle$. Nun ist aber

$$A e_j = \begin{bmatrix} a_{1j} \\ a_{2j} \\ \vdots \\ a_{nj} \end{bmatrix} \quad \text{und} \quad e_i' = \begin{bmatrix} 0 \\ \vdots \\ 0 \\ 1 \\ 0 \\ \vdots \\ 0 \end{bmatrix} \leftarrow i\text{-te Stelle},$$

d. h., es ist $D_{ji} = \bar{a}_{ij}$. Die Matrix D ist also die Adjungierte (Transponierte der Konjugierten) von A $(D = A^*)$.

Satz. *Für* $A \in \mathcal{M}_{(m,n)}(C)$ *und beliebige Vektoren* $x \in C^n$, $y \in C^m$ *gilt*

$$\overline{\langle A x, y\rangle_m} = \langle A^* y, x\rangle_n \quad \textit{bzw.} \quad \langle A x, y\rangle_m = \langle x, A^* y\rangle_n .$$

(Die beigefügten Indizes m und n sollen daran erinnern, in welchem Raum das Skalarprodukt gebildet werden muß.)

Bemerkung. Im reellen Fall ist $A^* = A^{\mathsf{T}}$, und für Matrizen $A \in \mathcal{M}_{(m,n)}(R)$ gilt

$$\langle A x, y\rangle_m = \langle x, A^{\mathsf{T}} y\rangle_n = \langle A^{\mathsf{T}} y, x\rangle_n .$$

Zum Abschluß sei noch eine Definition gegeben. Eine Abbildung f (oder A) von R^n (bzw. C^n) in sich heißt *definit*, wenn $\langle A x, x\rangle_n$ reell und von konstantem Vorzeichen ist; sie heißt *positiv* (bzw. *nicht negativ, negativ, nicht positiv*) *definit*, wenn $\langle A x, x\rangle_n > 0$ (bzw. $\geqq 0$, < 0, $\leqq 0$) ist $(x \neq 0)$.

Geometrische Interpretation. Setzt man $\cos\alpha = \dfrac{\langle A x, x\rangle}{\|A x\| \cdot \|x\|}$ (nach der Schwarzschen Ungleichung ergibt sich für ein reelles Skalarprodukt $\langle A x, x\rangle$ ein reelles α), dann bedeutet die Positivität, daß für jedes x $(x \neq 0)$ der „Winkel“ zwischen x und $A x$ ein spitzer Winkel ist.

3. INVERTIERUNG VON MATRIZEN – THEORIE

3.1. Lineare Unabhängigkeit von Vektoren

3.1.1. *Definition der linearen Unabhängigkeit*

Es sei $\{V_1, V_2, \ldots, V_p\}$ ein System von Vektoren in einem Vektorraum E. Diese Vektoren heißen *linear unabhängig*, wenn die Vektorgleichung

$$\alpha_1 V_1 + \alpha_2 V_2 + \cdots + \alpha_p V_p = 0$$

nur mit identisch verschwindenden Zahlen $\alpha_1, \alpha_2, \ldots, \alpha_p$ erfüllt ist, d. h., es ist offensichtlich unmöglich, einen der Vektoren als Linearkombination der anderen darzustellen.

Beispiele.

1. Ein einzelner Vektor $V \neq 0$ ist immer ein linear unabhängiges „System".
2. Die Vektoren e_1 und e_2 bilden ein System von linear unabhängigen Vektoren im R^2.

3.1.2. *Erzeugendensysteme*

Es sei $\{V_1, V_2, \ldots, V_k\}$ ein aus einer endlichen Anzahl von Vektoren bestehendes System; wir nennen diese Vektoren ein *Erzeugendensystem*, wenn jeder Vektor $X \in E$ als Linearkombination von Vektoren dieses Systems dargestellt werden kann, d. h., wenn es für alle $X \in E$ Zahlen $\lambda_1, \lambda_2, \ldots, \lambda_k$ gibt, so daß folgende Bedingung gilt:

$$X = \lambda_1 V_1 + \lambda_2 V_2 + \cdots + \lambda_k V_k .$$

Beispiel. In R^2 betrachten wir die Vektoren $V_1 = \begin{bmatrix} 1 \\ 1 \end{bmatrix}$, $V_2 = \begin{bmatrix} 1 \\ -1 \end{bmatrix}$, $V_3 = \begin{bmatrix} -1 \\ 1 \end{bmatrix}$; wie man leicht sieht, kann $X = \begin{bmatrix} x_1 \\ x_2 \end{bmatrix}$ dargestellt werden in der Form

$$X = \frac{x_1}{2}(V_1 + V_2) + \frac{x_2}{2}(V_1 + V_3).$$

3.1.3. *Definition der Basis*

Ein System von Vektoren eines Vektorraumes E ist eine *Basis* von E, wenn dieses System ein Erzeugendensystem ist und seine Vektoren linear unabhängig sind.

Beispiel. Die Vektoren der Fundamentalbasis $\{e_1, e_2, \ldots, e_n\}$ des R^n.

Satz. *„Zerlegt" man einen Vektor $X \in E$ bezüglich einer Basis $\mathscr{B} = \{E_1, E_2, \ldots, E_m\}$, d. h., schreibt man $X = x_1E_1 + x_2E_2 + \cdots + x_mE_m$, dann ist das System der Zahlen $x_1, x_2, \ldots, x_m$ eindeutig bestimmt. Diese Zahlen sind die „Komponenten" oder „Koordinaten" von X bezüglich der angegebenen Basis.*

Sind nämlich

$$X = x_1E_1 + x_2E_2 + \cdots + x_mE_m = x_1'E_1 + x_2'E_2 + \cdots + x_m'E_m$$

zwei Zerlegungen von X, so ergibt sich durch Subtraktion

$$0 = (x_1' - x_1)E_1 + (x_2' - x_2)E_2 + \cdots + (x_m' - x_m)E_m;$$

daraus folgt $x_i' = x_i$ für alle i, da die E_i linear unabhängig sind.

3.2. Hauptsatz über die Existenz von Lösungen eines homogenen linearen Systems mit mehr Unbekannten als Gleichungen

3.2.1. *Lineare Gleichungssysteme. Bezeichnungen*

Es sei $A = (a_{ij})$ eine Matrix vom Typ (m, n); gegeben seien ferner ein Spaltenvektor $b = (b_i)$ aus R^m und n Unbekannte $x_1, x_2, \ldots, x_n$. Mit $x_1, x_2, \ldots, x_n$ bilden wir den Spaltenvektor

$$X = \begin{bmatrix} x_1 \\ \vdots \\ x_n \end{bmatrix}.$$

Problemstellung. Es sind Zahlen $x_1, x_2, \ldots, x_n$ (die Unbekannten) zu finden derart, daß $AX = b$ ist, d. h., es ist das lineare System zu lösen, in dem A „die Matrix der linken Seite" und b „die Spalte der rechten Seite" ist. Das Gleichungssystem heißt *homogen*, wenn b der Nullvektor aus R^m ist; in diesem Fall existiert immer die triviale Lösung $X = 0$.

Schreibweise.

1. Matrizenschreibweise: $AX = b$.
2. Explizite Form:

$$m \text{ Gleichungen} \left\{ \begin{array}{l} \overbrace{a_{11}x_1 + a_{12}x_2 + \cdots + a_{1n}x_n}^{n \text{ Unbekannte}} = b_1, \\ a_{21}x_1 + a_{22}x_2 + \cdots + a_{2n}x_n = b_2, \\ \cdots\cdots\cdots\cdots\cdots\cdots \\ a_{m1}x_1 + a_{m2}x_2 + \cdots + a_{mn}x_n = b_m. \end{array} \right.$$

3. Mit $f_i(X)$ bezeichnen wir die Linearform

$$a_{i1}x_1 + a_{i2}x_2 + \cdots + a_{in}x_n - b_i.$$

(Man beachte die Definition einer Linearform!) Damit können wir für das Gleichungssystem schreiben:

$$\begin{aligned} f_1(X) &= 0, \\ f_2(X) &= 0, \\ &\ldots\ldots \\ f_m(X) &= 0. \end{aligned}$$

3.2.2. *Beweis des Hauptsatzes*

Gegeben sei ein homogenes lineares Gleichungssystem (S), das mehr Unbekannte als Gleichungen umfaßt:

$$(\mathrm{S}) \begin{cases} a_{11}x_1 + a_{12}x_2 + \cdots + a_{1n}x_n = 0 = f_1(X), \\ \ldots\ldots\ldots\ldots\ldots\ldots\ldots\ldots \\ a_{m1}x_1 + a_{m2}x_2 + \cdots + a_{mn}x_n = 0 = f_m(X), \end{cases} \qquad (n > m).$$

Über die Angabe eines Berechnungsverfahrens beweisen wir jetzt den

Satz. *Das Gleichungssystem* (S) *besitzt Lösungen, die nicht alle gleich Null sind.*

Den Beweis führen wir durch Induktion über die Anzahl m der Gleichungen:

α) $m = 1, \quad n > 1$ beliebig.

Das System (S) reduziert sich in diesem Fall etwa auf

$$f_1(X) = a_{11}x_1 + a_{12}x_2 + \cdots + a_{1n}x_n = 0 \qquad (n > 1).$$

Wenn alle a_{1i} Null sind, stellt jedes n-Tupel $x_1, x_2, \ldots, x_n$ eine Lösung dar.

Wir setzen nun voraus, daß ein a_{1i} (etwa a_{11}) von Null verschieden sei (notfalls ändere man die Numerierung, um das zu erreichen). Mit $x_2 = \xi_2$, $x_3 = \xi_3, \ldots,$ $x_n = \xi_n$ ($\xi_i \neq 0$, sonst beliebig) und

$$x_1 = -\frac{1}{a_{11}} (a_{12}\xi_2 + a_{13}\xi_3 + \cdots + a_{1n}\xi_n) = \xi_1$$

erhalten wir offensichtlich n Zahlen $\xi_1, \xi_2, \ldots, \xi_n$, so daß $f_1(\xi_1, \xi_2, \ldots, \xi_n) = 0$ ist.

β) Nehmen wir an, der Satz sei für alle Systeme von $m-1$ Gleichungen mit n Unbekannten bewiesen ($n > m - 1$).

Gegeben sei das Gleichungssystem $AX = 0$ ($n > m$). Es kann vorausgesetzt werden, daß nicht alle a_{ij} gleich Null sind; anderenfalls könnten beliebige x_i als Lösung gewählt werden. Es sei etwa $a_{11} \neq 0$ (notfalls ändere man die Numerierung, um das zu erreichen). Ausgehend von

$$(\mathrm{S}) \begin{cases} f_1(X) = 0, \\ \ldots\ldots \\ f_m(X) = 0 \end{cases}$$

bilden wir das Gleichungssystem

$$(\mathrm{S}')\left\{\begin{array}{l} f_1(X) = 0, \\ \left.\begin{array}{l} f_2(X) - \dfrac{a_{21}}{a_{11}} f_1(X) = 0, \\ \dots\dots\dots\dots\dots \\ f_m(X) - \dfrac{a_{m1}}{a_{11}} f_1(X) = 0. \end{array}\right\} (\mathrm{S}'') \end{array}\right.$$

Jede Lösung von (S) ist eine Lösung von (S′) und umgekehrt. Nun besteht (S′) aber aus $f_1(X) = 0$ und (S″), wobei in (S″) die Unbekannte x_1 nicht vorkommt.

Definition. Das Gleichungssystem (S″) erhält man aus (S) durch *Elimination* von x_1.

Das Gleichungssystem (S″) enthält $m - 1$ Gleichungen in $n-1$ Unbekannten. Daher existieren nach Voraussetzung (es ist $n - 1 > m - 1$) Zahlen $\xi_2, \xi_3, \dots, \xi_n$, die nicht alle gleich Null sind und eine Lösung für (S″) darstellen. Die Zahlen

$$\xi_1 = -\frac{1}{a_{11}}(a_{12}\xi_2 + a_{13}\xi_3 + \cdots + a_{1n}\xi_n),\ \xi_2, \xi_3, \dots, \xi_n$$

sind also nicht alle gleich Null und lösen das Gleichungssystem (S). Damit ist der Satz bewiesen.

3.3. Dimension

Satz 1. *Alle Basen des R^m bestehen aus genau m Vektoren. Die Zahl m ist die Dimension von R^m (das gleiche gilt für C^m).*

Es seien in R^m zwei Basen $\mathscr{B} = \{E_1, E_2, \dots, E_p\}$ und $\mathscr{B}' = \{E_1', E_2', \dots, E_q'\}$ gegeben. Nehmen wir an, es sei

$$\begin{array}{l} E_1' = \alpha_{11}E_1 + \alpha_{12}E_2 + \cdots + \alpha_{1p}E_p. \\ \dots\dots\dots\dots\dots\dots\dots \\ E_q' = \alpha_{q1}E_1 + \alpha_{q2}E_2 + \cdots + \alpha_{qp}E_p, \end{array}$$

Unter der Voraussetzung $q > p$ betrachten wir das homogene System

$$(\mathrm{S})\left\{\begin{array}{l} \alpha_{11}x_1 + \alpha_{21}x_2 + \cdots + \alpha_{q1}x_q = 0, \\ \dots\dots\dots\dots\dots\dots\dots \\ \alpha_{1p}x_1 + \alpha_{2p}x_2 + \cdots + \alpha_{qp}x_q = 0. \end{array}\right.$$

Wegen $p < q$ folgt aus dem Satz in 3.2.2. die Existenz von Lösungen $\xi_1, \xi_2, \dots, \xi_q$ für (S), wobei nicht alle ξ_j $(j = 1, 2, \dots, q)$ gleich Null sind.

Damit finden wir aber

$$\xi_1 E_1' + \xi_2 E_2' + \cdots + \xi_q E_q' = 0;$$

das hieße, die Vektoren E_i' wären nicht linear unabhängig. Also ist die Annahme $q > p$ falsch. Es ist $q \leqq p$.

Analog dazu gelangt man zu $p \leqq q$, wenn man von der anderen Basis ausgeht. Also ist $q = p$. In R^m existiert jedoch eine Basis mit m Vektoren – die *Fundamentalbasis*; daher ist $p = q = m$.

Satz 2. *In R^n besteht jedes System von $q = n + p$ Vektoren ($p \geqq 1$) notwendigerweise aus linear abhängigen Vektoren.*

Es sei $\{V_1, V_2, \ldots, V_q\}$, $q > n$ ein solches System und $\mathscr{B} = \{e_1, e_2, \ldots, e_n\}$ eine Basis, also

$$V_i = \sum_{j=1}^{n} \alpha_{ij} e_j = \alpha_{i1} e_1 + \alpha_{i2} e_2 + \cdots + \alpha_{in} e_n \qquad (i = 1, \ldots, n, \ldots, q).$$

Wegen $q > n$ existieren auf Grund des Satzes aus 3.2.2. Zahlen $\lambda_1, \lambda_2, \ldots, \lambda_q$, die nicht alle gleich Null sind, so daß n Gleichungen

$$\begin{array}{l} \lambda_1 \alpha_{11} + \lambda_2 \alpha_{21} + \cdots + \lambda_q \alpha_{q1} = 0, \\ \ldots\ldots\ldots\ldots\ldots\ldots\ldots \\ \lambda_1 \alpha_{1n} + \lambda_2 \alpha_{2n} + \cdots + \lambda_q \alpha_{qn} = 0 \end{array}$$

bestehen. Daraus folgt $\lambda_1 V_1 + \lambda_2 V_2 + \cdots + \lambda_q V_q = 0$.

Folgerungen.

1. Die Dimension n des Vektorraumes R^n (bzw. C^n) ist die Maximalzahl der linear unabhängigen Vektoren in R^n (bzw. C^n).

2. Jedes System von n linear unabhängigen Vektoren stellt eine Basis des R^n dar. Denn sind $V_1, V_2, \ldots, V_n$ linear unabhängige Vektoren und ist X ein beliebiger Vektor, so bilden diese $n + 1$ Vektoren ein linear abhängiges System; es gilt

$$\alpha_{n+1} X + \alpha_1 V_1 + \alpha_2 V_2 + \cdots + \alpha_n V_n = 0$$

mit $\alpha_{n+1} \neq 0$ (anderenfalls wären die V_i nicht unabhängig). Also ist

$$X = \lambda_1 V_1 + \lambda_2 V_2 + \cdots + \lambda_n V_n \qquad \left(\lambda_i = \frac{-\alpha_i}{\alpha_{n+1}}\right).$$

Es handelt sich hierbei um ein linear unabhängiges Erzeugendensystem, also um eine Basis.

3.4. Isomorphie des R^n (bzw. C^n) zu jedem Vektorraum über R (bzw. C) von endlicher Dimension n

Es sei E ein Vektorraum über R (oder C). Die Dimension von E heißt *endlich*, wenn E eine aus n Vektoren bestehende Basis $\mathscr{B} = \{E_1, E_2, \ldots, E_n\}$ besitzt. Unter Berücksichtigung von Satz 1 aus 3.3. kann man sagen, daß dann jede Basis von E aus n Vektoren besteht.

Wenn E eine endliche Dimension n besitzt und wir eine Basis $\mathscr{B} = \{E_1, E_2, \ldots, E_n\}$ wählen, dann ordnen wir offenbar jedem Vektor $x \in E$ die Spalte

$$X = \begin{bmatrix} x_1 \\ \vdots \\ x_n \end{bmatrix} \in R^n \quad (\text{oder } C^n)$$

seiner Komponenten bezüglich $\mathscr{B}$ zu: $x_1 E_1 + x_2 E_2 + \cdots + x_n E_n$.

Es sei

$$\varphi\colon x \to \begin{bmatrix} x_1 \\ \vdots \\ x_n \end{bmatrix}$$

die so definierte Abbildung von E in R^n. Man stellt mühelos fest, daß die Abbildung φ umkehrbar eindeutig und linear ist, d. h., es gilt

$$\varphi(x + x') = X + X', \qquad \varphi(\lambda x) = \lambda X.$$

Die Abbildung φ ist daher ein Isomorphismus.

3.5. Umkehrbarkeit einer linearen Abbildung von R^n in R^m (bzw. von C^n in C^m)

Es sei f eine lineare Abbildung von R^n in R^m (Abb. 3.1), $\mathscr{B} = \{e_1, e_2, \ldots, e_n\}$ die Fundamentalbasis von R^n und

$$X = \begin{bmatrix} x_1 \\ \vdots \\ x_n \end{bmatrix} \in R^n.$$

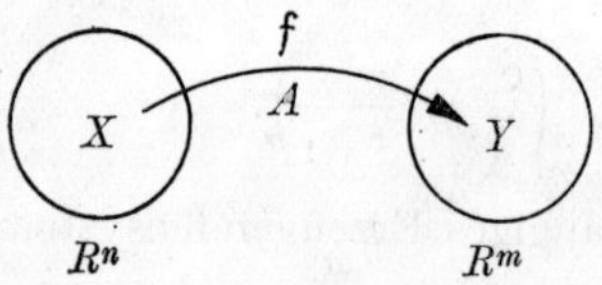

Abb. 3.1

Offensichtlich durchläuft $f(X) = x_1 f(e_1) + x_2 f(x_2) + \cdots + x_n f(e_n)$ die Menge der Vektoren aus R^m von der Gestalt $x_1 f(e_1) + x_2 f(e_2) + \cdots + x_n f(e_n)$. Im allgemeinen ist diese Menge von R^m verschieden (es handelt sich dabei um einen Unterraum von R^m, der durch die Vektoren $f(e_j)$ erzeugt wird). Damit diese Menge mit R^m zusammenfällt, ist notwendig und hinreichend, daß $\{f(e_j)\}$ ein Erzeugendensystem des R^m darstellt. Die Abbildung f ist also genau dann eine Abbildung von R^n auf R^m, wenn $\{f(e_j)\}$ ein Erzeugendensystem des R^m ist. Nehmen wir an, das wäre der Fall. Unter welcher Bedingung entspricht bei dieser Voraussetzung einem beliebigen Element Y aus R^m nur ein Element aus R^n?

1. Es sei $X \neq X' \xrightarrow{f} Y$, d. h., es mögen zwei verschiedene Elemente aus R^n bei f dasselbe Bild Y haben:

$$X = \begin{bmatrix} x_1 \\ \vdots \\ x_n \end{bmatrix}, \quad X' = \begin{bmatrix} x'_1 \\ \vdots \\ x'_n \end{bmatrix} \xrightarrow{f} \begin{aligned} Y &= x_1 f(e_1) + x_2 f(e_2) + \cdots + x_n f(e_n) \\ &= x'_1 f(e_1) + x'_2 f(e_2) + \cdots + x'_n f(e_n). \end{aligned}$$

Dann ist

$$f(e_1)(x'_1 - x_1) + f(e_2)(x'_2 - x_2) + \cdots + f(e_n)(x'_n - x_n) = 0,$$

woraus folgt, daß die Vektoren $f(e_j)$ nicht linear unabhängig sind.

2. Nehmen wir an, die Vektoren $f(e_j)$ seien nicht linear unabhängig. Dann existieren n Zahlen $\alpha_1, \alpha_2, \ldots, \alpha_n$, die nicht alle gleich Null sind derart, daß

$$\alpha_1 f(e_1) + \alpha_2 f(e_2) + \cdots + \alpha_n f(e_n) = 0$$

ist. Es sei $Y = x_1 f(e_1) + x_2 f(e_2) + \cdots + x_n f(e_n)$. Betrachten wir nun den Vektor

$$X' = \begin{bmatrix} x_1 + \alpha_1 \\ \vdots \\ x_n + \alpha_n \end{bmatrix},$$

so ist klar, daß $X \neq X'$ ist und

$$\begin{aligned} f(X') &= (x_1 + \alpha_1) f(e_1) + \cdots + (x_n + \alpha_n) f(e_n) \\ &= \big(x_1 f(e_1) + \cdots + x_n f(e_n)\big) + \big(\alpha_1 f(e_1) + \cdots + \alpha_n f(e_n)\big) \\ &= f(X) = Y. \end{aligned}$$

Damit also einem Y nur ein X mit $f(X) = Y$ entspricht, ist notwendig und hinreichend, daß die Vektoren $f(e_j)$ linear unabhängig sind.

Folgerung. Die Abbildung f ist genau dann umkehrbar, wenn die Vektoren $f(e_j)$ eine Basis von R^m bilden und wenn nach dem weiter oben Gesagten $m = n$ ist.

Satz. *Eine lineare Abbildung f von R^n in R^m ist genau dann umkehrbar, wenn $m = n$ ist und wenn die n Vektoren $f(e_j)$ eine Bais von R^m bilden.*

Die der Abbildung f entsprechende Matrix A ist daher notwendigerweise quadratisch, und ihre Spalten sind linear unabhängig.

3.6. Linearität der inversen Abbildung einer umkehrbaren linearen Abbildung. Inverse Matrix

Wir nehmen an, die Abbildung f von R^n auf R^n sei umkehrbar. Wenn $Y \in R^n$ ist, entspricht dem Vektor Y bei f^{-1} der Vektor $X = f^{-1}(Y) \in R^n$ eindeutig, so daß

$$Y = x_1 f(e_1) + x_2 f(e_2) + \cdots + x_n f(e_n) \tag{1}$$

ist; einem Element Y' entspricht X' mit

$$Y' = x_1' f(e_1) + x_2' f(e_2) + \cdots + x_n' f(e_n). \tag{2}$$

Gliedweise Addition von (1) und (2) ergibt

$$Y + Y' = (x_1 + x_1') f(e_1) + \cdots + (x_n + x_n') f(e_n);$$

es ist also

$$f^{-1}(Y + Y') = X + X' = f^{-1}(Y) + f^{-1}(Y').$$

Ebenso erhalten wir bei Multiplikation von (1) mit λ

$$\lambda Y = (\lambda x_1) f(e_1) + \cdots + (\lambda x_n) f(e_n),$$

woraus

$$f^{-1}(\lambda Y) = \lambda X = \lambda f^{-1}(Y)$$

folgt. Die inverse Abbildung f^{-1} ist linear.

Definition. Die Abbildung f^{-1} kann durch eine quadratische Matrix aus $\mathcal{M}_{(n,n)}$ definiert werden — die *inverse Matrix* (*Inverse*) zu A. Diese Matrix wird mit A^{-1} bezeichnet.

Es sei bemerkt, daß

$$f(f^{-1}(Y)) = Y$$

ist analog der Beziehung

$$f^{-1}(f(X)) = X.$$

Satz. *Zu jeder quadratischen Matrix A, deren n Spalten linear unabhängig sind, existiert eine mit A^{-1} bezeichnete Matrix, so daß $A^{-1}A = AA^{-1} = I$ ist. Die Matrix A^{-1} ist die Inverse zu A.*

Eindeutigkeit. Ist A' eine Matrix, für die $A'A = I$ gilt, dann ist $A'(AA^{-1}) = A^{-1}$, d. h., es ist $A' = A^{-1}$. Für eine Matrix A'' mit $AA'' = I$ folgt aus $A^{-1}AA'' = A^{-1}$ die Beziehung $A^{-1} = A''$.

Beispiel. Es sei H eine quadratische Matrix, $H^2 = 0$. Dann ist

$$(I + H)(I - H) = I^2 + H - H - H^2 = I;$$

wir erhalten also

$$(I + H)^{-1} = I - H.$$

3.7. Indikator der linearen Unabhängigkeit

Gegeben sei ein System $\{A_1, A_2, \ldots, A_k, \ldots, A_n\}$ von n Vektoren des R^n (oder C^n), das auch in Form einer Matrix A geschrieben werden kann. Diesem System wird eine Zahl $F(A_1, A_2, \ldots, A_n) \in R$ (oder C) zugeordnet. Wir erhalten damit eine Funktion F von n vektoriellen Veränderlichen (bzw. eine Funktion der Matrix A).

Definition. Die Funktion F wird als *Indikator* bezeichnet, wenn sie die folgenden beiden Eigenschaften besitzt:

(I1) F ist bezüglich jedes vektoriellen Argumentes linear, d. h., für beliebige k gilt

α) $F(A_1, \ldots, A_k + A_k', \ldots, A_n)$
$= F(A_1, \ldots, A_k, \ldots, A_n) + F(A_1, \ldots, A_k', \ldots, A_n)$,

β) $F(A_1, \ldots, \lambda A_k, \ldots, A_n) = \lambda F(A_1, \ldots, A_k, \ldots, A_n)$.

(I2) $F(A_1, \ldots, A_k, A_{k+1}, \ldots, A_n) = 0$ für $A_k = A_{k+1}$.

Wir übergehen vorläufig die Frage, wie solche Indikatoren explizit angegeben werden können. Zunächst wollen wir einige Eigenschaften anführen, die von einer derartigen Funktion notwendigerweise erfüllt werden:

Ia) Für $\lambda = 0$ ergibt sich aus I1 β) die Gleichung $F(A_1, \ldots, 0, \ldots, A_n) = 0$. Wenn einer der Vektoren gleich Null ist, ist der Indikator gleich Null.

Ib) In $F(A_1, \ldots, A_k, \ldots, A_n)$ ersetzen wir A_k durch $A_k + \lambda A_{k+1}$. Aus den Eigenschaften (I1) und (I2) folgt, daß sich der Indikator nicht ändert, wenn zu einem Vektor das λ-fache des folgenden Vektors addiert wird. (Das gleiche gilt, wenn A_{k+1} durch $\lambda A_k + A_{k+1}$ ersetzt wird.)

Ic) Gegeben seien die beiden Vektoren A_k, A_{k+1}; sie werden ersetzt durch A_k, $A_{k+1} + A_k$, danach durch $A_k - (A_{k+1} + A_k)$, $A_{k+1} + A_k$ und schließlich durch $-A_{k+1}, A_k$; auf Grund der Eigenschaften Ib) und I1 β) ist

$$F(A_1, \ldots, A_k, A_{k+1}, \ldots, A_n) = -F(A_1, \ldots, A_{k+1}, A_k, \ldots, A_n).$$

Beim Vertauschen zweier benachbarter Vektoren ändert sich das Vorzeichen des Indikators.

Id) Wir nehmen an, zwei Spaltenvektoren seien gleich:

$$A_i = A_j;$$

bei Vertauschung von zwei aufeinanderfolgenden Spalten ändert sich nach Ic) jeweils nur das Vorzeichen des Indikators; bringen wir also A_j auf die A_i vorangehende oder folgende Stelle, so finden wir

$$F(A_1, \ldots, A_i, \ldots, A_j, \ldots, A_n) = \pm F(A_1, \ldots, A_i, A_j, \ldots, A_n) = 0.$$

Ie) Analog wie in Ic) beweist man, daß sich durch Addition des Vielfachen einer Spalte zu einer beliebigen Spalte der Wert des Indikators nicht ändert.

If) Wenn man zwei beliebige Spalten vertauscht, verändert man das Vorzeichen des Indikators. Es seien etwa die Spalten A_i und A_{i+p} $(p > 1)$ zu vertauschen:

$$F(A_1, \ldots, A_i, A_{i+1}, \ldots, A_{i+p}, \ldots, A_n).$$

Durch $p - 1$ Vertauschungen von zwei aufeinanderfolgenden Spalten gelangt A_{i+p} an die $(i + 1)$-te Stelle; dem entsprechen $p - 1$ Zeichenwechsel. Nochmaliges Vertauschen bringt A_{i+p} an die i-te Stelle und A_i an die $(i + 1)$-te Stelle.

Vermittels $p - 1$ weiterer Vertauschungen gelangt A_i an die $(i + p)$-te Stelle, was noch einmal $p - 1$ Zeichenwechsel ergibt. Insgesamt haben wir also $p - 1 + 1 + p - 1 = 2p - 1$ Zeichenwechsel, was einem Zeichenwechsel entspricht.

Ig) Es sei $V: i \to V_i$ eine Permutation der Indexmenge $N = \{1, 2, \ldots, n\}$, d. h. eine umkehrbar eindeutige Abbildung von N auf sich. Das Bild von N bei V sei $V(N) = \{V_1, V_2, \ldots, V_n\}$. Hierbei sind V_i die Zahlen von 1 bis n in einer gewissen Ordnung. Es ist klar, daß man die Zahlen $\{V_1, V_2, \ldots, V_n\}$ wieder in die natürliche Ordnung $\{1, 2, \ldots, n\}$ überführen kann. Das erreicht man z. B. dadurch, daß man in einer gewissen Anzahl von Schritten jeweils zwei Indizes vertauscht.

Beispiel. $\{2, 4, 3, 1\}$ ergibt $\{2, 4, 1, 3\}$ bei Vertauschung von 1 und 3, danach $\{2, 1, 4, 3\}$ bei Vertauschung von 1 und 4, danach $\{1, 2, 4, 3\}$ bei Vertauschung von 1 und 2, danach $\{1, 2, 3, 4\}$ bei Vertauschung von 3 und 4.

Definition. Eine Permutation t_{ij}: $k \in N \to t_{ij}(k) \in N$ $(i \neq j)$, die zwei Elemente i, j vertauscht,

$$t_{ij}(k) = k, \qquad \text{für } k \neq i,\ k \neq j,$$
$$t_{ij}(i) = j,$$
$$t_{ij}(j) = i,$$

heißt *Transposition.*

Nach der weiter oben gemachten Bemerkung ist $\{V_1, V_2, \ldots, V_n\}$ das Bild von N bei der Nacheinanderausführung verschiedener Transpositionen. Jede Permutation V ist also das Produkt (im Sinne der Komposition von Abbildungen) einer endlichen Anzahl von Transpositionen:

$$V = t_{i_1 j_1} \circ t_{i_2 j_2} \circ \cdots \circ t_{i_p j_p}. \tag{1}$$

Satz 1. *Jede Permutation kann auf unendlich viele Arten als Produkt einer endlichen Anzahl von Transpositionen t_{ij} geschrieben werden; die Anzahl p der Transpositionen bleibt dabei jedoch stets entweder gerade oder ungerade.*

Das heißt, die Menge aller Permutationen V zerfällt in zwei Klassen: die *geraden* Permutationen (die einer geraden Anzahl von Transpositionen entsprechen) und die *ungeraden* Permutationen (die einer ungeraden Anzahl von Transpositionen entsprechen).

Wir betrachten n reelle Zahlen $x_1 < x_2 < \cdots < x_n$ und bilden das Produkt $f(x_1, x_2, \ldots, x_n)$ aller Differenzen, wie sie in dem Schema auf Seite 61 zusammengestellt sind $(i < j)$. Dieses Produkt $f(x_1, \ldots, x_i, \ldots, x_j, \ldots, x_n)$ ist nach Konstruktion größer als Null. Beim Vertauschen von x_i und x_j ändert sich das Produkt. Man sieht sogleich, daß die Teile $\boxed{A}$ und $\boxed{A'}$, $\boxed{B}$ und $\boxed{B'}$ vertauscht werden. Der Term $x_j - x_i$ geht über in $x_i - x_j$, wird also negativ. Die Teile $\boxed{C}$ und $\boxed{C'}$ ändern jeder $(j - i - 1)$-mal alle Vorzeichen. Wenn man also in $f(x_1, x_2, \ldots, x_n)$ die Zahlen x_i und x_j miteinander vertauscht, ändert sich das Vorzeichen des Wertes von f. Diese Eigenschaft von f nutzen wir aus, um Satz 1 zu beweisen.

$$
\begin{array}{lllll}
 & \boxed{\mathrm{A}} & & \boxed{\mathrm{A}'} & \\
(x_2-x_1)\,(x_3-x_1)\cdots & (x_i-x_1) & (x_{i+1}-x_1)\cdots(x_{j-1}-x_1) & (x_j-x_1) & (x_{j+1}-x_1)\cdots(x_n-x_1) \\
\qquad\qquad\;\;(x_3-x_2)\cdots & (x_i-x_2) & (x_{i+1}-x_2)\cdots(x_{j-1}-x_2) & (x_j-x_2) & (x_{j+1}-x_2)\cdots(x_n-x_2) \\
 & \vdots & \vdots & \vdots & \vdots \\
 & (x_i-x_{i-1}) & (x_{i+1}-x_{i-1})\cdots(x_{j-1}-x_{i-1}) & (x_j-x_{i-1}) & (x_{j+1}-x_{i-1})\cdots(x_n-x_{i-1}) \\
 & & \boxed{\mathrm{C}} & & \boxed{\mathrm{B}} \\
 & & (x_{i+1}-x_i)\cdots(x_{j-1}-x_i) & (x_j-x_i) & (x_{j+1}-x_i)\cdots(x_n-x_i) \\
 & & & \boxed{\mathrm{C}} & \\
 & & & (x_j-x_{i+1}) & (x_{j+1}-x_{i+1})\cdots(x_n-x_{i+1}) \\
 & & & \vdots & \vdots \qquad\qquad\quad \vdots \\
 & & & (x_j-x_{j-1}) & (x_{j+1}-x_{j-1})\cdots(x_n-x_{j-1}) \\
 & & & & \boxed{\mathrm{B}'} \\
 & & & & (x_{j+1}-x_j)\cdots(x_n-x_j) \\
 & & & & \qquad\qquad\qquad\quad \vdots \\
 & & & & \qquad\qquad\quad (x_n-x_{n-1})
\end{array}
$$

Es sei V eine Permutation, und wir nehmen an, es sei

$$V = t_1 \circ t_2 \circ \cdots \circ t_p = t'_1 \circ t'_2 \circ \cdots \circ t'_q,$$

wobei t_i, t'_i Transpositionen sind. Wir bilden $f(x_{V_1}, x_{V_2}, \ldots, x_{V_n})$. Das System $\{V_1, V_2, \ldots, V_n\}$ erhält man, indem man t_p anwendet, d. h., indem man zwei Zahlen x_i, x_j vertauscht, darauf t_{p-1}, usw. Es ergibt sich schließlich

$$f(x_{V_1}, x_{V_2}, \ldots, x_{V_n}) = (-1)^p f(x_1, x_2, \ldots, x_n) \neq 0$$

bzw.

$$f(x_{V_1}, x_{V_2}, \ldots, x_{V_n}) = (-1)^q f(x_1, x_2, \ldots, x_n) \neq 0,$$

d. h., p und q sind entweder beide gerade oder ungerade, was zu beweisen war.

Wir wenden das soeben gewonnene Ergebnis auf den Indikator F an. Es sei V eine Permutation. Dann ist

$$F(A_{V_1}, A_{V_2}, \ldots, A_{V_n}) = (-1)^p F(A_1, A_2, \ldots, A_n).$$

Das Vorzeichen hängt nicht von den Vektoren, sondern allein von der Permutation ab. Es ist $p = 0$ (oder gerade), wenn die Permutation gerade ist, $p = 1$ (oder ungerade), wenn die Permutation ungerade ist.

Ih) Es sei B eine Matrix aus $\mathcal{M}_{(n,n)}$ mit den Elementen (b_{ij}), und es sei A die Matrix aus $\mathcal{M}_{(n,n)}$ mit den Spalten $(A_{.1}, A_{.2}, \ldots, A_{.n})$ und den Elementen (a_{ij}).

Wir bilden $A' = AB$. Bekanntlich ist $a'_{ij} = \sum_{k=1}^{n} a_{ik} b_{kj}$; folglich kann man schreiben:

$$A'_{.j} = \sum_{k=1}^{n} A_{.k} b_{kj} \quad (A'_{.j} \text{ bezeichnet die } j\text{-te Spalte von } A').$$

Nun bilden wir

$$F(A'_{.1}, \ldots, A'_{.n}) = F\left(\sum_{k=1}^{n} A_{.k} b_{k1}, \ldots, \sum_{k=1}^{n} A_{.k} b_{k2}, \ldots, \sum_{k=1}^{n} A_{.k} b_{kn}\right).$$

Auf Grund der weiter oben aufgezählten Eigenschaften kann dieser Ausdruck in eine Summe von n^n Gliedern der Form

$$F(A_{.k_1} b_{k_1 1}, A_{.k_2} b_{k_2 2}, \ldots, A_{.k_n} b_{k_n n})$$

zerlegt werden, d. h., er ist von der Gestalt

$$b_{k_1 1} b_{k_2 2} \cdots b_{k_n n} F(A_{.k_1}, A_{.k_2}, \ldots, A_{.k_n}),$$

wobei die Menge $\{k_1, k_2, \ldots, k_n\}$ eine aus $\{1, 2, \ldots, n\}$ hervorgehende Menge von n Zahlen ist (es gibt n^n solche Mengen). Sobald nun zwei Indizes k_i und k_j gleich sind, ist nach Id) das Ergebnis Null, weshalb nur $n!$ Glieder der Form

$$b_{v_1 1} b_{v_2 2} \cdots b_{v_n n} F(A_{.v_1}, A_{.v_2}, \ldots, A_{.v_n})$$

von Null verschieden sind; v_i ist hier eine Permutation der Indexmenge $\{1, 2, \ldots, n\}$.

Auf Grund von Ig) kann die Summe allgemein in der Form

$$\sum_v (-1)^{P(v_1,\ldots,v_n)} b_{v_1 1} \cdots b_{v_n n} F(A_{.1}, \ldots, A_{.n})$$

geschrieben werden; hierbei wird die Summation über alle Permutationen von $N = \{1, 2, \ldots, n\}$ erstreckt.

Folgerung. Es ist

$$F(A') = F(A_{.1}, A_{.2}, \ldots, A_{.n}) \Big(\sum_v (-1)^{P(v_1,\ldots,v_n)} b_{v_1 1} b_{v_2 2} \cdots b_{v_n n}\Big);$$

daraus folgt

$$F(AB) = F(A) \Big(\sum_v (-1)^{P(v)} b_{v_1 1} b_{v_2 2} \cdots b_{v_n n}\Big). \tag{2}$$

Ii) Angenommen, A sei die Einheitsmatrix I_n. Aus (2) ergibt sich

$$F(B) = F(I) \cdot \sum_v (-1)^{P(v)} b_{v_1 1} b_{v_2 2} \cdots b_{v_n n}.$$

Alle Indikatoren haben also die Gestalt

$$F(B) = C \cdot \sum_v (-1)^{P(v)} b_{v_1 1} b_{v_2 2} \cdots b_{v_n n}.$$

Definition. Als *Determinante einer quadratischen Matrix A* wird ein Indikator $D(A)$ bezeichnet, für den $D(I) = +1$ ist.

Satz 2. *Aus dem Vorhergehenden folgt: Falls eine derartige Determinante existiert, dann gilt*

$$D(A) = \sum_v (-1)^{P(v)} a_{v_1 1} a_{v_2 2} \cdots a_{v_n n}, \tag{3}$$

$$D(AB) = D(A) D(B). \tag{4}$$

Für jeden Indikator F ist

$$F(AB) = F(A) D(B). \tag{5}$$

3.8. Eigenschaften der Determinanten

1. Nach 3.7., Satz 2, Formel (3), ist $D(A)$ eine Linearform bezüglich der Elemente a_{ij} ($j = 1, \ldots$) einer Zeile i; denn in jedem der $n!$ Glieder von (3) kommt immer genau ein Element der Gestalt a_{ij} vor (i nimmt einen der Werte $v_1, v_2, \ldots, v_n$ an).

Man kann schreiben:

$$D(A) = a_{i1} L_{i1} + a_{i2} L_{i2} + \cdots + a_{in} L_{in}.$$

In diesem Ausdruck hängt L_{ik} nicht mehr von den Elementen der i-ten Zeile ab. Wenn $D(A)$ also als eine Funktion des i-ten Zeilenvektors von A aufgefaßt wird, dann können wir sagen:

(P_1') $D(A)$ ist eine lineare Funktion eines bestimmten Zeilenvektors.

2. Es sei A gegeben; es ist

$$E_{ij}A = \begin{bmatrix} 0 & 0 \dots 0 \\ 0 & 0 \dots 0 \\ \hline a_{j1} & a_{j2} \dots a_{jn} \\ \hline 0 & 0 \dots 0 \\ \vdots & \vdots \quad \vdots \\ 0 & 0 \dots 0 \end{bmatrix} \leftarrow i\text{-te Zeile}$$

(vgl. 1.2.4.2.). Ist also

$$A' = A - E_{i+1,i+1}A + E_{i+1,i}A,$$

dann ist

$$A' = (I - E_{i+1,i+1} + E_{i+1,i})A$$

eine Matrix, in der die i-te und die $(i + 1)$-te Zeile übereinstimmen. Für die Determinante ergibt sich daraus

$$D(A') = D(A)D(I - E_{i+1,i+1} + E_{i+1,i}).$$

Nun ist aber

$$\begin{matrix} & (i+1)\text{-te Spalte} \\ & \downarrow \end{matrix}$$

$$I - E_{i+1,i+1} + E_{i+1,i} = \begin{bmatrix} 1 & \cdots & & 0 & \cdots & 0 \\ 0 & 1 & & \vdots & & \vdots \\ \vdots & & \ddots\, 1 & \vdots & & \vdots \\ 0 & \cdots & 0\;1 & 0 & \cdots & 0 \\ \vdots & & & \vdots\; 1 & \ddots & \vdots \\ 0 & \cdots & & 0 & \cdots & 1 \end{bmatrix} \leftarrow (i+1)\text{-te Zeile}$$

d. h., die $(i + 1)$-te Spalte ist die Nullspalte. Also ist $D(A') = 0$.

(P_2') Stimmen in A zwei aufeinanderfolgende Zeilen überein, so ist $D(A) = 0$.

Folgerung. Für eine Matrix A treffen wir folgende Zuordnung:

$$A \xrightarrow{F'} D(A^{\mathsf{T}}) = F'(A).$$

Auf Grund der Eigenschaften (P_1') und (P_2') ist $F'(A)$ offenbar ein Indikator:

(1) Linearität bezüglich der Spalten von A;

(2) $F'(A) = 0$, wenn zwei aufeinanderfolgende Spalten von A gleich sind.

Daher ist $F'(A) = F'(I)D(A)$; nun ist aber $F'(I) = D(I^{\mathsf{T}}) = D(I) = 1$.

Satz. *Es ist* $D(A) = D(A^{\mathsf{T}})$.

3.9. Existenz und Konstruktion von Determinanten

Gegeben sei eine Matrix $A = (a_{ij})$ aus $\mathcal{M}_{(n,n)}$. Wir haben im Vorhergehenden bewiesen: Wenn eine Funktion $D(A)$ mit den Eigenschaften (P_1'), (P_2') und (P_3): $D(I) = 1$ existiert, dann ist sie notwendigerweise durch Formel (3) aus Satz 2 von 3.7. bestimmt.

Bisher wurde noch nicht gezeigt, daß diese Funktion die oben angegebenen Eigenschaften wirklich besitzt. Den Beweis dafür führen wir durch Induktion nach der Ordnung n der Matrix A (ein direkter Beweis sei dem Leser als Übungsaufgabe empfohlen!).

1. $A \in \mathcal{M}_{(1,1)} = (a)$; aus 3.7., Formel (3), ergibt sich $D(A) = a$. Offensichtlich sind die drei Eigenschaften erfüllt.

2. Wir setzen jetzt die Existenz von Determinanten für Matrizen aus $\mathcal{M}_{(n-1,n-1)}$ voraus.

Streichen wir in A die i-te Zeile und die j-te Spalte, so erhalten wir eine Matrix vom Typ $(n-1, n-1)$:

$$\begin{bmatrix} a_{11} & \cdots\cdots & a_{1n} \\ \vdots & | & \\ \hline & a_{ij} & \\ \vdots & | & \\ a_{n1} & \cdots\cdots & a_{nn} \end{bmatrix} \leftarrow i\text{-te Zeile.}$$

(j-te Spalte ↓)

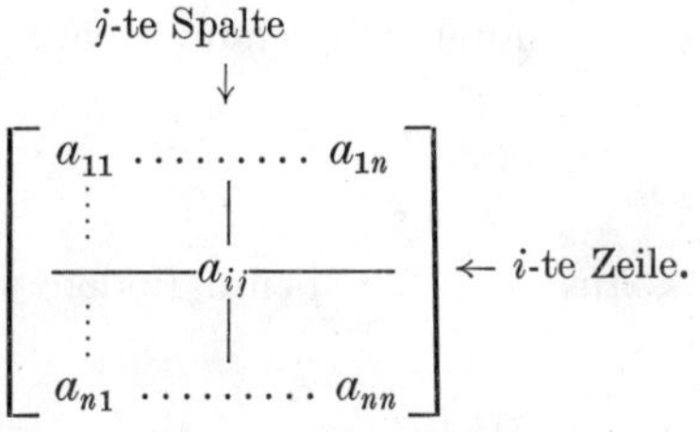

Es sei Δ_{ij} die Determinante dieser Matrix (die nach Voraussetzung existiert); Δ_{ij} ist der a_{ij} entsprechende Minor. Wir setzen nun $A_{ij} = (-1)^{i+j} \Delta_{ij}$; A_{ij} ist der *Kofaktor* von a_{ij}. Sein Wert ist von den Elementen der i-ten Zeile und der j-ten Spalte von A unabhängig. Es sei

$$D'(A) = a_{i1}A_{i1} + a_{i2}A_{i2} + \cdots + a_{in}A_{in}.$$

Wählen wir nun eine Spalte von A, etwa A_k (die k-te Spalte), so ist klar, daß $A_{i\nu}$ für $\nu \neq k$ nach Voraussetzung eine lineare Funktion der k-ten Spalte von A ist. Ebenso ist $a_{ik}A_{ik}$ eine lineare Funktion der k-ten Spalte; (P_1') ist also erfüllt.

Wir nehmen an, in der Matrix A seien die Spalten A_k und A_{k+1} gleich. Für $\nu \neq k$, $\nu \neq k+1$ ist nach Voraussetzung $A_{i\nu} = 0$. Ein Vergleich von A_{ik} und $A_{i,k+1}$ zeigt, daß die Determinanten Δ_{ik} und $\Delta_{i,k+1}$ übereinstimmen; also ist $A_{ik} = -A_{i,k+1}$, und wegen $a_{ik} = a_{i,k-1}$ ist $D'(A) = 0$.

Es sei schließlich $A = I$, d. h. $a_{i\nu} = 0$ für $\nu \neq i$; in diesem Fall reduziert sich $D'(A)$ auf $a_{ii}A_{ii} = 1 \cdot (-1)^{2i} \Delta_{ii}$; nach Voraussetzung ist aber $\Delta_{ii} = 1$.

Somit ist also

$$D'(A) = a_{i1}A_{i1} + a_{i2}A_{i2} + \cdots + a_{in}A_{in} = D(A).$$

3.10. Formeln und Definitionen

Es sei $A = (a_{ij})$ eine quadratische Matrix vom Typ (n, n).

Definition. Die Matrix $A^D = (A_{ij})$ (deren allgemeines Glied $a_{ij}^D = A_{ij}$ der Kofaktor von a_{ij} in der Matrix A ist) heißt die *Adjungierte* von A. Es ist

$$A_{ij} = (-1)^{i+j}\Delta_{ij} \qquad (\Delta_{ij} \text{ Minor von } a_{ij}).$$

Bemerkung. Wählen wir eine Zeile $(a_{i1}, a_{i2}, \ldots, a_{in})$ von A und eine Zeile $(A_{k1}, A_{k2}, \ldots, A_{kn})$ von A^D und bilden $a_{i1}A_{k1} + a_{i2}A_{k2} + \cdots + a_{in}A_{kn}$, dann lassen sich folgende Fälle unterscheiden:

1. Für $k = i$ ergibt sich $D(A)$.

2. Für $k \neq i$ erhält man die Entwicklung einer Determinante nach ihrer k-ten Zeile, die in der k-ten Zeile dieselben Elemente enthält wie in der i-ten Zeile; es ergibt sich also Null.

Wir können somit schreiben:

$$a_{i1}A_{k1} + a_{i2}A_{k2} + \cdots + a_{in}A_{kn} = \delta_{ik}D(A)$$

(δ_{ik} ist das Kroneckersymbol), woraus sich unter Verwendung von $(A^D)^\mathsf{T}$ in Matrizenschreibweise zusammenfassend

$$A(A^D)^\mathsf{T} = D(A)I$$

ergibt (I bezeichnet die Einheitsmatrix aus $\mathcal{M}_{(n,n)}$). Ebenso finden wir unter Beachtung von $D(A) = D(A^\mathsf{T})$

$$a_{1i}A_{1k} + a_{2i}A_{2k} + \cdots + a_{ni}A_{nk} = \delta_{ik}D(A) \tag{1}$$

bzw. in Matrizenschreibweise

$$(A^D)^\mathsf{T}A = D(A)I. \tag{2}$$

3.11. Notwendige und hinreichende Bedingungen für die Invertierbarkeit einer Matrix A aus $\mathcal{M}_{(n,n)}$

Die notwendigen und hinreichenden Bedingungen für die Invertierbarkeit einer Matrix $A \in \mathcal{M}_{(n,n)}$ sind in Abb. 3.2 zusammengestellt.

1. Wie wir gesehen haben, ist die lineare Unabhängigkeit der n Spalten einer Matrix A notwendig und hinreichend dafür, daß A invertierbar ist; die Implikationen *1* und *1'* gelten also.

2. Wenn die Spalten von A linear abhängig sind, ist eine von ihnen, etwa $A_{.k}$, eine Linearkombination der übrigen:

$$A_{.k} = \lambda_1 A_{.1} + \cdots + \lambda_{k-1}A_{.k-1} + \lambda_{k+1}A_{.k+1} + \cdots + \lambda_n A_{.n}.$$

Auf Grund der Eigenschaften (P) ist daher $D(A) = 0$. Wenn $D(A) \neq 0$ ist, sind die Spalten von A notwendig linear unabhängig, woraus sich die Implikation *2'* ergibt.

3. Ist A umkehrbar, so existiert eine Matrix A^{-1}, so daß $AA^{-1} = I$ ist. Damit finden wir

$$D(A)D(A^{-1}) = D(I) = 1,$$

woraus $D(A) \neq 0$ folgt. Also gilt *3'*.

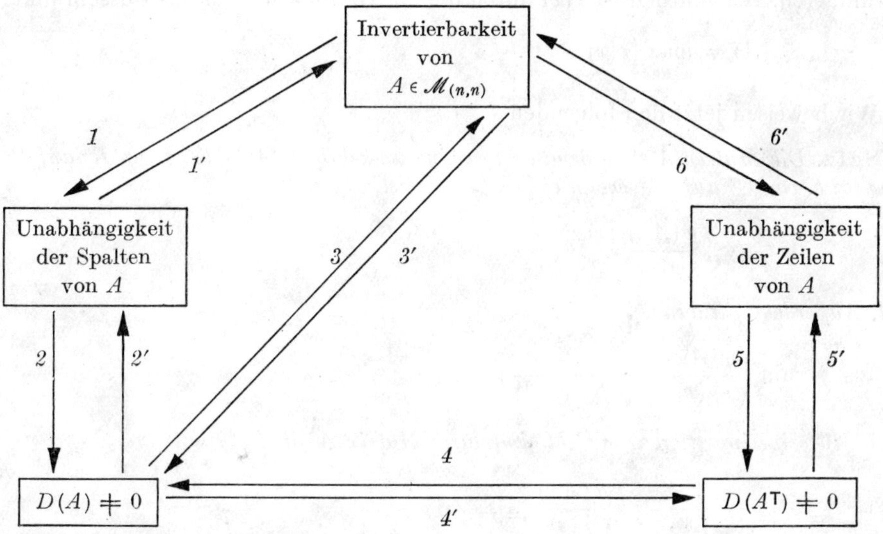

Abb. 3.2

Aus dem „Zyklus" *1' 2' 3'* von Implikationen leitet man die Implikationen *2* und *3* ab; unter Beachtung von $D(A) = D(A^\mathsf{T})$ gelangt man insbesondere zu den Implikationen *4, 4'*; *5, 5'*; *6, 6'*.

Satz. *Die fünf Aussagen der Abb.* 3.2 *stellen notwendige und hinreichende Bedingungen für die Invertierbarkeit von* $A \in \mathcal{M}_{(n,n)}$ *dar.*

Ist $D(A) \neq 0$, so folgt mit den Formeln (1) und (2) aus 3.10.

$$A \frac{1}{D(A)} (A^D)^\mathsf{T} = \frac{1}{D(A)} (A^D)^\mathsf{T} A = I.$$

Damit erhalten wir für die Inverse der Matrix A den Ausdruck

$$A^{-1} = \frac{1}{D(A)} (A^D)^\mathsf{T}.$$

3.12. Invertierbarkeit und Norm

In R^n (oder C^n) sei eine Norm φ definiert. Eine notwendige und hinreichende Bedingung für die Invertierbarkeit einer Matrix A läßt sich vermittels einer Eigenschaft des Quotienten

$$r(x) = \frac{\varphi(Ax)}{\varphi(x)}$$

formulieren. Bekanntlich ist $r(x)$ durch die Matrizennorm nach oben beschränkt:

$$S_{\varphi\varphi}(A) = \max_{x\in R^n} \big(r(x)\big) \geqq 0.$$

Wir beweisen jetzt den folgenden

Satz. *Die Matrix A stellt genau dann eine umkehrbare Abbildung von R^n auf R^n dar (bzw. von C^n auf C^n), wenn ein $\alpha > 0$ existiert, so daß*

$$0 < \alpha \leqq \frac{\varphi(Ax)}{\varphi(x)}$$

ist. Außerdem gilt dann

$$\min_{x\in R^n} \left(\frac{\varphi(Ax)}{\varphi(x)}\right) = \frac{1}{S_{\varphi\varphi}(A^{-1})},$$

d. h., für eine invertierbare (nicht singuläre) Matrix A gilt

$$0 < \frac{1}{S_{\varphi\varphi}(A^{-1})} \leqq \frac{\varphi(Ax)}{\varphi(x)} \leqq S_{\varphi\varphi}(A).$$

Beweis.

1. Die Bedingung ist hinreichend. Für jedes $x \in R^n$ ist

$$\alpha\varphi(x) \leqq \varphi(Ax) \quad \text{oder} \quad \varphi(x) \leqq \frac{1}{\alpha}\varphi(Ax). \tag{1}$$

Wenn wir annehmen, die Matrix A sei nicht invertierbar, dann gibt es n nicht gleichzeitig verschwindende Zahlen $\xi_1, \xi_2, \ldots, \xi_n$, so daß

$$\xi_1 A_{.1} + \xi_2 A_{.2} + \cdots + \xi_n A_{.n} = 0$$

ist; denn in diesem Fall sind die Spalten von A nicht linear unabhängig.

Eine weitere (wichtige) Möglichkeit, diesen Umstand zu beschreiben, ist: Die Matrix A ist genau dann singulär, wenn ein $x_0 \neq 0$ existiert, so daß $Ax_0 = 0$ ist. (Der Vektor x_0 besitzt die Komponenten $\xi_1, \xi_2, \ldots, \xi_n$).

Ist A nicht invertierbar, so existiert also ein derartiges x_0, und (1) ergibt

$$\varphi(x_0) \leqq \frac{1}{\alpha}\varphi(Ax_0) = 0,$$

woraus $\varphi(x_0) = 0$ folgt; das ist jedoch unmöglich, denn es hieße, x_0 wäre gleich Null, da φ eine Norm ist.

2. Die Bedingung ist notwendig. Da die Zuordnung $x \to Ax = y$ umkehrbar eindeutig ist, wenn A invertierbar ist, gilt

$$r(x) = \frac{\varphi(Ax)}{\varphi(x)} = \frac{\varphi(y)}{\varphi(A^{-1}y)} = \frac{1}{\dfrac{\varphi(A^{-1}y)}{\varphi(y)}}.$$

Nun ist

$$\max_y \left(\frac{\varphi(A^{-1}y)}{\varphi(y)}\right) = S_{\varphi\varphi}(A^{-1}),$$

also

$$\min_x \left(\frac{\varphi(Ax)}{\varphi(x)}\right) = \frac{1}{S_{\varphi\varphi}(A^{-1})}.$$

Bemerkung. Die Matrix A sei invertierbar, φ eine Norm; wir betrachten die Abbildung

$$\varphi_A : x \to \varphi(Ax) = \varphi_A(x) \in R_+ .$$

1. Nach dem oben angegebenen Satz ist $\varphi_A(x) = \varphi(Ax) = 0$ äquivalent zu $x = 0$.

2. $\varphi_A(\lambda x) = \varphi(A\lambda x) = |\lambda|\, \varphi(Ax) = |\lambda|\, \varphi_A(x)$.

3. $\varphi_A(x + y) = \varphi\big(A(x + y)\big) = \varphi(Ax + Ay) \leqq \varphi(Ax) + \varphi(Ay)$
$\leqq \varphi_A(x) + \varphi_A(y)$.

Also ist φ_A in R^n (oder C^n) eine Vektornorm.

Definition. Gegeben seien eine Matrix A aus $\mathcal{M}_{(n,n)}$ sowie eine Norm φ in R^n (oder C^n). Als *Kondition* von A bezüglich der Norm φ bezeichnet man das Verhältnis der Grenzen von $r(x) = \dfrac{\varphi(Ax)}{\varphi(x)}$:

$$\gamma_\varphi(A) = \frac{1}{S_{\varphi\varphi}(A^{-1})\, S_{\varphi\varphi}(A)},$$

wenn A nichtsingulär ist.

Ist A singulär, so setzt man $\gamma_\varphi(A) = 0$. Eine Rechtfertigung dafür werden wir später geben, wie sich auch die Bedeutung dieses Verhältnisses in der numerischen Analysis erst weiter unten erweisen wird (vgl. 5.1.1.).

Bemerkung.

1. Es ist $0 \leqq \gamma_\varphi(A) \leqq 1$, und wie wir sehen werden, ist die Kondition *gut*, wenn $\gamma_\varphi(A)$ „nahe" bei Eins liegt; liegt $\gamma_\varphi(A)$ „nahe" bei Null, dann ist die Kondition von A *schlecht*.

2. Wie man sieht, ist $\gamma_\varphi(\lambda A) = \gamma_\varphi(A)$ für jeden Skalar $\lambda \neq 0$.

3. Für eine nichtsinguläre Matrix A gilt $\gamma_\varphi(A^{-1}) = \gamma_\varphi(A)$ (Beweis als Übungsaufgabe!)

Aufgabe. Man beweise für invertierbare Matrizen A, B die Ungleichung

$$\frac{S_{\varphi\varphi}(A^{-1} - B^{-1})}{S_{\varphi\varphi}(B^{-1})} \leqq \frac{\lambda}{\gamma_\varphi(A)} \frac{S_{\varphi\varphi}(A - B)}{S_{\varphi\varphi}(A)}.$$

3.13. Lösung eines linearen Systems (Theorie)

Gegeben sei ein System $AX = b$ von n Gleichungen mit n Unbekannten. Damit für dieses System bei beliebigem b eine Lösung existiert, ist notwendig und hinreichend, daß A invertierbar ist $(D(A) \neq 0)$. Die Lösung ist dann gegeben durch

$$X_0 = A^{-1}b = \frac{1}{D(A)} (A^D)^\mathsf{T} b.$$

Bemerkung. Um die Lösung mit dieser Formel zu berechnen, muß man

α) $D(A)$ bestimmen; das erfordert $n \cdot n!$ Multiplikationen und Additionen;

β) A^D bestimmen; diese n^2 Terme erfordern jeder $(n-1)(n-1)!$ Multiplikationen und Additionen;

γ) $(A^D)^\mathsf{T} b$ bestimmen; dazu sind weitere n^2 Multiplikationen erforderlich.

Die Anzahl der Multiplikationen ist also

$$n \cdot n! + (n-1)(n-1)!\, n^2 + n^2 > n^3 (n-1)!.$$

Diese Methode ist numerisch undurchführbar. (Für $n = 10$ liegt diese Zahl nahe bei $3 \cdot 10^9$; im folgenden werden wir zeigen, daß ein derartiges Problem mit rund 330 Multiplikationen gelöst werden kann!)

4. DIREKTE LÖSUNGSMETHODEN FÜR LINEARE SYSTEME

4.1. Diagonalsysteme

Gegeben sei das System $AX = b$: $a_{ii}x_i = b_i$ $(i = 1, 2, \ldots, n)$; A ist eine Diagonalmatrix vom Typ (n, n) $(a_{ij} = 0$ für $i \neq j)$:

$$A = \begin{bmatrix} a_{11} & & 0 \\ & a_{22} & \\ & & \ddots \\ 0 & & a_{nn} \end{bmatrix}.$$

Für die Determinante von A finden wir

$$D(A) = a_{11}a_{22} \cdots a_{nn};$$

das Gleichungssystem ist also genau dann lösbar, wenn $D(A)$ von Null verschieden ist, d. h., wenn kein Diagonalelement gleich Null ist. Es gibt eine und nur eine Lösung

$$x_i = \xi_i = \frac{b_i}{a_{ii}}.$$

Um das Problem zu lösen, brauchen nur n Divisionen ausgeführt zu werden. Für $a_{ii} = 0$ und $b_i \neq 0$ besitzt das System keine Lösung, und für $a_{ii} = 0$, $b_i = 0$ entfällt die i-te Gleichung; es liegt dann ein System von $n - 1$ Gleichungen in $n - 1$ Unbekannten vor.

4.2. Dreieckssysteme

Gegeben sei das System $AX = b$, und A sei etwa eine obere Dreiecksmatrix.

1. Ist A vom Typ (n, n), $a_{ij} = 0$ für $i > j$,

$$A = \begin{bmatrix} a_{11} & a_{12} \cdots & a_{1n} \\ & a_{22} \cdots & a_{2n} \\ & \ddots & \vdots \\ 0 & & a_{nn} \end{bmatrix},$$

dann hat das Gleichungssystem die Gestalt

$$\begin{aligned} a_{11}x_1 + a_{12}x_2 + \cdots + a_{1n}x_n &= b_1, \\ a_{22}x_2 + \cdots + a_{2n}x_n &= b_2, \\ \cdots\cdots\cdots\cdots\cdots\cdots & \\ a_{nn}x_n &= b_n. \end{aligned}$$

Satz. *Die Determinante einer (oberen oder unteren) Dreiecksmatrix ist gleich dem Produkt ihrer Diagonalelemente.*

Beweis. Wir beweisen den Satz durch Induktion nach der Ordnung der Determinante. Für $n = 1$, $A = (a_{11})$, ergibt sich $D(A) = a_{11}$. Nehmen wir an, der Satz sei für Dreiecksmatrizen vom Typ $(n-1,\ n-1)$ bewiesen. Es sei

$$A = \begin{bmatrix} a_{11} & a_{12} & \cdots & a_{1n} \\ & a_{22} & \cdots & a_{2n} \\ & & \ddots & \vdots \\ & & & a_{nn} \end{bmatrix} \in \mathcal{M}_{(n,n)}.$$

Wir entwickeln die Determinante nach der ersten Spalte:

$$D(A) = a_{11}A_{11} + a_{21}A_{21} + \cdots + a_{n1}A_{n1},$$

wobei A_{ij} der zu a_{ij} gehörende Kofaktor ist. Aus $a_{21} = \cdots = a_{n1} = 0$ folgt

$$D(A) = a_{11}A_{11} = a_{11}(-1)^2\Delta_{11} = a_{11}D(A^{(n-1)}),$$

wobei $D(A^{(n-1)})$ die Determinante der Matrix vom Typ $(n-1, n-1)$ ist, die sich aus A ergibt, wenn man die erste Zeile und die erste Spalte herausstreicht. Nach Voraussetzung ist

$$D(A^{(n-1)}) = a_{22} \cdots a_{nn};$$

damit haben wir

$$D(A) = a_{11} \cdots a_{nn}.$$

Folgerung. Ein Dreieckssystem besitzt (bei beliebiger rechter Seite) genau dann eine und nur eine Lösung, wenn alle Diagonalelemente von Null verschieden sind.

2. Die Werte der Lösung ergeben sich unmittelbar durch Rückrechnung. Aus der n-ten Gleichung erhält man

$$x_n = \xi_n = \frac{b_n}{a_{nn}};$$

setzt man diesen Wert in die $(n-1)$-te Gleichung ein, so ergibt sich

$$x_{n-1} = \xi_{n-1} = \frac{1}{a_{n-1,n-1}}\,[b_{n-1} - a_{n-1,n}\,\xi_n],$$

und man gelangt schließlich zu

$$x_i = \xi_i = \frac{1}{a_{ii}} [b_i - a_{i,i+1}\xi_{i+1} - a_{i,i+2}\xi_{i+2} - \cdots - a_{in}\xi_n],$$

. . . .

$$x_1 = \xi_1 = \frac{1}{a_{11}} [b_1 - a_{12}\xi_2 - \cdots - a_{1n}\xi_n].$$

Anzahl der Operationen. Es sind n Divisionen und

$$(n-1) + (n-2) + \cdots + 1 = \frac{n(n-1)}{2}$$

Multiplikationen oder Additionen erforderlich.

3. Praktische Durchführung. In Abb. 4.1 ist ein Schema angegeben, das eine mögliche rechnerische Realisierung zeigt.

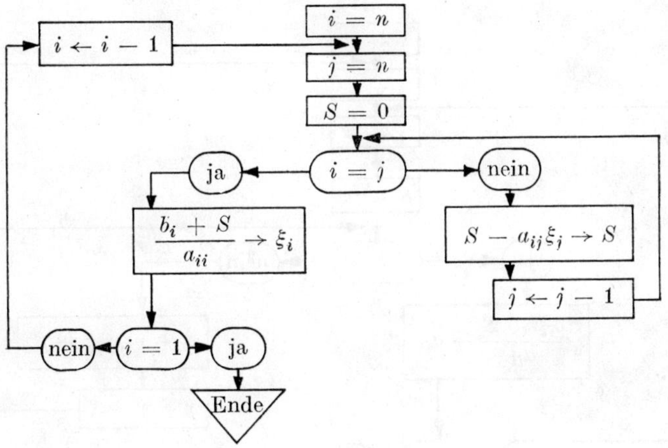

Abb. 4.1

4. Diesem Schema entspricht die folgende ALGOL-Prozedur:

```
 'PROCEDURE' DREISYST (A) RECHTE SEITE: (B)
ERGEBNIS: (X) ORDNUNG: (N) AUSGANG: (UNMOEGLICH) ;
'REAL''ARRAY' A,B,X ; 'INTEGER' N ;
'LABEL' UNMOEGLICH ;
'COMMENT' BESTIMMUNG DER LOESUNG VON AX = B,
WOBEI A EINE OBERE DREIECKSMATRIX VOM TYP (N,N)
IST,DURCH RUECKRECHNUNG ;
'BEGIN''INTEGER' I,J ; 'REAL' TX ;

  'FOR' I := N 'STEP' -1 'UNTIL' 1 'DO'
    'BEGIN' TX := 0 ;
      'FOR' J := N 'STEP' -1 'UNTIL' I+1 'DO'
        TX := TX - X[J] * A[I,J] ;
      'IF' A[I,I] = 0 'THEN''GOTO' UNMOEGLICH ;
        X[I] := (B[I] + TX) / A[I,I]
    'END' ;
'END' ;
```

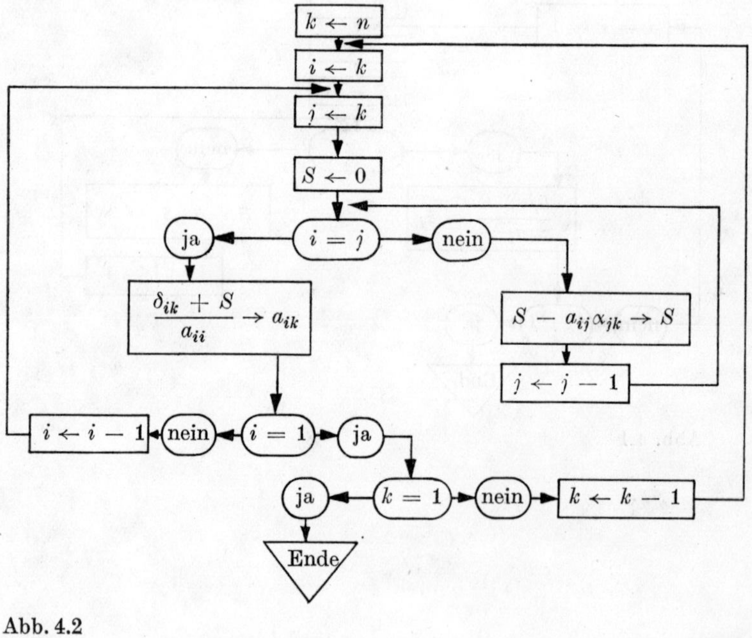

Abb. 4.2

4.3. Invertierung von Dreiecksmatrizen

4.3.1. *Allgemeines Prinzip*

Angenommen, wir können ein Gleichungssystem $AX = b$ für gewisse b lösen. Es sei A^{-1} die Inverse von A, d. h. $AA^{-1} = I$. Die Spalten der Einheitsmatrix I sind die Vektoren $e_1, e_2, \ldots, e_n$ der Fundamentalbasis; daher ist

$$A(A^{-1}_{.j}) = I_{.j} = e_j.$$

Satz. *Die j-te Spalte der inversen Matrix von A ist die Lösung des Systems*

$$AX = e_j.$$

Regel. Die Inverse einer Matrix erhält man durch Lösung der obenstehenden n Systeme.

4.3.2. *Dreiecksmatrizen*

Es sei $A = (a_{ij})$ mit $a_{ij} = 0$ für $i > j$. Wir greifen auf die bereits hergeleiteten Formeln

$$\xi_1 = \frac{1}{a_{11}}(b_1 - a_{12}\xi_2 - \cdots - a_{1n}\xi_n),$$

$$\cdots\cdots\cdots\cdots\cdots\cdots$$

$$\xi_{n-1} = \frac{1}{a_{n-1,n-1}}(b_{n-1} - a_{n-1,n}\xi_n),$$

$$\xi_n = \frac{1}{a_{nn}} b_n$$

zurück und drücken die ξ_i als Funktionen von b_j aus. Es ergeben sich Ausdrücke der Form

$$\xi_1 = \alpha_{11}b_1 + \alpha_{12}b_2 + \cdots + \alpha_{1n}b_n,$$

$$\cdots\cdots\cdots\cdots\cdots\cdots$$

$$\xi_{n-1} = \alpha_{n-1,n-1}b_{n-1} + \alpha_{n-1,n}b_n,$$

$$\xi_n = \alpha_{nn}b_n,$$

d. h., es ist $X = A^{-1}b$. Die Inverse A^{-1} ist also eine obere Dreiecksmatrix.

Satz. *Die Inverse einer (oberen oder unteren) Dreiecksmatrix ist eine (obere oder untere) Dreiecksmatrix. Die Diagonalelemente α_{ii} der Inversen sind die Inversen der Diagonalelemente der Ausgangsmatrix:*

$$\alpha_{ii} = \frac{1}{a_{ii}}.$$

Bei der Lösung der Gleichungssysteme $AX = e_k$ braucht man die $i > k$ entsprechenden Unbekannten folglich überhaupt nicht: sie sind Null.

Hieraus ergibt sich das in Abb. 4.2 dargestellte Rechenschema. Anstelle von $b_i^{(k)}$ wurde δ_{ik} genommen (Kroneckersymbol). In diesem Schema erhält man die Spalten in umgekehrter Anordnung, und zwar beginnend am Schluß der letzten Spalte.

Wie man sieht, erfordert dieses Verfahren die Lösung

eines Dreieckssystems der Ordnung n,

eines Dreieckssystems der Ordnung $n - 1$,

. . . .

eines Dreieckssystems der Ordnung 1.

Insgesamt führt man also $n + (n-1) + \cdots + 1 = n(n+1)/2$ Divisionen aus, und die Anzahl der Multiplikationen ist gleich der Anzahl der Additionen, nämlich gleich

$$\frac{n(n-1)}{2} + \frac{(n-1)(n-2)}{2} + \cdots + \frac{2 \cdot 1}{2}$$

$$= \frac{1}{2}\left[(n^2 + \cdots + 2^2) - \left(n + (n-1) + \cdots + 2\right)\right]$$

$$= \frac{1}{2}\left[\frac{n(n+1)(2n+1)}{6} - \frac{n(n+1)}{2}\right]$$

$$= \frac{1}{6}\, n(n-1)(n+1) \approx \frac{n^3}{6}.$$

Beispiel.

$$\left[\begin{array}{cccc|c|c|c|c}
1 & 2 & 1 & 3 & 1 & & & \\
 & 1 & 2 & -1 & & 1 & & \\
 & & 2 & 1 & & & 1 & \\
 & & & -1 & & & & 1
\end{array}\right]
\left[\begin{array}{c|c|c|c}
1 & -2 & \frac{3}{2} & \frac{13}{2} \\
0 & 1 & -1 & -2 \\
0 & 0 & \frac{1}{2} & \frac{1}{2} \\
0 & 0 & 0 & -1
\end{array}\right].$$

Prüfung. Von der Richtigkeit überzeugt man sich entweder über die Determinante $(D(A^{-1}) = 1/D(A))$ oder indem man $A^{-1}A$ bildet.

Aufgabe. Man gebe für die Invertierung einer unteren Dreiecksmatrix eine ALGOL-Prozedur an.

4.4. Allgemeiner Fall: Der Gaußsche Algorithmus oder die Methode der einfachen Elimination

4.4.1. *Einführung*

Wir gehen von einem System (S) aus (vgl. den Beweis des Satzes in 3.2.2.):

$$(\mathrm{S})\begin{cases} a_{11}x_1 + a_{12}x_2 - b_1 = 0 = f_1(X), \\ a_{21}x_1 + a_{22}x_2 - b_2 = 0 = f_2(X). \end{cases}$$

Es wird angenommen, es gäbe Lösungen und es wäre $a_{11} \neq 0$. Das System (S) wird ersetzt durch

$$(\mathrm{S}')\begin{cases} f_1(X) = 0, \\ f_2(X) - \dfrac{a_{21}}{a_{11}} f_1(X) = 0 \end{cases}$$

oder

$$\begin{cases} a_{11}x_1 + a_{12}x_2 - b_1 = 0, \\ \left(a_{22} - \dfrac{a_{21}}{a_{11}} a_{12}\right) x_2 - \left(b_2 - \dfrac{a_{21}}{a_{11}} b_1\right) = 0. \end{cases}$$

Offenbar besitzen (S) und (S′) dieselben Lösungen; außerdem tritt in der zweiten Gleichung x_1 nicht mehr auf, d. h., (S′) ist ein Dreieckssystem. Man sagt, (S′) geht aus (S) durch Elimination von x_1 hervor. Das Ersetzen von (S): $AX = b$ durch ein Gleichungssystem (S′): $A'X = b'$ mit denselben Lösungen wie (S) und einer (etwa oberen) Dreiecksmatrix A' auf der linken Seite ist das Ziel des im folgenden dargelegten Verfahrens.

4.4.2. *Satz*

Gegeben sei eine quadratische Matrix A vom Typ (n, n). Es existieren invertierbare Matrizen S, so daß $SA = A'$ gilt, wobei A' eine obere Dreiecksmatrix ist. Darüber hinaus kann S so gewählt werden, daß $D(S) = 1$ ist, also $D(A) = D(A')$ gleich dem Produkt der Diagonalelemente von A'.

Beweis. Der Beweis beruht auf den Eigenschaften, die das Produkt einer Matrix mit Matrizen des Typs $I + \lambda E_{ij}$ besitzt (vgl. 1.2.4.2., b)). Es ist $(I + \lambda E_{ij})A$ eine Matrix, die sich von A nur dadurch unterscheidet, daß die i-te Zeile $A_{i.}$ von A durch $A_{i.} + \lambda A_{j.}$ ersetzt wurde. Nun gilt für $I + \lambda E_{ij}$, falls $i \neq j$ ist,

$$(\lambda E_{ij})(\lambda E_{ij}) = \lambda^2 (E_{ij})^2 = (0) \in \mathcal{M}_{(n,n)};$$

diese Matrix ist also invertierbar, und ihre Inverse ist $I - \lambda E_{ij}$. Schließlich bestimmen wir noch den Wert von $D(I + \lambda E_{ij})$ für $i \neq j$. Es handelt sich dabei um eine (für $i > j$ untere) Dreiecksmatrix; ihre Diagonale besteht nur aus

Einsen, und es ist also $D(I + \lambda E_{ij}) = 1$ (für $i \neq j$):

$$I + \lambda E_{ij} = \begin{bmatrix} 1 & & & \overset{j\text{-te Spalte}}{\downarrow} & & & \\ & \ddots & & & & & \\ & & 1 & & 0 & & \\ & & & 1 & & & \\ & 0 & & 1 & 0 & & \\ \hline & & \lambda & & 1 & & \\ & 0 & & & & 1 & \\ & & & 0 & & & \ddots \\ & & & & & & 1 \end{bmatrix} \begin{matrix} \\ \\ \leftarrow j\text{-te Zeile} \\ \\ \leftarrow i\text{-te Zeile.} \\ \\ \\ \end{matrix}$$

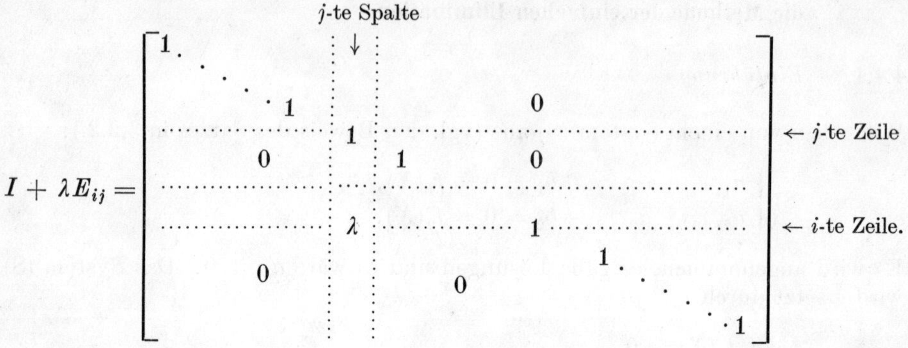

Nach diesen Vorbereitungen wollen wir annehmen, es sei A eine (n, n)-Matrix, $A = (a_{ij})$. Wir werden zeigen, daß eine Matrix S existiert, so daß $SA = A'$ ist, wobei A' eine obere Dreiecksmatrix ist, und $D(S) = +1$. Die Matrix S besteht im wesentlichen aus Produkten von Matrizen des Typs $I + \lambda E_{ij}$.

Nehmen wir an, wir hätten eine Matrix $A^{(k)}$ der folgenden Gestalt:

$$A^{(k)} = \begin{bmatrix} \overbrace{}^{k-1} & \overset{k\text{-te Spalte}}{\downarrow} & \\ & 0 & \\ \cdots & \alpha_{kk} & \cdots \\ & \alpha_{k+1,k} & \\ 0 & \vdots & \\ & \alpha_{nk} & \end{bmatrix} \begin{matrix} \\ \leftarrow k\text{-te Zeile} \\ \\ \\ \end{matrix},$$

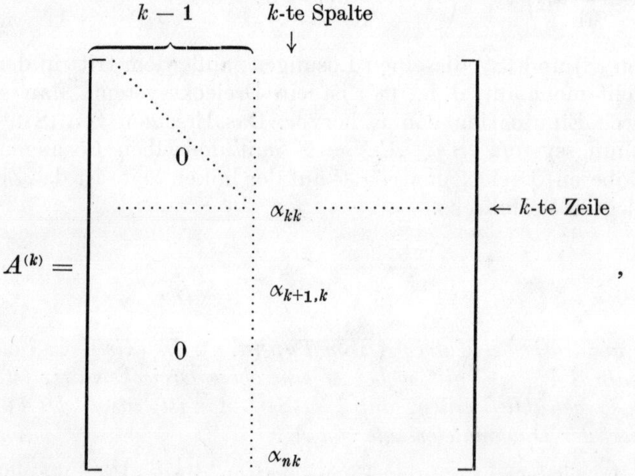

d. h. eine Matrix, in der die ersten $k - 1$ Zeilen und Spalten eine obere Dreiecksmatrix bilden und die Terme der ersten $k - 1$ Spalten in den Zeilen $k, \ldots, n$ alle gleich Null sind. Es sei bemerkt, daß $A^{(1)}$ eine beliebige quadratische Matrix ist und das im folgenden Gesagte auch für diese Matrizen gilt. Wir führen für die Terme der k-ten Spalte von $A^{(k)}$, die in oder unterhalb der Hauptdiagonalen stehen, die Bezeichnungen $\alpha_{kk}, \alpha_{k+1,k}, \ldots, \alpha_{nk}$ ein.

1. Sind alle Zahlen $\alpha_{kk}, \alpha_{k+1,k}, \ldots, \alpha_{nk}$ gleich Null, so ist $A^{(k)}$ eine Matrix der Gestalt $A^{(k+1)}$. In diesem Fall werden keine Multiplikationen ausgeführt.

2. Ein α_{ik} ist von Null verschieden, beispielsweise α_{lk}. Falls $l = k$ ist, verfahre man wie unter b) angegeben.

a) Angenommen, es sei $\alpha_{kk} = 0$ und $\alpha_{lk} \neq 0$, $l > k$. Wir bilden das Produkt

$$A_l^{(k)} = (I - E_{kk} - E_{ll} + E_{kl} + E_{lk})A^{(k)} = V_{kl}A^{(k)}.$$

Bekanntlich bewirkt V_{kl} eine Vertauschung der k-ten mit der l-ten Zeile von $A^{(k)}$; offensichtlich gilt $V_{kl}\, V_{kl} B = B$ für beliebige Matrizen B, d. h. $V_{kl}\, V_{kl} = I$. Also ist V_{kl} umkehrbar, und es ist $(V_{kl})^{-1} = V_{kl}$. Für die Determinante ergibt sich jedoch $D(V_{kl}) = -1$. Um das zu ändern, ziehen wir die invertierbare Matrix

$$W = I - 2E_{nn} = \begin{bmatrix} 1 & & & \\ & 1 & & \\ & & 1 & \\ & & & \ddots & \\ & & & & -1 \end{bmatrix}$$

heran, deren Determinante $D(W) = -1$ ist. (Die Matrix WB unterscheidet sich von B dadurch, daß die Terme der n-ten Zeile entgegengesetzte Vorzeichen besitzen).

Setzen wir $\Sigma_{kl} = W\, V_{kl}$, so ist $D(\Sigma_{kl}) = 1$, $\Sigma_{kl}\, A^{(k)} = \tilde{A}^{(k)}$, wobei $\tilde{A}^{(k)}$ dieselbe Form wie $A^{(k)}$ hat, nur daß $\tilde{\alpha}_{kk} = \alpha_{kk} \neq 0$ ist.

b) Angenommen, in $A^{(k)}$ sei $\alpha_{kk} \neq 0$. Wir betrachten die Matrix

$$\left(I - \frac{\alpha_{k+1,k}}{\alpha_{kk}}\, E_{k+1,k}\right) A^{(k)},$$

in der nur die $(k + 1)$-te Zeile im Vergleich zu $A^{(k)}$ geändert wurde und deren k-te Spalte anstelle von $\alpha_{k+1,k}$ aus $A^{(k)}$ eine Null aufweist. Diese Matrix bezeichnen wir mit $A_{k+1}^{(k)}$.

Wir bilden nun

$$\left(I - \frac{\alpha_{k+2,k}}{\alpha_{kk}}\, E_{k+2,k}\right) A_{k+1}^{(k)}, \ldots, \left(I - \frac{\alpha_{nk}}{\alpha_{kk}}\, E_{nk}\right) A_{n-1}^{(k)} = A_n^{(k)}.$$

Wie man sich leicht überlegt, ist dann $A_n^{(k)}$ von der Form $A^{(k+1)}$. Wir setzen $A_n^{(k)} = A^{(k+1)}$. Zusammengefaßt ergibt sich für die Multiplikation von $A^{(k)}$:

$$\left(I - \frac{\alpha_{nk}}{\alpha_{kk}}\, E_{nk}\right) \cdots \left(I - \frac{\alpha_{k+1,k}}{\alpha_{kk}}\, E_{k+1,k}\right) A^{(k)} = A^{(k+1)}.$$

Bemerkung. Das Produkt der in der obenstehenden Formel $A^{(k)}$ vorangehenden Faktoren ist gerade

$$\left(I - \frac{\alpha_{k+1,k}}{\alpha_{kk}}\, E_{k+1,k} - \cdots - \frac{\alpha_{nk}}{\alpha_{kk}}\, E_{nk}\right) = J_k,$$

d. h.

$$\begin{array}{c} \\ \end{array}\overset{k\text{-te Spalte}}{\downarrow}$$

$$\begin{bmatrix} 1 & 0 & \cdots & & & & 0 \\ 0 & 1 & & & & & \vdots \\ \vdots & & \ddots & & & & \\ & & & 1 & & & \\ & & & -\frac{\alpha_{k+1,k}}{\alpha_{kk}} & 1 & & \\ & & & \vdots & & 1 & \\ & & & & & & \ddots \\ 0 & \cdots & & -\frac{\alpha_{nk}}{\alpha_{kk}} & \cdots & & 1 \end{bmatrix} = J_k .$$

Aus der Tatsache, daß die Matrizen J_k unitäre untere Dreiecksmatrizen sind, folgt schließlich, daß sie invertierbar sind und daß ihre Determinanten jeweils gleich Eins sind.

Nach diesen Vorbereitungen wenden wir uns $A^{(1)} = A$ zu. Wir multiplizieren mit einem speziellen Σ_{1l} (falls $a_{11} = 0$ ist), danach mit J_1 und erhalten so $A^{(2)}$; dieser Algorithmus wird fortgesetzt. Wir gelangen so schließlich zu $A^{(n)}$; diese Matrix ist eine obere Dreiecksmatrix:

$$A^{(n)} = J_{n-1}\, \Sigma_{n-1,l_{n-1}}\, J_{n-2}\, \Sigma_{n-2,l_{n-2}} \cdots J_1\, \Sigma_{1,l_1}\, A = SA; \tag{1}$$

dabei ist $D(S) = 1$ und $A^{(n)} = A'$ eine obere Dreiecksmatrix, was zu beweisen war.

In Formel (1) können gewisse Σ_{j,l_j} Einheitsmatrizen sein.

4.4.3. *Zerlegung einer Matrix aus $\mathcal{M}_{(n,n)}$ in ein Produkt TA'*

Wenn die Möglichkeit ausgeschlossen ist, daß ein Term α_{kk} gleich Null ist, dann ist $A' = SA$, und S ist dabei ein Produkt $J_{n-1} J_{n-2} \cdots J_1$ von Matrizen des oben beschriebenen Typs, d. h., S ist eine unitäre untere Dreiecksmatrix; daraus ergibt sich $S^{-1}A' = A$.

Damit ist bewiesen, daß die Matrix A im allgemeinen in ein Produkt $A = S^{-1}A'$ zerfällt, wobei S^{-1} eine unitäre untere Dreiecksmatrix ist. Wir wollen annehmen, eine invertierbare Matrix A sei folgendermaßen zerlegt: $A = T_1 A_1'$, wobei T_1 eine unitäre untere Dreiecksmatrix bezeichnet und A_1' eine obere Dreiecksmatrix. Ferner sei $A = T_2 A_2'$ mit einer unitären unteren Dreiecksmatrix T_2 und einer oberen Dreiecksmatrix A_2'. Die Matrizen A_1' und A_2' sind invertierbar; es ist also

$$T_2^{-1} T_1 = A_2' A_1'^{-1}.$$

Auf der linken Seite dieser Gleichung steht eine unitäre untere Dreiecksmatrix, auf der rechten Seite eine obere Dreiecksmatrix. Daher ist die erste Produktmatrix eine Diagonalmatrix, deren Diagonalelemente notwendig gleich Eins sind. Aus $I = T_2^{-1} T_1 = A_2' A_1'^{-1}$ folgt somit

$$T_1 = T_2 \text{ und } A_1' = A_2'.$$

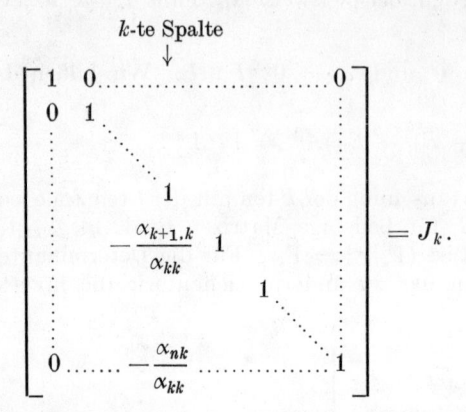

Satz 1. *Kann eine invertierbare (nichtsinguläre) Matrix in ein Produkt TA' zerlegt werden, wobei T eine unitäre untere Dreiecksmatrix und A' eine (notwendig nichtsinguläre) obere Dreiecksmatrix ist, dann ist diese Zerlegung eindeutig.*

Offensichtlich kann nicht jede Matrix A als Produkt $A = TA'$ (T untere Dreiecksmatrix, A' obere Dreiecksmatrix) geschrieben werden. Wir betrachten dazu etwa in $\mathcal{M}_{(2,2)}$ das folgende Beispiel:

$$TA' = \begin{bmatrix} 1 & 0 \\ \alpha & 1 \end{bmatrix} \cdot \begin{bmatrix} \beta & \gamma \\ 0 & \delta \end{bmatrix} = \begin{bmatrix} \beta & \gamma \\ \alpha\beta & \alpha\gamma + \delta \end{bmatrix}.$$

Ist nun $A = \begin{bmatrix} 0 & 1 \\ 1 & 0 \end{bmatrix}$, so folgt

(a) $\beta = 0, \ \gamma = 1;$

(b) $\alpha\beta = 1, \ \alpha\gamma + \delta = 0.$

Wie man sieht, sind die Bedingungen (a) und (b) miteinander unvereinbar. (Es sei bemerkt, daß die betrachtete Matrix A nichtsingulär ist.) Man kann jedoch folgendes zeigen:

Satz 2. *Zu einer gegebenen Matrix A aus $\mathcal{M}_{(n,n)}$ existiert immer eine Permutationsmatrix P (Produkt von Matrizen V_{ij}), so daß $A_1 = PA = TA'$ ist, wobei T eine unitäre untere Dreiecksmatrix und A' eine obere Dreiecksmatrix ist.*

Das bedeutet, man kann durch Permutation der Zeilen von A immer zu einer Matrix A_1 gelangen, so daß $A_1 = TA'$ gilt. Es sei darauf hingewiesen, daß hierbei im allgemeinen $D(A)$ von $D(A')$ verschieden ist; es gilt jedoch $|D(A)| = |D(A')|$, d. h., $|D(A)|$ ist gleich dem absoluten Betrag des Produkts der Diagonalelemente von A'.

Um Satz 2 zu beweisen, greifen wir auf den Beweis des Satzes aus 4.4.2. zurück; die Bezeichnungen seien dieselben, doch verwenden wir im Fall 2a) nur $\Sigma_{kl} = V_{kl}$ (und nicht $\Sigma_{kl} = WV_{kl}$; W wurde nur eingeführt um $D(\Sigma_{kl}) = 1$ zu erreichen). Anstelle von Formel (1) (vgl. 4.4.2.) ergibt sich jetzt für die obere Dreiecksmatrix A'

$$A^{(n)} = A' = J_{n-1} \underbrace{V_{n-1,l_{n-1}} J_{n-2}} \underbrace{V_{n-2,l_{n-2}} J_{n-3}} \cdots \underbrace{V_{2,l_2} J_1} V_{1,l_1} A = S'A, \qquad (*)'$$

worin gewisse V_{ij} gleich I sein können. Die unterstrichenen Terme sind von der Form $V_{p\nu} J_k$ mit $k < p < \nu$, wobei J_k ein Produkt von Ausdrücken der Gestalt

$$I - \lambda E_{rk} \qquad (r > k)$$

darstellt. Wir bilden

$$V_{p\nu}(I - \lambda E_{rk}) = V_{p\nu} - \lambda(I - E_{pp} - E_{\nu\nu} + E_{p\nu} + E_{\nu p})E_{rk}.$$

Ist r von p und von ν verschieden, so ergibt sich

$$V_{p\nu} - \lambda E_{rk},$$

und da immer

$$E_{rk}(I - E_{pp} - E_{\nu\nu} + E_{p\nu} + E_{\nu p}) = E_{rk}$$

ist, erhalten wir

$$V_{p\nu}(I - \lambda E_{rk}) = (I - \lambda E_{rk}) V_{p\nu}.$$

Für $r = p$ ergibt sich

$$\begin{aligned} V_{p\nu} - \lambda(+E_{\nu k}) &= V_{p\nu} - \lambda E_{\nu k}(I - E_{pp} - E_{\nu\nu} + E_{p\nu} + E_{\nu p}) \\ &= (I - \lambda E_{\nu k}) V_{p\nu}. \end{aligned}$$

Für $r = \nu$ ergibt sich

$$\begin{aligned} V_{p\nu} - \lambda(+E_{pk}) &= V_{p\nu} - \lambda E_{pk}(I - E_{pp} - E_{\nu\nu} + E_{p\nu} + E_{\nu p}) \\ &= (I - \lambda E_{pk}) V_{p\nu}. \end{aligned}$$

Wir erhalten somit $(k < p < \nu)$

$$V_{p\nu}(I - \lambda E_{rk}) = (I - \lambda E_{\varrho k}) V_{p\nu} \text{ mit } \begin{cases} \varrho = r, \text{ wenn } r > k \text{ und} \\ \qquad r \neq p,\ r \neq \nu \text{ ist}, \\ \varrho = \nu \text{ für } p = r, \\ \varrho = p \text{ für } \nu = r. \end{cases}$$

In allen Fällen ist $\varrho > k$ und $I - \lambda E_{\varrho k}$ eine unitäre untere Dreiecksmatrix.

Für $k < p < \nu$ können wir also schreiben:

$$\begin{aligned} V_{p\nu} J_k &= [V_{p\nu}(I - \lambda_{k+1} E_{k+1,k})](I - \lambda_{k+2} E_{k+2,k}) \cdots (I - \lambda_n E_{nk}) \\ &= (I - \lambda_{k+1} E_{k+1,k}) V_{p\nu}(I - \lambda_{k+2} E_{k+2,k}) \cdots = \cdots \\ &= J_k' V_{p\nu}; \end{aligned}$$

hierbei ist J_k' eine unitäre untere Dreiecksmatrix, die sich als Produkt von Matrizen der Form $I - \lambda E_{\varphi k} (\varphi > k)$ darstellen läßt. Daraus folgt, daß in (*)′ der Term $V_{2l_2} J_1$ durch $J_1' V_{2l_2}$ ersetzt werden kann, darauf $V_{3l_3} J_2$ durch $J_2' V_{3l_3}$ usw.; man erhält

$$A' = J_{n-1} \underline{J_{n-2}' V_{n-1,l_{n-1}} J_{n-3}'} \cdots \underline{J_2'}\ \underline{V_{3,l_3} J_1'} J_1' V_{2,l_2} V_{1,l_1} A.$$

Bei weiterer Anwendung unserer Regel werden die unterstrichenen Ausdrücke durch Terme ersetzt, in denen V_{ij} fehlt, und man gelangt zu

$$A' = \overbrace{J_{n-1} J_{n-2}' J_{n-3}'' \cdots J_1^{(n-2)}}^{T_1} \overbrace{V_{n-1,l_{n-1}} \cdots V_{2,l_2} V_{1,l_1}}^{P} A = T_1 P A;$$

da T_1 eine unitäre untere Dreiecksmatrix ist, folgt hieraus

$$PA = T_1^{-1} A' = TA',$$

was zu beweisen war.

Es sei bemerkt, daß P das Produkt von Transpositionsmatrizen des Algorithmus aus dem Satz aus 4.4.2. ist.

Aufgaben.

1. Man beweise, daß zu jeder Matrix A eine Permutationsmatrix P existiert, so daß $AP = A'T$ ist, wobei A' eine untere Dreiecksmatrix und T' eine unitäre obere Dreiecksmatrix ist.

2. Wenn $A = TA'$ ist, bestimme man die Elemente von T in Abhängigkeit von $a_{ik}^{(k)}$.

4.4.4. *Darstellung verschiedener Grundbegriffe der „normalen" Elimination (mit von Null verschiedenen Diagonalelementen)*

Wir setzen

$$A^{(k+1)} = \left[\begin{array}{ccccccc}
a_{11}^{(1)} & a_{12}^{(1)} & a_{13}^{(1)} & \overset{\substack{k\text{-te Spalte}\\ \downarrow}}{\cdots} & \cdots & \cdots & a_{1n}^{(1)} \\
0 & a_{22}^{(2)} & a_{23}^{(2)} & \cdots & \cdots & \cdots & a_{2n}^{(2)} \\
0 & 0 & a_{33}^{(3)} & \cdots & \cdots & \cdots & a_{3n}^{(k)} \\
\cdots & \cdots & \cdots & a_{kk}^{(k)} & a_{k,k+1}^{(k)} & \cdots & a_{kn}^{(k)} \\
\cline{5-7}
 & & & 0 & a_{k+1,k+1}^{(k+1)} & \cdots & a_{k+1,n}^{(k+1)} \\
 & & & \vdots & & & \\
 & & & 0 & & a_{ij}^{(k+1)} & \\
 & & & \vdots & & & \\
0 & 0 & 0 \ldots & 0 & a_{n,k+1}^{(k+1)} & \cdots & a_{nn}^{(k+1)}
\end{array}\right]
\begin{array}{l} \\ \\ \\ \leftarrow k\text{-te Zeile} \\ \\ \\ \\ \\ \\ \end{array}
= J_k A^{(k)}$$

und nehmen an, daß $a_{11}^{(1)}, a_{22}^{(2)}, \ldots, a_{kk}^{(k)}$ von Null verschieden seien.

Mit $A_{I,J}$ wird eine Matrix vom Typ (p, q) aus $\mathscr{M}_{(p,q)}$ bezeichnet (dabei sind $I = \{i_1 < i_2 < \cdots < i_p\} \subset N$ und $J = \{j_1 < j_2 < \cdots < j_q\} \subset N$ zwei Teilmengen der Indexmenge $N = \{1, 2, \ldots, n\}$):

$$A_{I,J} = \begin{bmatrix} a_{i_1j_1} & a_{i_1j_2} \ldots a_{i_1j_q} \\ a_{i_2j_1} & a_{i_2j_2} \ldots a_{i_2j_q} \\ \cdots & \cdots \\ a_{i_pj_1} & a_{i_pj_2} \ldots a_{i_pj_q} \end{bmatrix};$$

$A_{I,J}$ ist eine Teilmatrix von A.

Es sei $P = \{1, 2, \ldots, p\}$ $(p \leqq n)$ und I eine p-elementige Teilmenge von N. Die Matrix $A_{P,I}$ ist quadratisch, d. h. $A_{P,I} \in \mathscr{M}_{(p,p)}$.

Offenbar gilt

$$D(A_{P,I}^{(k+1)}) = D(A_{P,I}^{(k)}) = \cdots = D(A_{P,I}^{(1)}) = D(A_{P,I}).$$

In der Tat, die Matrix $A_{P,I}^{(k+1)}$ erhält man, falls sie nicht mit $A_{P,I}^{(k)}$ (für $p > k$) identisch ist, indem man zu ihren Zeilen vom Rang größer als k ein Vielfaches der k-ten Zeile von $A_{P,I}^{(k)}$ addiert.

Speziell betrachten wir nun

$$D(A_{P,P}^{(k+1)}) = D(A_{P,P}) = a_{11}^{(1)} a_{22}^{(2)} \cdots a_{pp}^{(p)} \qquad (p \leqq k); \tag{1}$$

weiter seien i, j zwei Indizes größer als k. Wir setzen

$$\left.\begin{aligned} I &= \{1, 2, \ldots, k, i\}, \\ J &= \{1, 2, \ldots, k, j\}, \end{aligned}\right\} \quad (i, j \geqq k+1).$$

Aus demselben Grunde wie weiter oben gilt offensichtlich auch

$$D(A_{I,J}^{(k+1)}) = D(A_{I,J}^{(k)}) = \cdots = D(A_{I,J}).$$

Nun ist

$$D(A_{I,J}^{(k+1)}) = a_{11}^{(1)} a_{22}^{(2)} \cdots a_{kk}^{(k)} a_{ij}^{(k+1)},$$

woraus sich der folgende Satz ergibt:

Satz. *Ein Gaußscher Algorithmus ist „normal", wenn die Diagonalelemente*

$$a_{11}^{(1)} = a_{11} = D(A_{\{1\},\{1\}}), \qquad a_{22}^{(2)} = \frac{D(A_{\{1,2\},\{1,2\}})}{D(A_{\{1\},\{1\}})}, \quad \ldots,$$

$$a_{kk}^{(k)} = \frac{D(G_k)}{D(G_{k-1})}, \quad \ldots,$$

d. h. die Quotienten von jeweils zwei Determinanten, die den „Hauptminoren"

$$A_{\{1,2,\ldots,k\},\{1,2,\ldots,k\}} = G_k$$

entsprechen, von Null verschieden sind.

Man erhält also

$$a_{ij}^{(k+1)} = \frac{D(A_{\{1,2,\ldots,k,i\},\{1,2,\ldots,k,j\}})}{D(G_k)} \qquad (i, j \geqq k+1).$$

Damit sind die bei der Elimination auftretenden Elemente durch Determinanten von Minoren der Matrix A ausgedrückt. Nicht zu vergessen ist dabei, daß dieses Ergebnis bei der numerischen Berechnung in folgendem Sinne gebraucht wird: Die $a_{ij}^{(k+1)}$ werden bestimmt, um die Determinanten der Minoren zu erhalten; die vorangehenden Betrachtungen liefern die dazu erforderlichen Rechenverfahren.

Beispiel. Die im Kriterium von Routh-Hurwitz vorkommenden Determinanten sind die Determinanten der Hauptminoren einer Matrix der Gestalt

$$\begin{bmatrix} a_1 & a_3 & a_5 \ldots\ldots & & \\ a_0 & a_2 & a_4 \ldots\ldots & & \\ 0 & a_1 & a_3 & a_5 & \ldots \\ 0 & a_0 & a_2 & a_4 & \ldots \end{bmatrix}.$$

4.5. Der Gaußsche Algorithmus zur Lösung eines linearen Systems. Einfache Elimination; Rechenschema

α) Gegeben sei ein System

$$Ax = b, \tag{1}$$

wobei $A \in \mathcal{M}_{(n,n)}$ eine nichtsinguläre Matrix ist. Wenn $M \in \mathcal{M}_{(n,n)}$ eine nichtsinguläre Matrix bezeichnet, dann besitzen die Systeme (1) und

$$MAx = Mb \tag{2}$$

dieselbe Lösung $x = x_0$. (Aus der Gleichung $Ax_0 = b$ folgt $MAx_0 = Mb$ für alle M. Gilt umgekehrt $MAx_0' = Mb$ für ein x_0' und eine nichtsinguläre Matrix M, so ergibt die Multiplikation dieser Gleichung mit M^{-1} die Gleichung $Ax_0' = b$; aus der Eindeutigkeit folgt damit $x_0' = x_0$.)

Der folgende Algorithmus macht nun von dieser Bemerkung Gebrauch und verwendet Matrizen, die die Matrix A entsprechend den Sätzen aus 4.4.2. und 4.4.3. triangularisieren.

β) Berechnung

Gegeben sei das System

$$(\mathrm{S}^{(1)}) \begin{cases} a_{11}x_1 + a_{12}x_2 + \cdots + a_{1n}x_n = b_1, \\ a_{21}x_1 + a_{22}x_2 + \cdots + a_{2n}x_n = b_2, \\ \cdot\ \cdot\ \cdot\ \cdot\ \cdot\ \cdot\ \cdot\ \cdot\ \cdot\ \cdot\ \cdot\ \cdot\ \cdot \\ a_{n1}x_1 + a_{n2}x_2 + \cdots + a_{nn}x_n = b_n \end{cases}$$

oder $A^{(1)}x = b^{(1)}$, wobei $A^{(1)} = A$ und $b^{(1)} = b$ ist.

Die „Elimination" von x_1 führt auf das System $A^{(2)}x = b^{(2)}$ mit

$$\begin{aligned} A^{(2)} &= J_1 A^{(1)}, \\ b^{(2)} &= J_1 b^{(1)}, \end{aligned} \qquad J_1 = \begin{bmatrix} 1 & 0 & \cdot & \cdot & \cdot & \cdot \\ -\dfrac{a_{21}}{a_{11}} & 1 & & & & \\ -\dfrac{a_{31}}{a_{11}} & 0 & 1 & & & \\ \vdots & & & \ddots & & \\ -\dfrac{a_{n1}}{a_{11}} & 0 & \cdot & \cdot & \cdot & 1 \end{bmatrix}.$$

Hierbei ist die Matrix J_1 nichtsingulär; die Matrix $A^{(2)}$ enthält die erste Zeile von A und (abgesehen vom ersten Element) die erste Spalte der Nullmatrix; man erhält weiter

$$a_{ij}^{(2)} = a_{ij}^{(1)} - \frac{a_{i1}^{(1)}}{a_{11}^{(1)}}\, a_{1j}^{(1)} \quad (i, j = 2, \ldots, n), \tag{3}$$

$$b_i^{(2)} = b_i^{(1)} - \frac{a_{i1}^{(1)}}{a_{11}^{(1)}}\, b_i^{(1)}. \tag{4}$$

Wie man sieht, ergibt sich Formel (4) als Spezialfall aus Formel (3), wenn man $a_{i,n+1}^{(1)} = b_i^{(1)}$ setzt, wobei $j = n + 1$ ist.

Es genügt also, sich auf die Formeln

$$a_{ij}^{(2)} = a_{ij}^{(1)} - \frac{a_{i1}^{(1)}\, a_{1j}^{(1)}}{a_{11}^{(1)}} \qquad (i = 2, \ldots, n;\ j = 2, \ldots, n + 1)$$

zu beschränken. Ebenso zeigt sich, wenn man zu einer Matrix $A^{(k)}$ gelangt ist, d. h., wenn man das System

$$(\mathrm{S}^{(k)}) \left\{ \begin{array}{rl} a_{11}x_1 + a_{12}x_2 + a_{13}x_3 + \cdots\cdots\cdots\cdots & = b_1 = b_1^{(1)}, \\ a_{22}^{(2)}x_2 + a_{23}^{(2)}x_3 + \cdots\cdots\cdots\cdots & = b_2^{(2)}, \\ \ldots\ldots\ldots\ldots\ldots\ldots\ldots\ldots & \\ a_{kk}^{(k)}x_k + \cdots & = b_k^{(k)}, \\ a_{k+1,k}^{(k)}x_k + \cdots & = b_{k+1}^{(k)}, \\ \ldots\ldots\ldots\ldots & \\ a_{nk}^{(k)}x_k + \cdots & = b_n^{(k)} \end{array} \right.$$

zu lösen hat, daß die ersten k Zeilen von $(\mathrm{S}^{(k+1)})$ mit denen von $(\mathrm{S}^{(k)})$ und die ersten k Spalten mit denen von $A^{(k)}$ übereinstimmen, wobei jedoch auf $a_{kk}^{(k)}$ Nullen folgen. Man erhält

$$\text{(F)} \qquad a_{ij}^{(k+1)} = a_{ij}^{(k)} - \frac{a_{ik}^{(k)}}{a_{kk}^{(k)}}\, a_{kj}^{(k)} \qquad (i = k + 1, \ldots, n;\ \ j = k + 1, \ldots, n, n + 1).$$

Diese Formel kann für eine zeilenweise Berechnung benutzt werden, d. h., man bildet

$$r_{ik} = \frac{a_{ik}^{(k)}}{a_{kk}^{(k)}} \qquad \text{und} \qquad a_{ij}^{(k+1)} = a_{ij}^{(k)} - r_{ik}\, a_{kj}^{(k)}$$

für $i = k + 1, \ldots, n$ und $j = k + 1, \ldots, n, n + 1$. Für die Lösung des Dreieckssystems ergibt sich schließlich

$$\xi_k = \frac{b_k^{(k)} - \sum\limits_{j=k+1}^{n} a_{kj}^{(k)}\, \xi_j}{a_{kk}^{(k)}}.$$

γ) Rechenschema zur Bestimmung des Dreieckssystems $A'X = b'$.

Begonnen werden muß mit der Speicherung von A und b; man setze

$$a_{ij}^{(1)} = a_{ij}, \qquad b_i = a_{i,n+1}^{(1)};$$

dazu sind $n^2 + n = n(n + 1)$ Zellen erforderlich. Drei Zählbefehle müssen eingeführt werden: ein Zählbefehl für k, ein Zählbefehl für i, ein Zählbefehl für j.

Die Anzahl der Divisionen ergibt sich wie folgt: Der Übergang von $(\mathrm{S}^{(1)})$ zu $(\mathrm{S}^{(2)})$ erfordert $n - 1$, der Übergang von $(\mathrm{S}^{(2)})$ zu $(\mathrm{S}^{(3)})$ erfordert $n - 2, \ldots,$ der Übergang von $(\mathrm{S}^{(n-1)})$ zu $(\mathrm{S}^{(n)})$ erfordert eine Division, d. h., es sind insgesamt $n(n - 1)/2$ Divisionen erforderlich.

Die Anzahl der Multiplikationen (Anzahl der Additionen) beim Übergang von $(A^{(k)}, b^{(k)})$ zu $(A^{(k+1)},\ b^{(k+1)})$ ist gleich der Anzahl der Ausdrücke, die durch die Formeln (F) umzuwandeln sind (von $k = 1$ bis $k = n - 1$), d. h.

$$\bigl(n - (k + 1) + 1\bigr)\bigl(n + 1 - (k + 1) + 1\bigr)$$

oder

$$(n - k)(n - k + 1) = (n - k)^2 + (n - k).$$

Der Übergang von ($S^{(1)}$) zu ($S^{(2)}$) erfordert $(n - 1)^2 + n - 1, \ldots,$ der Übergang von ($S^{(n-1)}$) zu ($S^{(n)}$) erfordert $1 + 1$ Multiplikationen; das ergibt

$$\sum_{i=1}^{n-1} i^2 + \bigl(1 + \cdots + (n - 1)\bigr) = \frac{(n-1)n(2n-1)}{6} + \frac{n(n-1)}{2}$$

$$= n(n - 1)\,\frac{2n - 1 + 3}{6} = \frac{n(n^2 - 1)}{3}.$$

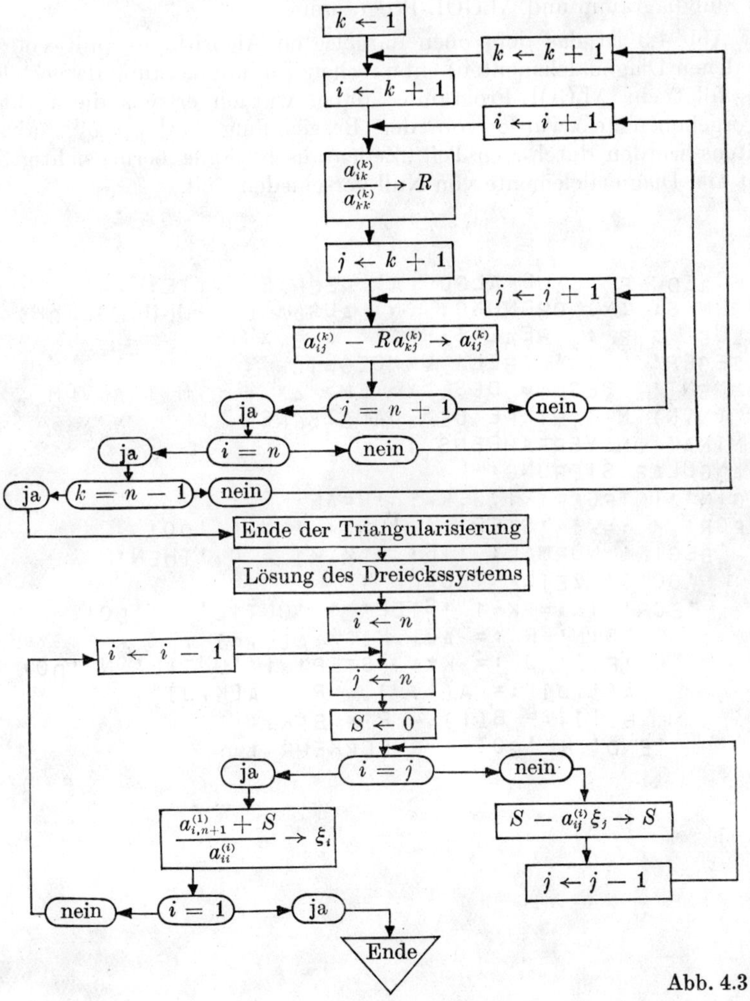

Abb. 4.3

Zusammengefaßt erhalten wir:

	Triangularisierung	Lösung des Dreieckssystems	Gesamt
Additionen und Multiplikationen	$\frac{n(n^2-1)}{3}$	$\frac{n(n-1)}{2}$	$\frac{n(n-1)(2n+5)}{6}$
Divisionen	$\frac{n(n-1)}{2}$	n	$\frac{n(n+1)}{2}$

Als wichtig ist an diesem Ergebnis hervorzuheben, daß die Anzahl der Additionen oder Multiplikationen für großes n von der Ordnung $n^3/3$ ist.

δ) Flußdiagramm und ALGOL-Programm

In Abb. 4.3 ist das dem oben dargelegten Algorithmus (mit von Null verschiedenen Diagonalelementen) entsprechende Flußdiagramm dargestellt.

Es folgt ein ALGOL-Programm; dabei wurden erstens die rechten Seiten hervorgehoben (es wurde von der Bezeichnung $a_{i,n+1}^{(k)} = b_i^{(k)}$ abgegangen); zweitens wurden durch den Teil „Zeilentausch" Fälle berücksichtigt, in denen nicht alle Diagonalelemente von Null verschieden sind.

```
'PROCEDURE' GAUSSALGO (A) RECHTE SEITE: (B)
ERGEBNIS: (X) ORDNUNG: (N) AUSGANG: (UNMOEGLICH)
'VALUE' A,B ; 'REAL''ARRAY' A,B,X ;
'INTEGER' N ; 'LABEL' UNMOEGLICH ;
'COMMENT' LOESUNG DES SYSTEMS AX = B MIT A VOM
TYP (N,N) MIT HILFE DES GAUSZSCHEN
ELIMINATIONSVERFAHRENS ;
TRIANGULARISIERUNG:
'BEGIN''INTEGER' I,J,K ; 'REAL' R ;
  'FOR' K := 1 'STEP' 1 'UNTIL' N-1 'DO'
    'BEGIN' NORMAL: 'IF' A[K,K] = 0 'THEN'
      'GOTO' ZEILENTAUSCH ;
      'FOR' I := K+1 'STEP' 1 'UNTIL' N 'DO'
        'BEGIN' R := A[I,K] / A[K,K] ;
          'FOR' J := K+1 'STEP' 1 'UNTIL' N 'DO'
          A[I,J] := A[I,J] - R * A[K,J] ;
          B[I] := B[I] - R * B[K]
        'END' ; 'GOTO' RUECKKEHR ;
```

```
ZEILENTAUSCH:
        'BEGIN''INTEGER' L,M ; M := K+1 ;
          'FOR' L := M 'WHILE'
          (A[I,K] = 0) 'AND' (L 'NOTGREATER' N)
          'DO' M := M+1 ;
          'IF' M = N+1 'THEN''GOTO' UNMOEGLICH ;
          'FOR' J := K 'STEP' 1 'UNTIL' N 'DO'
            'BEGIN' R := A[K,J] ;
               A[K,J] := A[M,J] ;
               A[M,J] := R
            'END' ;
          R := B[K] ; B[K] := B[M] ;
          B[M] := R ; 'GOTO' NORMAL
        'END' ;
RUECKKEHR:
    'END' ;
DREISYST:
    'BEGIN''INTEGER' I,J ; 'REAL' TX :
      'FOR' I := N 'STEP' -1 'UNTIL' 1 'DO'
        'BEGIN' TX := 0 ;
          'FOR' J := N 'STEP' -1 'UNTIL' I+1 'DO'
          TX := TX - X[J] * A[I,J] ;
          'IF' A[I,I] = 0 'THEN''GOTO' UNMOEGLICH ;
          X[I] := (B[I] + TX) / A[I,I]
        'END'
    'END'
'END' ;
```

Bemerkungen.

1. Es ist klar, daß man anstelle des weiter oben beschriebenen Überganges von $(S^{(1)})$ zu $(S^{(2)})$ die neuen Terme $a_{ij}^{(2)}$ mit $a_{11}^{(1)}$ (oder mit einem beliebigen Faktor $\gamma^{(1)}$) multiplizieren und anstelle von

$$a_{ij}^{(2)} = a_{ij}^{(1)} - \frac{a_{i1}^{(1)}}{a_{11}^{(1)}}\, a_{1j}^{(1)}$$

den Ausdruck

$$a_{ij}^{(2)} = a_{ij}^{(1)} a_{11}^{(1)} - a_{i1}^{(1)} a_{1j}^{(1)}$$

nehmen kann; das entstehende System $(S'^{(2)})$ hat dieselben Lösungen wie $(S^{(2)})$. Ein Vorteil dieser Methode ist es, daß keine Nenner auftreten; allerdings erhöht sich dabei die Anzahl der Multiplikationen beträchtlich (zusätzlich $(n-1)n$ Multiplikationen).

In gleicher Weise kann man den Übergang von $(S'^{(2)})$ zu $(S'^{(3)})$ durchführen. Dieses Verfahren empfiehlt sich manchmal bei sehr kleinen Systemen; es ist aber sehr aufwendig und kann bei Festkommarechnungen zu Zahlbereichsüberschreitungen führen.

2. Setzt man $a_{0,0}^{(0)} = 1$, $A = A^{(1)}$, $b = b^{(1)}$, so sind

$$a_{ij}^{(k+1)} = \frac{a_{ij}^{(k)} a_{kk}^{(k)} - a_{ik}^{(k)} a_{kj}^{(k)}}{a_{k-1,k-1}^{(k-1)}}$$

notwendig *relativ ganze Zahlen,* sobald die Matrix $(A^{(1)}, b^{(1)})$ aus relativ ganzen Zahlen besteht.

In der Tat, sei Σ die Matrix (A, b) vom Typ $(n, n+1)$. Das Gaußsche Verfahren ergibt

$$\Sigma^{(1)} \to \Sigma^{(2)} \to \Sigma^{(3)} \to \cdots.$$

Das in Bemerkung 1 beschriebene Verfahren führt zu Matrizen

$$\Sigma^{(1)} \to \Sigma'^{(2)} = a_{11}^{(1)} \Sigma^{(2)} \to \Sigma'^{(3)} = a_{11}^{(1)} a_{22}^{(2)} \Sigma^{(3)} \to \cdots$$
$$\to \Sigma'^{(k)} = a_{11}^{(1)} \cdots a_{k-1,k-1}^{(k-1)} \Sigma^{(k)}.$$

Folglich bestehen die Matrizen

$$\Sigma^{(1)} \to \frac{a_{11}^{(1)}}{1} \Sigma^{(2)} = \Sigma'^{(2)} = \Sigma''^{(2)} \to \frac{a_{11}^{(1)} a_{22}^{(2)}}{a_{11}^{(1)}} \Sigma^{(3)} = \frac{\Sigma'^{(3)}}{a_{11}^{(1)}} = \Sigma'^{(3)} \to \cdots$$
$$\to \frac{a_{11}^{(1)} a_{22}^{(2)} \cdots a_{k-2,k-2}^{(k-2)}}{a_{11}^{(1)} a_{22}^{(2)} \cdots a_{k-2,k-2}^{(k-2)}} a_{k-1,k-1}^{(k-1)} \Sigma^{(k)} = \Sigma''^{(k)}$$

ebenfalls aus relativ ganzen Zahlen

4.6. Verbesserter Gaußscher Algorithmus. Das Verfahren von Crout

Zu lösen sei das System

$$Ax = b. \tag{1}$$

Wir nehmen an, es existiere für A eine Zerlegung $A = TC$, wobei T eine unitäre untere und C eine obere Dreiecksmatrix ist.

Wir wissen (vgl. 4.4.3., Satz 2), daß eine derartige Zerlegung, abgesehen von einer Permutation der Zeilen von A, immer möglich ist. Wir setzen $d = T^{-1}b$. Offenbar ist die Lösung von (1) äquivalent zu der Lösung von $TCx = Td$ oder $Cx = d$; das letzte System ist ein oberes Dreieckssystem; die Lösung ergibt sich also unmittelbar durch Rückrechnung.

Es seien $\mathcal{A} = (A, b)$ und $\mathcal{C} = (C, d)$ zwei Matrizen vom Typ $(n, n+1)$. Dann ist

$$T(C, d) = (TC, Td) = (A, b).$$

Wir haben also T, C, d so zu bestimmen, daß $\mathcal{A} = (TC, Td) = T\mathcal{C}$ ist. Dazu setzen wir $a_{ij} = \alpha_{ij}$, $b_j = \alpha_{i,n+1}$, $c_{ij} = \gamma_{ij}$, $d_i = \gamma_{i,n+1}$; folgende Identität muß erfüllt sein:

$$
n\left\{\overbrace{\begin{bmatrix}
\alpha_{11} & \alpha_{12} \dots \alpha_{1n} & \alpha_{1,n+1}\\
\alpha_{21} & \alpha_{22} \dots \alpha_{2n} & \alpha_{2,n+1}\\
\vdots & \vdots \quad\;\; \vdots & \vdots\\
\alpha_{n1} & \alpha_{n2} \dots \alpha_{nn} & \alpha_{n,n+1}
\end{bmatrix}}^{n+1}\right.
$$

$$
= \begin{bmatrix}
1 & 0 & 0 & \dots & 0\\
t_{21} & 1 & & & \vdots\\
t_{31} & t_{32} & 1 & & \vdots\\
\vdots & \vdots & & \ddots & \vdots\\
t_{n1} & t_{n2} & \dots & \dots & 1
\end{bmatrix}
\cdot
\begin{bmatrix}
\gamma_{11} & \gamma_{12} & \cdots & \gamma_{1n} & \gamma_{1,n+1}\\
0 & \gamma_{22} & \cdots & \gamma_{2n} & \gamma_{2,n+1}\\
\vdots & & \ddots & \vdots & \vdots\\
0 & \dots & \dots & \gamma_{nn} & \gamma_{n,n+1}
\end{bmatrix}. \qquad \text{(I)}
$$

Durch Überlagerung von T und (C, d) bilden wir folgende Tabelle (die Einsen aus der Diagonale von T sind durch γ_{ii} ersetzt):

					Γ_{ij}		
	γ_{11}	γ_{12}	γ_{13}	. . .	γ_{1j}	γ_{1n}	$\gamma_{1,n+1}$
	t_{21}	γ_{22}	γ_{23}	. . .	γ_{2j}	γ_{2n}	$\gamma_{2,n+1}$
	t_{31}	t_{32}	γ_{33}				
	t_{i1}	t_{i2}	$t_{i,i-1}$	γ_{ii}	γ_{ij}		
				t_{i+1}			
T_{li}	t_{l1}	t_{l2}		t_{li}			
	t_{n1}	t_{n2}	t_{n3}	. .		γ_{nn}	$\gamma_{n,n+1}$

(II)

(*Schema von* CROUT).

Unser Ziel ist es, diese Tabelle durch sukzessive Berechnung ihrer Terme auszufüllen.

Wir betrachten ein Element γ_{ij}; die Elemente γ_{kj}, die über γ_{ij} in der j-ten Spalte stehen, bilden eine $\big((i-1)$-elementige$\big)$ Spalte, die mit Γ_{ij} bezeichnet wird. Analog bilden die links von t_{li} stehenden Elemente t_{ls} eine Zeile T_{li}.

Identifizieren wir die Terme der ersten Zeile von (I), so finden wir $\gamma_{11} = \alpha_{11}$, $\gamma_{12} = \alpha_{12}, \dots, \gamma_{1,n+1} = \alpha_{1,n+1}$. Für die Terme der ersten Spalte ergibt sich $\gamma_{11} t_{21} = \alpha_{21}$, $\gamma_{11} t_{31} = \alpha_{31}$, $\dots$, $\gamma_{11} t_{n1} = \alpha_{n1}$. Daraus folgt ($\alpha_{11} \neq 0$)

$$t_{21} = \frac{\alpha_{21}}{\gamma_{11}}, \quad t_{31} = \frac{\alpha_{31}}{\gamma_{11}}, \dots, t_{n1} = \frac{\alpha_{n1}}{\gamma_{11}}.$$

Angenommen, wir hätten die Tabelle (II) in ihren ersten $i-1$ Zeilen und ersten $i-1$ Spalten ausgefüllt. Es ist dann $\alpha_{ij} = 1 \cdot \gamma_{ij} + T_{ii}\Gamma_{ij}$ für $j = i, \ldots, n+1$; daraus folgt

$$\gamma_{ij} = \alpha_{ij} - T_{ii}\Gamma_{ij}. \tag{1}$$

Damit ist es möglich, die i-te Zeile von γ_{ii} bis $\gamma_{i,n+1}$ zu vervollständigen. Hieraus ergibt sich $\alpha_{li} = t_{li}\gamma_{ii} + T_{li}\Gamma_{ii}$ für $l = i+1, \ldots, n$; daraus folgt für $\gamma_{ii} \neq 0$

$$t_{li} = \frac{\alpha_{li} - T_{li}\Gamma_{ii}}{\gamma_{ii}}. \tag{2}$$

Es ist offensichtlich, daß mit Hilfe der Formeln (1) und (2) die ganze Tabelle (II) ausgefüllt werden kann, wenn $\gamma_{ii} \neq 0$ ist. Sollte das nicht der Fall sein, so führt eine Permutation der Zeilen in der Matrix A, falls A nichtsingulär ist, notwendig auf einen solchen Fall. Die Bestimmung eines entsprechenden Algorithmus sei dem Leser überlassen.

Diese Methode empfiehlt sich für Berechnungen „in Handarbeit". Eine diesem Verfahren entsprechende ALGOL-Prozedur lautet:

```
'PROCEDURE' CROUT (A) ERGEBNIS: (L,R) ORDNUNG: (N) ;
'REAL''ARRAY' A,L,R ; 'INTEGER' N ;
 COMMENT' MIT DIESER PROZEDUR WERDEN ZWEI
MATRIZEN L , R BESTIMMT.EINE UNITAERE UNTERE
DREIECKSMATRIX L UND EINE OBERE DREIECKSMATRIX R,
SO DASS A = LR. ES WIRD NUR DER FALL BETRACHTET,
DASS ALLE DIAGONALELEMENTE VON NULL VERSCHIEDEN
SIND ;
'BEGIN''INTEGER' I,J,K ; 'REAL' TR , TL ;
  'FOR' J := 1 'STEP' 1 'UNTIL' N
    'DO' R[1,J] :=A[1,J] ;
  'FOR' I := 2 'STEP' 1 'UNTIL' N
    'DO' L[I,1] := A[I,1] / A[1,1] ;
  'FOR' K := 2 'STEP' 1 'UNTIL' N 'DO'
    'BEGIN''FOR' J := K 'STEP' 1 'UNTIL' N 'DO'
      'BEGIN' TR := 0 ;
      'FOR' I := 1 'STEP' 1 'UNTIL' K-1 'DO'
      TR := TR + R[I,J] * L[K,I] ;
      R[K,J] := A[K,J] - TR
        'END' ;
      'FOR' I := K+1 'STEP' 1 'UNTIL' N 'DO'
        'BEGIN' TL := 0 ;
         'FOR' J := 1 'STEP' 1 'UNTIL' K-1 'DO'
          TL := TL + L[I,J] * R[J,K] ;
          L[I,K] := (A[I,K] - TL) / R[K,K]
        'END'
      'END'
'END' ;
```

Beispiel.

$$\begin{array}{cccc} A & b & C & d \\ \begin{bmatrix} 1 & 2 & 1 & 3 \\ 1 & 3 & 8 & 5 \\ 1 & -2 & -26 & 4 \\ 2 & 3 & 1 & 50 \end{bmatrix}, & \begin{bmatrix} 1 \\ 0 \\ 0 \\ 0 \end{bmatrix}, & \begin{bmatrix} 1 & 2 & 1 & 3 \\ 1 & 1 & 7 & 2 \\ 1 & -4 & 1 & 9 \\ 2 & -1 & 5 & 1 \end{bmatrix}, & \begin{bmatrix} 1 \\ -1 \\ -5 \\ 22 \end{bmatrix}. \end{array}$$

Lösung.

$$\begin{bmatrix} 2891 \\ -1377 \\ -203 \\ 22 \end{bmatrix}.$$

4.7. Die Methode von Jordan (Diagonalisierungsverfahren. Vollständige Elimination)

4.7.1. *Theorie*

Gegeben sei eine nichtsinguläre Matrix $A^{(k)}$ von folgender Form:

$$A^{(k)} = \begin{bmatrix} d_1 & 0 & 0 \ldots & & \alpha_1 & * & \ldots & * \\ 0 & d_2 & & & \alpha_2 & * & \ldots & * \\ 0 & & \ddots & & & & & \\ \vdots & & & d_{k-1} & \alpha_{k-1} & * & \ldots & * \\ \vdots & \cdots & \cdots & 0 & \alpha_k & * & \ldots & * \\ \vdots & & & & \alpha_{k+1} & * & \ldots & * \\ \vdots & & & & & & & \\ 0 & 0 & \ldots & 0 & \alpha_n & * & \ldots & * \end{bmatrix} \leftarrow k\text{-te Zeile},$$

(über den ersten Spalten: $\overbrace{\quad}^{k-1}$; über der Spalte der α: k-te-Spalte ↓)

d. h., in $A^{(k)}$ stehen in den ersten $k-1$ Spalten außerhalb der Diagonale nur Nullen. $A^{(1)}$ ist eine allgemeine Matrix (man kann $A = A^{(1)}$ setzen), und $A^{(n+1)}$ ist eine Diagonalmatrix.

Sind alle Elemente $\alpha_k, \alpha_{k+1}, \ldots, \alpha_n$ gleich Null, dann ist $A^{(k)}$ notwendig singulär; mit diesem Fall werden wir uns nicht beschäftigen. (Man vergleiche dazu die Theorie des Gaußschen Algorithmus, wo dieser Fall in 4.4.3., Satz 1 bei der Triangularisierung nicht ausgeschlossen wurde.)

Ist einer der Terme $\alpha_k, \alpha_{k+1}, \ldots, \alpha_n$ von Null verschieden, etwa $\alpha_l\,(l \geqq k)$, dann bilden wir

$$\tilde{A}^{(k)} = \Sigma_{k,l} A^{(k)}$$

(vgl. die Definition von $\Sigma_{kl} = W V_{kl}$ in 4.4.2.). Damit wird $A^{(k)}$ durch $\tilde{A}^{(k)}$ ersetzt; $\tilde{A}^{(k)}$ besitzt dieselbe Form wie $A^{(k)}$, nur ist

$$\alpha_k = \alpha_l \neq 0 \quad \text{und} \quad D(\Sigma_{kl}) = +1\,.$$

Ist $\alpha_k \neq 0$, so wird keine Veränderung vorgenommen $(\Sigma_{kk} = I)$.

Wir setzen nun $\alpha_k \neq 0$ voraus und betrachten

$$J_k = \begin{bmatrix} 1 & 0 & \ldots & -\frac{\alpha_1}{\alpha_k} & \ldots & 0 \\ 0 & 1 & \ldots & -\frac{\alpha_2}{\alpha_k} & \ldots & 0 \\ \vdots & & \ddots & & & \vdots \\ \vdots & & & 1 & & \vdots \\ \vdots & & & -\frac{\alpha_{k+1}}{\alpha_k} & 1 & \vdots \\ \vdots & & & \vdots & \ddots & \vdots \\ 0 & \cdots & \cdots & -\frac{\alpha_n}{\alpha_k} & \cdots & 1 \end{bmatrix} \quad \leftarrow k\text{-te Zeile}$$

Wie beim Gaußschen Algorithmus ergibt sich

$$\alpha) \qquad J_k = \left(I - \frac{\alpha_1}{\alpha_k} E_{1k}\right)\left(I - \frac{\alpha_2}{\alpha_k} E_{2k}\right) \cdots \left(I - \frac{\alpha_{k-1}}{\alpha_k} E_{k-1,k}\right)$$
$$\times \left(I - \frac{\alpha_{k+1}}{\alpha_k} E_{k+1,k}\right) \cdots \left(I - \frac{\alpha_n}{\alpha_k} E_{nk}\right),$$

und daher ist $D(J_k) = 1$.

$\beta)$ $J_k A^{(k)} = A^{(k+1)}$: man hat sowohl „oberhalb" als auch „unterhalb" von α_k eliminiert.

Wiederholt man den Algorithmus bis $A^{(n+1)}$ (und das ist für nichtsinguläres $A = A^{(1)}$ immer möglich), so erhält man folglich

$$A^{(n+1)} = D = J_n \Sigma_{n,l_n} J_{n-1} \Sigma_{n-1,l_{n-1}} \cdots J_1 \Sigma_{1,l_1} A = SA\,,$$

wobei gewisse Σ_{ij} gleich I sein können. Hieraus gelangen wir zu dem folgenden

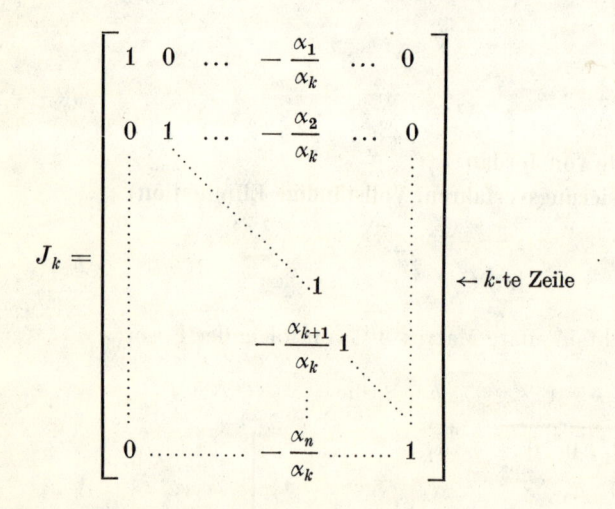

Satz. *Zu gegebenem nichtsingulären A existiert eine Matrix S, die durch den obenstehenden Algorithmus bestimmt ist, so daß* $D(S) = 1$ *und* $SA = D$ *ist, d. h., es ist* $A^{-1} = D^{-1}S$ *(D ist eine Diagonalmatrix).*

Bemerkungen.

1. Für nichtsinguläres A (also $A^{-1}A = I$) können wir schreiben:

$$\frac{A^{-1}}{D(A^{-1})}\,A = \frac{1}{D(A^{-1})}\,I,$$

$$S' = \frac{1}{D(A^{-1})}\,A^{-1};$$

die Matrix S' hat dieselben Eigenschaften wie S, stimmt jedoch im allgemeinen nicht mit S überein.

2. Die im oben beschriebenen Algorithmus auftretenden Matrizen $A^{(k)}$ besitzen an den Stellen $i = k, \ldots, n$; $j = k, \ldots, n$ dieselben Elemente wie die Matrizen $A^{(k)}$ aus dem Gaußschen Algorithmus.

3. Für singuläres A ist der Satz nicht anwendbar.

Aufgabe. Man behandle das Analogon zu obigem Satz, wenn A von rechts mit einer Folge von Matrizen multipliziert wird.

4.7.2. *Rechenschritte*

Um das System $Ax = b$ zu lösen, setzen wir $A^{(1)} = A$, $b^{(1)} = b$ und dafür besser noch $a^{(1)}_{i,n+1} = b^{(1)}$. Die verschiedenen Matrizensysteme $A^{(k+1)} = J_k A^{(k)}$ und die rechten Seiten $b^{(k+1)} = J_k b^{(k)}$ werden von $k = 1$ bis $k = n$ nach den Formeln

$$\left.\begin{aligned} & a^{(k+1)}_{ij} = a^{(k)}_{ij} - r^{(k)}_{ik}\,a^{(k)}_{kj}, \\ & (\text{für}\quad i = 1, 2, \ldots, k-1, k+1, \ldots, n \quad \text{und jedes } i, \\ & \qquad j = k+1, \ldots, n, n+1), \\ & r^{(k)}_{ik} = \frac{a^{(k)}_{ik}}{a^{(k)}_{kk}} \end{aligned}\right\} \tag{I}$$

gebildet. Es ist schließlich

$$\xi_i = x_i = \frac{a^{(n+1)}_{i,n+1}}{a^{(i)}_{ii}} \qquad (i = 1, 2, \ldots, n).$$

Aufgabe. Man zeichne das dem Jordanschen Verfahren entsprechende Flußdia gramm.

Nachstehend geben wir eine ALGOL-Prozedur für dieses Verfahren an:

```
'PROCEDURE' JORDAN (A) RECHTE SEITE: (B)
ERGEBNIS: (X) ORDNUNG: (N) ;
'VALUE' A,B ; 'REAL''ARRAY' A,B,X ; 'INTEGER' N ;
'COMMENT' LOESUNG DES SYSTEMS AX = B DURCH
VOLLSTAENDIGE ELIMINATION (JORDAN). ES WIRD NUR
DER FALL BETRACHTET,DASS ALLE DIAGONALELEMENTE
VON NULL VERSCHIEDEN SIND ;
'BEGIN''INTEGER' I,J,K ; 'REAL' R ;
   'FOR' K := 1 'STEP' 1 'UNTIL' N 'DO'
   'FOR' I := 1 'STEP' 1 'UNTIL' K-1 , K+1
   'STEP' 1 'UNTIL' N 'DO'
     'BEGIN' R := A[I,K] / A[K,K] ;
       'FOR' J := K+1 'STEP' 1 'UNTIL' N 'DO'
       A[I,J] := A[I,J] - R * A[K,J] ;
       B[I] := B[I] - R * B[K]
     'END' ;
   'FOR' I := 1 'STEP' 1 'UNTIL' N 'DO'
     X[I] := B[I] / A[I,I]
'END' ;
```

Anzahl der Operationen. Nach (I) findet man für die Anzahl der

Divisionen: $n(n-1) + n = n^2$,

Additionen und Multiplikationen:

$$(n-1)n + (n-1)(n-1) + \cdots + (n-1)\,2 = (n-1)\left(\frac{n(n+1)}{2} - 1\right) \approx \frac{n^3}{2}.$$

Diese Methode ist für große Systeme viel aufwendiger als der Gaußsche Algorithmus:

$$\frac{\text{Zeitaufwand beim Jordanschen Verfahren}}{\text{Zeitaufwand beim Gaußschen Verfahren}} \approx \frac{n^3}{n^3}\,\frac{3}{2} = 1{,}5$$

(d. h., der Zeitaufwand beim Jordanschen Verfahren übersteigt den beim Gaußschen Verfahren um 50%). Nur die „Leichtigkeit" des Programmierens hat dieses Verfahren für schwer zu programmierende Maschinen brauchbar gemacht.

4.8. Orthogonalisierungsmethoden. Schmidtsches Verfahren

4.8.1. *Definitionen*

Eine Matrix A aus $\mathcal{M}_{(n,n)}(R)$ heißt *zeilenorthogonal* (*spaltenorthogonal*), wenn je zwei Zeilen $A_{i.}, A_{k.}$ (Spalten $A_{.i}, A_{.k}$) $(i \neq k)$ orthogonal sind:

$$A_{i.}(A_{k.})^{\mathsf{T}} = 0 \quad \text{(skalares Produkt)}$$

$$(\text{bzw. } (A_{.k})^{\mathsf{T}} A_{.i} = 0).$$

Satz. *Eine Matrix A aus $\mathcal{M}_{(m,n)}(R)$ ist genau dann zeilenorthogonal (bzw. spaltenorthogonal), wenn AA^{T} (bzw. $A^{\mathsf{T}}A$) eine quadratische Diagonalmatrix vom Typ (m, m) $\big($bzw. $(n, n)\big)$ ist.*

In der Tat gilt $(AA^{\mathsf{T}})_{i,k} = A_{i.}(A^{\mathsf{T}})_{.k}$ und $(A^{\mathsf{T}})_{.k} = (A_{k.})^{\mathsf{T}}$. (Für die Spaltenorthogonalität verläuft der Beweis ebenso.)

4.8.2. *Quadratische Matrizen*

Angenommen, es sei $A \in \mathcal{M}_{(n,n)}(R)$. Für eine spaltenorthogonale Matrix A ist $AA^{\mathsf{T}} = \Delta$ eine Diagonalmatrix aus $\mathcal{M}_{(n,n)}$. Daraus folgt

$$D(A)D(A^{\mathsf{T}}) = \big(D(A)\big)^2 = D(\Delta) = \delta_{11}\delta_{22}\cdots\delta_{nn},$$

wenn $\delta_{ii} = A_{i.}A_{i.}^{\mathsf{T}} = \|A_{i.}\|^2$ das Quadrat der euklidischen Norm der i-ten Zeile von A ist. Wir erhalten so den

Satz 1. *Eine zeilenorthogonale (bzw. spaltenorthogonale) quadratische Matrix aus $\mathcal{M}_{(n,n)}(R)$ ist genau dann singulär, wenn sie wenigstens eine Zeile (bzw. Spalte) Nullen enthält.*

Gilt für eine nichtsinguläre zeilenorthogonale Matrix A

$$AA^{\mathsf{T}} = \Delta, \tag{1}$$

so ist Δ nicht singulär, und aus (1) *folgt*

$$A(A^{\mathsf{T}}\Delta^{-1}) = I.$$

Satz 2. *Es sei A eine nichtsinguläre zeilen- (bzw. spalten-)orthogonale Matrix und Δ die Diagonalmatrix, deren Elemente die „Quadrate der Normen" der Zeilen (bzw. Spalten) von A sind. Dann gilt*

$$A^{-1} = A^{\mathsf{T}}\Delta^{-1} \qquad (\text{bzw. } A^{-1} = \Delta^{-1}A^{\mathsf{T}}).$$

Angenommen, die Zeilen von A seien orthogonal, und es sei $\Delta = I$. Dann ist $AA^{\mathsf{T}} = I$, d. h. $A^{\mathsf{T}} = A^{-1}$ und $A^{\mathsf{T}}A = I$.

Satz 3. *Wenn eine Matrix $A \in \mathcal{M}_{(n,n)}$ orthogonale Zeilen der Norm Eins besitzt, dann sind auch ihre Spalten orthogonal, und es ist $A^{-1} = A^{\mathsf{T}}$.*

Eine Matrix, für die $A^{\mathsf{T}}A = I$ gilt, heißt *orthonormal* oder *unitär*.

4.8.3. *Invarianz des Skalarproduktes*

Wir betrachten R^n als Hilbertraum und fragen danach, welche linearen Abbildungen die „euklidischen Längen“ ungeändert lassen. Es sei $A \in \mathcal{M}_{(n,n)}$ die Matrix, die eine derartige Abbildung von R^n in sich bestimmt.

Dann gilt für alle x aus R^n

$$\|x\| = \|Ax\|$$

oder

$$x^\mathsf{T} x = (Ax)^\mathsf{T} Ax = x^\mathsf{T} A^\mathsf{T} A x. \tag{1}$$

Wählt man speziell zwei Vektoren $x, y \in R^n$ und einen Skalar $\lambda \in R$, so haben wir

$$(x + \lambda y)^\mathsf{T}(x + \lambda y) = (x + \lambda y)^\mathsf{T} A^\mathsf{T} A (x + \lambda y);$$

daraus folgt

$$\begin{aligned} x^\mathsf{T} x + 2\lambda x^\mathsf{T} y + \lambda^2 y^\mathsf{T} y &= x^\mathsf{T} A^\mathsf{T} A x + \lambda(y^\mathsf{T} A^\mathsf{T} A x + x^\mathsf{T} A^\mathsf{T} A y) + \lambda^2 y^\mathsf{T} A^\mathsf{T} A y \\ &= x^\mathsf{T} A^\mathsf{T} A x + 2\lambda(x^\mathsf{T} A^\mathsf{T} A y) + \lambda^2 y^\mathsf{T} A^\mathsf{T} A y. \end{aligned}$$

Unter Verwendung von (1) vereinfacht sich dieses Ergebnis zu

$$x^\mathsf{T} y = (Ax)^\mathsf{T}(Ay). \tag{2}$$

Das heißt, eine Abbildung, die die Normen in $H = R^n$ „invariant“ läßt, läßt auch das Skalarprodukt „invariant“. (Die Umkehrung ist offensichtlich.)

Wir schreiben (2) in der Gestalt

$$x^\mathsf{T}(y - A^\mathsf{T} A y) = 0.$$

Wählen wir für x die Vektoren $e_1, e_2, \ldots, e_n$ der Fundamentalbasis von R^n, so sehen wir, daß alle Komponenten von $y - A^\mathsf{T} A y$ gleich Null sind. Für alle $y \in R^n$ gilt daher

$$A^\mathsf{T} A y = y,$$

d. h., es ist $A^\mathsf{T} A = I$.

Satz. *Die einzigen Matrizen aus $\mathcal{M}_{(n,n)}(R)$, die Transformationen auf R^n definieren, welche die euklidische Norm (also das Skalarprodukt) invariant lassen, sind die unitären Matrizen.*

Offenbar gilt umgekehrt für eine unitäre Matrix

$$x^\mathsf{T} y = x^\mathsf{T} I y = x^\mathsf{T} A^\mathsf{T} A y.$$

Bemerkung. Im Vorhergehenden kann überall R durch C ersetzt werden, falls das Zeichen $^\mathsf{T}$ (für die Transposition) durch das Zeichen * (für die Transposition und den Übergang zu den konjugiert-komplexen Zahlen) ersetzt wird. Wir gehen auf die entsprechenden Ergebnisse nicht noch einmal ein.

4.8.4. *Das Schmidtsche Orthogonalisierungsverfahren*

Das nachstehend beschriebene Verfahren ähnelt in vielem der Methode aus 4.4.2., die darin bestand, eine Matrix (von links) mit anderen Matrizen zu multiplizieren, um sie auf Dreiecksgestalt zu bringen (Triangularisierung).

Wir wollen jetzt erreichen, daß die Endmatrix (beispielsweise) orthogonale Zeilen besitzt, und wir werden sehen, daß zur Orthogonalisierung der Spalten ein analoges Verfahren angewandt werden kann.

Wir ändern die Bezeichnungen geringfügig, und es sei

$$A^{(k)} = \begin{bmatrix} q_1 \\ q_2 \\ \vdots \\ q_k \\ a_{k+1} \\ a_{k+2} \\ \vdots \\ a_n \end{bmatrix}$$

eine Matrix aus $\mathcal{M}_{(n,n)}(R)$. (Man könnte das Verfahren auch in $\mathcal{M}_{(m,n)}$ durchführen.) Die Symbole $q_1, q_2, \ldots, q_k, a_{k+1}, \ldots, a_n$ bezeichnen Zeilen mit n Elementen aus R. Wir nehmen an, die ersten k Zeilen seien paarweise orthogonal: $q_i q_j^{\mathsf{T}} = 0$ (für $i \neq j$ und $i, j \leqq k$). Wie wir wissen, ist

$$(I + \lambda E_{ij}) A^{(k)} = \begin{bmatrix} A_{1.}^{(k)} \\ A_{2.}^{(k)} \\ A_{3.}^{(k)} \\ \vdots \\ A_{i.}^{(k)} + \lambda A_{j.}^{(k)} \\ \vdots \end{bmatrix} \begin{matrix} \\ \\ \\ \\ \leftarrow i\text{-te Zeile} \\ \\ \end{matrix} .$$

Diese Eigenschaft aus 1.2.4.2. ist hier nur in unserer Schreibweise dargestellt. Ferner haben wir

$$(I + \lambda_{k+1,1} E_{k+1,1})(I + \lambda_{k+1,2} E_{k+1,2}) \cdots (I + \lambda_{k+1,k} E_{k+1,k}) A^{(k)}$$

$$= \begin{bmatrix} q_1 \\ q_2 \\ \vdots \\ q_k \\ a_{k+1} + \lambda_{k+1,1} q_1 + \lambda_{k+1,2} q_2 + \cdots + \lambda_{k+1,k} q_k \\ a_{k+2} \\ \vdots \\ a_n \end{bmatrix}. \tag{1}$$

Setzen wir

$$H_k = \begin{bmatrix} 1 & & & & & & \\ & 1 & & & & & \\ & & 1 & & & & \\ & & & \ddots & & & \\ \lambda_{k+1,1} & \lambda_{k+1,2} & \cdots & \lambda_{k+1,k} & 1 & & \\ & & & & & \ddots & \\ \cdot & \cdot & \cdots & \cdot & \cdot & \cdots & 1 \end{bmatrix} \quad \leftarrow (k+1)\text{-te Zeile},$$

so erkennt man, daß H_k eine unitäre untere Dreiecksmatrix ist und daß es sich dabei gerade um den Faktor handelt, der $A^{(k)}$ in der Formel (1) vorangeht. Also ist

$$H_k A^{(k)} = \begin{bmatrix} q_1 \\ q_2 \\ \vdots \\ q_k \\ q_{k+1} \\ a_{k+2} \\ \vdots \\ a_n \end{bmatrix}$$

mit $q_{k+1} = a_{k+1} + \lambda_{k+1,1} q_1 + \lambda_{k+1,2} q_2 + \cdots + \lambda_{k+1,k} q_k$. Die Zeile q_{k+1} ist zu den Zeilen q_i ($i = 1, \ldots, k$) genau dann orthogonal, d. h., $H_k A^{(k)}$ ist genau dann eine Matrix von der Form $A^{(k+1)}$, wenn die Terme $\lambda_{k+1,i}$ so gewählt werden können, daß

$$q_{k+1} q_i^{\mathsf{T}} = 0 = a_{k+1} q_i^{\mathsf{T}} + \lambda_{k+1,i} \|q_i\|^2 \qquad (i = 1, 2, \ldots, k)$$

ist. Gilt also $\|q_i\| \neq 0$ $(i = 1, 2, \ldots, k)$, so setzt man

$$\lambda_{k+1,i} = -\frac{a_{k+1} q_i^{\mathsf{T}}}{\|q_i\|^2} \quad (i = 1, 2, \ldots, k). \tag{2}$$

Es sei A eine nichtsinguläre quadratische Matrix (wenn A nicht quadratisch ist, vom Typ (m, n) etwa, genügt es, die lineare Unabhängigkeit der Zeilen von A zu fordern $(m \leqq n)$). Wir setzen $A^{(1)} = A$ und $a_1 = q_1$; die Zeile a_1 kann nicht nur aus Nullen bestehen, da A sonst singulär wäre (nicht alle Zeilen wären linear unabhängig).

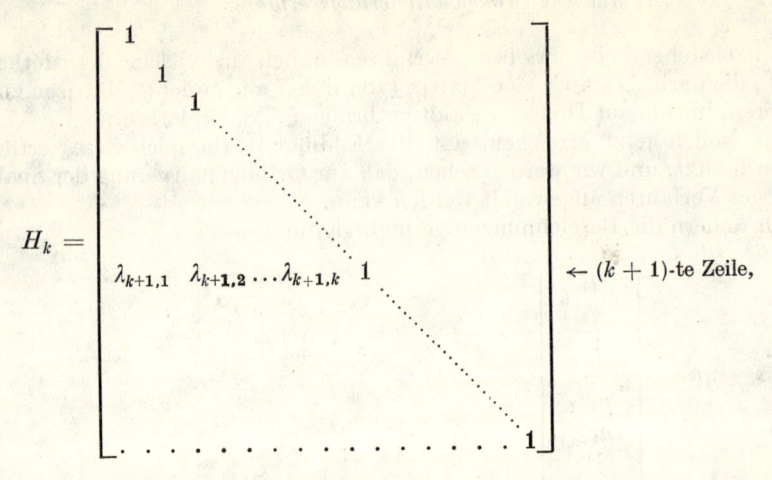

Nehmen wir an, wir hätten gefunden, daß $A^{(k)} = H_{k-1} H_{k-2} \cdots H_1 A^{(1)}$ $(1 \leqq k)$ ist, wobei $q_1, q_2, \ldots, q_k$ von Null verschieden sind. Die Matrix H_k kann also durch Berechnung der $\lambda_{k+1,i}$ mit Hilfe von Formel (2) bestimmt werden. Es bleibt zu zeigen, daß $\|q_{k+1}\| \neq 0$ ist, wenn A nichtsingulär ist. In der Tat ist $A^{(k+1)} = H_k A^{(k)} = H_k H_{k-1} \cdots H_1 A$ und $D(A^{(k+1)}) = 1 \cdot 1 \cdots 1 \cdot D(A)$; aus $\|q_{k+1}\| = 0$ folgte aber $D(A^{(k+1)}) = 0$, also $D(A) = 0$. (Wenn A nicht quadratisch ist, genügt es zu bemerken, daß die q_i $(i = 1, 2, \ldots, k)$ Linearkombinationen der Zeilen $a_1, a_2, \ldots, a_k$ von A sind und daß aus $\|q_{k+1}\| = 0$

$$\text{(Nullzeile) } 0 = a_{k+1} + \lambda_{k+1,1} q_1 + \cdots + \lambda_{k+1,k} q_k$$

folgt; d. h., die Zeilen $a_1, \ldots, a_k, a_{k+1}$ von A sind nicht linear unabhängig.)

Folglich gilt, wenn A eine nichtsinguläre quadratische Matrix ist,

$$A^{(n)} = H_{n-1} H_{n-2} \cdots H_1 A = HA.$$

Damit erhalten wir

Satz 1. *Zu jeder nichtsingulären quadratischen Matrix A existiert eine unitäre untere Dreiecksmatrix H, so daß $HA = A'$ orthogonale Zeilen besitzt.*

Korollar. *Für jede nichtsinguläre Matrix $A \in \mathcal{M}_{(n,n)}$ gibt es eine Zerlegung*

$$A = TA'; \tag{3}$$

dabei ist T eine unitäre untere Dreiecksmatrix und A' zeilenorthogonal.

Zum Beweis des Korollars genügt es, das Ergebnis von Satz 1 in der Form

$$A = H^{-1} A'$$

zu schreiben und $T = H^{-1}$ zu setzen.

Aufgabe. Man beweise, daß für jede nichtsinguläre Matrix A eine Zerlegung $A = A'T$ existiert, wobei T eine unitäre obere Dreiecksmatrix und A' spaltenorthogonal ist.

Satz 2. *Für jede nichtsinguläre Matrix $A \in \mathcal{M}_{(n,n)}$ gibt es eine Zerlegung der Form*

$$A = LQ,$$

wobei L eine untere Dreiecksmatrix und Q unitär ist. (*Außerdem gibt es eine Zerlegung der Form*

$$A = Q_1 R,$$

wobei R eine obere Dreiecksmatrix und Q_1 unitär ist.)

In der Tat existieren auf Grund des obenstehenden Korollars zwei Matrizen T und A', so daß $A = TA'$ ist, wobei T eine unitäre untere Dreiecksmatrix und A' zeilenorthogonal ist: $A'A'^{\mathsf{T}} = \Delta$. Wenn d_i das Element in der i-ten Zeile und der i-ten Spalte von Δ ist, dann haben wir $d_i = \|A'_{i.}\|^2 > 0$ (denn A' ist nichtsingulär). Es sei $r_i = +\sqrt{d_i}$; wir bilden nun die Diagonalmatrix $\Delta^{\frac{1}{2}}$, deren Elemente die r_i sind, d. h., es ist $r_i = (\Delta^{\frac{1}{2}})_{ii}$. Offensichtlich ist

$$\Delta^{\frac{1}{2}} \Delta^{\frac{1}{2}} = \Delta,$$

und es existiert die Inverse $(\Delta^{\frac{1}{2}})^{-1}$, deren Elemente gerade die $1/r_i$ sind. Wir schreiben $A'A'^{\mathsf{T}} = \Delta^{\frac{1}{2}}\Delta^{\frac{1}{2}}$ oder

$$\left[(\Delta^{\frac{1}{2}})^{-1}A'\right]\left[A'^{\mathsf{T}}(\Delta^{\frac{1}{2}})^{-1}\right] = I; \tag{4}$$

da

$$A'^{\mathsf{T}}(\Delta^{\frac{1}{2}})^{-1} = \left[(\Delta^{\frac{1}{2}})^{-1}A'\right]^{\mathsf{T}}$$

ist und $(\Delta^{\frac{1}{2}})^{-1}$ als Diagonalmatrix mit ihrer Transponierten übereinstimmt, besagt (4), daß $Q = (\Delta^{\frac{1}{2}})^{-1}A'$ unitär ist; man erhält Q, indem man jede Zeile von A' durch ihre Norm dividiert,

$$Q_i = \frac{A'_{i.}}{\|A'_{i.}\|}.$$

Die Matrix A' heißt *normiert*. Wir schreiben nun

$$A = T\Delta^{\frac{1}{2}}(\Delta^{\frac{1}{2}})^{-1}A' = LQ;$$

$T\Delta^{\frac{1}{2}} = L$ ist wieder eine untere Dreiecksmatrix. Damit haben wir das gesuchte Resultat.

Bemerkung. Es seien $A = LQ = L'Q'$ zwei derartige Zerlegungen. Dann ist

$$L'^{-1}L = Q'Q^{-1} \tag{5}$$

(L' ist nichtsingulär, denn es ist $D(A) = D(L')D(Q')$ und $D^2(Q') = 1$). Aus $QQ^{\mathsf{T}} = I$, $(Q^{\mathsf{T}})^{-1}Q^{-1} = I$, $(Q^{-1})^{\mathsf{T}}Q^{-1} = I$ folgt, daß die Inverse einer unitären Matrix wieder unitär ist; wenn Q_1 und Q_2 zwei unitäre Matrizen sind, ist auch ihr Produkt unitär:

$$(Q_1Q_2)(Q_1Q_2)^{\mathsf{T}} = Q_1(Q_2Q_2^{\mathsf{T}})Q_1^{\mathsf{T}} = Q_1IQ_1^{\mathsf{T}} = I.$$

Damit ist gezeigt, daß die Menge der unitären Matrizen in $\mathcal{M}_{(n,n)}$ eine multiplikative Gruppe bildet (die *unitäre Gruppe*). Also ist nach Formel (5) die untere Dreiecksmatrix $\mathcal{L} = L'^{-1}L$ unitär (im obenstehenden Sinne), und es ist $L^{-1} = \mathcal{L}^{\mathsf{T}}$. Nun ist die Matrix $\mathcal{L}^{\mathsf{T}}$ aber eine obere Dreiecksmatrix, und $\mathcal{L}^{-1}$ ist eine untere Dreiecksmatrix. Folglich sind $\mathcal{L}^{-1}$ und $\mathcal{L}^{\mathsf{T}}$ Diagonalmatrizen. Das ist nur möglich, wenn $\mathcal{L}^2 = I$ ist, d. h., wenn $\mathcal{L}$ von der Form

$$\mathcal{L} = \begin{bmatrix} \varepsilon_1 & & & \\ & \varepsilon_2 & & \\ & & \ddots & \\ & & & \varepsilon_n \end{bmatrix} = E \quad (\varepsilon_i = \pm 1)$$

ist. Daher ist $L = L'E$ und $Q = EQ'$. Die Zerlegung ist also nicht eindeutig. Sowohl L und L' als auch Q und Q' haben Spalten (Zeilen) mit gleichem oder entgegengesetztem Vorzeichen.

K o r o l l a r. *Ist A nichtsingulär, so existiert eine untere Dreiecksmatrix L, so daß $AA^{\mathsf{T}} = LL^{\mathsf{T}}$ ist.*

Nach Satz 2 gilt $AA^{\mathsf{T}} = LQ(Q^{\mathsf{T}}L^{\mathsf{T}}) = LL^{\mathsf{T}}$ (vgl. die Choleskysche Zerlegung, siehe dazu 4.11.4.2.).

B e m e r k u n g. Die Eindeutigkeit ist in dieser letzten Zerlegung nicht gesichert; denn aus $LL^{\mathsf{T}} = L'(L')^{\mathsf{T}}$ folgt $L'^{-1}L = (L')^{\mathsf{T}}(L^{\mathsf{T}})^{-1} = \varDelta$ (Diagonalmatrix); also ist α) $L = L'\varDelta$ und $L'^{\mathsf{T}} = \varDelta L^{\mathsf{T}}$ oder β) $L' = L\varDelta$. Aus α) und β) folgt nur $L = L\varDelta^2$, was auf $\varDelta^2 = I$ führt; $L = L'\varDelta$ zeigt, daß L und L' in den Spalten nur bis auf das Vorzeichen übereinstimmen.

4.8.5. *Lösung eines linearen Systems durch Zeilenorthogonalisierung*

Zur Lösung des Gleichungssystems

$$Ax = b \tag{1}$$

wird das Verfahren aus 4.8.4. angewandt.

1. Es werden nacheinander die Produkte $H_k A^{(k)}$, $H_k b^{(k)}$ gebildet; man setzt dabei $A^{(1)} = A$, $b^{(1)} = b$ und wie gewöhnlich

$$b_i^{(1)} = a_{i,n+1}^{(1)}.$$

2. Es ist das System $A^{(n)}x = b^{(n)}$ zu lösen, wobei $A^{(n)}$ zeilenorthogonal sei; die Lösung ist

$$\xi = (A^{(n)})^{\mathsf{T}} D^{-1} b^{(n)};$$

im untenstehenden Flußdiagramm wurden folgende Bezeichnungen eingeführt

$$A^{(n)} = Q, \qquad b^{(n)} = b', \qquad D = QQ^{\mathsf{T}}.$$

In 4.8.6. findet man

1. ein Flußdiagramm für die Berechnung,
2. ein ALGOL-Programm in Prozedurform.

Obwohl vom theoretischen Standpunkt wichtig, ist dieses Verfahren sehr aufwendig. Die Anzahl der Additionen und Multiplikationen ist von der Ordnung n^3. Genau werden benötigt (für die Berechnung von Q):

Additionen: $n(n+2)(n-1)$,

Multiplikationen: $\dfrac{n(2n^2 - 3n + 1)}{2}$,

Divisionen: n^2.

Außerdem ist der Bedarf an Speicherplätzen ganz beträchtlich; es müssen sowohl die Q als auch die λ gespeichert werden; der Aufwand ist ungefähr doppelt so groß ($2n^2$) wie bei einer Elimination.

4.8.6. *Flußdiagramm des (Zeilen-) Orthogonalisierungsverfahrens*

1. Ausgehend von

$$A = \begin{bmatrix} a_1 \\ \vdots \\ a_n \end{bmatrix}$$

wird

$$Q = \begin{bmatrix} q_1 \\ \vdots \\ q_n \end{bmatrix}$$

bestimmt. Abb. 4.4 zeigt das Flußdiagramm.

Bildung der $\|q_k\|^2 = L_k$

Bildung der $\lambda_{k+1,1}$

Berechnung der $q_{k+1,j}$
und rechten Seiten

System $QX = b'$
mit $QQ^{\mathsf{T}} = D$
$Q^{-1} = Q^{\mathsf{T}} D^{-1}$
$X = Q^{\mathsf{T}} D^{-1}$

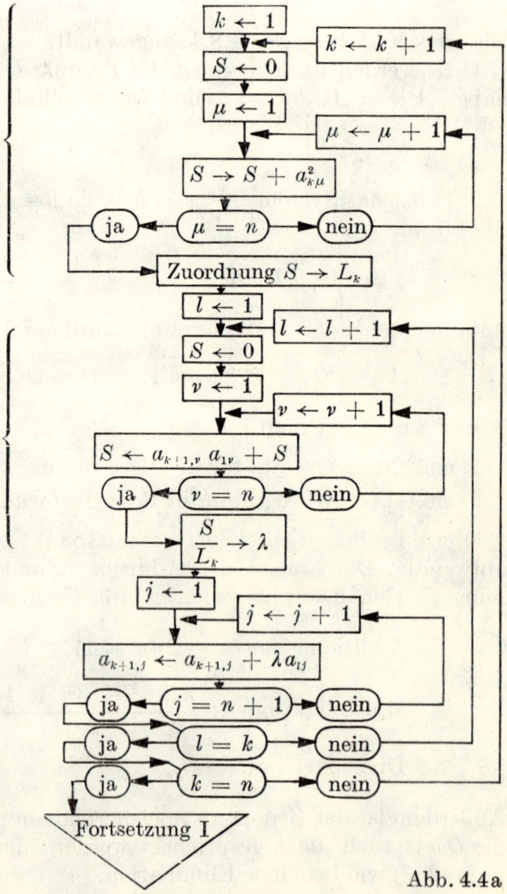

Abb. 4.4a

2. Bildung von

$D^{-1}b' = Y$,

Produkt

$Q^{\mathsf{T}} Y = X$

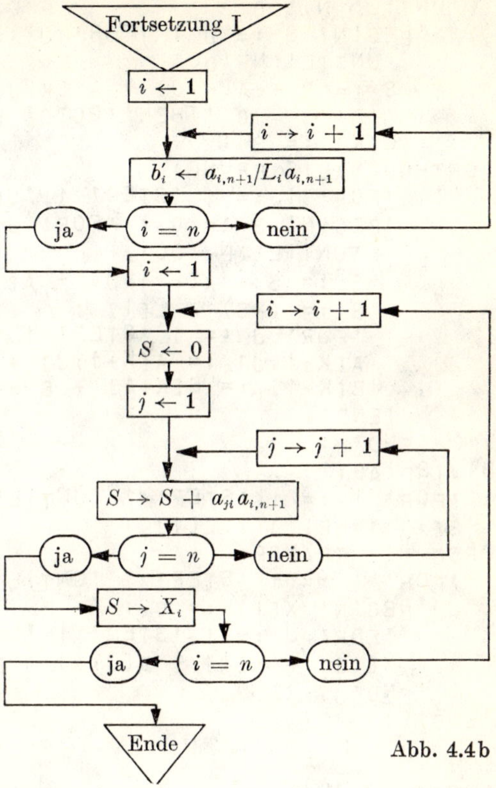

Abb. 4.4b

```
 'PROCEDURE' ORTHSYSTLINE (A) RECHTE SEITE: (B)
ERGEBNIS: (X) ORDNUNG: (N) AUSGANG: (UNMOEGLICH) ;
'REAL''ARRAY' A,B,X ; 'INTEGER' N ;
'LABEL' UNMOEGLICH ;
'COMMENT' DIESE PROZEDUR LOEST DAS LINEARE SYSTEM
AX = B,INDEM DIESES SYSTEM DURCH QX = B' ERSETZT
WIRD. DABEI IST Q ZEILENORTHOGONAL UND ERGIBT
SICH BEI ANWENDUNG DES SCHMIDTSCHEN
ORTHOGONALISIERUNGSVERFAHRENS AUF DIE ZEILEN
VON A. DAZU WIRD A MIT EINER UNITAEREN UNTEREN
DREIECKSMATRIX M VON LINKS MULTIPLIZIERT,
MA = Q, B' = MB. DIE LOESUNG VON QX = B' ERFOLGT
UEBER X = TRANSP (Q).
INV(D)B' , INV(D): INVERSE DER DIAGONALMATRIX Q.
TRANSP(Q) = D ;
```

```
'BEGIN''REAL''ARRAY' L[1:N] ; 'REAL' S ;
  'INTEGER' I,J,K ; 'FOR' K := 1 'STEP' 1
  'UNTIL' N 'DO'
    'BEGIN' S := 0 ; 'FOR' J := 1 'STEP' 1
     'UNTIL' N 'DO'
     S := S + A[K,J] * A [K,J] ;
     'IF' S = 0 'THEN''GOTO' UNMOEGLICH ;
     L[K] := S ;
 ORTHOGONALISIERUNG:
     'FOR' I := 1 'STEP' 1 'UNTIL' K 'DO'
     'BEGIN' S := 0 ; 'FOR' J := 1 'STEP' 1
       'UNTIL' N 'DO'
       S := S + A[K+1,J] + A[I,J] ;
       S := (-S) / L[I] ;
       'FOR' J := 1 'STEP' 1 'UNTIL' N 'DO'
       A[K+1,J] := A[K+1,J] + S * A[I,J] ;
       B[K+1] := B[K+1] + S * B[I]
     'END'
    'END' ;
DIVISDIAG:
  'FOR' I := 1 'STEP' 1 'UNTIL' N 'DO'
  B[I] := B[I] / L[I] ;
PROD MIT TRANSP:
  'FOR' I := 1 'STEP' 1 'UNTIL' N 'DO'
    'BEGIN' X[I] := 0 ;
     'FOR' J := 1 'STEP' 1 'UNTIL' N 'DO'
     X[I] := X[I] + A[J,I] * B[I]
    'END'
'END' ;
```

4.8.7. *Die Matrizen der unitären Gruppe von $\mathcal{M}_{(n,n)}$. Rotationsmethode*

Es gibt in der unitären Gruppe $v_{(n,n)}$ von $\mathcal{M}_{(n,n)}$ sehr einfach gebaute Matrizen $V_{ij}(\theta)$ $(i \neq j)$:

$$
V_{i,j}(\theta) = \begin{array}{c} \\ \\ \\ \\ \\ \end{array}
\overset{\quad\; i\text{-te Spalte} \downarrow \qquad j\text{-te Spalte} \downarrow}{
\begin{bmatrix}
1 & \cdots & 0 & \cdots & 0 & \cdots & 0 \\
\vdots & \ddots & \vdots & & \vdots & & \vdots \\
0 & \cdots & \cos\theta & \cdots & -\sin\theta & \cdots & 0 \\
\vdots & & \vdots & \ddots & \vdots & & \vdots \\
0 & \cdots & \sin\theta & \cdots & \cos\theta & \cdots & 0 \\
\vdots & & \vdots & & \vdots & \ddots & \vdots \\
0 & \cdots & 0 & \cdots & 0 & \cdots & 1
\end{bmatrix}}
\begin{array}{l} \\ \\ \leftarrow i\text{-te Zeile} \\ \\ \leftarrow j\text{-te Zeile} \\ \\ \\ \end{array}
$$

$$
= I - E_{ii} - E_{jj} + \cos\theta\, E_{ii} + \cos\theta\, E_{jj} - \sin\theta\, E_{ij} + \sin\theta\, E_{ji}.
$$

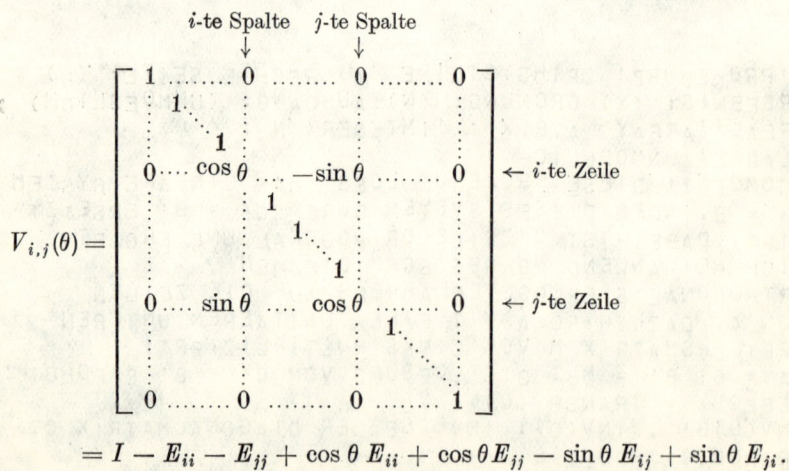

Es seien x_k die Komponenten von X, x'_k die Komponenten von $X' = V_{ij}(\theta)X$; wie man sieht, ist (Abb. 4.5)

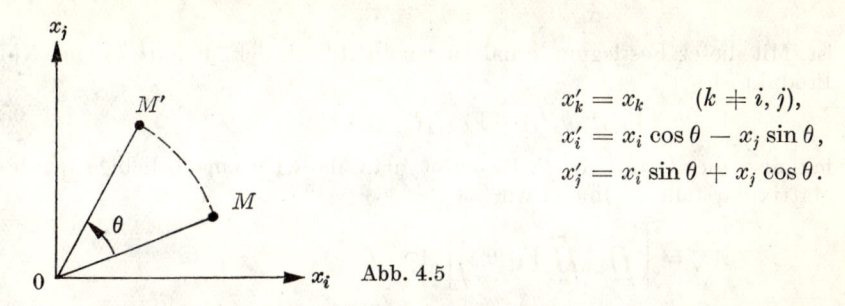

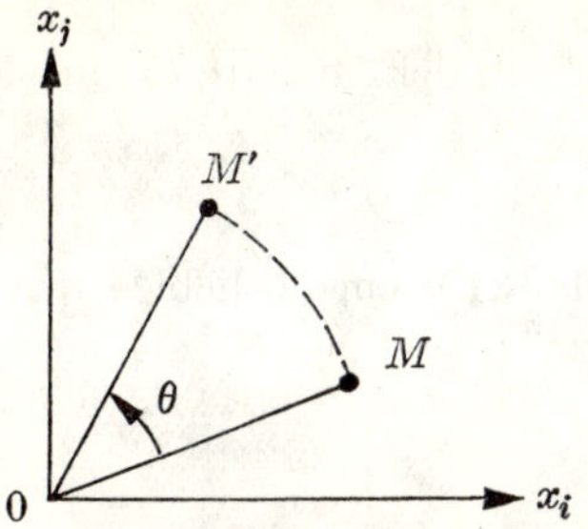

Abb. 4.5

$$x'_k = x_k \qquad (k \neq i, j),$$
$$x'_i = x_i \cos\theta - x_j \sin\theta,$$
$$x'_j = x_i \sin\theta + x_j \cos\theta.$$

Man nennt $V_{ij}(\theta)$ *Rotations-* oder *Drehungsmatrix* in bezug auf eine Drehung „um den Winkel θ" um die lineare Mannigfaltigkeit (der Dimension $n-2$) $x_i = x_j = 0$ mit dem Drehsinn von i nach j.

Wie man unmittelbar nachprüft, ist

1. $V_{ij}(\theta)$ unitär (orthogonale Zeilen vom Betrag Eins);
2. $V_{ij}^{-1}(\theta) \quad = V_{ij}^{\mathsf{T}}(\theta) = V_{ij}(-\theta)$;
3. $V_{ij}(0) \quad = I$;
4. $D\big(V_{ij}(\theta)\big) = \pm 1$ wie für jede unitäre Matrix.

Wenn man die Determinante entwickelt, beispielsweise nach der i-ten Zeile, dann sieht man, daß $D\big(V_{ij}(\theta)\big) = +1$ ist.

4.8.7.1. Der Rotationsalgorithmus

Es sei $A^{(k)}$ eine „Quasi-Dreiecksmatrix" von der Art, wie sie beim Gaußschen Algorithmus auftraten (vgl. 4.4.2.). Offenbar ist

$$A_l^{(k)} = V_{kl}(\theta_l)A_l^{(k)} = \begin{bmatrix} A_{1.}^{(k)} \\ A_{2.}^{(k)} \\ \vdots \\ A_{k.}^{(k)}\cos\theta_l - A_{l.}^{(k)}\sin\theta_l \\ \vdots \\ A_{k.}^{(k)}\sin\theta_l + A_{l.}^{(k)}\cos\theta_l \\ \vdots \\ A_{n.}^{(k)} \end{bmatrix} \qquad (k < l)$$

$\big(A_{j.}^{(k)}$ bezeichnet die j-te Zeile von $A^{(k)}\big)$. Diese Matrix ist von derselben Form wie $A^{(k)}$, also eine Quasi-Dreiecksmatrix. In den Matrizen $A_l^{(k)}$ und $A^{(k)}$ unterscheiden sich nur die k-ten und die l-ten Zeilen. Der Term in der k-ten Spalte und in der l-ten Zeile ist (Bezeichnung wie in 4.4.2.)

$$(A_l^{(k)})_{l,k} = \alpha_k \sin\theta_l + \alpha_l \cos\theta_l.$$

Sind α_k, α_l bekannt, dann existiert immer mindestens ein θ_l $(0 \leqq \theta_l < 2\pi)$, so daß $\alpha_k \sin\theta_l + \alpha_l \cos\theta_l = 0$ ist. Wenn $\alpha_k = 0$ ist, wählt man $\theta_l = \pi/2$; anderenfalls wählt man θ_l so, daß

$$\tan\theta_l = -\frac{\alpha_l}{\alpha_k}$$

ist. Mit dieser Festlegung erhalten wir in $A_l^{(k)}$ an der Stelle (l, k) eine Null. Das Produkt

$$V_{kn}(\theta_n)\, V_{k,n-1}(\theta_{n-1}) \cdots V_{k,k+1}(\theta_{k+1}) A^{(k)}$$

hat also die Gestalt $A^{(k+1)}$. Beachtet man, daß $A^{(1)}$ eine beliebige quadratische Matrix darstellt, so finden wir

$$A^{(n)} = \left[\prod_{k=1}^{n-1}\left(\prod_{l=n}^{k+1} V_{kl}(\theta_l^k)\right)\right] A = R,$$

wobei R eine obere Dreiecksmatrix ist. (Man beachte die Reihenfolge der Faktoren in der eckigen Klammer!) Hieraus ergibt sich der folgende

Satz. *Zu jeder Matrix $A \in \mathcal{M}_{(n,n)}(R)$ existiert eine unitäre Matrix Q, die Produkt von $n(n-1)/2$ Drehungsmatrizen $V_{ij}(\theta)$ ist, so daß*

$$QA = R$$

eine obere Dreiecksmatrix darstellt.

4.8.7.2. Bedeutung der Rotationsmethode

Mit Hilfe des Satzes aus 4.8.7.1. kann man (wie mit dem Gaußschen Algorithmus) die Lösung von $Ax = b$ auf die des Systems $Rx = Qb$ zurückführen.

Aufgabe. Man gebe eine ALGOL-Prozedur für diese Rotationsmethode an.

Die Bedeutung dieser aufwendigen numerischen Methode liegt in dem folgenden

Satz. *Die Kondition $\gamma_2(A)$ der Matrix A bezüglich der euklidischen Norm in R^n ist gleich $\gamma_2(R)$, dem Zustand der oberen Dreiecksmatrix aus der obenstehenden Zerlegung*

$$QA = R.$$

In der Tat, nach Definition (vgl. 3.12.) ist $\gamma_2(A)$ gleich dem Verhältnis der Grenzen von $r(x) = \|Ax\|/\|x\|$; da Q unitär ist, erhalten wir $\|QAx\| = \|Ax\|$, d. h. $r(x) = \|Rx\|/\|x\|$.

4.8.7.3. Anwendung: Erzeugende der unitären Gruppe

Es sei Q eine unitäre Matrix, R eine beliebige, nichtsinguläre obere Dreiecksmatrix; ferner sei $A = QR$ (nichtsingulär). Wenden wir auf A den Rotationsalgorithmus an, so finden wir eine unitäre Matrix Q_1, die ein Produkt von $V_{ij}(\theta)$ darstellt, so daß $Q_1 A = R_1$ ist; daraus folgt, daß $A = Q_1^{-1} R_1 Q_1^{-1}$ ebenfalls ein Produkt von Matrizen der Gestalt $V_{ij}(\theta)$ ist.

Aus der Bemerkung am Schluß von Satz 2 aus 4.8.4. folgt aber, daß $Q = EQ_1^{-1}$ ist, wobei E eine Diagonalmatrix mit $E^2 = I$ ist. Wir erhalten so den folgenden

Satz. *Jede Matrix Q der unitären Gruppe ist Produkt einer gewissen Anzahl von Drehungsmatrizen $V_{ij}(\theta)$ und einer Diagonalmatrix E mit $E^2 = I$ (Symmetrie bezüglich der Koordinatenachsen).*

4.9. Anwendung der allgemeinen direkten Verfahren zur Invertierung einer Matrix

Um die Spalten der Inversen zu bestimmen, löst man, wenn möglich gleichzeitig, die n Systeme $AX = e_i$.

4.9.1. *Gaußscher Algorithmus*

Die n gemeinsam zu lösenden Systeme sind

$$\begin{array}{c} \\ \left[\begin{array}{ccc|c|c|c|c|c} a_{11} & a_{12} \ldots & a_{1n} & 1 & 0 & 0 & \ldots & 0 \\ a_{21} & a_{22} \ldots & a_{2n} & 0 & 1 & 0 & \ldots & 0 \\ \vdots & \vdots & \vdots & \vdots & \vdots & \vdots & & \vdots \\ a_{n1} & a_{n2} \ldots & a_{nn} & 0 & 0 & 0 & \ldots & 1 \end{array}\right]; \end{array} \quad \text{(Spalten } e_1, e_2, \ldots, e_n\text{)}$$

man setzt $a_{ij} = \delta_{i,j-n}$ für $j = n+1, \ldots, 2n$ und bildet für $i = k+1, \ldots, n$

$$r_{ik} = \frac{a_{ik}^{(k)}}{a_{kk}^{(k)}} \tag{1}$$

sowie für $j = k+1, \ldots, k+n, \ldots, 2n$

$$a_{ij}^{(k+1)} = a_{ij}^{(k)} - r_{ik} a_{kj}^{(k)}. \tag{2}$$

Wie man feststellt, sind bei gegebenem k die $a_{ij}^{(k)}$ für $j > k+n$ gleich Null; sie brauchen also nicht umgewandelt zu werden; es genügt, den Index j in (2) von $k+1$ bis $k+n$ laufen zu lassen.

Im Flußdiagramm ist der Test „$j = n+1$?“ durch „$j = n+k$?“ zu ersetzen (vgl. Abb. 4.6).

Es müssen folglich die n Dreieckssysteme gelöst werden, zu denen man gelangt. Für die j-te Spalte α_{ij} $(i = 1, \ldots, n)$ von A^{-1} gilt

$$\begin{bmatrix} a_{11}^{(1)} & a_{12}^{(1)} & a_{13}^{(1)} & \cdots & a_{1n}^{(1)} \\ & a_{22}^{(2)} & a_{23}^{(2)} & \cdots & a_{2n}^{(2)} \\ & & \ddots & & \vdots \\ & & & & a_{nn}^{(n)} \end{bmatrix} \cdot \begin{bmatrix} \alpha_{1j} \\ \alpha_{2j} \\ \vdots \\ \alpha_{nj} \end{bmatrix} = \begin{bmatrix} \alpha_{1,n+j}^{(1)} \\ a_{2,n+j}^{(2)} \\ \vdots \\ a_{j,n+j}^{(j)} \\ \vdots \\ a_{n,n+j}^{(n)} \end{bmatrix} \begin{matrix} \left.\begin{matrix} \\ \\ \end{matrix}\right\} = 0 \\ \\ \leftarrow j\text{-te Zeile} \\ \\ \\ \end{matrix};$$

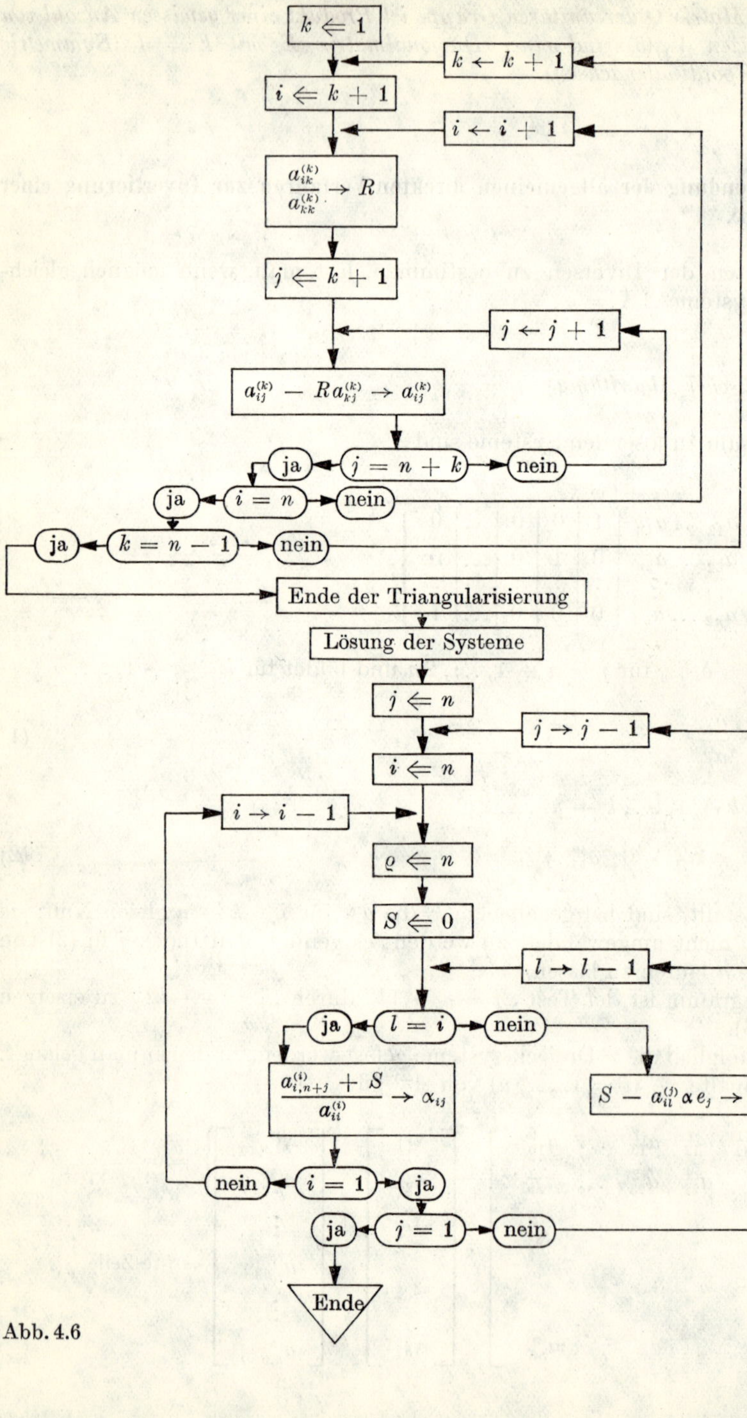
$k \Leftarrow 1$
$k \leftarrow k+1$
$i \Leftarrow k+1$
$i \leftarrow i+1$
$\frac{a_{ik}^{(k)}}{a_{kk}^{(k)}} \to R$
$j \Leftarrow k+1$
$j \leftarrow j+1$
$a_{ij}^{(k)} - R a_{kj}^{(k)} \to a_{ij}^{(k)}$
ja
$j = n + k$
nein
ja
$i = n$
nein
ja
$k = n - 1$
nein
Ende der Triangularisierung
Lösung der Systeme
$j \Leftarrow n$
$j \to j-1$
$i \Leftarrow n$
$i \to i-1$
$\varrho \Leftarrow n$
$S \Leftarrow 0$
$l \to l-1$
ja
$l = i$
nein
$\frac{a_{i,n+j}^{(i)} + S}{a_{ii}^{(i)}} \to \alpha_{ij}$
$S - a_{il}^{(i)} \alpha e_j \to S$
nein
$i = 1$
ja
ja
$j = 1$
nein
Ende

Abb. 4.6

da $a_{j,n+1}^{(j)} = 1$ ist, erhalten wir für die i-te Zeile

$$\alpha_{ij} a_{ii}^{(i)} + \alpha_{i+1,j} a_{i,i+1}^{(i)} + \cdots + \alpha_{nj} a_{in}^{(i)} = a_{i,n+j}^{(i)}$$

oder aber

$$\alpha_{ij} = \frac{a_{i,n+j}^{(i)} - \sum_{l=i+1}^{n} a_{il}^{(i)} \cdot \alpha_{li}}{a_{ii}^{(i)}}.$$

Diese Berechnung wird bei festgehaltenem j begonnen mit

$$\alpha_{nj} = \frac{a_{n,n+j}^{(n)}}{a_{nn}^{(n)}};$$

danach folgt

$$\alpha_{n-1,j} = \frac{a_{n-1,j+n}^{(n-1)} - a_{n-1,n}^{(n-1)} \alpha_{nj}}{a_{n-1,n-1}^{(n-1)}}$$

usw. Somit ergibt sich das in Abb. 4.6 angegebene Rechenschema.

Die entsprechende ALGOL-Prozedur lautet:

```
 'PROCEDURE' INVERMATRI (A) INVERSE: (B)
ORDNUNG: (N) AUSGANG: (UNMOEGLICH) ;
'REAL''ARRAY' A,B ; 'INTEGER' N ;
'LABEL' UNMOEGLICH ;
'COMMENT' ZUR BESTIMMUNG DER INVERSEN B
VON A WERDEN DIE N SYSTEME AX = B GELOEST,
WOBEI B DIE EINHEITSMATRIX IST. ALS
LOESUNGSVERFAHREN DIENT DIE EINFACHE
GAUSZSCHE ELIMINATION ;
EINGABE:
'BEGIN''REAL''ARRAY' A1[1:N,1:2*N] ;
  'INTEGER' I,J,K ; 'REAL' R,TB ;
  'FOR' I := 1 'STEP' 1 'UNTIL' N 'DO'
  'FOR' J := 1 'STEP' 1 'UNTIL' N 'DO'
    'BEGIN' A1[I,J] := A[I,J] ;
            A1[I,N+J] := 0
    'END' ;
  'FOR' I := 1 'STEP' 1 'UNTIL' N 'DO'
      A1[I,N+I] := 1.0 ;
TRIANGULARISIERUNG:
  'FOR' K := 1 'STEP' 1 'UNTIL' N-1 'DO'
    'BEGIN'
```

```
NORMAL:
     'BEGIN''IF' A1[K ,K] = 0
       'THEN''GOTO' ZEILENTAUSCH ;
        'FOR' I := K+1 'STEP' 1 'UNTIL' N 'DO'
         'BEGIN' R := A1[I,K] / A1[K,K] ;
           'FOR' J := K+1 'STEP' 1 'UNTIL' N+K 'DO'
               A1[I,J] := A1[I,J] - R * A1[K,J]
         'END'
     'END' ;
    'GOTO' RUECKKEHR ;
ZEILENTAUSCH:
     'BEGIN''INTEGER' L,M ; M := K+1 ;
       'FOR' L :=M'WHILE' (A1[L,K] = 0 )
               'AND' (L 'NOTGREATER' N)
            'DO' M := M+1 ;
       'IF' M = N+1 'THEN''GOTO' UNMOEGLICH ;
       'FOR' J := K 'STEP' 1 'UNTIL' N+K 'DO'
         'BEGIN' R := A1[K,J] ; A1[K,J] := A1[M,J] ;
                  A1[M,J] := R
         'END' ;
       'GOTO' NORMAL
     'END' ;
RUECKKEHR:
    'END' ;
LOEDREISYST:
    'BEGIN''INTEGER' I,J,K ;
     'IF' A1[N,N] = 0 'THEN''GOTO' UNMOEGLICH ;
     'FOR' J := N 'STEP' -1 'UNTIL' 1 'DO'
     'FOR' I := N 'STEP' -1 'UNTIL' 1 'DO'
      'BEGIN' TB := 0 ;
       'FOR' K := N 'STEP' -1 'UNTIL' I+1 'DO'
       TB := TB - B[K,J] * A1[I,J] ;
       B[I,J] := (TB +A1[I,N+J]) / A1[I,I]
      'END'
    'END'
'END' ;
```

Anzahl der Operationen. Es ergeben sich genau

$\frac{(n-1)(2n-1)}{2}$ Additionen,

$n^2(n-1)$ Multiplikationen,

$\frac{n(3n-1)}{2}$ Divisionen.

Bemerkung. Bedient man sich des verbesserten Gaußschen Algorithmus (Verfahren von CROUT), so bedeutet das bekanntlich, eine unitäre untere Dreiecksmatrix T und eine obere Dreiecksmatrix C derart zu bestimmen, daß $T^{-1}A = C$ ist (die Matrix T^{-1} ist ein Produkt von Matrizen J_k aus dem Gaußschen Algorithmus) bzw. $A = TC$ (direkte Methode), d. h., es ist $A^{-1} = C^{-1}T^{-1}$. Die Verfahrensweise ist dieselbe. Man braucht einige Speicherplätze mehr, und die Anzahl der Multiplikationen ist von der Ordnung n^3:

$n(n-1)^2$ Additionen,

$\frac{n(n-1)(2n+1)}{2} \approx n^3$ Multiplikationen,

$\frac{n(3n-1)}{2}$ Divisionen.

4.9.2. *Jordansches Verfahren*

Dieselbe Methode (n gemeinsam zu lösende Systeme); zur Lösung benötigt man:

$n^2(n-1)$ Additionen,

$n^2(n-1) \approx n^3$ Multiplikationen,

$\frac{n(3n-1)}{2}$ Divisionen.

4.9.3. *Orthogonalisierungsverfahren*

Sobald man die unitäre untere Dreiecksmatrix Λ gefunden hat, so daß $\Lambda A = Q$ orthogonale Zeilen besitzt, ist bekanntlich (vgl. 4.8.6.) $A^{-1}\Lambda^{-1} = Q^{-1} = Q^{\mathsf{T}}D^{-1}$, also

$$A^{-1} = Q^{\mathsf{T}}D^{-1}\Lambda.$$

Das kann unmittelbar ausgeführt werden. Wie man sieht, ist die Anzahl der Multiplikationen von der Ordnung $\frac{5}{3}n^3$.

4.10. **Berechnung von Determinanten** (vgl. auch 4.4.4.)

Der Gaußsche Algorithmus und das Jordansche Verfahren ergeben den Wert einer Determinante als Nebenresultat. Es genügt, einen Gaußschen Algorithmus mit beispielsweise beliebiger rechter Seite (gleich Null) durchzurechnen, um im direkten Fall (mit von Null verschiedenen Diagonalelementen)

$$D(A) = \Delta = a_{11}^{(1)} a_{22}^{(2)} \cdots a_{nn}^{(n)}$$

zu erhalten, wobei die Vorzeichenwechsel zu berücksichtigen sind.

Das erfordert rund $n^3/6$ Multiplikationen (vgl. die ALGOL-Prozedur).

Bemerkung. Das Orthogonalisierungsverfahren liefert diesen Wert nicht unmittelbar, sondern nur seinen absoluten Betrag. Aus 4.8.4., Korollar zu Satz 1, ergibt sich

$$D(A) = D(A') \qquad \text{und} \qquad D^2(A') = D(\Delta),$$
$$|D(A')| = |D(A)| = \sqrt{D(\Delta)},$$

wenn $A'A'^{\mathsf{T}} = \Delta$ ist $\left(\sqrt{D(\Delta)}\right.$ ist das Produkt der Zeilenlängen von $\left.A'\right)$.

Aufgabe. Man fertige ein Flußdiagramm für die Berechnung einer Determinante mit dem Jordanschen Verfahren an.

Nachstehend ist die dem Gaußschen Algorithmus entsprechende ALGOL-Prozedur angegeben:

```
 'REAL''PROCEDURE' DETER (A) ORDNUNG: (N) ;
'VALUE' A ; 'ARRAY' A ; 'INTEGER' N ;
'COMMENT' BERECHNUNG EINER DETERMINANTE MIT
VORZEICHEN UEBER DAS PRODUKT DER DIAGONALELEMENTE
IN BEZUG AUF EINE TRIANGULARISIERUNG VON A ;
'BEGIN''INTEGER' I,J,K ; 'REAL' R, VORZEICHEN,
  DETER 1 ; VORZEICHEN := 1.0 ; DETER 1 := 1.0 ;
TRIANGULARISIERUNG:
  'FOR' K := 1 'STEP' 1 'UNTIL' N-1 'DO'
    'BEGIN'
NORMAL:
      'BEGIN''IF' A[K,K] = 0
        'THEN''GOTO' ZEILENTAUSCH ;
        DETER 1 := A[K,K] * DETER 1 ;
        'FOR' I := K+1 'STEP' 1 'UNTIL' N 'DO'
          'BEGIN' R := A[I,K] / A[K,K] ;
            'FOR' J := K+1 'STEP' 1 'UNTIL' N 'DO'
            A[I,J] := A[I,J] - R * A[K,J] ;
          'END'
      'END' ;
     'GOTO' RUECKKEHR ;
```

```
ZEILENTAUSCH:
      'BEGIN''INTEGER' L,M ; M := K+1 ;
        'FOR' L := M 'WHILE' ((A[L,K] =0)
                'AND' (L 'NOTGREATER' N))
        'DO' M := M+1 ;
        'IF' M = N+1 'THEN''GOTO'
        DETERMINANTE NULL ;
        'FOR' J := K 'STEP' 1 'UNTIL' N 'DO'
          'BEGIN' R := A[K,J] ;
            A[K,J] := A[M,J] ;
            A[M,J] := R
          'END' ;
       VORZEICHEN := - VORZEICHEN ;
        'GOTO' NORMAL
      'END' ;
RUECKKEHR:
      'END' ;
  DETER := A[N,N] * (DETER 1 * VORZEICHEN) ;
  'GOTO' AUSGANG ;
  DETERMINANTE NULL: DETER := 0.0 ;
AUSGANG:
'END' ;
```

4.11. Systeme mit symmetrischen Matrizen

4.11.1. *Gaußscher Algorithmus*

Angenommen, $A^{(1)} = A$ sei symmetrisch und $A'^{(2)}$ sei die Matrix aus $\mathcal{M}_{(n-1,n-1)}$ von der Ordnung $n-1$, die aus den Termen $a_{ij}^{(2)}$ besteht ($i = 2, \ldots, n; j = 2, \ldots, n$). Wegen

$$a_{ij}^{(2)} = a_{ij}^{(1)} - \frac{a_{i1}^{(1)}}{a_{11}^{(1)}} a_{1j}^{(1)} = a_{ji}^{(1)} - \frac{a_{i1}^{(1)} a_{1j}^{(1)}}{a_{11}^{(1)}}$$

ändert die Vertauschung von i und j den Wert von $a_{ij}^{(2)}$ nicht, d. h., $A'^{(2)}$ ist symmetrisch.

Ebenso findet man, wenn $A'^{(k)}$ als symmetrisch vorausgesetzt wird, daß $A'^{(k+1)}$ von der Ordnung $n-k$, wie die Formeln

$$a_{ij}^{(k+1)} = a_{ij}^{(k)} - \frac{a_{ik}^{(k)} a_{kj}^{(k)}}{a_{kk}^{(k)}} \quad (i = k+1, \ldots, n;\ j = k+1, \ldots, n)$$

zeigen, ebenfalls symmetrisch ist.

Es bleibt also nur die Hälfte der Koeffizienten zu berechnen. Die Anzahl der Multiplikationen beträgt offensichtlich $n^3/6$.

Aufgabe. Man gebe im symmetrischen Fall das ALGOL-Programm für den Gaußschen Algorithmus an.

4.11.2. *Jordansches Verfahren*

Wie oben werden die Matrizen $A'^{(k)}$ betrachtet (nicht $A^{(k)}$). Die Anzahl der Multiplikationen ist etwas größer als $n^3/4$.

4.11.3. *Orthogonalisierungsverfahren*

Dieses Verfahren führt zu keiner Vereinfachung. (Mit dem ersten Schritt wird die Symmetrie zerstört.)

4.11.4. *Die Methode von Cholesky. Nichtsinguläre symmetrische Matrizen*

4.11.4.1. Theorie

Wie wir gesehen haben, ist für eine Matrix B aus $\mathcal{M}_{(n,n)}$ (beispielsweise über R) die Matrix BB^{T} (bzw. $B^{\mathsf{T}}B$) symmetrisch. Wir betrachten nun umgekehrt eine symmetrische Matrix A aus $\mathcal{M}_{(n,n)}(R)$ und fragen, ob eine Matrix B aus $\mathcal{M}_{(n,n)}$ derart existiert, so daß $A = BB^{\mathsf{T}}$ ist?

Wir wollen im folgenden nur den Fall untersuchen, daß A nichtsingulär ist (für den allgemeinen Fall vgl. man den Satz von Schur in 7.1.). Eine notwendige Bedingung ist leicht gefunden: In der Tat gilt für jedes $x \in R^n$

$$x^{\mathsf{T}}Ax = x^{\mathsf{T}}BB^{\mathsf{T}}x = \|B^{\mathsf{T}}x\|^2 \geqq 0,$$

und dieser Ausdruck ist dann und nur dann Null, wenn $x = 0$ ist (da A nichtsingulär ist, gilt das gleiche für B). Die Matrix A ist also positiv definit.

Wir setzen

$$D_k = D\begin{bmatrix} a_{11} & a_{12} & \dots & a_{1k} \\ a_{21} & a_{22} & \dots & a_{2k} \\ \vdots & \vdots & & \vdots \\ a_{k1} & a_{k2} & \dots & a_{kk} \end{bmatrix} = D(A_k);$$

A_k ist der k-te Hauptminor von A.

Satz 1. *Wenn eine symmetrische Matrix positiv definit ist, gilt für alle ihre Determinanten*

$$D_1 > 0, D_2 > 0, \dots, D_n > 0.$$

1. Die Aussage des Satzes ist trivial für $n = 1$; $A = (a)$ und $x^{\mathsf{T}}Ax \geqq 0$ bedeutet, daß $x_1 a x_1 \geqq 0$ oder $ax_1^2 \geqq 0$ ist, woraus $a > 0$ und $D(A) = D(A_1)$ folgt.

2. Wir setzen die Behauptung des Satzes für die Matrizen aus $\mathcal{M}_{(n-1,n-1)}$ als bewiesen voraus und schreiben

$$A = \left[\begin{array}{c|c} A_{n-1} & b \\ \hline b^{\mathsf{T}} & \alpha \end{array}\right], \qquad b \in R^{n-1};$$

$$x = \begin{bmatrix} x' \\ \xi \end{bmatrix}, \quad x' \in R^{n-1}, \quad \xi \in R.$$

Nach Voraussetzung ist $x^{\mathsf{T}} A x \geqq 0$ ($= 0$ genau dann, wenn $x = 0$ ist). Wir werden zeigen, daß dann A_{n-1} positiv definit und $D(A) > 0$ ist. In der Tat ist

$$x^{\mathsf{T}} A x = x'^{\mathsf{T}} A_{n-1} x' + 2\xi b^{\mathsf{T}} x' + \alpha \xi^2$$

(man rechnet dazu mit A und x in der oben angegebenen „zerlegten" Darstellung). Damit findet man:

1. $\alpha > 0$ (anderenfalls ergäbe $x' = 0 \in R^{n-1}$ und $\xi = 1$, daß $x^{\mathsf{T}} A x = \alpha \leqq 0$ ist).

2. Wenn ein $x' \neq 0$ existiert, so daß $x'^{\mathsf{T}} A_{n-1} x' \leqq 0$ ist, besäße das Polynom zweiten Grades in ξ,

$$\alpha \xi^2 + 2\xi b^{\mathsf{T}} x' + x'^{\mathsf{T}} A_{n-1} x',$$

wegen $\alpha > 0$ eine Diskriminante $(b^{\mathsf{T}} x')^2 - \alpha (x'^{\mathsf{T}} A_{n-1} x') \geqq 0$, d. h., es existierte ein ξ_0, so daß das Polynom Null wird, und daraus folgte die Existenz eines von Null verschiedenen

$$x = \begin{bmatrix} x' \\ \xi_0 \end{bmatrix},$$

für das $x^{\mathsf{T}} A x = 0$ ist.! Die Matrix A_{n-1} ist also positiv definit. Zu beweisen bleibt $D(A) > 0$. Dazu bemerken wir (vgl. 6.6.), daß für die Vektoren u aus R^n ($u \neq 0$) mit $Au = \lambda u$ ($\lambda \in R$) notwendig $(A - \lambda I) u = 0 \in R^n$ ($u \neq 0$) gilt, d. h., diese Vektoren entsprechen Skalaren λ, so daß $\operatorname{Det}(A - \lambda I) = 0$ ist. Wenn λ_0 eine Wurzel dieser algebraischen Gleichung n-ten Grades in λ ist, dann ist die Matrix $A - \lambda_0 I$ singulär; also existiert mindestens ein $u_0 \in C^n$ ($u_0 \neq 0$), so daß $(A - \lambda_0 I) u_0 = 0 \in C^n$ bzw. $A u_0 = \lambda_0 u_0$ ist.

Daraus folgt aber

$$u_0^* A u_0 = \lambda_0 u_0^* u_0 = \lambda_0 \| u_0 \|^2.$$

Bilden wir von beiden Seiten die konjugierten Transponierten, so ergibt sich

$$u_0^* A^{\mathsf{T}} u_0 = u_0^* A u_0 = \bar{\lambda}_0 \| u_0 \|^2,$$

also ist sowohl λ_0 als auch u_0 reell; außerdem ist $u_0^{\mathsf{T}} A u_0 = \lambda_0 \| u_0 \|^2 > 0$. Folglich ist λ_0 reell und positiv; da alle Wurzeln der algebraischen Gleichung $\operatorname{Det}(A - \lambda I) = 0$ positiv (reell) sind, ist es auch ihr Produkt. Schreiben wir diese Gleichung nun in der Form

$$F(\lambda) = \mathrm{Det}\begin{bmatrix} a_{11}-\lambda & a_{12} & \dots & a_{1n} \\ a_{21} & a_{22}-\lambda & \dots & a_{2n} \\ \vdots & & \ddots & \vdots \\ a_{n1} & a_{n2} & \dots & a_{nn}-\lambda \end{bmatrix} = 0,$$

so sehen wir, daß $F(\lambda) = (-1)^n[\lambda^n + \dots + (-1)^n F(0)]$ und $F(0) = D(A)$ ist.

Aus den Beziehungen, die zwischen den Wurzeln und den Koeffizienten einer algebraischen Gleichung bestehen, folgt: Das Produkt der Wurzeln von $F(\lambda) = 0$ ist $F(0) = D(A)$, wobei $D(A) > 0$ ist. (In 6.6. werden wir auf die Ergebnisse dieses Beweises zurückkommen.)

Satz 2. *Wenn für eine symmetrische Matrix A*

$$D_1 > 0, D_2 > 0, \dots, D_n > 0 \qquad (D_n = D(A) > 0)$$

gilt, dann läßt sich A in der Form BB^{T} darstellen, wobei B eine untere Dreiecksmatrix ist. Die Matrix A ist also positiv definit.

Beweis.

1. Die Aussage des Satzes ist trivial für $n = 1$; denn für $A = (a)$ und $a > 0$ ist A positiv definit: $a = \sqrt{a}\sqrt{a}$; wir setzen $(+\sqrt{a}) = B = B^{\mathsf{T}}$; es ist also $A = BB^{\mathsf{T}}$.

2. Wir setzen den Satz für alle $A \in \mathcal{M}_{(n-1,n-1)}$ als bewiesen voraus. Es sei also

$$A = \left|\begin{array}{c|c} A_{n-1} & \gamma \\ \hline \gamma^{\mathsf{T}} & \alpha \end{array}\right|;$$

hierbei ist A_{n-1} der $(n-1)$-te Hauptminor von A, $\gamma \in R^{n-1}$, $\alpha = a_{nn}$. Offensichtlich gilt $D_i > 0$ $(i = 1, 2, \dots, n-1)$ für die Hauptminoren von A_{n-1}; nach der Induktionsvoraussetzung existiert also eine untere Dreiecksmatrix B_{n-1}, so daß

$$A_{n-1} = B_{n-1}B_{n-1}^{\mathsf{T}} \qquad (\text{in } \mathcal{M}_{(n-1,n-1)})$$

ist, wobei B_{n-1} nichtsingulär ist.

Wir betrachten nun für $y \in R^{n-1}$ das Matrizenprodukt

$$\left[\begin{array}{c|c} B_{n-1} & \begin{matrix}0\\0\\\vdots\\0\end{matrix} \\ \hline y^{\mathsf{T}} & \xi \end{array}\right] \cdot \left[\begin{array}{c|c} B_{n-1}^{\mathsf{T}} & y \\ \hline 0\,0\dots 0 & \xi \end{array}\right] = \left[\begin{array}{c|c} B_{n-1}B_{n-1}^{\mathsf{T}} & B_{n-1}y \\ \hline y^{\mathsf{T}}B_{n-1}^{\mathsf{T}} & y^{\mathsf{T}}y + \xi^2 \end{array}\right]. \tag{1}$$

Aus der Zerlegung in $\mathcal{M}_{(n-1,n-1)}$ ergibt sich

$$A_{n-1} = B_{n-1}B_{n-1}^{\mathsf{T}}. \tag{2}$$

Da A_{n-1} nichtsingulär ist $\big(D_{n-1} = D(A_{n-1}) > 0\big)$, ist auch B_{n-1} nichtsingulär; aus (2) folgt nämlich

$$D^2(B_{n-1}) = D(A_{n-1}).$$

Es existiert also genau ein $y \in R^{n-1}$, so daß

$$B_{n-1}y = \begin{bmatrix} a_{1n} \\ a_{2n} \\ \vdots \\ a_{n-1,n} \end{bmatrix}$$

ist. Nach der Bestimmung dieses y bleibt nur noch a_{nn} mit $\xi^2 = y^\mathsf{T} y$ festzulegen, damit das Produkt (1) die Matrix A ergibt. Es muß gelten:

$$\xi^2 = a_{nn} - y^\mathsf{T} y.$$

Zu zeigen ist noch die Ungleichung $a_{nn} - y^\mathsf{T} y > 0$. Bezeichnen wir mit γ den Vektor

$$\begin{bmatrix} a_{1n} \\ \vdots \\ a_{n-1,n} \end{bmatrix} \in R^{n-1},$$

dann ist $B_{n-1}y = \gamma$. Also gilt

$$y = B_{n-1}^{-1}\gamma, \quad y^\mathsf{T} y = \gamma^\mathsf{T}(B_{n-1}^{-1})^\mathsf{T} B_{n-1}^{-1}\gamma = \gamma^\mathsf{T}\big(B_{n-1}^\mathsf{T}\big)^{-1} B_{n-1}^{-1}\gamma = \gamma^\mathsf{T} A_{n-1}^{-1}\gamma.$$

Wir wählen jetzt $\xi \in R^{n-1}$ derart, daß $A_{n-1}^{-1}\gamma = -\xi$ oder $A_{n-1}\xi = -\gamma$ oder $A_{n-1}\xi + \gamma = 0 \in R^{n-1}$ ist.

Wenn $x \in R^n$ definiert ist als Vektor der Form

$$x = \begin{bmatrix} \xi \\ 1 \end{bmatrix},$$

dann ist offensichtlich

$$Ax = \begin{bmatrix} 0 \\ 0 \\ \vdots \\ \gamma^\mathsf{T}\xi + a_{nn} \end{bmatrix}.$$

Damit erhalten wir $x^\mathsf{T} A x = a_{nn} - \gamma^\mathsf{T} A_{n-1}^{-1}\gamma = a_{nn} - y^\mathsf{T} y > 0$; denn x ist von Null verschieden. Damit ist der Satz bewiesen.

Wir können daher die folgenden beiden Sätze formulieren:

Satz 3. *Eine symmetrische Matrix A aus $\mathcal{M}_{(n,n)}(R)$ ist genau dann positiv definit (also nichtsingulär), wenn die Determinanten ihrer Hauptminoren $D_1, D_2, \ldots, D_n$ positiv sind.*

Satz 4. *Eine nichtsinguläre symmetrische Matrix A aus $\mathcal{M}_{(n,n)}(R)$ ist genau dann als Produkt $A = BB^\mathsf{T}$ einer unteren Dreiecksmatrix B mit ihrer Transponierten darstellbar, wenn A positiv definit ist.*

Bemerkungen.

1. Wir nehmen an, A sei positiv definit und $A_{I,I}$ ein beliebiger „symmetrischer" Minor (I Teilmenge von $N = \{1, 2, \ldots, n\}$). Es existiert eine Permutationsmatrix P, so daß $PAP^{\mathsf{T}} = A'$ die Matrix $A_{I,I}$ als Hauptminor enthält.

Wenn die Matrix A symmetrisch und positiv definit ist, dann gilt das auch für die Matrix A'. Also ist $D(A_{I,I}) > 0$; die Determinanten aller symmetrischen Minoren einer positiv definiten Matrix sind positiv.

2. Ist A positiv definit und gilt $A = BB^{\mathsf{T}} = B_1B_1^{\mathsf{T}}$ (wobei B, B_1 nichtsinguläre untere Dreiecksmatrizen sind), dann ist $B_1^{-1}B = B_1^{\mathsf{T}}(B^{\mathsf{T}})^{-1}$ notwendig eine Diagonalmatrix Δ; es ist also $B = B_1\Delta$ und $B_1^{\mathsf{T}} = \Delta B^{\mathsf{T}}$ oder $B_1 = B\Delta$. Setzen wir das in die erste Gleichung ein, so erhalten wir $B = B\Delta^2$; daraus folgt $\Delta^2 = I$. Die Matrix Δ ist damit bezüglich der Koordinatenachsen symmetrisch. Die in Satz 4 angegebene Zerlegung ist also nicht eindeutig. Die Matrix B ist bis auf das Vorzeichen ihrer Spalten bestimmt.

3. Wir werden die Theorie der symmetrischen Matrizen noch eingehender in 5.2.3.2. in enger Verbindung mit den quadratischen Formen behandeln.

Aufgabe. Man übertrage die Sätze 1 bis 4 auf den Fall, daß A eine Matrix aus $\mathcal{M}_{(n,n)}(C)$ ist (man ersetze ^{T} durch *).

4.11.4.2. Der Algorithmus von Cholesky

Es sei A eine positiv definite symmetrische Matrix. Wir suchen eine untere Dreiecksmatrix R, so daß $A = RR^{\mathsf{T}}$ ist. Dazu führen wir einen Koeffizientenvergleich durch: Wir setzen $R = (r_{ij})$ mit $r_{ij} = 0$ für $i < j$. Dann muß

$$a_{ij} = \sum_{k=1}^{n} r_{ik} r_{kj}^{\mathsf{T}} = \sum_{k=1}^{n} r_{ik} r_{jk}$$

sein mit $i \leqq j$. Für $i \leqq j$ erhalten wir daher

$$a_{ij} = \sum_{k=1}^{i} r_{ik} r_{jk}.$$

Wir bestimmen den Term a_{11}. Es ergibt sich $a_{11} = r_{11} r_{11} = r_{11}^2$, $r_{11} = \pm\sqrt{a_{11}} \neq 0$. Wir wählen das positive Vorzeichen. Darauf ermitteln wir die Terme der ersten Spalte von R:

$$a_{j1} = r_{11} r_{j1}, \qquad \text{d. h.} \qquad r_{j1} = \frac{a_{j1}}{r_{11}} \quad (j = 2, \ldots, n).$$

Die i-te Spalte wird bestimmt durch die vorhergehende Formel für $i = j$ (Abb. 4.7):

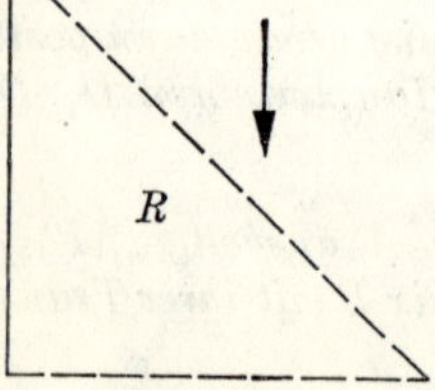

$$a_{ii} = \sum_{k=1}^{i-1} r_{ik}^2 + r_{ii}^2,$$

$$r_{ii} = \sqrt{a_{ii} - \sum_{k=1}^{i-1} r_{ik}^2}\,. \tag{1}$$

Abb. 4.7

Wir wählen das positive Vorzeichen. Danach erhalten wir für $i \leqq j$ aus der vorhergehenden Formel

$$a_{ij} = \sum_{k=1}^{i-1} r_{ik} r_{jk} + r_{ii} r_{ji},$$

$$r_{ji} = \frac{1}{r_{ii}} \left[a_{ij} - \sum_{k=1}^{i-1} r_{ik} r_{jk} \right], \tag{2}$$

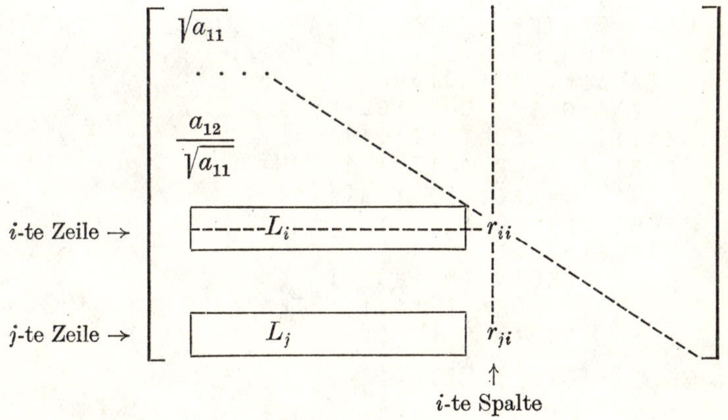

Damit gelangen wir zu folgendem Rechenschema: Man ersetze a_{ii} durch die Quadratwurzel aus dem um die Summe der Quadrate der Elemente von L_i verminderten a_{ii}; $r_{ii}^2 = a_{ii} - L_i L_i^{\mathsf{T}}$. Im weiteren gehen wir zur Bestimmung der r_{ji} über. Wir wählen a_{ij} (oder a_{ji} auf Grund der Symmetrie) und bilden

$$r_{ji} = \frac{a_{ji} - \left(L_i L_j^{\mathsf{T}}\right)}{r_{ii}} \quad (j > i).$$

Aufgabe. Man fertige für den Choleskyschen Algorithmus ein Flußdiagramm an.

Wenn R bestimmt worden ist, schreiben wir das System in der Form $RR^{\mathsf{T}}X = b$. Wir setzen $R^{\mathsf{T}}X = Y$; es sind nun die beiden Systeme

$$RY = b, \tag{3}$$

$$R^{\mathsf{T}}X = Y \tag{4}$$

zu lösen; dabei ist (3) ein unteres und (4) ein oberes Dreieckssystem.

Nachstehend ist eine diesem Verfahren entsprechende ALGOL-Prozedur angegeben:

```
'PROCEDURE' CHOLESKY (A) RECHTE SEITE: (B)
ORDNUNG: (N) ERGEBNIS: (X) AUSGANG: (UNMOEGLICH) ;
'VALUE' A,B ; 'REAL''ARRAY' A,B,X ; 'INTEGER' N ;
'LABEL' UNMOEGLICH ;
'COMMENT' FUER EINE POSITIV DEFINITE SYMMETRISCHE
MATRIX A WIRD DAS SYSTEM AX = B UEBER EINE
ZERLEGUNG A = R.RT GELOEST, WOBEI R EINE UNTERE
DREIECKSMATRIX IST. NACH DER ZERLEGUNG LOEST MAN
DIE BEIDEN SYSTEME RY = B , RT X = Y. IN DER
MATRIX R SIND DIESELBEN STELLEN BESETZT WIE IN
DER MATRIX A. IHRE ELEMENTE ERGEBEN SICH AUS
DEN A[I,J], SIND JEDOCH NUR FUER
J 'NOTGREATER' I 'NOTGREATER' N DEFINIERT ;
'BEGIN''INTEGER' I,J,K ; 'REAL' S,TX ;
  'IF' A[1,1] 'NOTGREATER' 0
  'THEN''GOTO' UNMOEGLICH ;
  A[1,1] := SQRT(A[1,1]) ;
  'FOR' I := 2 'STEP' 1 'UNTIL' N 'DO'
  A[I,1] := A[I,1] / A[1,1] ;
  'FOR' J := 2 'STEP' 1 'UNTIL' N 'DO'
    'BEGIN'
       'BEGIN' S := 0 ;
         'FOR' I := 1 'STEP' 1 'UNTIL' J-1 'DO'
         S := S + A[J,I] * A[J,I] ;
         S := A[J,J] - S ;
         'IF' S 'NOTGREATER' 0
         'THEN''GOTO' UNMOEGLICH ;
         A[J,J] := SQRT(S)
       'END' ;
      'FOR' I := J+1 'STEP' 1 'UNTIL' N 'DO'
       'BEGIN' S := 0 ;
         'FOR' K := 1 'STEP' 1 'UNTIL' J-1 'DO'
         S := S + A[I,K] * A[J,K] ;
         S := A[I,J] - S ;
         A[I,J] := S / A[J,J]
       'END'
    'END' ;
LOES 1:
  'FOR' I := 1 'STEP' 1 'UNTIL' N 'DO'
    'BEGIN' TX := 0 ;
      'FOR' J := 1 'STEP' 1 'UNTIL' I-1 'DO'
      TX := TX + A[I,J] * X[J] ;
      X[I] := (B[I] - TX) / A[I,I] ; B[I] := X[I]
    'END' ;
LOES 2:
  'FOR' I := N 'STEP' -1 'UNTIL' 1 'DO'
    'BEGIN' TX := 0 ;
      'FOR' J := N 'STEP' -1 'UNTIL' I+1 'DO'
      TX := TX + A[J,I] * X[J] ;
      X[I] := (B[I] - TX) / A[I,I]
    'END'
'END' ;
```

Die Matrix $A^{-1} = (RR^{\mathsf{T}})^{-1} = (R^{\mathsf{T}})^{-1}R^{-1} = (R^{-1})^{\mathsf{T}}R^{-1}$ läßt sich einfach berechnen; das Wesentliche an diesem Verfahren ist, daß nur $n(n+1)/2$ Speicherplätze gebraucht werden (was für große symmetrische Systeme von besonderer Bedeutung ist).

Anzahl der Operationen für die Lösung:

$\frac{n(n-1)(n+7)}{6}$ Additionen,

$\frac{n(n-1)(n+7)}{6} \approx \frac{n^3}{6}$ Multiplikationen,

$\frac{n(n+3)}{2}$ Divisionen,

n $\sqrt{}$

für die Umkehrung: ungefähr $n^3/2$ Multiplikationen.

Aufgabe. Man zeige, daß für $i > j$ (Bezeichnungen aus 4.4.4.)

$$r_{ij} = \frac{1}{\sqrt{D_j D_{j-1}}} \operatorname{Det}\left(A_{\{1,2,\ldots,i-1,i\},\{1,2,\ldots,i-1,j\}}\right)$$

ist.

4.12. Teilmatrizenverfahren

4.12.1. *Zerlegungstechnik*

Gegeben sei das System $AX = b$. Wir zerlegen A, X und b in folgender Weise:

$$\underset{A}{\begin{array}{c}\\ p\{\\ q\{\end{array}\left[\begin{array}{c|c} B & S \\ \hline R & C \end{array}\right]}_{\;p\quad q} \cdot \underset{X}{\left[\begin{array}{c} Y \\ \hline Z \end{array}\right]} = \underset{b}{\left[\begin{array}{c} u \\ \hline v \end{array}\right]};$$

dabei ist die Matrix

B quadratisch vom Typ (p, p),
S rechteckig vom Typ (p, q) $(p + q = n)$,
R rechteckig vom Typ (q, p),
C quadratisch vom Typ (q, q),
$\left.\begin{array}{c} u \\ Y \end{array}\right\}$ rechteckig vom Typ $(p, 1)$,
$\left.\begin{array}{c} v \\ Z \end{array}\right\}$ rechteckig vom Typ $(q, 1)$.

Das Ausgangssystem kann dementsprechend in die beiden Systeme

$$BY + SZ = u, \tag{I}$$

$$RY + CZ = v \tag{II}$$

zerlegt werden. Nehmen wir an, wir könnten die Inverse B^{-1} von B berechnen. Aus dem System (I) erhält man

$$Y = -B^{-1}SZ + B^{-1}u; \tag{I'}$$

das, eingesetzt in (II), ergibt

$$RB^{-1}u - RB^{-1}SZ + CZ = v$$

oder

$$(C - RB^{-1}S)Z = v - RB^{-1}u.$$

Im Ergebnis ist also ein System von q Gleichungen mit q Unbekannten zu lösen; der Wert von Y ist durch (I') gegeben.

Mit dieser Methode lassen sich auch sehr große Matrizen „stückweise" umkehren; denn ist

$$C - RB^{-1}S = Q$$

und kann man Q^{-1} bilden, dann ist

$$Z = Q^{-1}v - Q^{-1}RB^{-1}u \quad \text{und} \quad Y = B^{-1}u - B^{-1}S(Q^{-1}v - Q^{-1}RB^{-1}u),$$

also

$$Y = (B^{-1} + B^{-1}SQ^{-1}RB^{-1})u - B^{-1}SQ^{-1}v,$$

$$Z = -Q^{-1}RB^{-1}u + Q^{-1}v.$$

Die gesuchte Inverse A^{-1} lautet also

$$A^{-1} = \left[\begin{array}{c:c} B^{-1} + B^{-1}SQ^{-1}RB^{-1} & -B^{-1}SQ^{-1} \\ \hdashline -Q^{-1}RB^{-1} & Q^{-1} \end{array}\right]$$

(A^{-1} besitzt die gleiche Zerlegung wie A).

Daran erkennt man die Besonderheiten der Methode, die theoretisch durchaus durchführbar ist, praktisch jedoch eine recht beschränkte Bedeutung besitzt; trotzdem verdient diese Technik, von der wir bereits einige Beispiele kennengelernt haben, Beachtung.

4.13. Ergänzungsverfahren

Unter diesem Namen werden solche Methoden zusammengefaßt, die zur Bestimmung der Inversen einer Matrix A die Eigenschaften einer Zerlegung von A in eine Summe der Gestalt

$$A = B + \lambda uv^{\mathsf{T}}$$

heranziehen, wobei λ eine reelle Zahl ist, u und v Vektoren aus R^n sind und B eine invertierbare Matrix darstellt. Wir bilden (mit einem Skalar μ)

$$(B + \lambda uv^{\mathsf T})(B^{-1} + \mu B^{-1}uv^{\mathsf T}B^{-1}) = I + \lambda uv^{\mathsf T}B^{-1} + \mu uv^{\mathsf T}B^{-1} + \lambda\mu uv^{\mathsf T}B^{-1}uv^{\mathsf T}B^{-1}.$$

Da $v^{\mathsf T}B^{-1}u$ ein Skalar ist, können wir

$$u(v^{\mathsf T}B^{-1}u)v^{\mathsf T}B^{-1} = (v^{\mathsf T}B^{-1}u)uv^{\mathsf T}B^{-1}$$

schreiben; das Produkt ist daher gleich

$$I + \big(\lambda + \mu + \lambda\mu(v^{\mathsf T}B^{-1}u)\big)uv^{\mathsf T}B^{-1}.$$

Wenn λ, μ so gewählt sind, daß $\lambda + \mu + \lambda\mu(v^{\mathsf T}B^{-1}u) = 0$ ist, dann ist die Inverse zu $B + \lambda uv^{\mathsf T}$ die Matrix $B^{-1} + \mu B^{-1}uv^{\mathsf T}B^{-1}$.

Beispiel. Es sei A eine invertierbare Matrix; wir ersetzen das Element a_{ij} (i, j fest) durch einen Parameter t. Die neue Matrix kann (da $e_i e_j^{\mathsf T} = E_{ij}$ ist) in der Gestalt

$$A(t) = A + (t - a_{ij})E_{ij} = A + (t - a_{ij})e_i e_j^{\mathsf T}$$

geschrieben werden. Wir setzen $t - a_{ij} = \lambda$ und betrachten die Matrix

$$A^{-1} + \mu A^{-1}e_i e_j^{\mathsf T}A^{-1}.$$

Wie man leicht sieht, stellt dieser Ausdruck $A^{-1}(t)$ dar, wenn μ so gewählt wird, daß

$$\mu(1 + \lambda e_j^{\mathsf T}A^{-1}e_i) = -\lambda$$

ist. Nun ist $e_j^{\mathsf T}A^{-1}e_i$ das Element α_{ij} der Inversen zu A. Wenn $1 + (t - a_{ij})\,\alpha_{ij} \neq 0$ ist, ergibt sich damit die Inverse von $A(t)$ (welche existiert).

Aufgabe. Man gebe eine ALGOL-Prozedur an, die eine Ergänzung der Diagonalmatrix D ($D_{ii} = d_{ii}$) in $A = (a_{ij})$ verwendet; D sei als invertierbar vorausgesetzt; D werde um alle Terme von A „vergrößert“, die außerhalb der Diagonale stehen.

AUFGABEN ZU DEN KAPITELN 1–4

I

1. Man vergegenwärtige sich die Theorie der Lösung linearer Systeme nach dem Gaußschen Eliminationsverfahren.

2. Man bestimme in den beiden folgenden Fällen Matrizen X vom Typ (3, 3) über R (wenn diese existieren) derart, daß $AX = B$ ist:

α) $$A = \begin{bmatrix} 1 & 2 & -1 \\ 2 & -1 & 2 \\ -1 & -1 & 0 \end{bmatrix}, \quad B = \begin{bmatrix} 2 & 4 & 0 \\ 3 & -1 & 1 \\ -2 & -2 & 0 \end{bmatrix};$$

β) $$A = \begin{bmatrix} 1 & 2 & -5 \\ 2 & -1 & 0 \\ -1 & -1 & 3 \end{bmatrix}, \quad B = \begin{bmatrix} -2 & 8 & 4 \\ 1 & 1 & 3 \\ 1 & -5 & -3 \end{bmatrix}.$$

Es ist β) sorgfältig zu diskutieren.

II

1. Gegeben sei eine Matrix A vom Typ (n, n) mit dem allgemeinen Term a_{ij} $(i, j = 1, 2, \ldots, n)$. Es ist zu zeigen, wie eine Folge von Matrizen $J_1', J_2', \ldots, J_{n-1}'$ definiert werden kann, so daß das Produkt $J_{n-1}' J_{n-2}' \cdots J_1' A = A'$ eine obere Dreiecksmatrix ist, wobei zur Bestimmung von J_i' keine Divisionen verwendet werden sollen.

2. Im weiteren sei die Matrix A vom Typ (n, n) wie folgt definiert: $a_{ii} = 2$, $a_{i,i+1} = a_{i+1,1} = -1$; alle anderen Elemente sind gleich Null.

Für die so gegebene Matrix A sind Matrizen J_i' mit der in Aufgabe 1 angegebenen Eigenschaft zu bestimmen.

3. Man berechne Det (A).

4. Man bestimme die Inverse A^{-1} zu A.

5. Man zeichne ein möglichst einfaches Flußdiagramm für die Berechnung der Lösung des Systems $AX = b$, wobei b ein beliebiger gegebener Vektor aus R^n ist.

III

1. Gegeben seien zwei Spaltenvektoren aus R^n,

$$X = \begin{bmatrix} x_1 \\ \vdots \\ x_n \end{bmatrix}, \quad Y = \begin{bmatrix} y_1 \\ \vdots \\ y_n \end{bmatrix};$$

wir bilden die Matrix $A = I + XY^{\mathsf{T}}$.

Es ist zu zeigen, daß ein Polynom zweiten Grades $P(x) = \alpha x^2 + \beta x + \gamma$ $(\alpha, \beta, \gamma \in R)$ derart existiert, daß $P(A) = \alpha A^2 + \beta A + \gamma I = 0$ ist, wobei 0 hier die Nullmatrix vom Typ (n, n) bezeichnet.

2. Man bestimme die Inverse von A, falls A umkehrbar ist (Spezialfall: $X^{\mathsf{T}} Y = 0$).

3. Man betrachte das lineare System $BX = y$, wobei B eine Matrix vom Typ (n, n) mit dem allgemeinen Term

$$b_{ij} = \beta \quad \text{für} \quad i \neq j, \quad b_{ii} = \alpha \qquad (\alpha, \beta \in R)$$

ist und y eine Spalte mit bekannten Termen y_i bezeichnet $(i = 1, 2, \ldots, n)$.

4. Der Leser wähle das nach seiner Meinung interessanteste Verfahren zur Berechnung der Lösungen des Systems aus Aufgabe 3 und fertige dazu das Flußdiagramm an.

IV

1. Gegeben sei

$$A_4 = \begin{bmatrix} 1 & 1 & 1 & 1 \\ 1 & 5 & 3 & 3 \\ 1 & 3 & 11 & 5 \\ 1 & 3 & 5 & 19 \end{bmatrix}.$$

Man erläutere an diesem Beispiel das Choleskysche Verfahren ($A_4 = R_4 R_4^{\mathsf{T}}$; R_4 untere Dreiecksmatrix).

2. Man berechne A_4^{-1}.

3. Allgemein betrachte man die quadratische Matrix $A_n = (a_{ij})$ vom Typ (n, n) mit

$$a_{ij} = 2 \min(i, j) - 1 \quad \text{für} \quad i \neq j, \quad a_{ii} = i(i+1) - 1,$$

wobei $\min(i, j)$ die kleinere der beiden Zahlen i, j bezeichnet. Es ist eine Zerlegung $A_n = R_n R_n^{\mathsf{T}}$ anzugeben.

4. Wenn R_n bestimmt worden ist, fertige man ein Flußdiagramm für die Lösung der Gleichung $A_n X = b$ an.

5. Man bestimme R_n^{-1}.

V

1. Im Vektorraum $\mathscr{M}_{(n,n)}$ der quadratischen Matrizen vom Typ (n, n) über R mit den Basismatrizen E_{ij} setzen wir

$$S = \sum_{i=1}^{n-1} \alpha_i E_{i,i+1},$$

$$S' = \sum_{i=1}^{n-1} \alpha'_i E_{i+1,i}.$$

α) Für ganzes positives k berechne man S^k, S'^k.

β) Welchen Wert besitzt

$$(I - X)(I + X^2 + X^3 + \cdots + X^{m-1}) \quad (m > 1, \text{ ganz})$$

für eine beliebige Matrix X? Man zeige, daß $I - S$ und $I - S'$ umkehrbar sind und gebe einen Ausdruck für die Inversen dieser beiden Matrizen an.

2. Es sei A die Matrix vom Typ (n, n) mit den von Null verschiedenen Termen

$$a_{ii} = i^2 + 1 \quad \text{für } i = 1, \ldots, n,$$
$$a_{i,i-1} = i \quad \text{für } i = 2, \ldots, n,$$
$$a_{j-1,j} = j \quad \text{für } j = 2, \ldots, n.$$

Man erläutere an diesem Beispiel das Choleskysche Verfahren, um zu einer Zerlegung von A in der Form

$$A = RR^{\mathsf{T}} \quad (R \text{ untere Dreiecksmatrix})$$

zu gelangen, und gebe R explizit an.

3. Man beweise, daß A umkehrbar ist und bestimme den allgemeinen Term α_{ij} der Inversen von A.

VI

Wir betrachten die Matrix vom Typ $(n + 1, n + 1)$:

$$A = \begin{bmatrix} 1 & 0 & 0 & \ldots & 0 & c_1 \\ 0 & 1 & 0 & \ldots & 0 & c_2 \\ 0 & 0 & 1 & \ldots & 0 & c_3 \\ \vdots & \vdots & \vdots & \ddots & \vdots & \vdots \\ 0 & 0 & 0 & \ldots & 1 & c_n \\ b_1 & b_2 & b_3 & \ldots & b_n & a \end{bmatrix}.$$

1. Unter Benutzung des Gaußschen Eliminationsverfahrens sind die Lösungsformeln für das System $AX = Y$ aufzustellen, wobei X, Y Vektoren aus R^{n+1} mit den Komponenten x_i, y_i sind $(i = 1, 2, \ldots, n + 1)$.

Man gebe in einem Flußdiagramm den Ablauf der Rechnung an.

2. Wir setzen jetzt $b_i = c_i$ voraus $(i = 1, 2, \ldots, n)$. Man stelle an diesem Beispiel das Choleskysche Verfahren zur Lösung des o. a. Systems $AX = Y$ dar. Es ist ein Flußdiagramm anzufertigen, welches den Lösungsgang wiedergibt.

3. Durch eine Zerlegung von A in Teilmatrizen bestimme man die Inverse von A; man überprüfe die Richtigkeit mit Hilfe der vorhergehenden Resultate.

VII

1. Es sei $A = (a_{ij})$ eine quadratische Matrix vom Typ (n, n) über R. Mit E_{ij} bezeichnen wir eine quadratische Basismatrix vom Typ (n, n), in der das Element an der Stelle (i, j) gleich Eins ist und die übrigen Elemente gleich Null sind. Man vergegenwärtige sich das Multiplikationsgesetz für die Matrizen E_{ij} sowie die Gestalt der Matrizen $E_{ij}AE_{kl}$, $AE_{ij}A$.

2. Es seien u, v zwei Spaltenvektoren aus R^n, A eine umkehrbare Matrix mit der Inversen A^{-1}, s ein Skalar; ferner sei $B(s) = A - suv^{\mathsf{T}}$.

Man beweise, daß die Inverse zu $B(s)$, sofern sie existiert, von der Form $A^{-1} - tA^{-1}uv^{\mathsf{T}}A^{-1}$ ist; dabei bezeichnet t einen Skalar.

α) Welcher Bedingung muß s genügen, damit das eintritt?

β) Man bestimme den zugehörigen Wert von t.

3. Gegeben sei die Matrix $A_1 = A + \lambda E_{ij}$ (A umkehrbar, $A^{-1} = (\alpha_{ij})$). Unter welcher Bedingung ist A_1 umkehrbar? Man untersuche die verschiedenen Möglichkeiten für i, j, λ und gebe A_1^{-1} an, falls diese Inverse existiert.

4. Als Anwendung betrachten wir die Matrix

$$M_n = \begin{bmatrix} 1 & 0 \ldots 0 & \mu \\ 0 & 1 \ldots 0 & 0 \\ \vdots & \vdots \ddots & \vdots \\ 0 & 0 \quad \ddots & \vdots \\ \lambda & 0 \ldots 0 & 1 \end{bmatrix} = I + \lambda E_{n1} + \mu E_{1n}.$$

Ist M_n umkehrbar? Wenn ja, gebe man die Inverse an.

5. Unter Verwendung der Eigenschaft aus Aufgabe 3 beschreibe man (über ein Flußdiagramm) eine allgemeine Methode, die die Berechnung der Inversen einer nichtsingulären Matrix A erlaubt.

5. INDIREKTE LÖSUNGSMETHODEN

Die direkten Methoden sind bei den heutigen Rechenanlagen praktisch verwendbar für Systeme der Größe $n \leqq 100$. Für größeres n steigt die Anzahl der Daten wie auch die Anzahl der Multiplikationen beträchtlich. Dementsprechend kommt es zu einer Vervielfachung der Fehlermöglichkeiten. Andererseits findet man Systeme mit $n = 1000$ sehr oft (etwa bei der Lösung von Differenzengleichungen, die aus Differentialgleichungen hervorgehen). Es erhebt sich die Frage, ob nicht Verfahren, die in einer schrittweisen „Annäherung" an die Lösung bestehen, effektiver sind als die Anwendung eines direkten Verfahrens.

5.1. Iteration und Relaxation

5.1.1. *Prinzip*

Wir betrachten den Vektorraum R^n (bzw. C^n) mit der Norm φ. Gegeben sei das System $AX = b$ bzw. $AX - b = 0$, und X_0 sei eine beliebige Spalte. Wir bilden $r_0 = AX_0 - b$; die Spalte r_0 wird *Residuum* (oder auch *Defektvektor*) genannt. Allgemein setzt man $r = AX - b$ und erhält damit r als lineare Funktion der Spalte X.

Das Prinzip der Iteration besteht in folgendem: Ausgehend von X_0 bildet man r_0, sucht darauf X_0 in X_1 zu verändern, erhält ein entsprechendes Residuum r_1 usw. Es ergeben sich zwei Folgen:

$$\{X_0, X_1, \ldots, X_p, \ldots\} \qquad \text{und} \qquad \{r_0, r_1, \ldots, r_p, \ldots\}$$

von Vektoren aus R^n.

Definition. Wird beim Übergang von X_p zu X_{p+1} nur eine Komponente von X_p geändert (um X_{p+1} zu erhalten), dann wird das verwendete Übergangsverfahren gewöhnlich als *Relaxation* bezeichnet. Werden alle Komponenten geändert, so spricht man von einer *Iteration*.

Satz 1. *Es sei A eine nichtsinguläre Matrix. Die Folge X_p konvergiert genau dann gegen die Lösung Ω von $AX = b$ (Ω ist eindeutig bestimmt, und es ist $A\Omega = b$), wenn die Folge $\{r_p\}$ der Residuen gegen den Nullvektor aus R^n (bzw. C^n) konvergiert.*

Diese Aussage folgt aus der Stetigkeit der Abbildung $X \to AX$ in R^n.

Für den „Fehler" beim p-ten „Schritt" schreiben wir E_p (d. h., es gilt $E_p = X_p - \Omega$). Wir haben $A\Omega = b$, $r_p = AX_p - b = A(X_p - \Omega)$, woraus

$$\begin{aligned} r_p &= AE_p, \\ E_p &= A^{-1} r_p \end{aligned} \tag{1}$$

folgt. Ist φ die in R^n definierte Norm, so finden wir (vgl. 2.1.8.)

$$\alpha) \quad \varphi(r_p) \leqq S_{\varphi\varphi}(A)\,\varphi(E_p),$$

$$\beta) \quad \varphi(E_p) \leqq S_{\varphi\varphi}(A^{-1})\,\varphi(r_p),$$

wobei $S_{\varphi\varphi}(A)$ die φ entsprechende „symmetrische" Matrizennorm ist.

Aus α) folgt $\varphi(E_p) \to 0$ für $X_p \to \Omega$, also $\varphi(r_p) \to 0$, d. h., es gilt $r_p \to 0$; ferner sieht man, daß $\varphi(r_p) \to 0$ aus β) für $r_p \to 0$ folgt, also $\varphi(E_p) \to 0$, d. h., es gilt $X_p \to \Omega$, was zu beweisen war.

Bemerkung. Da mit X_p auch r_p bekannt ist, gibt die Ungleichung β) eine absolute obere Schranke für die Norm des Fehlers an; im allgemeinen ist das eine Schranke, die auf dem Verhältnis

$$\frac{\varphi(r_p)}{\varphi(X_p)}$$

der *relativen Abnahme* der Residuen bezüglich der Norm φ und auf dem Verhältnis

$$\frac{\varphi(E_p)}{\varphi(X_p)}$$

beruht, das als *relativer Fehler* bezüglich der Norm bezeichnet wird. Damit sind wir zu dem Satz gelangt, der den Begriff der Kondition rechtfertigt:

Satz 2. *Für eine gegebene relative Abnahme $\eta = \varphi(r_p)/\varphi(X_p)$ ist das Verhältnis der extremalen relativen Fehler gleich der Kondition $\gamma_\varphi(A)$ der Matrix A.*

Beweis. Es ist

$$\eta = \frac{\varphi(r_p)}{\varphi(X_p)} = \frac{\varphi(AE_p)}{\varphi(E_p)}\,\frac{\varphi(E_p)}{\varphi(X_p)} \quad \text{und} \quad \frac{\varphi(E_p)}{\varphi(X_p)} = \eta \Big/ \frac{\varphi(AE_p)}{\varphi(E_p)},$$

und wegen

$$\frac{1}{S_{\varphi\varphi}(A^{-1})} \leqq \frac{\varphi(AX)}{\varphi(X)} \leqq S_{\varphi\varphi}(A)$$

erhalten wir als minimalen relativen Fehler $\eta \cdot 1/S_{\varphi\varphi}(A)$ und als maximalen relativen Fehler $\eta S_{\varphi\varphi}(A^{-1})$; also ist

$$\frac{\text{minimaler relativer Fehler}}{\text{maximaler relativer Fehler}} = \frac{1}{S_{\varphi\varphi}(A^{-1})\,S_{\varphi\varphi}(A)} = \gamma_\varphi(A),$$

was zu beweisen war.

5.1.2. *Relaxation (bezüglich einer Komponente)*

Es sei $X_p = \begin{bmatrix} \xi_1^p \\ \vdots \\ \xi_n^p \end{bmatrix}$, und wir bilden $r_p = A X_p - b = \begin{bmatrix} \varrho_1^p \\ \vdots \\ \varrho_n^p \end{bmatrix}$.

Wir betrachten die i-te Gleichung

$$a_{i1}x_1 + a_{i2}x_2 + \cdots + a_{ij}x_j + \cdots + a_{in}x_n = b_i$$

und ersetzen $\begin{bmatrix} x_1 \\ x_2 \\ \vdots \\ x_{j-1} \\ x_{j+1} \\ \vdots \\ x_n \end{bmatrix}$ durch $\begin{bmatrix} \xi_1^p \\ \xi_2^p \\ \vdots \\ \xi_{j-1}^p \\ \xi_{j+1}^p \\ \vdots \\ \xi_n^p \end{bmatrix}$; dadurch erhalten wir eine Gleichung mit der einzigen Unbekannten x_j. Ihre Lösung ergibt den Wert (falls $a_{ij} \neq 0$ ist)

$$\frac{1}{a_{ij}} \left[b_i - \sum_{k \neq j} a_{ik} \xi_k^p \right]. \tag{1}$$

Dieser Ausdruck ist gleich

$$\xi_j^{p+1} = \xi_j^p - \frac{\varrho_i^p}{a_{ij}}$$

$\left(\text{wegen } \varrho_i^p = \sum_{k=1}^{n} a_{ik} \xi_k^p - b_i \right)$. Wir betrachten nun den Vektor

$$X_{p+1} = \begin{bmatrix} \xi_1^{p+1} \\ \vdots \\ \xi_j^{p+1} \\ \vdots \\ \xi_n^{p+1} \end{bmatrix},$$

wobei $\xi_i^{p+1} = \xi_i^p$ ist für $i \neq j$ und ξ_j^{p+1} den Wert (1) besitzt. Offensichtlich ist $\varrho_i^{p+1} = 0$. Damit haben wir von X_p ausgehend den Vektor X_{p+1} bestimmt.

Als X_{p+1} wählt man also einen Vektor, der sich von X_p nur in einer Komponente (der j-ten) unterscheidet, die ihrerseits so bestimmt wird, daß eine der Gleichungen (die i-te) ein Residuum besitzt, welches gleich Null ist. Damit haben wir eine Möglichkeit gefunden, ausgehend von X_p einen Vektor X_{p+1} zu finden (d. h. einen „Schritt" zu tun); dieses Verfahren setzt jedoch die Angabe der gewählten Indizes i (Zeile oder Gleichung) und j (Komponente) voraus. Darin besteht das Ziel der folgenden Verfahren (beispielsweise von Southwell und Gauss-Seidel).

Bemerkung zur Bedeutung der Relaxation und ihrer praktischen Anwendung. Wie wir bemerkt haben, sind die Iterationsmethoden vor allem für die Lösung von Problemen $Ax = b$ geeignet, in denen A sehr groß ist und die Anzahl der Terme a_{ij} von A die Speichermöglichkeiten überschreitet.

Nachstehend wollen wir ein typisches Beispiel für die linearen Probleme anführen, die auf diese Weise gelöst werden können. Gegeben sei die partielle Differentialgleichung $\Delta V = 0$ bzw.

$$\text{(I)} \qquad \frac{\partial^2 V}{\partial x^2} + \frac{\partial^2 V}{\partial y^2} = 0;$$

gesucht ist eine Lösung in dem Quadrat $\mathscr{C}$: $0 < x < 1$, $0 < y < 1$ unter der Voraussetzung, daß $V = \varphi(x, y)$ auf dem Rand $ABCDA$ dieses Quadrates bekannt ist (Abb. 5.1).

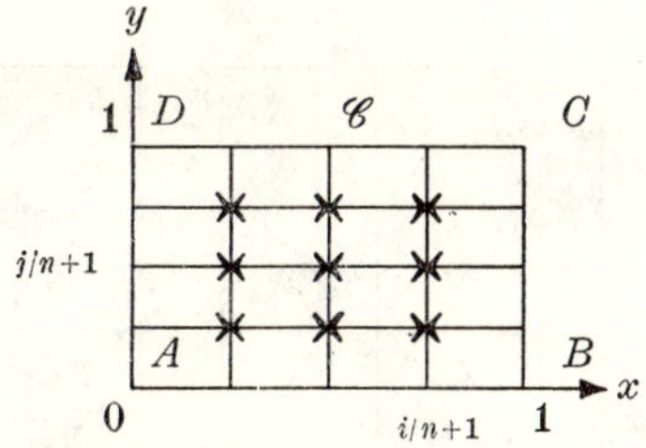

Abb. 5.1

Die sogenannte endliche „Differenzenmethode" besteht in einer Unterteilung der Seiten des Quadrates in $n + 1$ Intervalle, wodurch man zu einem „Punktgitter" $P_{ij} = (x_i, y_j)$ gelangt, in dem beispielsweise $x_i = \dfrac{i}{n+1}$, $y_j = \dfrac{j}{n+1}$ ist $(i, j = 0, 1, \ldots, n + 1)$. Die inneren Punkte des Quadrates entsprechen den Werten $i = 1, 2, \ldots, n$; $j = 1, 2, \ldots, n$. Es sei $V(x_i, y_j) = V_{ij}$ eine in diesen $(n + 1)^2$ Punkten definierte Funktion. Die V_{ij} sind folgendermaßen zu bestimmen $\left(h = \dfrac{1}{n+1}\right)$:

$$\text{(II)} \quad \begin{cases} \text{a)} \ \dfrac{V_{i+1,j} - 2V_{ij} + V_{i-1,j}}{h^2} + \dfrac{V_{i,j+1} - 2V_{ij} + V_{i,j-1}}{h^2} = 0 \\ \quad \text{für alle } i, j, \text{ für die } P_{ij} \text{ innerer Punkt von } \mathscr{C} \text{ ist;} \\ \text{b)} \ V_{ij} = \varphi_{ij} \quad \text{für } P_{ij} \text{ auf dem Rand von } \mathscr{C}. \end{cases}$$

Das Problem (II) wird als „Näherung" des Problems (I) bezeichnet.

Es ist ein Problem in den Unbekannten V_{ij} $(i = 1, 2, \ldots, n;\ j = 1, 2, \ldots, n)$ und den n^2 Gleichungen (IIa)) ersten Grades. Diese können ersetzt werden durch

$$\Sigma\colon\ V_{i,j+1} + V_{i,j-1} + V_{i+1,j} + V_{i-1,j} - 4V_{ij} = 0 \quad (i, j = 1, 2, \ldots, n). \qquad (2)$$

Wie man beweisen kann, strebt die Lösung des Näherungsproblems (II) für $h \to 0$ unter gewissen Bedingungen gegen die Lösung von (I). Man kann das System (Σ) in die Form $AX = b$ bringen; dazu genügt es, die Folge der inneren Punkte P_{ij} zu ordnen (etwa in folgender Weise: $P_{11}, P_{21}, P_{31}, \ldots, P_{n1}, P_{12}, P_{22}, \ldots, P_{n2}, \ldots, P_{1n}, \ldots, P_{nn}$) und $X_k = V_{ij}$ mit $k = n(j - 1) + i$ zu setzen $(k = 1, 2, \ldots, n^2)$.

Für das System (Σ) können wir dann schreiben:

$$X_{k+n} + X_{k-n} + X_{k-1} + X_{k+1} - 4X_k = 0;$$

daher ist

$$a_{kk} = -4, \quad a_{k,k-1} = 1, \quad a_{k,k+1} = 1, \quad a_{k,k+n} = 1, \quad a_{k,k-n} = 1$$

(wenn $k - 1$, $k + 1$, $k + n$, $k - n$ in der Menge $\{1, 2, \ldots, n^2\}$ enthalten sind; sonst ist der entsprechende Term V_{ij} bekannt und gehört zu rechten Seite von b)). Das System (Σ) erhält schließlich die Gestalt:

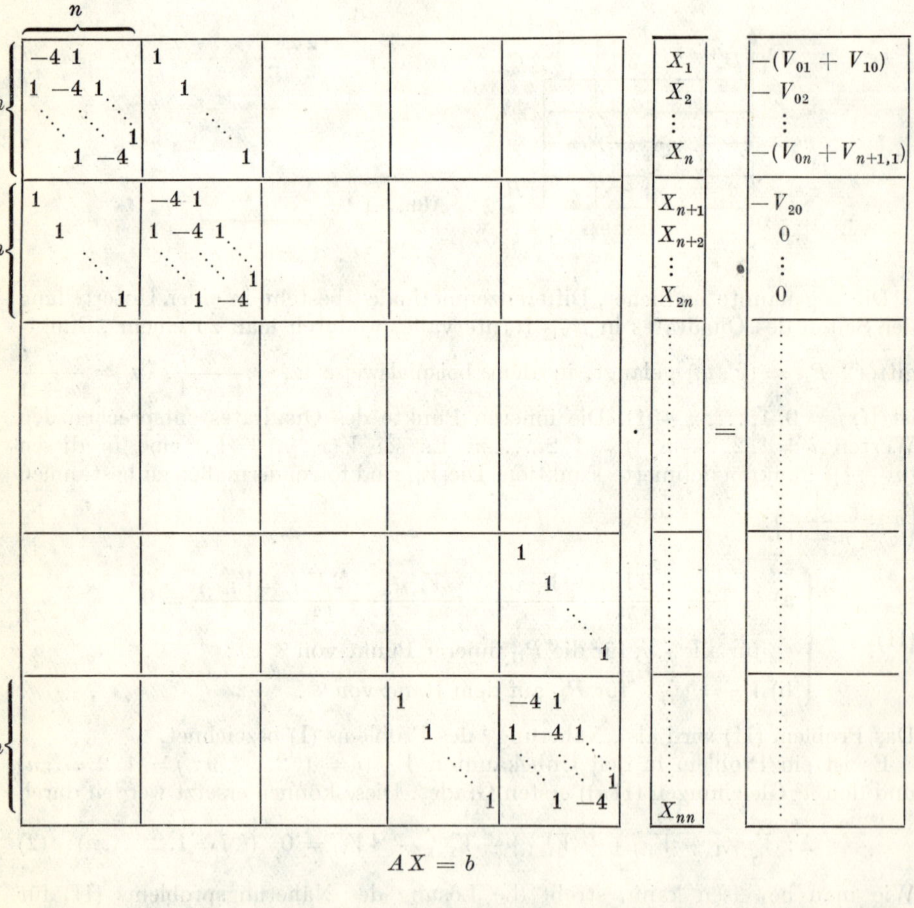

$$AX = b$$

Wie man sieht, ist dieses System bereits recht schwierig niederzuschreiben; die $n^2 \cdot n^2$ Terme der Matrix A zu speichern, ist jedoch völlig undenkbar (für $n = 100$ ergäbe das 10^8 Terme!). Im Gegensatz dazu ist es sehr einfach, aus einer bekannten Lösung X^p (d. h. einer Näherungslösung) die Komponenten des Residuums r^p abzuleiten. In der Tat, es sei etwa r_k^p zu bestimmen. Dazu stellen wir fest, welcher innere Punkt dem Wert k entspricht. Es sei P_k dieser Punkt; wir brauchen dann nur

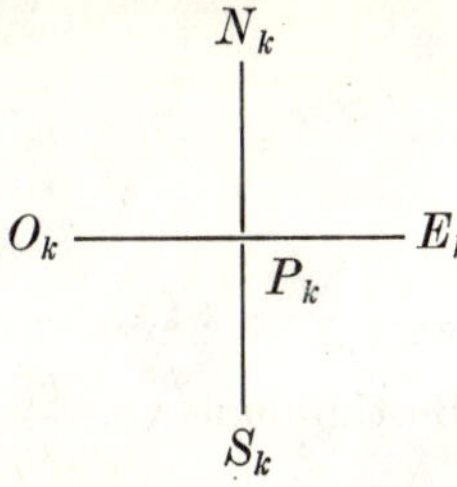

$$r_k^p = X^p(N_k) + X^p(E_k) + X^p(O_k) + X^p(S_k) - 4X^p(P_k)$$

zu wählen, wobei $X^p(N_k)$, $X^p(E_k)$, $X^p(O_k)$, $X^p(S_k)$, $X^p(P_k)$ die Komponenten von X^p in den P_k am nächsten liegenden Punkten sind. Eine einfache Ermittlung dieser Komponenten macht daher die Bestimmung von r^p möglich.

Man verfährt also wie folgt: Allen inneren Punkten P_k wird ein Speicherplatz zugewiesen, oder man gibt die Werte von $X^p(P_k)$ ein.

Um die r_k^p für beliebiges k zu erhalten, bedarf es nur einfacher Adressenberechnungen. Wir wollen untersuchen, wie die „Relaxation" in der i-ten Gleichung bezüglich der j-ten Komponente erfolgt. Die Bedingung $a_{ij} \neq 0$ weist darauf hin, daß fünf Komponenten „relaxiert" werden können. Es seien dies $X^p(N_i)$, $X^p(E_i)$, $X^p(O_i)$, $X^p(S_i)$, $X^p(P_i)$ (unter der Voraussetzung, daß keiner dieser Punkte auf dem Rand liegt). Wir wählen beispielsweise $X^p(S_i)$ (wie wir später sehen werden, ist die Wahl von $X^p(P_i)$ natürlicher). Der Wert der X_k^p wird nicht erreicht, bis auf denjenigen, der $X^p(S_i)$ entspricht; diesen ersetzen wir daher durch

$$4X^p(P_i) - X^p(N_i) - X^p(E_i) - X^p(O_i) = X^{p+1}(S_i),$$

so daß $r^{p+1}(P_i) = 0$ wird.

Besonders hervorgehoben sei, daß die Relaxationen hier in der oben angegebenen Weise durchgeführt werden. In den Verfahren von SOUTHWELL sowie von GAUSS-SEIDEL wählt man $i = j$ und erhält

$$X^{p+1}(P_i) = \frac{1}{4}\,[X^p(N_i) + X^p(S_i) + X^p(E_i) + X^p(O_i)]$$

(man wählt also das Mittel der Werte in den benachbarten Punkten).

5.1.2.1. Die Methode von SOUTHWELL

α) Wahl der Gleichung: Der Index i wird so gewählt, daß

$$|\varrho_i^p| = \max_k |\varrho_k^p|$$

ist, d. h., man führt die Relaxation in einer Gleichung mit dem betragsgrößten Residuum aus. (Gibt es mehrere solche i, dann wähle man davon etwa das größte.)

β) Wahl der Komponente: Es wird die i-te Komponente gewählt (das entspricht einer Division durch ein Diagonalelement von A; diese Terme werden daher als von Null verschieden vorausgesetzt).

Bei der Methode von SOUTHWELL sind also folgende Schritte erforderlich:

$$X_p \to X_{p+1}: \begin{cases} 1.\ \text{Wahl von } i, \text{ so daß } |\varrho_i^p| \text{ maximal;} \\ 2.\ \xi_k^{p+1} = \xi_k^p \text{ für } k \neq i; \\ 3.\ \xi_i^{p+1} = \xi_i^p - \dfrac{\varrho_i^p}{a_{ii}}. \end{cases}$$

γ) Operationen: Bei jedem „Schritt" sind erforderlich:

1. Die Berechnung der ξ_i^{p+1} aus den bekannten ϱ_i^p. Zur Bestimmung von $\dfrac{\varrho_i^p}{a_{ii}}$ ist nur eine Division und eine Addition erforderlich.

2. Die Berechnung der neuen ϱ_i^{p+1}. Aus

$$\varrho_l^{p+1} = -b_l + \sum_{k=1}^{n} a_{lk}\xi_k^{p+1} = -b_l + \sum_{k=1}^{n} a_{lk}\xi_k^p - a_{li}\xi_i^p + a_{li}\left(\xi_i^p - \frac{\varrho_i^p}{a_{ii}}\right)$$

folgt

$$\varrho_l^{p+1} = \varrho_l^p - a_{li}\frac{\varrho_i^p}{a_{ii}}. \tag{1}$$

Es sind also $n-1$ Multiplikationen (für $l = 1, \ldots, i-1, i+1, \ldots, n$) und $n-1$ Additionen erforderlich. Für jeden Schritt ergeben sich damit n Additionen, n Multiplikationen und eine Division.

δ) Speicherplätze: Bei dieser Methode müssen ständig die beiden Vektoren X^p und r^p gespeichert werden (was ein Nachteil ist).

Bemerkung. Es müßten ungefähr $n^2/3$ Umläufe erfolgen, damit diese Methode soviel kostete wie das Gaußsche Eliminationsverfahren. Für $n = 100$ erreichte man damit eine Größenordnung von 3000 „Schritten".

ε) ALGOL-Prozedur: Diese Prozedur setzt voraus, daß A gespeichert wird (was in der Praxis nicht der Fall ist). Man beachte, daß die Ausgangsprüfung hier absolut vorgenommen wird.

```
'PROCEDURE' SOUTHWELL (A) RECHTE SEITE: (B)
NAEHLOES: (X) ANFANG: (XO) PRUEFUNG: (EPS)
ORDNUNG: (N) ;
'REAL''ARRAY' A,B,X,XO ; 'INTEGER' N ; 'REAL' EPS ;
'COMMENT' VERMITTELS RELAXATION WIRD AUSGEHEND
VON XO EINE NAEHRUNG X BERECHNET, BIS AX - B EINE
NORM PHINENDLICH KLEINER ALS EPS BESITZT ;
'BEGIN''REAL''ARRAY' R[1:N] ; 'INTEGER' I,J,P ;
  'REAL' L, PHINENDLICH, TR ; PHINENDLICH := 0 ;
```

```
ANFANGSRESIDUEN:
  'FOR' I := 1 'STEP' 1 'UNTIL' N 'DO'
    'BEGIN' TR := 0 ;
      'FOR' J := 1 'STEP' 1 'UNTIL' N 'DO'
      TR := TR + A[I,J] * XO[J] ;
      R[I] := TR - B[I] ;
      'IF' ABS(R[I]) 'NOTLESS' PHINENDLICH 'THEN'
        'BEGIN' PHINENDLICH := ABS(R[I]) ;
                              P := I
        'END'
    'END' ;
SCHLEIFE:
  L := R[P] / A[P,P] ;
  XO[P] := XO[P] - L ; PHINENDLICH := 0 ;
  'FOR' I := 1 'STEP' 1 'UNTIL' P-1 , P+1
  'STEP' 1 'UNTIL' N 'DO'
    'BEGIN' R[I] := R[I] - A[I,P] * L ;
      'IF' ABS(R[I]) 'NOTLESS' PHINENDLICH 'THEN'
        'BEGIN' PHINENDLICH := ABS(R[I]) ;
                              J := I
        'END'
    'END' ;
  'IF' PHINENDLICH < EPS
  'THEN''GOTO' AUSGANG 'ELSE'
    'BEGIN' P := J ; 'GOTO' SCHLEIFE
    'END' ;
AUSGANG:
  'FOR' I := 1 'STEP' 1 'UNTIL' N 'DO'
     X[I] := XO[I] ;
'END' ;
```

ξ) Konvergenzbetrachtung zum Verfahren von SOUTHWELL. Es ist offensichtlich (vgl. (1)), daß sich das Verfahren nur auf Matrizen anwenden läßt, in deren Diagonale keine Null vorkommt.

Für alle $x \in R^n$ setzen wir

$$z(x) = \begin{bmatrix} 0 \\ \vdots \\ 0 \\ \operatorname{signum}(\xi_k) \\ 0 \\ \vdots \\ 0 \end{bmatrix} \leftarrow k\text{-te Zeile} \quad \text{für} \quad x = \begin{bmatrix} \xi_1 \\ \xi_2 \\ \\ \vdots \\ \\ \xi_n \end{bmatrix};$$

dabei ist k ein Index, für den $|\xi_k| = \max_i |\xi_i| = \varphi_\infty(x)$ gilt (signum $(t) = +1$ für $t \geqq 0$, signum $(t) = -1$ für $t < 0$). Für alle $x \in R^n$ ist

$$z^{\mathrm{T}}(x)x = \varphi_\infty(x).$$

Man sagt, $z : x \to z(x)$ *zerlegt* die Norm φ_∞ in R^n. (In 5.3.2. und 5.3.3. werden wir noch andere Anwendungen dieses wichtigen Begriffs kennenlernen.)

Schreiben wir $z_p = z(r_p)$, so folgt aus (1)

$$r_{p+1} = r_p - \frac{\varrho_i^p}{a_{ii}} A_{.i}.$$

Wenn D nun die Diagonalmatrix bezeichnet, deren Diagonalelemente $d_{ii} = a_{ii}$, d. h. die Diagonalelemente von A sind (man nennt D die Diagonale von A), dann existiert nach Voraussetzung D^{-1}, und es ist

$$A D^{-1} = \begin{bmatrix} 1 & \frac{a_{12}}{a_{22}} & \frac{a_{13}}{a_{33}} \cdots & \frac{a_{1n}}{a_{nn}} \\ \frac{a_{21}}{a_{11}} & 1 & \frac{a_{23}}{a_{33}} \cdots & \frac{a_{2n}}{a_{nn}} \\ \vdots & \vdots & \ddots & \vdots \\ \frac{a_{n1}}{a_{11}} & \frac{a_{n2}}{a_{22}} & \frac{a_{n3}}{a_{33}} \cdots & 1 \end{bmatrix};$$

also haben wir

$$(A D^{-1}) D_{.i} = \frac{A_{.i}}{a_{ii}},$$

und auf Grund der Definition von i und $z(r_p) = z_p$ können wir

$$\frac{A_{.i}}{a_{ii}} = \operatorname{signum}(\varrho_i^p) A D^{-1} z_p$$

schreiben, woraus

$$r_{p+1} = r_p - \varrho_i^p \operatorname{signum}(\varrho_i^p) A D^{-1} z_p$$

bzw.

$$r_{p+1} = r_p - |\varrho_i^p| A D^{-1} z_p$$

folgt. Wir erhalten also

$$r_{p+1} = r_p - \varphi_\infty(r_p) A D^{-1} z_p.$$

Wir setzen $r_{p+1} = r_p - \varphi_\infty(r_p) z_p + \varphi_\infty(r_p)(I - A D^{-1}) z_p$ und berechnen auf beiden Seiten eine Norm $\varphi_1 \left(\varphi_1(x) = \sum_{i=1}^{n} |\xi_i|\right)$:

$$\varphi_1(r_{p+1}) \leqq \varphi_1\big(r_p - \varphi_\infty(r_p) z_p\big) + \varphi_\infty(r_p) \varphi_1[(I - A D^{-1}) z_p].$$

Wie man sieht, unterscheiden sich die Vektoren r_p und $r_p - \varphi_\infty(r_p) z_p$ nur in einer der betragsgrößten Komponenten; diese ist jetzt gleich Null. Ferner ist

$$\varphi_1\big(r_p - \varphi_\infty(r_p) z_p\big) = \varphi_1(r_p) - \varphi_\infty(r_p),$$

und bedenkt man, daß für alle $x \in R^n$ die Ungleichung $\varphi_\infty(x) \leqq \varphi_1(x) \leqq n\varphi_\infty(x)$ gilt, dann ergibt sich

$$\varphi_1(r_{p+1}) \leqq \varphi_1(r_p) - \frac{1}{n}\,\varphi_1(r_p) + \varphi_\infty(r_p)\varphi_1[(I - AD^{-1})z_p].$$

Ist also

$$S_1(I - AD^{-1}) = \max_{j=1,\dots,n}\left[\sum_{\substack{i=1\\ i\neq j}}^{n}\left|\frac{a_{ij}}{a_{jj}}\right|\right]$$

(S_1 ist die symmetrische Norm bezüglich φ_1), dann ist

$$\varphi_1(r_{p+1}) \leqq \varphi_1(r_p)\left[1 - \frac{1}{n} + S_1(I - AD^{-1})\right];$$

denn es gilt

$$\varphi_1(z_p) = 1, \qquad \varphi_\infty(r_p) \leqq \varphi_1(r_p).$$

Für $S_1(I - AD^{-1}) < \dfrac{1}{n}$ ist folglich der in der Klammer stehende Ausdruck kleiner als Eins.

Satz 1. *Eine hinreichende Bedingung für die Konvergenz des Iterationsverfahrens von Southwell ist*

$$S_1(I - AD^{-1}) = \max_{j=1,\dots,n}\left[\sum_{\substack{i=1\\ i\neq j}}^{n}\left|\frac{a_{ij}}{a_{jj}}\right|\right] < \frac{1}{n}.$$

Ist also $\alpha = \dfrac{1}{n} - S_1(I - AD^{-1})$, so ergibt sich

$$\varphi_1(r_p) \leqq \varphi_1(r_0)(1 - \alpha)^p.$$

Bemerkung. Die in Satz 1 angegebene Bedingung ist sehr stark. Nachstehend führen wir ein Ergebnis an, das in den Anwendungen sehr oft gebraucht wird.

Satz 2. *Für ein System $Ax = b$ mit positiv definiter Matrix A, in dem für die Diagonale D von A*

$$D = \lambda I$$

gilt, d. h., in dem alle Diagonalelemente gleich λ sind ($a_{ii} = \lambda > 0$), konvergiert das Southwellsche Iterationsverfahren immer.

Beweis. Mit den oben verwendeten Bezeichnungen ergibt sich

$$r_{p+1} = r_p - \varphi_\infty(r_p)AD^{-1}z_p;$$

daraus folgt

$$A^{-1}r_{p+1} = A^{-1}r_p - \varphi_\infty(r_p)D^{-1}z_p.$$

Wir bilden

$$r_{p+1}^{\mathsf{T}} A^{-1} r_{p+1} + (r_p^{\mathsf{T}} - \varphi_\infty(r_p) z_p^{\mathsf{T}} D^{-1} A^{\mathsf{T}})(A^{-1} r_p - \varphi_\infty(r_p) D^{-1} z_p),$$

und da $A^{\mathsf{T}} = A$ ist, erhalten wir

$$r_{p+1}^{\mathsf{T}} A^{-1} r_{p+1} = r_p^{\mathsf{T}} A^{-1} r_p - 2\varphi_\infty(r_p) z_p^{\mathsf{T}} D^{-1} r_p + \varphi_\infty^2(r_p) z_p^{\mathsf{T}} D^{-1} A D^{-1} z_p. \quad (2)$$

Nun ist nach Voraussetzung

$$z_p^{\mathsf{T}} D^{-1} r_p = \frac{1}{\lambda}\, z_p^{\mathsf{T}} r_p = \frac{\varphi_\infty(r_p)}{\lambda}$$

und

$$z_p^{\mathsf{T}} D^{-1} A D^{-1} z_p = \frac{1}{\lambda^2}\, z_p^{\mathsf{T}} A z_p;$$

da $z_p = \operatorname{signum}(\varrho_i^p) e_i$ ist, finden wir

$$z_p^{\mathsf{T}} A z_p = e_i^{\mathsf{T}} A e_i = a_{ii} = \lambda.$$

Mit (2) folgt also

$$r_{p+1}^{\mathsf{T}} A^{-1} r_{p+1} = r_p^{\mathsf{T}} A^{-1} r_p - 2\,\frac{\varphi_\infty^2(r_p)}{\lambda} + \frac{\varphi_\infty^2(r_p)}{\lambda} = r_p^{\mathsf{T}} A^{-1} r_p - \frac{\varphi_\infty^2(r_p)}{\lambda}. \quad (3)$$

Nach Satz 4 aus 4.11.4.1. ist nun aber $A = BB^{\mathsf{T}}$, wobei B eine nichtsinguläre untere Dreiecksmatrix ist; damit erhalten wir

$$A^{-1} = (B^{\mathsf{T}})^{-1} B^{-1}.$$

Setzen wir $B^{-1} = R$, so erhalten wir auf Grund von (3)

$$r_{p+1}^{\mathsf{T}} R^{\mathsf{T}} R r_{p+1} = r_p^{\mathsf{T}} R^{\mathsf{T}} R r_p - \frac{\varphi_\infty^2(r_p)}{\lambda};$$

daraus folgt

$$\| R r_{p+1} \|^2 = \| R r_p \|^2 - \frac{\varphi_\infty^2(r_p)}{\lambda} \geqq 0.$$

Somit ist

$$\| R r_{p+1} \|^2 \leqq \| R r_p \|^2 \left[1 - \frac{1}{\lambda}\, \frac{\varphi_\infty^2(r_p)}{\| R r_p \|^2} \right].$$

Damit ist gezeigt, daß

$$\frac{1}{\lambda}\, \frac{\varphi_\infty^2(r_p)}{\| R r_p \|} \leqq 1$$

ist. Bezeichnet nun M die Norm der Matrix R, die ausgehend von den beiden Normen φ_∞ und $\varphi_2 = \|.\|$ definiert wird, also $M = \max \dfrac{\| R X \|}{\varphi_\infty(X)}$, dann ist

$$\frac{\| R r_p \|}{\varphi_\infty(r_p)} \leqq M.$$

Daraus folgt

$$0 < \frac{1}{M^2} \leqq \frac{\varphi_\infty^2(r_p)}{\|R r_p\|^2};$$

demnach ist $1 - \dfrac{1}{\lambda} \dfrac{\varphi_\infty^2(r_p)}{\|R r_p\|^2} < 1 - \dfrac{1}{\lambda M^2}$ immer größer als Null und kleiner als Eins. Abschließend erkennt man, daß

$$\|R r_{p+1}\|^2 < \|R r_p\|^2 \left(1 - \frac{1}{\lambda M^2}\right)$$

ist. Daher gilt

$$\|R r_p\| \leqq \|R r_0\| \left(\sqrt{1 - \frac{1}{\lambda M^2}}\right)^p \tag{4}$$

und $\|R r_p\| \to 0$. Aus (4) folgt, da R nichtsingulär ist, daß dann $r_p \to 0$ geht, was zu beweisen war.

Bemerkung. Ist ein System $Ax - b = 0$ mit einer positiv definiten Matrix A zu lösen, dann gilt für alle Elemente a_{ii} offenbar $a_{ii} = e_i^{\mathsf{T}} A e_i > 0$; ist andererseits D eine Diagonalmatrix mit positiven Elementen d_i, dann ist offensichtlich DAD positiv definit, und die Diagonalelemente dieser Produktmatrix sind $d_i^2 a_{ii}$. Man kann also die Lösung eines Systems der oben angegebenen Gestalt mit symmetrischer positiv definiter Matrix A immer auf den Fall zurückführen, daß die Diagonalelemente von A gleich sind; dazu wähle man

$$d_i^2 a_{ii} = k > 0, \qquad \text{also} \qquad d_i = +\sqrt{\frac{k}{a_{ii}}},$$

löse das System $(DAD)y - Db = 0$ und danach das System $x = Dy$.

5.1.2.2. Die Methode von Gauss-Seidel

1. Wir beginnen mit einem Vektor X_0.

α) Wahl der Gleichung: $1, 2, 3, \ldots, n, \ldots,$ beim $(p+1)$-ten Schritt wählt man $p + 1$ (modulo n), d. h. den i-ten Rest bei der Division von $p + 1$ durch n (oder n, falls dieser Rest Null ist).

β) Wahl der Komponente: Da wieder $j = i$ ist, gelten die gleichen Formeln wie beim Southwellschen Verfahren.

Es sind also folgende Schritte erforderlich:

$X_p \to X_{p+1}$:
- a) i-ter Rest von $p+1$ bei der Division von $p+1$ durch n (ist dieser Rest Null, dann $i = n$),
- b) $\xi_k^{(p+1)} = \xi_k^{(p)}$ für $k \neq i$,
- c) $\xi_i^{(p+1)} = \xi_i^{(p)} - \dfrac{\varrho_i^p}{a_{ii}}$.

Offensichtlich ist die Anzahl der Operationen dieselbe wie bei dem Verfahren von Southwell, und die Residuen sind

$$\varrho_l^{p+1} = \varrho_l^p - \frac{a_{li}}{a_{ii}}\, \varrho_i^p \qquad (l = 1, 2, \dots, n).$$

Das Gauß-Seidelsche Verfahren hat den großen Vorteil, „automatengerechter" zu sein als das Verfahren von Southwell. Betrachtet man etwa das auf S. 133 angegebene Beispiel (Potentialproblem), so sieht man, daß das Verfahren von Gauss-Seidel dem Durchlaufen aller inneren Punkte P_k entspricht, und zwar in der Reihenfolge, die gerade zu ihrer Numerierung gewählt wurde. Daraus resultiert seine große Bedeutung für die maschinelle Berechnung.

2. Theorie zum Verfahren von Gauss-Seidel

Wir bezeichnen die i-te Komponente von X_p mit ξ_i^p. Ausgehend von $(\xi_i^0) = X_0$ bestimmen wir $\xi_1^{(1)}$ aus der Gleichung

$$a_{11}\xi_1^{(1)} + a_{12}\xi_2^{(0)} + \cdots + a_{1n}\xi_n^{(0)} - b_1 = 0, \tag{1_1}$$

beim zweiten Schritt ergibt sich $\xi_2^{(2)}$ aus

$$a_{21}\xi_1^{(1)} + a_{22}\xi_2^{(2)} + \cdots + a_{2n}\xi_n^{(0)} - b_2 = 0, \tag{1_2}$$

beim n-ten Schritt bestimmen wir $\xi_n^{(n)}$ aus

$$a_{n1}\xi_1^{(1)} + a_{n2}\xi_2^{(2)} + \cdots + a_{nn}\xi_n^{(n)} - b_n = 0; \tag{1_n}$$

mit Hilfe des Vektors

$$X_n = \begin{bmatrix} \xi_1^{(1)} \\ \xi_2^{(2)} \\ \vdots \\ \xi_n^{(n)} \end{bmatrix}$$

können die Gleichungen (1_1), (1_2), …, (1_n) in der Form

$$A_1 X_n + A_2 X_0 = b \tag{2}$$

geschrieben werden, wobei $A_1 = (a_{ij}^{(1)})$ aus $\mathcal{M}_{(n,n)}$ ist:

$$a_{ij}^{(1)} = a_{ij} \quad \text{für } i \geqq j,$$
$$a_{ij}^{(1)} = 0 \quad \text{für } i < j,$$

und $A_2 = (a_{ij}^{(2)})$ aus $\mathcal{M}_{(n,n)}$ ist:

$$a_{ij}^{(2)} = a_{ij} \quad \text{für } i < j,$$
$$a_{ij}^{(2)} = 0 \quad \text{für } i \geqq j.$$

Die Matrix A hat also die folgende Gestalt:

$A =$

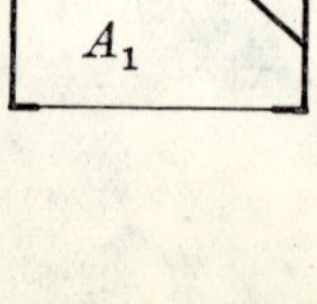

Setzen wir $x_0 = X_0$, $x_1 = X_n$, $x_2 = X_{2n}$, ..., $x_p = X_{pn}$ (d. h., gruppieren wir n Schritte des Verfahrens von GAUSS-SEIDEL um), so ist offenbar

$$A_1 x_{p+1} + A_2 x_p = b,$$

und beachten wir, daß A_1 nichtsingulär ist ($a_{ii} \neq 0$), so finden wir

$$x_{p+1} = -A_1^{-1} A_2 x_p + A_1^{-1} b. \tag{3}$$

Konvergiert das Verfahren von GAUSS-SEIDEL, d. h., gilt $X_k \to \Omega$ für $k \to \infty$, dann konvergiert offensichtlich die Folge $\{x_p\}$ als Teilfolge von $\{X_k\}$ gegen Ω.

Folgt aus der Konvergenz der Iteration (3) die Konvergenz des Verfahrens von GAUSS-SEIDEL?

Um zu beweisen, daß dies tatsächlich der Fall ist, bemerken wir, daß die Division durch n bei gegebenem k genau ein q ergibt, so daß

$$qn \leqq k < (q+1)n, \qquad k = qn + r \qquad (0 \leqq r < n)$$

ist. Da die ersten r Komponenten von X_k aus x_{q+1}, die restlichen $n - r$ aus x_q sind, ist

$$\varphi_\infty(X_k - x_q) \leqq \varphi_\infty(x_{q+1} - x_q).$$

Schreiben wir $\varphi_\infty(X_k - \Omega) \leqq \varphi_\infty(X_k - x_q) + \varphi_\infty(x_q - \Omega)$ (wobei $q = k/n$ ist), so erhalten wir

$$\varphi_\infty(X_k - \Omega) \leqq \varphi_\infty(x_{q+1} - x_q) + \varphi_\infty(x_q - \Omega). \tag{4}$$

Da $\{x_q\}$ gegen Ω konvergiert, ergibt sich $\varphi_\infty(x_q - \Omega) \to 0$ und $\varphi_\infty(x_{q+1} - x_q) \to 0$ für $k \to \infty$, $q \to \infty$; also geht $\varphi_\infty(X_k - \Omega)$ auf Grund von (4) gegen Null, d. h., X_k konvergiert gegen Ω. Damit erhalten wir den

Hilfssatz. *Für die Konvergenz des Verfahrens von Gauß-Seidel ist notwendig und hinreichend, daß die Iteration*

$$x_{p+1} = -A_1^{-1} A_2 x_p + A_1^{-1} b$$

konvergiert.

Definition. Gegeben seien eine Matrix $M \in \mathcal{M}_{(n,n)}(R)$ (bzw. $M \in \mathcal{M}_{(n,n)}(C)$) und ein Vektor $K \in R^n$ (bzw. C^n). Eine Iteration der Form

$$x_{p+1} = M x_p + K$$

heißt *lineare Iteration* (oder auch lineare *Rekursion*).

Das Verfahren von GAUSS-SEIDEL stellt also eine lineare Iteration (in n Schritten) mit $M = -A_1^{-1} A_2$ und $K = A_1^{-1} b$ dar.

Zur Konvergenz des Verfahrens siehe 5.2.2.

Nachstehend ist ein ALGOL-Programm angegeben, das dem Fall einer gespeicherten Matrix entspricht (was in der Praxis selten vorkommt; vgl. die Bemerkung zum Beispiel, S. 134):

```
'PROCEDURE' GAUSSEIDEL (A) RECHTE SEITE: (B)
NAEHLOES: (X) ANFANG: (XO) PRUEFUNG: (EPS)
ORDNUNG: (N) ;
'REAL''ARRAY' A,B,X,XO ; 'INTEGER' N : 'REAL' EPS ;
'COMMENT' DIE ITERATION VON GAUSS-SEIDEL WIRD
SOLANGE DURCHGEFUEHRT, BIS AX - B EINE NORM
PHINENDLICH KLEINER ALS EPS BESITZT ;
'BEGIN''REAL''ARRAY' R[1:N] ; 'INTEGER' I,J,P,M,T ;
  'REAL' L,PHINENDLICH,TR ;
  PHINENDLICH := 0 ; M := 1 ;
  ANFANGSRESIDUEN: 'FOR' I := 1
  'STEP' 1 'UNTIL' N 'DO'
   'BEGIN' TR := 0 ;
     'FOR' J := 1 'STEP' 1 'UNTIL' N 'DO'
     TR := TR + A[I,J] * XO[J] ;
     R[I] := TR - B[I] ;
     'IF' ABS(R[I]) 'NOTLESS' PHINENDLICH
     'THEN' PHINENDLICH := ABS(R[I]) ;
   'END' ;
SCHLEIFE:
  T := M - (M 'DIV' N) * N ;
  P := 'IF' T = 0 'THEN' N 'ELSE' T ;
  L := R[P] / A[P,P] ; XO[P] := XO[P] - L ;
  'FOR' I := 1 'STEP' 1 'UNTIL' P-1 , P+1
  'STEP' 1 'UNTIL' N 'DO'
   'BEGIN' R[I] := R[I] - A[I,P] * L ;
     'IF' ABS(R[I]) 'NOTLESS' PHINENDLICH
     'THEN' PHINENDLICH := ABS(R[I]);
   'END' ;
  'IF' PHINENDLICH < EPS
  'THEN''GOTO' AUSGANG 'ELSE'
   'BEGIN' M := M+1 ; 'GOTO' SCHLEIFE
   'END' ;
AUSGANG:
  'FOR' I := 1 'STEP' 1 'UNTIL' N 'DO'
     X[I] := XO[I] ;
'END' ;
```

5.1.2.3. Überrelaxationsverfahren

1. Bei dieser Methode handelt es sich wieder um eine Relaxation in einer Komponente, und sie verläuft ebenso wie die Relaxation von GAUSS-SEIDEL.

α) Beim $(p+1)$-ten Schritt bestimmt man die i-te Gleichung durch $i = p + 1$ (modulo n).

β) Die i-te Komponente wird folgendermaßen geändert:

$$X_p = (\xi_i^{(p)}), \qquad X_{p+1} = (\xi_i^{(p+1)}).$$

Die Schritte des Überrelaxationsverfahrens schreibt man kurz wie folgt:

$$X_p \to X_{p+1}: \begin{cases} \xi_k^{(p+1)} = \xi_k^{(p)} \quad \text{für } k \neq i, \\ \xi_i^{(p+1)} = \xi_i^{(p)} + \omega(\bar{\xi}_i^{(p+1)} - \xi_i^{(p)}) = (1-\omega)\,\xi_i^{(p)} + \omega\bar{\xi}_i^{(p+1)}, \end{cases}$$

wobei wir den bei der Iteration von GAUSS-SEIDEL aus X_p hervorgehenden Vektor mit $\tilde{X}_{p+1}$ bezeichnen, d. h., es ist

$$\tilde{\xi}_i^{(p+1)} = \xi_i^{(p)} - \frac{\varrho_i^p}{a_{ii}};$$

ω ist eine Konstante, der sogenannte *Überrelaxationsfaktor* ($\omega \neq 0$). Mit anderen Worten, bei jedem Schritt wird $\xi_i^{(p)}$ nicht durch Addition von $\tilde{\xi}_i^{(p+1)} - \xi_i^{(p)}$ verändert, sondern durch Addition der mit ω gewichteten Größe $\omega(\tilde{\xi}_i^{(p+1)} - \xi_i^{(p)})$.

Offensichtlich stimmt das Überrelaxationsverfahren für $\omega = 1$ mit dem Verfahren von GAUSS-SEIDEL überein. Die Rechnungen laufen daher auch in ganz analoger Weise wie bei der Iteration von GAUSS-SEIDEL ab, und wie bei dieser reicht zur Berechnung von X_{p+1} die Speicherung von X_p aus (wenn die Terme a_{ij} berechnet sind); es handelt sich dabei also um eine Methode mit einem einzigen Vektor.

2. Theorie der Überrelaxation

Die Bezeichnungen sind dieselben wie in 5.1.2.2., Nr. 2. Mit $\tilde{\xi}_1^{(1)}$ ergeben sich die Anfangsgleichungen

$$a_{11}\tilde{\xi}_1^{(1)} + a_{12}\xi_2^{(0)} + a_{13}\xi_3^{(0)} + \cdots + a_{1n}\xi_n^{(0)} = b_1, \tag{1'}$$

$$a_{11}\xi_1^{(1)} - a_{11}\xi_1^{(0)} + \omega(a_{11}\xi_1^{(0)} + a_{12}\xi_2^{(0)} + \cdots + a_{1n}\xi_n^0) = \omega b_1. \tag{1}$$

Beachtet man, daß allgemein

$$\tilde{\xi}_i^{(p+1)} = \frac{1}{a_{ii}}\left[-\sum_{k=1}^{i-1} a_{ik}\xi_k^{(p+1)} - \sum_{k=i+1}^{n} a_{ik}\xi_k^{(p)} + b_i\right]$$

gilt, dann ergibt sich

$$a_{ii}\xi_i^{(p+1)} = a_{ii}\xi_i^{(p)} - \omega\left[\sum_{k=1}^{i-1} a_{ik}\xi_k^{(p+1)} + \sum_{k=i+1}^{n} a_{ik}\xi_k^{(p)} + a_{ii}\xi_i^{(p)} - b_i\right]$$

oder aber

$$\omega\sum_{k=1}^{i-1} a_{ik}\xi_k^{(p+1)} + a_{ii}\xi_i^{(p+1)} = a_{ii}(1-\omega)\xi_i^{(p)} - \omega\sum_{k=i+1}^{n} a_{ik}\xi_k^{(p)} + \omega b_i.$$

Diese Formel hat für die Schritte $1, 2, \ldots, n$ die Gestalt

$$\left.\begin{array}{l}
a_{11}\xi_1^{(1)} = a_{11}(1-\omega)\xi_1^0 - \omega\sum_{k=2}^{n} a_{1k}\xi_k^0 + \omega b_1 \qquad (i = 1),\\
\omega a_{21}\xi_1^{(2)} + a_{22}\xi_2^{(2)} = a_{22}(1-\omega)\xi_2^{(1)} - \omega\sum_{k=3}^{n} a_{2k}\xi_1^{(1)} + \omega b_2 \quad (i = 2),\\
\cdots\cdots\cdots\cdots\cdots\cdots\cdots\cdots\cdots\cdots\\
\omega\sum_{k=1}^{n-1} a_{nk}\xi_k^{(n)} + a_{nn}\xi_n^{(n)} = a_{nn}(1-\omega)\xi_n^{(n-1)} + \omega b_n.
\end{array}\right\} \tag{I}$$

Bedenkt man dabei, daß $\xi_1^{(2)} = \xi_1^{(1)}$, $\xi_1^{(3)} = \xi_1^{(2)} = \xi_1^{(1)}$, $\xi_2^{(3)} = \xi_2^{(2)}$, ... ist (nur die Komponenten $\xi_l^{(l)}$ ändern sich), so kann man wieder $x_1 = X_n$, $x_2 = X_{2n}, \ldots,$ $x_k = X_{kn}, \ldots$ setzen.

Wir zerlegen die Matrix A in folgender Weise:

$A =$ 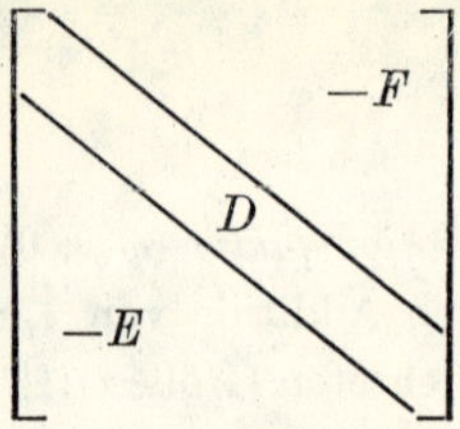

d. h., $D \in \mathcal{M}_{(n,n)}$ ist eine Diagonalmatrix, so daß $d_{ii} = a_{ii}$ gilt; $-E \in \mathcal{M}_{(n,n)}$ ist eine (echte) untere Dreiecksmatrix, $(-E)_{ij} = a_{ij}$ für $i > j$, $(-E)_{ij} = 0$ für $i \leqq j$; $-F \in \mathcal{M}_{(n,n)}$ ist eine (echte) obere Dreiecksmatrix, $(-F)_{ij} = a_{ij}$ für $i < j$, $(-F)_{ij} = 0$ für $i \geqq j$. Damit wird

$$A = D - E - F \quad \text{und} \quad A_1 = D - E, \quad A_2 = -F,$$

und wir erhalten für (I) die Matrizendarstellung

$$Dx_1 - \omega E x_1 = (1 - \omega) D x_0 + \omega F x_0 + \omega b$$

bzw.

$$(D - \omega E) x_1 = \big((1 - \omega) D + \omega F\big) x_0 + \omega b. \tag{I'}$$

Nun ist die untere Dreiecksmatrix

$$D - \omega E = \begin{bmatrix} a_{11} & & & & & 0 \\ \omega a_{21} & a_{22} & & & & \\ \omega a_{31} & \omega a_{32} & a_{33} & \ddots & & \\ \vdots & \vdots & \vdots & & \ddots & \\ \omega a_{n1} & \omega a_{n2} & \omega a_{n3} & \cdots & \omega a_{n,n-1} & \omega a_{nn} \end{bmatrix}$$

sicher nichtsingulär (da D nichtsingulär ist). Setzt man wie gewöhnlich $V = D^{-1} F$, $L = D^{-1} E$, so kann (I′) in der Form

$$(I - \omega L) x_1 = \big((1 - \omega) I + \omega V\big) x_0 + \omega D^{-1} b$$

geschrieben werden; es ergibt sich schließlich

$$x_1 = (I - \omega L)^{-1} [(1 - \omega) I + \omega V] x_0 + \omega (I - \omega L)^{-1} D^{-1} b.$$

Damit erhalten wir

$$x_{p+1} = \mathcal{L}_\omega x_p + b_1. \tag{II}$$

Setzt man $\mathcal{L}_\omega = (I - \omega L)^{-1} [(1 - \omega) I + \omega V]$, dann ergibt sich

$$b_1 = \omega (I - \omega L)^{-1} D^{-1} b.$$

(Für $\omega = 1$ reduziert sich (II) auf die Formel (3) aus 5.1.2.2.).

Wie man sieht, lassen sich die Überlegungen aus 5.1.2.2. weiter anwenden; eine notwendige und hinreichende Bedingung für die Konvergenz der Überrelaxation ist somit die Konvergenz der linearen Iteration (II). Die Konvergenz des Überrelaxationsverfahrens (und für $\omega = 1$ des Verfahrens von GAUSS-SEIDEL) wird in 5.2.2. betrachtet.

Nachstehend ist eine ALGOL-Prozedur aufgeführt, die dieser Methode entspricht, wobei vorausgesetzt wird, daß A und b gespeichert sind:

```
 'PROCEDURE' UEBERRELAXATION (A) RECHTE SEITE: (B)
NAEHLOES: (X) ANFANG: (XO) PRUEFUNG: (EPS)
FAKTOR: (OMEGA) ORDNUNG: (N) ;
'REAL''ARRAY' A,B,XO ; 'INTEGER' N ;
'REAL' EPS,OMEGA ;
'COMMENT' DIE UEBERRELAXATION WIRD DURCHGEFUEHRT,
BIS AX - B EINE NORM PHINENDLICH KLEINER ALS EPS
BESITZT ;
'BEGIN''REAL''ARRAY' R[1:N] ;
  'INTEGER' I,J,P,M,T ; 'REAL' L PHINENDLICH,TR ;
  PHINENDLICH := 0 ; M := 1 ;
ANFANGSRESIDUEN:
  'FOR' I := 1 'STEP' 1 'UNTIL' N 'DO'
    'BEGIN' TR := 0 ;
      'FOR' J := 1 'STEP' 1 'UNTIL' N 'DO'
      TR := TR + A[I,J] * XO[J] ;
      R[I] := TR - B[I] ;
      'IF' ABS(R[I]) 'NOTLESS' PHINENDLICH 'THEN'
      PHINENDLICH := ABS(R[I])
    'END' ;
SCHLEIFE:
  T := M - (M 'DIV' N) * N ;
  P := 'IF' T = 0 'THEN' N 'ELSE' T ;
  L := R[P] / A[P,P] ; TR := XO[P] ; XO[P] := TR - L ;
  XO[P] := OMEGA * XO[P] + (1 - OMEGA) * TR ;
  'FOR' I := 1 'STEP' 1 'UNTIL' P-1 , P+1
  'STEP' 1 'UNTIL' N 'DO'
    'BEGIN' TR := R[I] ;
      R[I] := TR - A[I,P] * L ;
      R[I] := OMEGA * R[I] + (1 - OMEGA) * TR ;
      'IF' ABS(R[I]) 'NOTLESS' PHINENDLICH
      'THEN' PHINENDLICH := ABS(R[I]) ;
    'END' ;
  'IF' PHINENDLICH < EPS 'THEN''GOTO'
  AUSGANG 'ELSE'
    'BEGIN' M := M+1 ; 'GOTO' SCHLEIFE
    'END' ;
AUSGANG:
  'FOR' I := 1 'STEP' 1 'UNTIL' N 'DO'
  X[I] := XO[I] ;
'END' ;
```

5.2. Lineare Iteration

5.2.1. *Iteration bezüglich einer Zerlegung von A*

Es sei A eine Matrix; wir zerlegen die Menge ihrer Elemente in zwei Teilmengen und bilden damit eine Matrix $A_1 \in \mathcal{M}_{(n,n)}$, so daß $(A_1)_{ij} = a_{ij}$ ist für alle a_{ij}, die zur ersten Teilmenge gehören; die übrigen Terme von A_1 seien gleich Null. Wir setzen $A_2 = A - A_1$. Die Matrix A hat also folgende Gestalt:

$A =$ 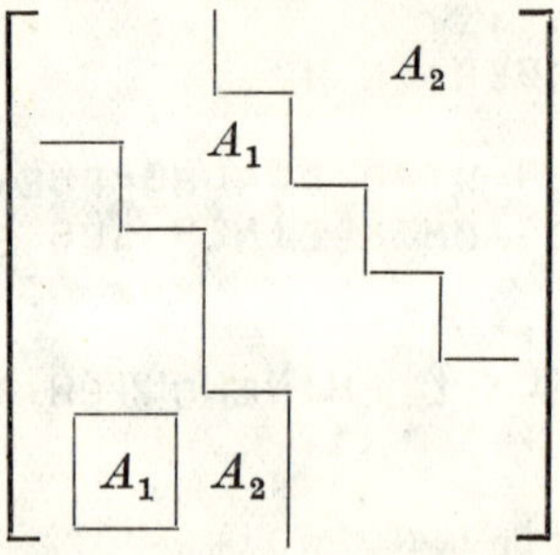.

Wir nehmen an, A_1 sei nichtsingulär und einfach zu invertieren. Es ist ganz natürlich, in diesem Fall eine Iteration $x_p \to x_{p+1}$ zu betrachten, bei der x_{p+1} definiert ist durch

$$A_1 x_{p+1} + A_2 x_p = b$$

bzw.

$$x_{p+1} = -A_1^{-1} A_2 x_p + A_1^{-1} b. \tag{1}$$

Offenbar ist (1) eine lineare Iteration; diese Iteration konvergiert, d. h., gilt $x_p \to \Omega$ für $p \to \infty$, dann ergibt sich auf Grund der Stetigkeit

$$\Omega = -A_1^{-1} A_2 \Omega + A_1^{-1} b.$$

Daraus folgt $A_1 \Omega + A_2 \Omega = b$. Da $A_1 + A_2 = A$ ist, erhalten wir $A\Omega = b$; die Iteration konvergiert also gegen die Lösung des Systems $Ax = b$.

Es sei bemerkt, daß die Formel (1) gilt, wenn A_1 und A_2 so gewählt werden, wie es in 5.1.2.2. bei der Iteration von Gauss-Seidel angegeben ist.

Eine noch einfachere Zerlegung erhält man, wenn man für A_1 die Diagonale D von A nimmt, $D \in \mathcal{M}_{(n,n)}$. Wir setzen dann $A = D - E - F$ (vgl. 5.1.2.3., Nr. 2) und erhalten für die Iteration (D nichtsingulär)

$$D x_{p+1} - (E + F) x_p = b$$

bzw.

$$x_{p+1} = D^{-1}(E + F) x_p + D^{-1} b = (L + V) x_p + D^{-1} b.$$

D e f i n i t i o n. Für eine nichtsinguläre Matrix D wird die lineare Iteration der Form

$$x_p \to x_{p+1} = (L + V) x_p + D^{-1} b$$

Gesamtschrittverfahren oder *Jacobisches Verfahren* genannt. Die Matrix

$$L + V = \begin{bmatrix} 0 & -\frac{a_{12}}{a_{11}} & -\frac{a_{13}}{a_{11}} & \dots & -\frac{a_{1n}}{a_{11}} \\ -\frac{a_{21}}{a_{22}} & 0 & -\frac{a_{23}}{a_{22}} & \dots & -\frac{a_{2n}}{a_{22}} \\ -\frac{a_{31}}{a_{33}} & -\frac{a_{32}}{a_{33}} & 0 & \dots & -\frac{a_{3n}}{a_{33}} \\ \vdots & \vdots & & \ddots & \vdots \\ -\frac{a_{n1}}{a_{nn}} & -\frac{a_{n2}}{a_{nn}} & -\frac{a_{n3}}{a_{nn}} & \dots & 0 \end{bmatrix} = J$$

heißt die zu A gehörende *Jacobi-Matrix.*

Für $x_p = (\xi_i^p)$ ergibt sich offensichtlich:

$$x_p \to x_{p+1}: \begin{cases} \xi_1^{p+1} = \dfrac{b_i - \sum\limits_{j=1}^{i-1} a_{ij}\xi_j^{(p)} - \sum\limits_{j=i+1}^{n} a_{ij}\xi_j^{(p)}}{a_{ii}} \\ \qquad = \xi_i^{(p)} - \dfrac{\varrho_i^{(p)}}{a_{ii}} \quad (i = 1, 2, \dots, n), \\ \varrho_i^{(p+1)} = \sum\limits_{j=1}^{n} a_{ij}\xi_j^{(p+1)} - b_i = \varrho_i^{(p)} - \dfrac{1}{a_{ii}} \sum\limits_{j=1}^{n} a_{ij}\varrho_j^{(p)}. \end{cases}$$

Nachstehend geben wir eine diesem Verfahren entsprechende ALGOL-Prozedur an:

```
 'PROCEDURE' GS JACOBI (A) RECHTE SEITE: (B)
NAEHLOES: (X) ANFANG: (X0) PRUEFUNG: (EPS)
ORDNUNG: (N) ;
'REAL''ARRAY' A,B,X,X0 ; 'INTEGER' N ;
'REAL' EPS ;
'COMMENT' DIE JACOBISCHE ITERATION (DAS
GESAMTSCHRITTVERFAHREN) WIRD DURCHGEFUEHRT,
BIS AX-B EINE NORM PHINENDLICH KLEINER
ALS EPS BESITZT ;
'BEGIN''REAL''ARRAY' R[1:N] ; 'INTEGER' I,J ;
  'REAL' PHINENDLICH,S ;
  PHINENDLICH := 0 ;
```

```
RESIDUEN:
  'FOR' I := 1 'STEP' 1 'UNTIL' N 'DO'
   'BEGIN' S := 0 ;
     'FOR' J := 1 'STEP' 1 'UNTIL' N 'DO'
     S := S + A[I,J] * XO[J] ;
     R[I] := S - B[I] ;
     'IF' ABS(R[I]) > PHINENDLICH
     'THEN' PHINENDLICH := ABS(R[I])
   'END' ;
  'IF' PHINENDLICH < EPS 'THEN''GOTO' AUSGANG ;
NEUKOMP:
  'FOR' I := 1 'STEP' 1 'UNTIL' N 'DO'
  XO[I] := XO[I] - R[I] / A[I,I] ;
  'GOTO' RESIDUEN ;
AUSGANG:
  'FOR' I := 1 'STEP' 1 'UNTIL' N 'DO'
  X[I] := XO[I]
'END' ;
```

Bemerkungen.

1. Jede lineare Iteration vom Typ $x_{p+1} = Mx_p + K$ erfordert, selbst wenn M genau wie K berechnet wird, in dieser Darstellung (und das ist der Fall bei der Jacobi-Iteration, der Umgruppierungsiteration von GAUSS-SEIDEL und bei der Überrelaxation) die Speicherung von x_p bis zu dem Zeitpunkt, da x_{p+1} vollständig bestimmt ist. Es handelt sich also um Verfahren mit zwei Vektoren (doppelter Aufwand an Speicherplätzen). Wie wir gesehen haben, kann das in der Praxis (n sehr groß, etwa von der Größenordnung 10000) einen wesentlichen Nachteil darstellen. Die Relaxationen A, B und C hingegen brauchen nur einen Vektor. Das ist sicherlich der hauptsächliche Grund für ihre Verwendung. Trotzdem wird die Konvergenz des Verfahrens von GAUSS-SEIDEL und der Überrelaxation auf Grund unserer weiter oben getroffenen Feststellungen als Konvergenz eines linearen Verfahrens untersucht.

2. Zu den linearen Iterationen kann man auch auf einem Wege gelangen, der von der oben benutzten „Zerlegung" etwas abweicht. Es sei G eine feste Matrix, dem Vektor x_p entspricht ein Residuum $r_p = Ax_p - b$; wir setzen nun

$$x_{p+1} = x_p + Gr_p = x_p + G(Ax_p - b).$$

Offensichtlich ist

$$x_{p+1} = (I + GA)x_p - Gb$$

auch linear. Ist G nichtsingulär, dann ist

$$G^{-1}x_{p+1} - (G^{-1} + A)x_p = -b.$$

Konvergiert die Iteration ($x_p \to \Omega$), so folgt daraus

$$[+G^{-1} - G^{-1} - A]\Omega = -b \qquad \text{oder} \qquad A\Omega = b.$$

Das Verfahren läuft also darauf hinaus, die Matrix A durch $-G^{-1} + G^{-1} + A$ zu ersetzen und die Zerlegung $-G^{-1}$ (als A_1) und $G^{-1} + A$ (als A_2) heranzuziehen. Es erübrigt sich darauf hinzuweisen, daß das Verfahren von JACOBI in der Wahl von $-D^{-1}$ als G besteht. Gelegentlich betrachtet man auch die der Matrix $G = \lambda I$ (λ ein Skalar) entsprechende Iteration; die Rekursionsformel lautet dann (vgl. 5.4.2.2.)

$$x_{p+1} = x_p + \lambda r_p .$$

5.2.2. *Konvergenz der linearen Iterationsverfahren*

In Kapitel 6 werden wir den folgenden Satz von JORDAN beweisen:

Jede Matrix $M \in \mathcal{M}_{(n,n)}(C)$ ist darstellbar als Produkt in der Form

$$M = B^{-1} J B,$$

wobei B eine nichtsinguläre Matrix aus $\mathcal{M}_{(n,n)}(C)$ ist und J eine Matrix aus $\mathcal{M}_{(n,n)}(C)$ von der Form

$$J = \begin{bmatrix} J_1 & 0 & & \\ 0 & J_2 & & 0 \\ & & \ddots & \\ 0 & & & J_k \end{bmatrix};$$

dabei sind die Teilmatrizen J_k quadratische obere Dreiecksmatrizen des folgenden Typs (Jordansche Blöcke):

$$J_l = \begin{bmatrix} \lambda_l & 1 & & & \\ & \lambda_l & 1 & & 0 \\ & & \lambda_l & \ddots & \\ & & & \ddots & 1 \\ 0 & & & & \lambda_l \end{bmatrix} \in \mathcal{M}_{(n_l, n_l)}$$

(d. h., *in der Hauptdiagonale stehen die komplexen Zahlen λ_l und in der ersten Parallelen über der Hauptdiagonale Einsen, wobei $\lambda_l = 1$ sein kann*). *Die Zahlen λ_l ($l = 1, 2, \ldots, k$) sind Wurzeln der algebraischen Gleichung in λ*

$$\operatorname{Det}(M - \lambda I) = 0. \tag{1}$$

Die Gleichung (1) heißt die *charakteristische Gleichung* der Matrix M, und ihre Wurzeln λ_l werden *Eigenwerte* von M genannt.

Es kann vorkommen, daß in J verschiedene Jordansche Blöcke J_l und $J_{l'}$ derselben komplexen Zahl entsprechen, d. h. $\lambda_l = \lambda_{l'}$.

Definition. Die Zahl

$$\varrho(M) = \max_{l=1,2,\ldots,k} |\lambda_l|$$

wird *Spektralradius* von M genannt.

Nach dieser Definition können wir den folgenden fundamentalen Satz beweisen:

Satz. *Die Iteration $x_{p+1} = Mx_p + K$ konvergiert bei beliebigem Anfangsvektor x_0 genau dann, wenn $\varrho(M) < 1$ ist (für $M \neq I$, $K \neq 0$).*

Nach dem Satz von Jordan existiert eine nichtsinguläre Matrix B aus $\mathcal{M}_{(n,n)}(C)$ sowie eine Matrix J von der oben angegebenen Form, so daß $M = B^{-1}JB$ ist. Damit können wir schreiben:

$$x_{p+1} = B^{-1}JBx_p + K; \tag{2}$$

daraus ergibt sich nach Multiplikation mit B

$$Bx_{p+1} = JBx_p + BK.$$

Da B nichtsingulär ist, stellt die Abbildung $x \to Bx = y$ von C^n in C^n einen Isomorphismus dar (umkehrbar eindeutig und beiderseits stetig).

Damit (2) konvergiert, ist also notwendig und hinreichend, daß

$$y_{p+1} = Jy_p + BK \tag{3}$$

in C^n konvergiert (wir sind damit zu einem Fall gelangt, in dem M die spezielle Form J hat). Wenn nun J die oben angegebene Form besitzt,

$$J = \begin{bmatrix} J_1 & 0 & & 0 \\ 0 & J_2 & & \\ & & \ddots & \\ 0 & & & J_k \end{bmatrix},$$

dann zerlegen wir y_p in folgender Weise:

$$y_p = \begin{vmatrix} Y_1^{(p)} \\ Y_2^{(p)} \\ \vdots \\ Y_k^{(p)} \end{vmatrix},$$

d. h. in Übereinstimmung mit J; die Komponenten von $Y_l^{(p)}$ sind die Komponenten y_p, deren Indizes in dem Jordanschen Block J_l vorkommen. Genauso gehen wir für den Vektor BK vor, dessen Aufteilung entsprechend den Vektoren $(BK)_l$ erfolgt. Die Beziehung (3) zerfällt damit in k unabhängige Beziehungen

$$Y_l^{(p+1)} = J_l Y_l^{(p)} + (BK)_l \qquad (l = 1, 2, \ldots, k). \tag{4}$$

Für die Konvergenz von (2) ist notwendig und hinreichend, daß die k Iterationen (4) konvergieren.

Wir sind somit auf die Untersuchung von Iterationen des folgenden Typs in C^s geführt worden:

$$z_{p+1} = \begin{bmatrix} \lambda & 1 & & \\ & \lambda & 1 & \\ & & \ddots & \ddots \\ & & & 1 \\ & & & \lambda \end{bmatrix} z_p + t, \tag{5}$$

wobei t einen festen Vektor bezeichnet, λ in den Iterationen (4) die Werte λ_1, $\lambda_2, \ldots, \lambda_k$ annimmt und $s = n_1, n_2, \ldots, n_k$ ist.

Die letzte Gleichung in (5) ist

$$\zeta_s^{(p+1)} = \lambda \zeta_s^{(p)} + t_s$$

($\zeta_i^{(p)}$ ist die i-te Komponente von z_p); diese Gleichung ist von den anderen unabhängig.

Nun läßt sich die Iteration

$$\zeta_s^{(p)} \to \zeta_s^{(p+1)} = \lambda \zeta_s^{(p)} + t_s \tag{6}$$

einfach beschreiben. Dazu zeichnen wir das Bild der Funktion $u \to \lambda u + t_s = v$, was eine Gerade D ergibt (Abb. 5.2).

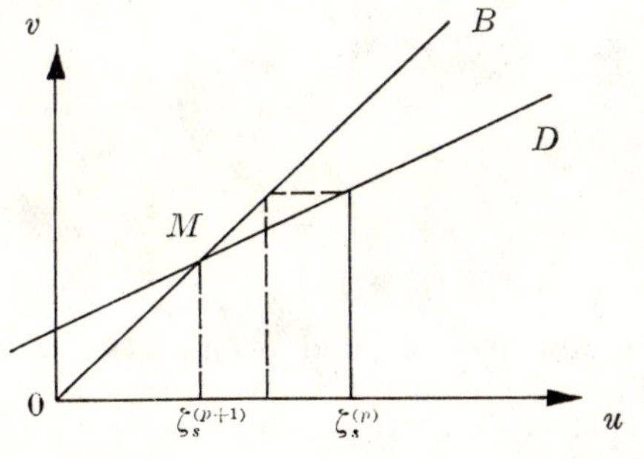

Abb. 5.2

Für $\lambda = 1$ konvergiert die Iteration (6) offensichtlich nicht. Die Gerade D ist in diesem Fall parallel zur Winkelhalbierenden B des ersten Quadranten im u,v-Koordinatensystem (wenn nicht $t_s = 0$ ist; in diesem Fall reduziert sich (6) auf $\zeta_s^{(p+1)} = \zeta_s^{(p)}$).

Für $\lambda \neq 1$ schneiden sich die Geraden D und B in einem Punkt M mit den Koordinaten

$$\frac{t_s}{1-\lambda}, \quad \frac{t_s}{1-\lambda}.$$

Setzen wir

$$\tau_s = \frac{t_s}{1-\lambda},$$

so können wir (6) in der Gestalt

$$\zeta_s^{(p+1)} = \lambda \zeta_s^{(p)} + \tau_s(1-\lambda)$$

bzw.

$$\zeta_s^{(p+1)} - \tau_s = \lambda(\zeta_s^{(p)} - \tau_s)$$

schreiben; daraus folgt

$$\zeta_s^{(p)} - \tau_s = \lambda^p (\zeta_s^{(0)} - \tau_s).$$

Für $p \to \infty$ erkennt man:

Ist $|\lambda| < 1$, dann geht $\zeta_s^{(p)} - \tau_s$ gegen Null, und (6) konvergiert.

Ist $|\lambda| > 1$, dann gilt $|\zeta_s^{(p)} - \tau_s| \to \infty$, ausgenommen vielleicht für $\zeta_s^{(0)} = \tau_s$.

Eine notwendige Bedingung für die Konvergenz der Iteration (5) bei beliebigem Anfangsvektor z_0 ist somit $|\lambda| < 1$.

Setzen wir nun $|\lambda| < 1$ voraus, dann strebt $\zeta_s^{(p)}$ gegen τ_s. Die vorletzte Gleichung (5) gewinnt die Gestalt

$$\zeta_{s-1}^{(p+1)} = \lambda \zeta_{s-1}^{(p)} + \zeta_s^{(p)} + t_{s-1}. \tag{7}$$

Setzen wir

$$\tau_{s-1} = \frac{1}{1-\lambda}(\tau_s + t_{s-1}) \quad \text{bzw.} \quad \tau_{s-1} = \lambda \tau_{s-1} + \tau_s + t_{s-1}, \tag{8}$$

dann ergibt sich, wenn wir (8) von (7) subtrahieren,

$$\zeta_{s-1}^{(p+1)} - \tau_{s-1} = \lambda(\zeta_{s-1}^{(p)} - \tau_{s-1}) + \zeta_s^{(p)} - \tau_s.$$

Also ist

$$\begin{aligned} \zeta_{s-1}^{(p+1)} - \tau_{s-1} &= \lambda(\zeta_{s-1}^{(p)} - \tau_{s-1}) + \lambda^p(\zeta_s^{(0)} - \tau_s) \\ &= \lambda^2(\zeta_{s-1}^{(p-1)} - \tau_{s-1}) + 2\lambda^p(\zeta_s^{(0)} - \tau_s) \\ &= \lambda^{p+1}(\zeta_{s-1}^{(0)} - \tau_{s-1}) + (p+1)\lambda^p(\zeta_s^{(0)} - \tau_s); \end{aligned}$$

da $|\lambda| < 1$ ist, gilt $|\lambda^{p+1}| \to 0$ für $p \to \infty$ und ebenso $(p+1)|\lambda^p| \to 0$. Wir erhalten also $|\zeta_{s-1}^{(p+1)} - \tau_{s-1}| \to 0$, und der Grenzwert von $\zeta_{s-1}^{(p+1)}$ ist τ_{s-1}. Allgemein können wir für die i-te Gleichung in (5) schreiben, wenn wir annehmen, daß $\zeta_{i+1}^{(p)}$ einen Grenzwert τ_{i+1} besitzt:

$$\zeta_i^{(p+1)} = \lambda \zeta_i^{(p)} + \zeta_{i+1}^{(p)} + t_i;$$

setzen wir

$$\tau_i = \frac{1}{1-\lambda}(\tau_{i+1} + t_i),$$

dann erhalten wir wie schon weiter oben

$$\zeta_i^{(p+1)} - \tau_i = \lambda(\zeta_i^{(p)} - \tau_i) + \zeta_{i+1}^{(p)} - \tau_{i+1}.$$

Für hinreichend große p ergibt sich

$$\zeta_i^{(p+1)} - \tau_i = \lambda^{p+1}(\zeta_i^{(0)} - \tau_i) + (p+1)\lambda^p(\zeta_{i+1}^{(0)} - \tau_{i+1}) + \cdots + \binom{p+1}{s-i}\lambda^{p+i-s+1}(\zeta_s^{(0)} - \tau_s);$$

wenn also die Bedingung $|\lambda| < 1$ erfüllt ist, dann strebt aus den weiter oben genannten Gründen $\zeta_i^{(p+1)}$ gegen τ_i für $p \to \infty$.

Zusammenfassend kann man sagen, daß für $|\lambda| < 1$ die Iteration (5) stets konvergiert.

Folglich ist für die Konvergenz der Iteration $x_{p+1} = Mx_p + K$ bei beliebigem Anfangsvektor x_0 notwendig und hinreichend, daß $|\lambda_l| < 1$ für alle λ_l gilt; also ist auch $\varrho(M) < 1$. (Dabei wird $M \neq I$ und $K \neq 0$ vorausgesetzt).

Bemerkung. Es ist zu beachten, daß $\varrho(M) < 1$ eine notwendige Voraussetzung ist, wenn man von einem „beliebigen Anfangsvektor" spricht. Wir betrachten als Beispiel die folgende Iteration in R^2:

$$\begin{aligned} x_1^{(p+1)} &= 2x_1^{(p)} + x_2^{(p)} - 2 \\ x_2^{(p+1)} &= 2x_2^{(p)} - 1 \end{aligned} \qquad \text{oder} \qquad x^{(p+1)} = \begin{bmatrix} 2 & 1 \\ 0 & 2 \end{bmatrix} x^{(p)} + \begin{bmatrix} -2 \\ -1 \end{bmatrix}.$$

Beginnen wir mit $x_1^0 = 1$, $x_2^0 = 1$, dann ergeben sich für alle p die Beziehungen $x_1^{(p)} = 1$, $x_2^{(p)} = 1$; das Verfahren konvergiert also, während

$$\varrho\left(\begin{bmatrix} 2 & 1 \\ 0 & 2 \end{bmatrix}\right) = 2$$

ist. Ebenso ergibt sich für die Iteration in R^3

$$\begin{aligned} x_1^{(p+1)} &= 2x_1^{(p)} + x_2^{(p)} - 2 \\ x_2^{(p+1)} &= 2x_2^{(p)} - 1 \\ x_3^{(p+1)} &= x_3^{(p)}/2 \end{aligned} \qquad \text{oder} \qquad x^{(p+1)} = \begin{bmatrix} 2 & 1 & 0 \\ 0 & 2 & 0 \\ 0 & 0 & 1/2 \end{bmatrix} x^{(p)} + \begin{bmatrix} -2 \\ -1 \\ 0 \end{bmatrix},$$

daß $\varrho(M) = 2$ ist; das Verfahren konvergiert aber gegen den Vektor $\begin{bmatrix} 1 \\ 1 \\ 0 \end{bmatrix}$, wenn der Anfangsvektor von der Form $\begin{bmatrix} 1 \\ 1 \\ \alpha \end{bmatrix}$ ist (α beliebig).

5.2.3. *Anwendungen*

Als unmittelbare Anwendung des Satzes aus 5.2.2. ergibt sich der

Hilfssatz 1. *Eine notwendige und hinreichende Bedingung für die Konvergenz der Jacobischen Iteration bei beliebigem Anfangsvektor ist, daß die Eigenwerte der*

Matrix

$$J = \begin{bmatrix} 0 & -\frac{a_{12}}{a_{11}} & -\frac{a_{13}}{a_{11}} & \dots & -\frac{a_{1n}}{a_{11}} \\ -\frac{a_{21}}{a_{22}} & 0 & -\frac{a_{23}}{a_{22}} & \dots & -\frac{a_{2n}}{a_{22}} \\ \vdots & \vdots & \vdots & \ddots & \vdots \\ -\frac{a_{n1}}{a_{nn}} & -\frac{a_{n2}}{a_{nn}} & -\frac{a_{n3}}{a_{nn}} & \dots & 0 \end{bmatrix}$$

dem Betrag nach alle kleiner als Eins sind.

Hilfssatz 2. *Eine notwendige und hinreichende Bedingung für die Konvergenz der Überrelaxation bei beliebigem Anfangsvektor ist* $\varrho(\mathcal{L}_\omega) < 1$. *Dabei ist*

$$\mathcal{L}_\omega = (I - \omega L)^{-1}[(1 - \omega) I + \omega V].$$

In dem Spezialfall der Iteration von Gauss-Seidel ($\omega = 1$) ist

$$\mathcal{L}_1 = -A_1^{-1} A_2$$

(vgl. 5.1.2.2.); die Bedingung lautet hier $\varrho(-A_1^{-1} A_2) < 1$.

Wie man sieht, ist das Problem sehr schwer zu lösen, da die Bestimmung des Spektralradius $\varrho(M)$ viel schwieriger ist als die Lösung eines linearen Systems. Wie wir später sehen werden, lassen sich jedoch einfache hinreichende Bedingungen für die Iterationsverfahren von Gauss-Seidel, von Jacobi und für die Überrelaxation sowie notwendige und hinreichende Bedingungen für hermitesche Matrizen (symmetrische Matrizen in $\mathcal{M}_{(n,n)}(R)$) angegeben.

5.2.3.1. Aus dem Satz von Hadamard abgeleitete hinreichende Bedingungen

a) Der Satz von Hadamard:

Zu einer Matrix B gebe es einen Spaltenvektor X ($X \neq 0$), so daß $BX = 0$ ist. In diesem Fall ist Det $(B) = 0$, und umgekehrt existiert eine von Null verschiedene Lösung des Systems $BX = 0$, wenn Det$(B) = 0$ ist.

Es sei nun B eine Matrix, Det$(B) = 0$ und $X = \begin{bmatrix} x_1 \\ \vdots \\ x_n \end{bmatrix}$ ein bestimmter Lösungsvektor des Systems $BX = 0$; mit x_k bezeichnen wir die betragsgrößte Komponente von X. Wir betrachten die k-te Gleichung des Systems $BX = 0$ und schreiben

$$b_{kk} x_k = -\sum_{l \neq k} b_{kl} x_l ;$$

es ist also

$$|b_{kk}|\,|x_k| \leqq \sum_{l \neq k} |b_{kl}|\,|x_l| .$$

Wir dividieren durch $|x_k|$, und unter Berücksichtigung von $\dfrac{|x_l|}{|x_k|} \leqq 1$ erhalten wir

$$|b_{kk}| \leqq \sum_{l \neq k} |b_{kl}|; \tag{1}$$

daraus folgt:

Satz von Hadamard. *Wenn eine Matrix singulär ist, dann existiert notwendig ein Diagonalelement, dessen absoluter Betrag höchstens gleich der Summe der absoluten Beträge der Terme in seiner Zeile ist. (Für die Transponierte B^{T} gilt analog: Es existiert ein Diagonalelement, dessen absoluter Betrag höchstens gleich der Summe der absoluten Beträge der Elemente in seiner Spalte ist.)*

Gesucht seien die Eigenwerte von K, d. h. solche Zahlen λ, daß $K - \lambda I$ singulär ist. Für ein derartiges λ existiert also ein Zeilenindex i, so daß

$$|k_{ii} - \lambda| \leqq \sum_{l \neq i} |k_{il}|$$

oder

$$|\lambda| \leqq \sum_{l \neq i} |k_{il}| + |k_{ii}| = \sum_{l=1}^{n} |k_{il}|$$

ist. Wenn λ_M der betragsgrößte Eigenwert von K ist, dann ergibt sich

Satz 1. *Es gilt*

$$|\lambda_M| \leqq \max_i \left[\sum_{l=1}^{n} |k_{il}| \right]$$

und ebenso

$$|\lambda_M| \leqq \max_j \left[\sum_{l=1}^{n} |k_{lj}| \right].$$

Satz 2. *In der komplexen Ebene liegen die Eigenwerte einer Matrix A in einem Gebiet (dem Gebiet von Gerschgorin), das durch Vereinigung der Kreise*

$$|a_{ii} - z| \leqq \sum_{l \neq i} |a_{il}| \qquad (i = 1, 2, \ldots, n)$$

bzw. durch Vereinigung der Kreise

$$|a_{ii} - z| \leqq \sum_{l \neq i} |a_{li}| \qquad (i = 1, 2, \ldots, n)$$

entsteht.

b) Anwendungen

1. Wir betrachten den Fall $J = K$ (Gesamtschrittverfahren). Es ergibt sich der Satz von Frobenius-Mises: *Hinreichend für die Konvergenz der Jacobi-Relaxation ist, daß die Größen $\sum_{l \neq i} \left| \dfrac{a_{il}}{a_{ii}} \right|$ alle kleiner als Eins sind $(i = 1, 2, \ldots, n)$ bzw.*

$$\sum_{l \neq i} \left| \frac{a_{li}}{a_{ii}} \right| < 1 \qquad (i = 1, 2, \ldots, n).$$

2. Im Fall der Relaxation von Gauss-Seidel muß es eine Schranke für die Beträge der Eigenwerte von $K = A_1^{-1} A_2$ geben.

Es handelt sich dabei um diejenigen Zahlen, für die $\lambda I - A_1^{-1} A_2$ singulär ist, oder (wenn A_1 es nicht ist) $A_1(\lambda I - A_1^{-1} A_2)$ singulär ist, d. h., für die $\lambda A_1 - A_2$ singulär oder $\operatorname{Det}(\lambda A_1 - A_2) = 0$ ist. Zu gegebenem λ existiert ein k, so daß nach dem Satz von Hadamard

$$\operatorname{Det} \begin{bmatrix} a_{11}\lambda & -a_{12} & \dots & -a_{1n} \\ \alpha_{21}\lambda & a_{22}\lambda & \dots & -a_{2n} \\ \vdots & \vdots & & \vdots \\ a_{n1}\lambda & a_{n2}\lambda & \dots & a_{nn}\lambda \end{bmatrix} = 0,$$

$$|a_{kk}|\,|\lambda| \leqq |\lambda| \left(\sum_{l=1}^{k-1} |a_{kl}| \right) + \sum_{l=k+1}^{n} |a_{kl}|,$$

$$|\lambda| \leqq |\lambda| \left(\sum_{l=1}^{k-1} \left| \frac{a_{kl}}{a_{kk}} \right| \right) + \sum_{l=k+1}^{n} \left| \frac{a_{kl}}{a_{kk}} \right| = |\lambda|\, \alpha_k + \alpha'_k \tag{2}$$

ist. Setzen wir

$$\alpha_k + \alpha'_k = \beta_k = \sum_{l \neq k} \left| \frac{a_{kl}}{a_{kk}} \right|,$$

dann ergibt sich für (2)

$$|\lambda|\,[1 - \alpha_k] \leqq \alpha'_k \to |\lambda| \leqq \frac{\alpha'_k}{1 - \alpha_k}.$$

Nehmen wir an, alle β_k wären kleiner als Eins, dann folgt aus $\alpha_k \leqq \beta_k < 1$

$$|\lambda| \leqq \frac{\beta - \alpha_k}{1 - \alpha_k} \leqq 1.$$

Satz von Geiringer. *Für die Konvergenz der Relaxation von Gauß-Seidel ist hinreichend, daß alle Größen* $\sum_{l \neq i} \left| \frac{a_{il}}{a_{ii}} \right|$ *kleiner als Eins sind* $(i = 1, 2, \dots, n)$.

Das sind auch für die Konvergenz der Iteration von Jacobi hinreichende Bedingungen.

Analog sieht man, daß die Relaxation von Gauss-Seidel konvergiert, wenn $\sum_{l \neq i} \left| \frac{a_{li}}{a_{ii}} \right| < 1$ für alle i ist.

Die Untersuchung von hinreichenden Konvergenzbedingungen für speziellere Formen von Matrizen verschieben wir auf Kapitel 7.

5.2.3.2. Untersuchung der Überrelaxation für hermitesche Matrizen über C (bzw. symmetrische Matrizen über R)

Die verwendeten Bezeichnungen sind die aus 5.1.2.3. Wir beweisen zuerst folgenden

Satz. *Ist* $\mathscr{L}_\omega = (I - \omega L)^{-1}[\omega V + (1 - \omega)I]$, *dann gilt für jedes reelle* ω

$$\varrho(\mathscr{L}_\omega) \geqq |\omega - 1|.$$

Beweis. Es sei λ ein Eigenwert von $\mathscr{L}_\omega$; da L eine obere Dreiecksmatrix ist $\left(\text{Det}\,(I - \omega L) = 1\right)$, erfüllt λ die Gleichung

$$\text{Det}(\lambda I - \mathscr{L}_\omega) = 0$$

oder

$$\text{Det}(I - \omega L)\,\text{Det}(\lambda I - \mathscr{L}_\omega) = 0$$

oder

$$\text{Det}[(\lambda + \omega - 1)I - \omega\lambda L - \omega V] = 0.$$

Das bezüglich λ konstante Glied ist also dem Betrag nach gleich dem Produkt der Eigenwerte von $\mathscr{L}_\omega$:

$$|\sigma| = \left|\prod_{i=1}^{n} \lambda_i\right| = |\text{Det}[(\omega - 1)I - \omega V]| = |(\omega - 1)^n|;$$

daraus folgt

$$\varrho(\mathscr{L}_\omega) = \max_i |\lambda_i| \geqq |\omega - 1|,$$

was zu beweisen war.

Korollar. *Die Überrelation divergiert für* $|\omega - 1| \geqq 1$; *es genügt, sie für* $0 < \omega < 2$ *zu untersuchen.*

Im folgenden sei $A = D - E - E^*$ hermitesch. Es ist

$$L = D^{-1}E, \quad V = D^{-1}E^*.$$

(Die Matrix D kann, falls sie keine Diagonalmatrix ist, als hermitesch und $D - \omega E$ für $0 < \omega < 2$ als nichtsingulär vorausgesetzt werden.)

Satz von Ostrowski. *Für eine hermitesche Matrix* $A = D - E - E^*$, *wobei D hermitesch ist, und*

$$\mathscr{L}_\omega = (I - \omega L)^{-1}[\omega V + (1 - \omega)I]$$

gilt dann und nur dann $\varrho(\mathscr{L}_\omega) < 1$, *wenn A positiv definit und* $0 < \omega < 2$ *ist.*

Es seien λ_i, z_i die Eigenwerte und die entsprechenden Eigenvektoren von $\mathscr{L}_\omega$. Es ist

$$\mathscr{L}_\omega z_j = \lambda_j z_j,$$

$$(D - \omega E)^{-1}[\omega E^* + (1 - \omega)D]z_j = \lambda_j z_j$$

oder

$$\omega E^* z_j + (1 - \omega)D z_j = \lambda_j (D - \omega E) z_j. \tag{1}$$

Die Multiplikation von (1) mit z_i^* von links ergibt

$$\omega z_i^* E^* z_j + (1 - \omega) z_i^* D z_j = \lambda_j z_i^* (D - \omega E) z_j. \tag{2}$$

Beachtet man, daß $\omega z_i^* A z_j = \omega z_i^* (D - E - E^*) z_j$ ist, und drückt man $z_i^* E^* z_j$ durch diese Beziehung aus und setzt den erhaltenen Ausdruck in (2) ein, dann erhält man

$$\omega z_i^* A z_j = (1 - \lambda_j) z_i^* (D - \omega E) z_j; \tag{3}$$

eine Vertauschung von i und j ergibt

$$\omega z_j^* A z_i = (1 - \lambda_i) z_j^* (D - \omega E) z_i. \tag{3'}$$

Bei Transposition und Übergang zur konjugiert-komplexen (ω reell) geht (3') über in

$$\omega z_i^* A^* z_j = (1 - \bar{\lambda}_i) z_i^* (D^* - \omega E^*) z_j;$$

daraus folgt (A und D sind hermitesch)

$$\omega z_i^* A z_j = (1 - \bar{\lambda}_i) z_i^* (D - \omega E^*) z_j.$$

Nun multiplizieren wir mit $1 - \lambda_j$, und wenn wir E^* mit Hilfe von (2) und (3) eliminieren, ergibt sich

$$\omega (1 - \bar{\lambda}_i \lambda_j) z_i^* A z_j = (2 - \omega)(1 - \bar{\lambda}_i)(1 - \lambda_j) z_i^* D z_j. \tag{4}$$

Wir setzen A als positiv definit voraus und $0 < \omega < 2$. Für $i = j$ erhalten wir aus (4)

$$(1 - |\lambda_i|^2) z_i^* A z_i = \left(\frac{2 - \omega}{\omega}\right) |1 - \lambda_i|^2 z_i^* D z_i. \tag{5}$$

Ist $\lambda_i = 1$, so folgt aus (3') (für $i = j$) $z_i^* A z_i = 0$ (was für $z_i \neq 0$ unmöglich ist, da A positiv definit vorausgesetzt war). Also ist $|1 - \lambda_i|^2 \neq 0$, d. h., $1 - |\lambda_i|^2$ in (5) ist positiv. Aus $|\lambda_i| < 1$ folgt die Konvergenz von $\mathcal{L}_\omega$.

Umgekehrt nehmen wir nun an, $\mathcal{L}_\omega$ konvergiere; der vorhergehende Satz impliziert dann $0 < \omega < 2$. Ist $|\lambda_i| < 1$, so gilt für jedes $i = 1, 2, \ldots, n$

$$1 - \bar{\lambda}_i \lambda_j \neq 0 \quad \text{und} \quad (1 - \bar{\lambda}_i \lambda_j)^{-1} = \sum_{k=0}^{\infty} \bar{\lambda}_i^k \lambda_j^k.$$

Aus (4) folgt damit

$$\begin{aligned} z_i^* A z_j &= \left(\frac{2 - \omega}{\omega}\right) \left[\frac{(1 - \bar{\lambda}_i)(1 - \lambda_j)}{1 - \bar{\lambda}_i \lambda_j}\right] z_i^* D z_j \\ &= \left(\frac{2 - \omega}{\omega}\right) \left[\sum_{k=0}^{\infty} (1 - \bar{\lambda}_i) \bar{\lambda}_i^k (1 - \lambda_j) \lambda_j^k\right] z_i^* D z_j. \end{aligned} \tag{6}$$

Es sei $x = \sum_{i=1}^{m} C_i z_i$ eine Linearkombination von m ($m \leqq n$) linear unabhängigen Eigenvektoren der Matrix $\mathcal{L}_\omega$ und

$$y_k = \sum_{i=1}^{m} C_i (1 - \lambda_i) \lambda_i^k z_i.$$

Ausgehend von (6) erhält man den Ausdruck

$$x^*Ax = \sum_{i,j=1}^{m} \bar{C}_i C_j z_i^* A z_j = \left(\frac{2-\omega}{\omega}\right) \sum_{k=0}^{\infty} y_k^* D y_k,$$

der nach Voraussetzung positiv ist.

Für $m = n$ ergibt sich daraus $x^*Ax > 0$ für alle $x \neq 0$ aus C^n.

Für $m < n$ ist es möglich eine hermitesche Matrix A_1 zu finden, die beliebig nahe bei A liegt, so daß $m_1 = n$ ist und $x^*A_1x > 0$ für alle $x \neq 0$ gilt.

Nun ist für alle x aus C^n

$$x^*Ax = x^*A_1x + x^*(A - A_1)x;$$

hält man x fest und läßt A_1 gegen A streben, dann geht der zweite Term gegen Null. Damit ist gezeigt, daß $x^*Ax \geqq 0$ ist für alle x aus C^n. Ist aber A nichtsingulär ($\mathcal{L}_\omega$ konvergiert), so kann x unmöglich von Null verschieden sein, so daß $x^*Ax = 0$ ist (denn A kann in der Form $A = R^*R$ geschrieben werden, R nichtsingulär, und daraus folgt $\|Rx\|^2 = 0$).

Korollar. *Es ist offensichtlich, daß die Überrelaxation für $\omega = 1$ in das Verfahren von Gauß-Seidel übergeht und daß für eine positiv definite hermitesche (im reellen Fall symmetrische) Matrix A die Iteration von Gauß-Seidel immer konvergiert* (Reich).

5.2.3.3. Sätze zur Lokalisierung von Eigenwerten

Wir haben in 5.2.3.1. (Satz von Hadamard-Gerschgorin) gesehen, wie Sätze bezüglich der Lokalisierung von Eigenwerten bei der Untersuchung der linearen Iteration zur Anwendung gelangen. Nachstehend werden einige ergänzende Resultate aufgeführt (vgl. Householder [10]).

Es sei bemerkt, daß $I - M$ nicht unbedingt singulär zu sein braucht, wenn $\varrho(M)$ kleiner als Eins ist. In der Tat existiert für jedes y eine Lösung des Systems $(I - M)X = y$. Denn wenn man die Iteration $x_{n+1} = Mx_n + y$ betrachtet (ausgehend von einem beliebigen x_0), so konvergiert sie gegen ein Ω, und dieses genügt der Gleichung $\Omega = M\Omega + y$, also auch der Gleichung $(I - M)\Omega = y$.

Ist umgekehrt $I - M$ singulär, dann ist notwendig $\varrho(M) \geqq 1$.

Nach dieser Bemerkung wählen wir eine beliebige Matrix A und einen Skalar λ und zerlegen A in eine Summe

$$D + B = A.$$

Ist $D - \lambda I$ nichtsingulär, so schreiben wir

$$A - \lambda I = (D - \lambda I)[(D - \lambda I)^{-1}B + I] = [D - \lambda I]C.$$

Ist $\varrho\big((D - \lambda I)^{-1}B\big) < 1$, dann ist auf Grund der obenstehenden Bemerkungen $\big($man setze $-M = (D - \lambda I)^{-1}B\big)$ die Matrix C nichtsingulär; also ist $A - \lambda I$ nichtsingulär. Wenn folglich $D - \lambda I$ nichtsingulär ist, dann muß

$$\varrho[(D - \lambda I)^{-1}B] \geqq 1 \tag{1}$$

sein, damit $A - \lambda I$ singulär ist. In der komplexen Ebene (bezüglich λ) definiert (1) eine Punktmenge, die die Eigenwerte von D und von A enthält $(B \neq 0)$.

Ist beispielsweise $S_{\varphi\varphi}$ eine beliebige Matrizennorm in $\mathcal{M}_{(n,n)}(C)$ von der Form

$$S_{\varphi\varphi}(M) = \sup_{x \neq 0} \frac{\varphi(Ax)}{\varphi(x)},$$

dann gilt für einen Eigenvektor x offenbar $\varphi(Ax) = |\lambda| \, \varphi(x)$; notwendigerweise ist $|\lambda| \leqq S_{\varphi\varphi}(M)$, d. h., es ist $\varrho(M) \leqq S_{\varphi\varphi}(M)$. Wenn φ eine beliebige Vektornorm ist, dann erhält man demnach für einen Eigenwert λ von A notwendig

$$S_{\varphi\varphi}[(D - \lambda I)^{-1} B] \geqq 1 .$$

Als Beispiel wählen wir $\varphi = \varphi_\infty$ und D als Diagonalmatrix der Diagonalelemente von A. Wie man leicht nachprüft, ergibt sich

$$S_{\varphi_\infty\varphi_\infty}[(D - \lambda I)^{-1} B] = \max_i \left\{ \frac{1}{|a_{ii} - \lambda|} \sum_{\substack{k \neq i \\ k = 1,2,\ldots,n}} |a_{ik}| \right\},$$

also existiert ein Index $i = \mu$, so daß

$$|a_{\mu\mu} - \lambda| \leqq \sum_{k \neq \mu} |a_{\mu k}|$$

ist. Damit gelangt man wieder zur Bedingung von GERSCHGORIN (vgl 5.2.3.1., Satz 2).

5.3. Iterationen durch Projektionsmethoden

5.3.1. *Geometrische Interpretation*

Das System

$$Ax = b \tag{1}$$

mit dem Lösungsvektor Ω in R^n zu lösen heißt, den Schnitt von n „Ebenen" mit den Gleichungen

$$f_i(x) = A_{i.}x - b_i = 0 \qquad (i = 1, 2, \ldots, n)$$

zu bestimmen. Es sei $z \in R^n$ ein beliebiger Vektor; es ist klar, daß die „Ebene"

$$z^T Ax - z^T b = 0 \tag{2}$$

durch Ω geht (denn es ist $A\Omega = b$) und zum Vektor $A^T z$ „normal" ist, d. h., wenn x_1, x_2 Punkte der „Ebene" (2) sind, dann gilt

$$z^T Ax_1 - z^T b = 0, \tag{3}$$

$$z^T Ax_2 - z^T b = 0 . \tag{4}$$

Subtrahiert man (4) von (3), so findet man $z^{\mathsf{T}} A(x_1 - x_2) = 0$, woraus $(x_1 - x_2)^{\mathsf{T}}(A^{\mathsf{T}} z) = 0$ folgt: Die Richtung der Geraden, die x_1 und x_2 verbindet $(x_1 \neq x_2)$ ist senkrecht zu $A^{\mathsf{T}} z$. Der Grundgedanke dieser Methode ist folgender (Abb. 5.3.): Wir nehmen an, wir hätten eine Näherungslösung x_p des Systems (1).

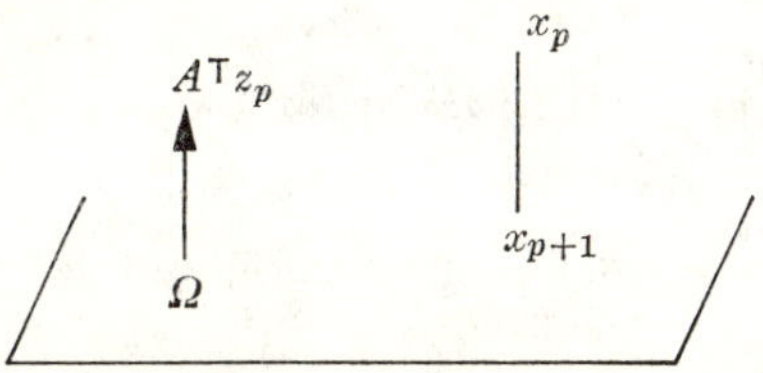

Abb. 5.3

Dieser ordnen wir eine „Ebene" der Form (2) zu, die durch Ω geht, indem wir einen gewissen Vektor z_p wählen. Wenn wir x_p orthogonal auf diese Ebene „projizieren", d. h. parallel zu $A^{\mathsf{T}} z_p$, erhalten wir einen Punkt x_{p+1}, für den notwendigerweise (Lehrsatz des PYTHAGORAS) $\|\Omega - x_{p+1}\| \leqq \|\Omega - x_p\|$ gilt ($\|.\|$ bezeichnet die euklidische Norm in R^n).

Für x_{p+1} finden wir

$$x_{p+1} = x_p + \lambda_p A^{\mathsf{T}} z_p;$$

andererseits ist x_{p+1} ein Punkt der Ebene $z_p^{\mathsf{T}}(Ax - b) = 0$, d. h., es ist

$$z_p^{\mathsf{T}} A(x_p + \lambda_p A^{\mathsf{T}} z_p) - z_p^{\mathsf{T}} b = 0.$$

Daraus folgt

$$\lambda_p = -\frac{z_p^{\mathsf{T}}(Ax_p - b)}{z_p^{\mathsf{T}} A A^{\mathsf{T}} z_p} = -\frac{z_p^{\mathsf{T}} r_p}{\|A^{\mathsf{T}} z_p\|^2},$$

wobei $r_p = Ax_p - b$ das Residuum bezüglich x_p ist. Hieraus ergibt sich

$$x_{p+1} = x_p - \frac{z_p^{\mathsf{T}} r_p}{\|A^{\mathsf{T}} z_p\|^2} A^{\mathsf{T}} z_p. \tag{I}$$

Nach (I) gilt

$$x_{p+1} - \Omega = x_p - \Omega - \frac{z_p^{\mathsf{T}} r_p}{\|A^{\mathsf{T}} z_p\|^2} A^{\mathsf{T}} z_p;$$

da $A^{\mathsf{T}} z_p$ zu $x_{p+1} - \Omega$ orthogonal ist, erhalten wir somit

$$\|x_{p+1} - \Omega\|^2 = \|x_p - \Omega\|^2 - \frac{(z_p^{\mathsf{T}} r_p)^2}{\|A^{\mathsf{T}} z_p\|^2}. \tag{5}$$

5.3.2. *Zerlegung einer allgemeinen Norm*

Das Problem besteht darin, festzustellen, wie einem Vektor x_p ein Vektor z_p zuzuordnen ist, damit die Iteration (I) immer konvergiert. Dahin gelangt man folgendermaßen:

Definition. Eine Norm φ (in R^n oder C^n) heißt *zerlegt*, sobald man eine Abbildung d (von R^n in R^n oder von C^n in C^n) angeben kann, $d\colon\ x \to z_x$, so daß für alle $x \in R^n$

$$z_x^\mathsf{T} x = \varphi(x)$$

(bzw. $z_x^* x = \varphi(x)$ für alle $x \in C^n$) gilt.

Die Abbildung d ist beschränkt, wenn $\varphi(z_x^\mathsf{T}) \leqq M$ ist für alle x.

Beispiele für Zerlegungen.

1. In R^n wählen wir die euklidische Norm $\varphi(x) = \|x\| = \varphi_2(x)$. Offenbar ist $\|x\| = \left(\frac{x^\mathsf{T}}{\|x\|}\right) x$, $d\colon x \to z_x = \frac{x}{\|x\|}$ eine Zerlegung von $\|x\|$.

Für diese Zerlegung gilt $\|z_x\| = 1$. Es sei bemerkt, daß für einen beliebigen, zu x senkrechten Vektor u_x

$$x \to z_x + u_x = z_x'$$

ebenfalls eine Zerlegung derselben Norm ist.

2. In R^n wählen wir $\varphi(x) = \varphi_\infty(x) = \max\limits_i |\xi_i|$, $x = (\xi_i)$. Setzen wir

$$z_x = \begin{bmatrix} 0 \\ \vdots \\ 0 \\ \operatorname{signum}(\xi_k) \\ 0 \\ \vdots \\ 0 \end{bmatrix} \leftarrow k\text{-te Zeile},$$

wobei k bestimmt ist durch $|\xi_k| = \max\limits_i |\xi_i|$ (und etwa der kleinste entsprechende Index ist) sowie signum $(u) = +1$ ist für $u \geqq 0$, sonst -1, dann ist $d\colon x \to z_x$ eine Zerlegung, für die $\varphi_\infty(z_x) = 1$ gilt; denn es ist $z_x^\mathsf{T} x = \varphi_\infty(x)$.

Eine weitere Zerlegung ist definiert durch

$$z_x = \frac{1}{p} \begin{bmatrix} 0 \\ \vdots \\ 0 \\ \operatorname{signum}(\xi_{k_1}) \\ 0 \\ \vdots \\ 0 \\ \operatorname{signum}(\xi_{k_p}) \\ 0 \\ \vdots \\ 0 \end{bmatrix},$$

wobei die p Indizes $k_1, k_2, \ldots, k_p$ bestimmt sind durch $|\xi_{k_j}| = \max\limits_i |\xi_i|$.

3. In R^n wählen wir $\varphi(x) = \varphi_1(x) = \sum\limits_{i=1}^{n} |\xi_i|$. Setzen wir

$$z_x = \begin{bmatrix} \operatorname{signum}(\xi_1) \\ \operatorname{signum}(\xi_2) \\ \vdots \\ \operatorname{signum}(\xi_n) \end{bmatrix},$$

dann ist

$$z_x^{\mathsf T} x = \varphi_1(x), \quad \varphi_1(z_x) = n.$$

Es lassen sich beliebig viele Zerlegungen angeben. Im allgemeinen wird man jedoch solche Zerlegungen wählen, die der Form einer Matrix am besten „angepaßt“ sind. Wie wir sahen, wird es damit möglich, die gesuchten Vektoren z_p zu bestimmen.

5.3.3. *Projektionen auf die zu $A^{\mathsf T} z_r$ normalen Ebenen*

Es sei $d\colon x \to z_x$ die Zerlegung einer Norm φ in R^n (oder C^n). Wir ordnen x_p den Residuenvektor $r_p = A x_p - b$ zu und betrachten den dem Residuum r_p bei der Zerlegung d entsprechenden Vektor z_{r_p}. Setzen wir $z_p = z_{r_p}$ in den Formeln aus 5.3.1., so ergibt sich

$$x_{p+1} = x_p - \frac{z_{r_p}^{\mathsf T} r_p}{\| A^{\mathsf T} z_{r_p} \|^2} A^{\mathsf T} z_{r_p},$$

und da nach Definition von d die Beziehung $z_{r_p}^{\mathsf T} r_p = \varphi(r_p)$ besteht, erhalten wir

$$x_{p+1} = x_p - \frac{\varphi(r_p)}{\| A^{\mathsf T} z_{r_p} \|^2} A^{\mathsf T} z_{r_p}. \tag{II}$$

Satz. *Das Iterationsverfahren* (II) *konvergiert bei beliebigem Anfangsvektor x_0; seine Konvergenzgeschwindigkeit ist bestimmt durch die Abschätzung*

$$\| x_p - \Omega \| \leqq \| x_0 - \Omega \| \left(\sqrt{1 - \frac{\gamma^2(A)}{K^2}} \right)^p, \tag{1}$$

wobei $\gamma(A)$ die Kondition von A bezüglich der Normen γ, $\|.\|$ ist und K eine von A unabhängige, von der Zerlegung d abhängende Konstante bezeichnet.

Beweis. Aus 5.3.1., Formel (5), ergibt sich

$$\| x_{p+1} - \Omega \|^2 = \| x_p - \Omega \|^2 - \frac{\varphi^2(r_p)}{\| A^{\mathsf T} z_p \|^2} \geqq 0;$$

hieraus folgt

$$\| x_{p+1} - \Omega \|^2 = \| x_p - \Omega \|^2 \left[1 - \frac{\varphi^2(r_p)}{\| x_p - \Omega \|^2} \cdot \frac{1}{\| A^{\mathsf T} z_p \|^2} \right]. \tag{2}$$

Nun ist

$$\frac{\varphi^2(r_p)}{\| x_p - \Omega \|^2} = \frac{\varphi^2(A x_p - A \Omega)}{\| x_p - \Omega \|^2} \geqq \frac{1}{S_{\varphi_2}^2(A^{-1})},$$

wenn $S_{\varphi_2}(B)$ die Matrizennorm

$$\max_{x \neq 0} \frac{\| B X \|}{\varphi(X)}$$

bezeichnet; andererseits ist $\|A^\mathsf{T} z_p\| \leqq S_{\varphi_2}(A^\mathsf{T})\,\varphi(z_p)$. Da $S_{\varphi_2}(A^\mathsf{T})$ eine Norm für die Matrix A darstellt, existiert eine positive Konstante k_1, so daß für alle A

$$S_{\varphi_2}(A^\mathsf{T}) \leqq k_1 S_{\varphi_2}(A)$$

gilt (man vgl. dazu 2.1.7.).

Es ist also

$$\|A^\mathsf{T} z_p\|^2 \leqq k_1^2 M^2 S_{\varphi_2}^2(A).$$

Auf Grund von (2) ergibt sich

$$\begin{aligned}\|x_{p+1} - \Omega\|^2 &\leqq \|x_p - \Omega\|^2 \left[1 - \frac{1}{k_1^2 M^2} \frac{1}{S_{\varphi_2}^2(A)\, S_{\varphi_2}^2(A^{-1})}\right] \\ &\leqq \|x_p - \Omega\|^2 \left[1 - \frac{\gamma^2(A)}{K^2}\right],\end{aligned}$$

wobei

$$K = k_1 M, \quad \gamma(A) = \frac{1}{S_{\varphi_2}(A)\, S_{\varphi_2}(A^{-1})}$$

gesetzt wurde; hieraus folgt

$$\|x_{p+1} - \Omega\| \leqq \|x_p - \Omega\| \sqrt{1 - \frac{\gamma^2(A)}{K^2}},$$

und damit die Ungleichung (1).

5.3.4. *Beispiele*

5.3.4.1. Projektionen auf Ebenen, die dem betragsgrößten Residuum entsprechen

Wir gehen von der im zweiten Beispiel in 5.3.2. angegebenen Zerlegung von φ_∞ aus. Wie man sieht, besteht das Verfahren darin, das Residuum $r_p = Ax_p - b$ zu bilden und danach den Index k zu bestimmen, so daß

$$|\varrho_k^{(p)}| = \max_i |\varrho_i^{(p)}| \quad \big((\varrho_i^p) = r_p\big)$$

ist. Unter den möglichen Indizes wählen wir den kleinsten. Dann ist $A^\mathsf{T} z_{r_p}$ gleich $A^\mathsf{T}_{.k}\big(\text{signum}\,(\varrho_k^{(p)})\big)$, d. h., die Projektion erfolgt auf die der k-ten Gleichung entsprechende Ebene.

Die Iteration konvergiert daher immer (wenn A nichtsingulär ist). Dieses Projektionsverfahren auf die Ebenen mit den Gleichungen

$$\begin{aligned} &f_1(x) = 0, \\ &f_2(x) = 0, \qquad Ax - b = 0, \\ &\cdot\;\cdot\;\cdot\;\cdot\;\cdot \\ &f_n(x) = 0 \end{aligned}$$

folgt also der durch die Werte der Residuen beim p-ten Schritt vorgeschriebenen Reihenfolge. Man kann es mit der Relaxation von Southwell vergleichen. Zu prüfen wäre, ob das Verfahren auch konvergiert, wenn man die Projektionen auf die erste Ebene, danach auf die zweite usw. in zyklischer Folge modulo n vornimmt wie im Fall der Relaxation von GAUSS-SEIDEL. Dabei gelangt man zum

Projektionsverfahren von KACZMARZ

Wenn x_p bekannt ist, wählt man den Index i derart, daß

$$p + 1 \equiv i \text{ (modulo } n) \qquad (1 \leqq i \leqq n)$$

und $z_p = e_i$ ist. Nach 5.3.1., (I), ergibt sich dann

$$x_{p+1} = x_p - \varrho_i^{(p)} \frac{(A^\top)_{.i}}{\|(A^\top)_{.i}\|^2}.$$

Wir setzen

$$\alpha_i = \frac{(A^\top)_{.i}}{\|(A^\top)_{.i}\|^2} \quad \text{oder} \quad \alpha_i = \frac{A^\top e_i}{\|A^\top e_i\|^2}.$$

Für einen Zyklus von n Schritten schreiben wir

$$\begin{aligned} x_1 &= x_0 - (e_1^\top r_0)\alpha_1, & r_1 &= r_0 - (e_1^\top r_0) A\alpha_1 = (I - A\alpha_1 e_1^\top) r_0, \\ x_2 &= x_1 - (e_2^\top r_1)\alpha_2, & r_2 &= r_1 - (e_2^\top r_1) A\alpha_2 = (I - A\alpha_2 e_2^\top) r_1, \\ &\cdots & &\cdots \\ x_n &= x_{n-1} - (e_n^\top r_{n-1})\alpha_n, & r_n &= r_{n-1} - (e_n^\top r_{n-1}) A\alpha_n = (I - A\alpha_n e_n^\top) r_{n-1}; \end{aligned}$$

es ist also

$$r_n = (I - A\alpha_n e_n^\top)(I - A\alpha_{n-1} e_{n-1}^\top) \cdots (I - A\alpha_1 e_1^\top) r_0 = M r_0$$

und daher

$$x_n - \Omega = A^{-1} M A (x_0 - \Omega).$$

Diese Methode ist somit ein lineares Verfahren. Es ist $r_{np} = M^p r_0$. Da q gegeben ist, gibt es bei beliebigem Anfangsvektor immer ein p, so daß

$$np \leqq q < n(p+1),$$
$$\|x_{n(p+1)} - \Omega\| \leqq \|x_q - \Omega\| \leqq \|x_{np} - \Omega\| \tag{1}$$

ist (denn $\|x_q - \Omega\|$ nimmt ständig ab); die Konvergenz des Verfahrens hängt also für eine nichtsinguläre Matrix A nur davon ab, ob $\varrho(M)$ kleiner als Eins ist. Wenn x_0 gegeben ist, betrachten wir in der n-ten Ebene die Folge der Punkte $x_n, x_{2n}, x_{3n}, \ldots$. Wegen (1) besitzt die Folge $\|x_{np} - \Omega\|$ für $p \to \infty$ einen nichtnegativen Grenzwert l, und l ist auch Grenzwert der Folge $\|x_q - \Omega\|$ für $q \to \infty$.

Es existiert also eine Teilfolge x_{np_i} $(p_1, p_2, \ldots, p_n \to \infty)$, die gegen einen Punkt $y^{(n)}$ konvergiert, so daß $\lim\limits_{i\to\infty} \|x_{np_i} - \Omega\| = l$, also $\|y^{(n)} - \Omega\| = l$ ist. Dann besitzen aber auch die Punkte

$$x_{np_i+1} = x_{np_i} - (e_1^\top r_{np_i})\alpha_1,$$

welche die orthogonalen Projektionen auf die erste Ebene darstellen, einen Grenzwert: die Projektion $y^{(1)}$ von $y^{(n)}$ auf die erste Ebene. Nun gilt einerseits

$$\|y^{(1)} - \Omega\| = \lim_{i\to\infty} \|x_{n\,p_i+1} - \Omega\| = l$$

und andererseits

$$\|y^{(1)} - \Omega\| \leqq \|y^{(n)} - \Omega\| = l,$$

wobei das Gleichheitszeichen nur gelten kann, wenn $y^{(1)}$ mit $y^{(n)}$ übereinstimmt. Der Punkt $y^{(n)}$ gehört also zur ersten Ebene.

Wiederholt man diese Überlegungen für die Folge x_{np_i+2}, die Projektion der Folge x_{np_i+1} auf die zweite Ebene, dann zeigt sich, daß deren Grenzwert $y^{(2)}$ mit $y^{(1)} = y^{(n)}$ übereinstimmt usw.

Die Punkte $x_{np_i}, x_{np_i+1}, \ldots, x_{np_i+n-1}$ besitzen also einen gemeinsamen Grenzwert ($i \to \infty$), der mit Ω übereinstimmt (Ω ist der einzige Punkt, der allen Ebenen gemeinsam ist). Folglich ist auf Grund von (1)

$$\lim_{q\to\infty} \|x_q - \Omega\| = 0,$$

womit gezeigt ist, daß $\varrho(M)$ kleiner als Eins ist.

Aufgabe. Man gebe eine ALGOL-Prozedur für das Verfahren von KACZMARZ an.

5.3.4.2. Projektionen, die der Zerlegung der Norm φ_1 im dritten Beispiel aus 5.3.2. entsprechen

Offenbar handelt es sich dabei um ein Verfahren, bei dem die Projektionen auf Ebenen erfolgen, die zu den Vektoren $A^\mathsf{T} E_k$ senkrecht sind; hierbei bezeichnen wir mit E_k Vektoren der Gestalt

$$E_k = \begin{bmatrix} \pm 1 \\ \pm 1 \\ \vdots \\ \pm 1 \end{bmatrix}, \quad \text{oder genauer,} \quad E_k = \begin{bmatrix} \text{signum } (\varrho_1^p) \\ \text{signum } (\varrho_2^p) \\ \vdots \\ \text{signum } (\varrho_n^p) \end{bmatrix}.$$

Nachstehend ist die diesem Verfahren entsprechende ALGOL-Prozedur angegeben:

```
'PROCEDURE' ZERNORM 1 (A) RECHTE SEITE: (B)
NAEHLOES: (X) ANFANG: (XO) PRUEFUNG: (EPS)
ORDNUNG: (N) ;
'VALUE' N ; 'REAL''ARRAY' A,B,X,XO ;
'INTEGER' N ; 'REAL' EPS ;
'REAL''PROCEDURE' SIGN (X) ;
'VALUE' X ; 'REAL' X ;
SIGN := 'IF' X 'NOTLESS' 0 'THEN' 1 'ELSE' -1
'COMMENT' DIESES VERFAHREN BASIERT AUF EINER
ZERLEGUNG DER NORM PHI 1 IN RN. DIE ITERATION
WIRD ABGEBROCHEN, WENN PHI 1 (AX - B) < EPS ;
```

```
'BEGIN''REAL''ARRAY' Z,E,R[1:N] ;
  'INTEGER' I,J ; 'REAL' L,TR,NORM 2 PHI 1 ;
SCHLEIFE:
  PHI 1 := 0 ; NORM 2 := 0 ;
RESIDUEN:
  'FOR' I := 1 'STEP' 1 'UNTIL' N 'DO'
    'BEGIN' TR := 0 ;
      'FOR' J := 1 'STEP' 1 'UNTIL' N 'DO'
      TR := TR + A[I,J] * XO[J] ;
      R[I] := TR - B[I] ;
      E[I] := SIGN(R[I]) ;
      PHI 1 := PHI 1 + ABS(R[I])
    'END' ;
RICHTUNG:
  'FOR' I := 1 'STEP' 1 'UNTIL' N 'DO'
    'BEGIN' TR := 0 ;
      'FOR' J := 1 'STEP' 1 'UNTIL' N 'DO'
      TR := TR + A[J,I] * E[J] ;
      Z[I] := TR ;
      NORM 2 := NORM 2 + TR * TR
    'END' ;
FAKTOR:
  L := PHI 1 / NORM 2 ;
NEUKOMP:
  'FOR' I := 1 'STEP' 1 'UNTIL' N 'DO'
  XO[I] := XO[I] + L * Z[I] ;
PRUEFUNG:
  'IF' PHI 1 > EPS 'THEN''GOTO' SCHLEIFE ;
  'FOR' I := 1 'STEP' 1 'UNTIL' N 'DO'
  X[I] := XO[I]
'END' ZERNORM 1 ;
```

5.3.4.3. Ein der Zerlegung von $\varphi_2 = \|.\|$ entsprechendes Verfahren

Für $z_x = \frac{x}{\|x\|}$ (vgl. 5.3.2., Beispiel 1) ergibt sich $z_r = \frac{r}{\|r\|}$. Die Formel (II) aus 5.3.3. geht über in

$$x_{p+1} = x_p - \frac{\frac{r_p r_p}{\|r_p\|}}{\|A^\mathsf{T} r_p\|^2 \frac{1}{\|r_p\|^2}} \frac{A^\mathsf{T} r_p}{\|r_p\|}$$

bzw.

$$x_{p+1} = x_p - \frac{\|r_p\|}{\|A^\mathsf{T} r_p\|^2} A^\mathsf{T} r_p \tag{II'}$$

(vgl. dazu 5.4.2.2.).

Bevor wir die Behandlung dieser Projektionsmethoden abschließen, sei noch ein interessantes Verfahren angeführt.

5.3.5. *Das Verfahren von Cimmino*

Wenn man einen Punkt X_1 orthogonal auf die n Ebenen $f_i(x) = 0$ projiziert (vgl. 5.3.1.), erhält man n Punkte Y_i (Abb. 5.4):

$$Y_1 = X_1 - \varrho_1(X_1) \frac{(A_{.1}^{\mathsf{T}})}{\|A_{.1}^{\mathsf{T}}\|^2},$$

$$Y_2 = X_1 - \varrho_2(X_1) \frac{A_{.2}^{\mathsf{T}}}{\|A_{.2}^{\mathsf{T}}\|^2},$$

$$\cdots\cdots\cdots\cdots$$

$$Y_n = X_1 - \varrho_n(X_1) \frac{A_{.n}^{\mathsf{T}}}{\|A_{.n}^{\mathsf{T}}\|^2}.$$

Darauf wählt man die bezüglich der Ebenen zu X_1 symmetrisch gelegenen Punkte:

$$Y_1' = X_1 - 2\varrho_1(X_1) \frac{A_{.1}^{\mathsf{T}}}{\|A_{.1}^{\mathsf{T}}\|^2},$$

$$\cdots\cdots\cdots\cdots$$

$$Y_n' = X_1 - 2\varrho_n(X_1) \frac{A_{.n}^{\mathsf{T}}}{\|A_{.n}^{\mathsf{T}}\|^2}.$$

Diese Punkte liegen auf der durch X_1 gehenden Hypersphäre mit dem Zentrum in Ω.

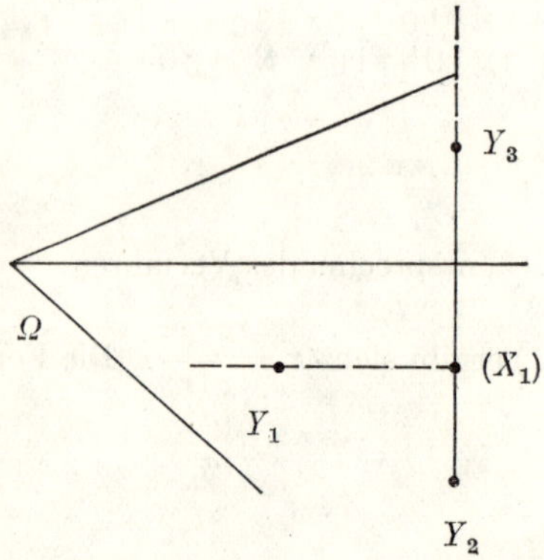

Abb. 5.4

Es sei darauf verwiesen, daß der Schwerpunkt eines Systems von positiven Massen, die sich an den Punkten Y_i' befinden, notwendigerweise innerhalb dieser Sphäre liegt, d. h. in der Nähe der Lösung.

Wählt man diese Massen beispielsweise gleich $+1$, so ergibt sich

$$X_2 = X_1 - \frac{2}{n} \sum_{i=1}^{n} \varrho_i(X_1) \frac{A_{.i}^{\mathsf{T}}}{\|A_{.i}^{\mathsf{T}}\|^2}. \tag{1}$$

Bemerkung. Man kann auch den Schwerpunkt der Punkte Y_i selbst betrachten; dann ergibt sich

$$X_2' = X_1 - \frac{1}{n} \sum_{i=1}^{n} \varrho_i(X_1) \frac{A_{.i}^{\mathsf{T}}}{\| A_{.i}^{\mathsf{T}} \|^2}.$$

Die allgemeine Iterationsformel

$$X_{p+1} = X_p - \frac{2}{n} \sum_{i=1}^{n} \varrho_i(X_p) \frac{A_{.i}^{\mathsf{T}}}{\| A_{.i}^{\mathsf{T}} \|^2}$$

kann wie folgt geschrieben werden:

$$X_{p+1} = X_p - \frac{2}{n} \sum_{i=1}^{n} e_i^{\mathsf{T}} (A X_p - b) \frac{A_{.i}^{\mathsf{T}}}{\| A_{.i}^{\mathsf{T}} \|^2}$$

bzw.

$$X_{p+1} = X_p - \frac{2}{n} \left(\sum_{i=1}^{n} \frac{A_{.i}^{\mathsf{T}}}{\| A_{.i}^{\mathsf{T}} \|^2} e_i^{\mathsf{T}} \right) A X_p + \frac{2}{n} \sum_{i=1}^{n} b_i \frac{A_{.i}^{\mathsf{T}}}{\| A_{.i}^{\mathsf{T}} \|^2}$$

bzw.

$$X_{p+1} = M X_p + K \qquad \left(K = \frac{2}{n} \sum_{i=1}^{n} b_i \frac{A_{.i}^{\mathsf{T}}}{\| A_{.i}^{\mathsf{T}} \|^2} \right);$$

es handelt sich also um eine lineare Iteration mit

$$M = I - \frac{2}{n} \sum_{i=1}^{n} \frac{A_{.i}^{\mathsf{T}} A_{i.}}{\| A_{.i}^{\mathsf{T}} \|^2}.$$

Wie man leicht sieht, ist

$$A_{.i}^{\mathsf{T}} A_{i.} = A^{\mathsf{T}} E_{ii} E_{ii} A = A^{\mathsf{T}} E_{ii} A,$$

also $M = I - \frac{2}{n} A^{\mathsf{T}} D A$, wobei D die folgende Diagonalmatrix bezeichnet:

$$D = \begin{bmatrix} \frac{1}{\| A_{.1}^{\mathsf{T}} \|^2} & & & 0 \\ & \frac{1}{\| A_{.2}^{\mathsf{T}} \|^2} & & \\ & & \ddots & \\ 0 & & & \frac{1}{\| A_{.n}^{\mathsf{T}} \|^2} \end{bmatrix}.$$

Setzt man voraus — und das ist jederzeit möglich, ohne die aufeinander folgenden Punkte $X_1, X_2, \ldots, X_n$ zu ändern —, daß die Matrix A zeilenweise normiert ist, d. h., daß man das System $Ax - b = 0$ mit einer Diagonale (D) multipliziert hat, so daß die Norm der neuen Zeilen Eins ist, so ist $D = I$ und

$$M = I - \frac{2}{n} A^{\mathsf{T}} A.$$

Nun kann gezeigt werden (vgl. auch 7.2.1.), daß eine orthonormale Matrix Q existiert, so daß $Q^\mathsf{T} A^\mathsf{T} A Q = \Lambda$ ist, wobei Λ eine Diagonalmatrix ist, deren Elemente die Eigenwerte von $A^\mathsf{T} A$ sind. Diese Eigenwerte sind positiv, und für ihre Summe $\lambda_1 + \lambda_2 + \cdots + \lambda_n$, d. h. für die Spur von $A^\mathsf{T} A$, ergibt sich

$$\sum_{i=1}^{n} \|A^\mathsf{T}_{.i}\|^2 = \sum_{i=1}^{n} \sum_{j=1}^{n} (a_{ij})^2 = n .$$

Die Eigenwerte von $A^\mathsf{T} A$ liegen also zwischen 0 und n; kein Eigenwert kann gleich n sein, da in diesem Fall ein Eigenwert Null wäre. Es gilt also $0 < \lambda_i < n$, und für die Eigenwerte von $I - \frac{2}{n} A^\mathsf{T} A$ finden wir $\eta_i = 1 - \frac{2}{n} \lambda_i$; damit ergibt sich $|\eta_i| < 1$, woraus die Konvergenz des Verfahrens folgt.

5.4. Iterationen für Systeme mit symmetrischer Matrix

5.4.1. *Einführung*

In einer großen Anzahl der in der Praxis auftretenden Systeme

$$Ax = b \tag{1}$$

ist $A \in \mathcal{M}_{(n,n)}(R)$ symmetrisch: $A^\mathsf{T} = A$.

Unter diesen Umständen läßt sich das Problem (1) geometrisch sehr einfach interpretieren.

Wir betrachten die Funktion F: $x \in R^n \to F(x) = \frac{1}{2} x^\mathsf{T} A x - x^\mathsf{T} b$. Es liegt damit eine quadratische Form bezüglich der Komponenten x_i von x vor,

$$F(x) = \frac{1}{2} \sum_{i=1}^{n} x_i (a_{i1} x_1 + \cdots + a_{in} x_n) - \sum_{i=1}^{n} x_i b_i .$$

Offenbar gilt

$$\frac{\partial F}{\partial x_i} = \frac{1}{2} \sum_{\substack{j=1 \\ j \neq i}}^{n} x_j a_{ji} + \frac{1}{2} (a_{i1} x_1 + \cdots + a_{in} x_n) + \frac{1}{2} x_i a_{ii} - b_i ;$$

also ist

$$\frac{\partial F}{\partial x_i} = \frac{1}{2} [(a_{1i} + a_{i1}) x_1 + (a_{2i} + a_{i2}) x_2 + \cdots + 2 a_{ii} x_i + \cdots$$
$$+ (a_{ni} + a_{in}) x_n] - b_i ,$$

und wegen $a_{ij} = a_{ji}$ (Symmetrie von A) finden wir

$$\frac{\partial F}{\partial x_i} = a_{i1} x_1 + a_{i2} x_2 + \cdots + a_{in} x_n - b_i = A_{i.} x - b_i = \varrho_i(x) .$$

Satz 1. *Für ein System* $Ax - b = 0$ *mit* $A^\mathsf{T} = A$ *ergibt sich für das Residuum in* x

$$r(x) = \operatorname{grad}\left(F(x)\right)$$

bezüglich der Form

$$F(x) = \frac{1}{2} x^\mathsf{T} A x - x^\mathsf{T} b.$$

Als Interpretation des Problems (1) erhält man damit

Satz 2. *Für eine symmetrische, nichtsinguläre Matrix* A *ist der Punkt* Ω, *die Lösung des Systems* $Ax = b$, *das Symmetriezentrum einer der Hyperquadriken* Q_k *mit der Gleichung*

$$F(x) = \frac{1}{2} x^\mathsf{T} A x - x^\mathsf{T} b = k$$

(*k ein beliebiger Skalar*).

Es sei x_0 ein beliebiger Punkt, u ein Vektor; ein Punkt $x = x_0 + tu$ liegt genau dann auf Q_k: $F(x) = k$, wenn t der Gleichung zweiten Grades

$$\frac{1}{2}(x_0 + tu)^\mathsf{T} A (x_0 + tu) - (x_0 + tu)^\mathsf{T} b = k$$

bzw.

$$\frac{1}{2} t^2 (u^\mathsf{T} A u) + t\left(\frac{1}{2}(u^\mathsf{T} A x_0 + x_0^\mathsf{T} A u) - u^\mathsf{T} b\right) + \frac{1}{2} x_0^\mathsf{T} A x_0 - x_0^\mathsf{T} b - k = 0 \tag{2}$$

genügt, und wegen

$$A^\mathsf{T} = A, \qquad u^\mathsf{T} A x_0 = x_0^\mathsf{T} A^\mathsf{T} u = x_0^\mathsf{T} A u$$

können wir für (2) schreiben:

$$\frac{1}{2} t^2 (u^\mathsf{T} A u) + t u^\mathsf{T} (A x_0 - b) + F(x_0) - k = 0. \tag{3}$$

Aus dieser Formel lassen sich einige Folgerungen ableiten.

α) Da die Matrix A nichtsingulär ist, gibt es einen und nur einen Punkt x_0, so daß $Ax_0 - b = 0$ ist. Das ist gerade der Punkt Ω, die Lösung des Problems (2). Aus (3) folgt dann: Gilt $u^\mathsf{T} A u \neq 0$ für den Vektor u und variiert u, dann besitzt die Gleichung (3) zwei Wurzeln,

$$t = \pm \sqrt{2 \frac{k - F(x_0)}{u^\mathsf{T} A u}}, \tag{4}$$

die bezüglich $\Omega \equiv x_0$ symmetrisch liegen. Der Punkt Ω ist also ein Symmetriezentrum (und auch das einzige). Damit ist Satz 2 bewiesen.

β) Ist $u^{\mathsf{T}} A u$ für alle $u \neq 0$ positiv (d. h., ist A positiv definit), so ergibt sich

$$F(x_0) = F(\Omega) = \frac{1}{2}\,\Omega^{\mathsf{T}} A \Omega - \Omega^{\mathsf{T}} b = \frac{1}{2}\,\Omega^{\mathsf{T}} A \Omega - \Omega^{\mathsf{T}} A \Omega$$

$$= -\frac{1}{2}\,\Omega^{\mathsf{T}} A \Omega < 0 \qquad (\Omega \neq 0);$$

für $k > 0$ sind daher die beiden durch (4) bestimmten Wurzeln stets reell (bei beliebigem u). In diesem Fall wird $F(x) = k$ als *Hyperellipsoid* bezeichnet.

Eine andere Interpretation besteht in Folgendem. Im Hinblick auf die Berechnungen, die zu Formel (3) geführt haben, kann man mit $x = x_0 + tu$, $x_0 \equiv \Omega$ wegen $F(x) = k$ schreiben:

$$F(x) = F(\Omega) + \frac{1}{2}\,t^2 (u^{\mathsf{T}} A u).$$

Ist die Matrix A positiv definit, so sieht man, daß $F(x)$ für $t = 0$ minimal wird. Wir erhalten damit den

Satz 3. *Das System $Ax - b = 0$ mit positiv definiter symmetrischer Matrix A lösen heißt, den Punkt bestimmen, in dem die Form*

$$F(x) = \frac{1}{2}\,x^{\mathsf{T}} A x - x^{\mathsf{T}} b$$

ihr Minimum annimmt.

In den nachstehend beschriebenen Methoden werden die oben angeführten Betrachtungsweisen angewendet. Daneben werden häufig für veränderliches k Scharen konzentrischer Quadriken Q_k herangezogen. Der Übergang von einer Quadrik Q_k zu einer Quadrik $Q_{k'}$ $(k, k' \neq 0)$ erfolgt über eine Homothetie mit dem Homothetiezentrum Ω und dem Faktor

$$\varrho = \sqrt{\frac{k' - F(\Omega)}{k - F(\Omega)}}.$$

Es sei $x_1 \in Q_k$, wobei Q_k gegeben sei durch die Gleichung

$$F(x) = \frac{1}{2}\,x^{\mathsf{T}} A x - x^{\mathsf{T}} b = F(x_1) = k. \tag{5}$$

Ist $x_1' - \Omega = \varrho(x_1 - \Omega)$ und wird (5) in der Form $\frac{1}{2}(u^{\mathsf{T}} A u) + F(\Omega) = F(x_1)$ geschrieben, wobei $x_1 - \Omega = u$ gesetzt wurde $\big(t = 1$ in $(3)\big)$ und $x_1' - \Omega = u'$, dann ergibt sich

$$\frac{1}{2}\,(u'^{\mathsf{T}} A u'^{\mathsf{T}}) + F(\Omega) = F(\Omega)(1 - \varrho^2) + \varrho^2 F(x_1) = F(x_1');$$

daraus folgt

$$F(x_1') - F(\Omega) = \varrho^2\big(F(x_1) - F(\Omega)\big).$$

Der Vektor $r(x_1) = (\operatorname{grad} F(x))_{x=x_1}$ ist der Normalenvektor zur Tangentialhyperebene an die Hyperquadrik $F(x) = F(x_1)$, die als Niveaufläche für das skalare Feld $F(x)$ betrachtet wird (Abb. 5.5).

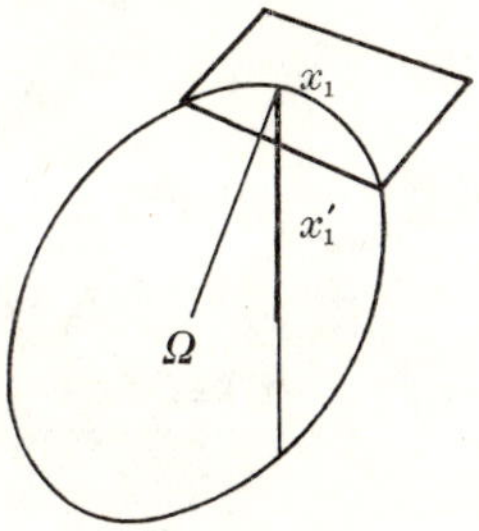

Abb. 5.5

5.4.2. *Beispiele*

An einigen Beispielen wollen wir nun diese verschiedenen Interpretationen in ihrer Anwendung untersuchen.

5.4.2.1. Relaxationsmethoden (für $A^{\mathsf{T}} = A$)

a) Methode von Southwell

Man hat X_1 und bildet die Komponenten von r_1. Es wird die Achse gewählt, auf der die größte Komponente liegt, und X_1 in X_2 auf einer Parallelen D zu dieser Achse verschoben, so daß die durch den Punkt X_2 gehende Quadrik die Gerade D tangiert (Abb. 5.6).

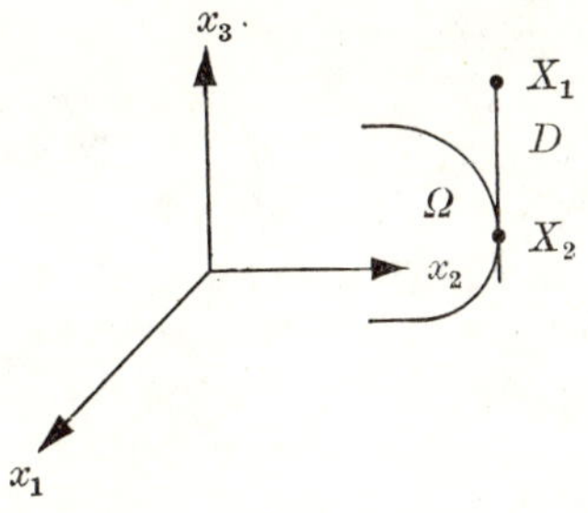

Abb. 5.6

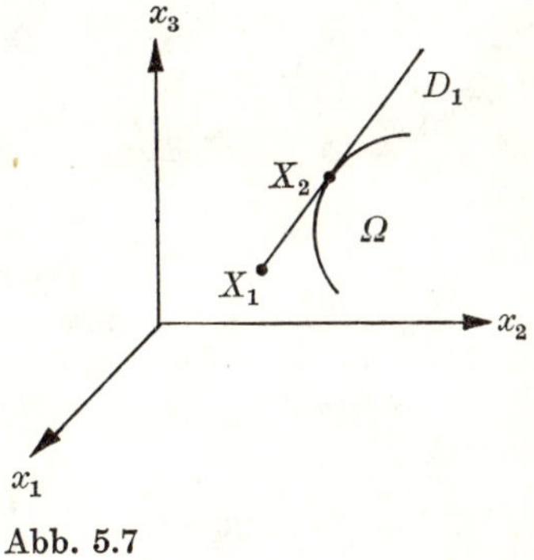

Abb. 5.7

b) Methode von Gauss-Seidel

Man legt die Reihenfolge der Achsen 1, 2, 3 usw. fest und wählt X_2 immer auf der Parallelen D_1 zur x_1-Achse durch X_1, wobei die durch X_2 gehende Quadrik jeweils D_1 tangiert, usw. (Abb. 5.7).

5.4.2.2. Methode des stärksten Abstiegs

α) Prinzip

Auf der Normalen zu der durch $X^{(p)}$ gehenden Hyperquadrik

$$F(X) = \frac{1}{2} X^\mathsf{T} A X - X^\mathsf{T} b = K = F(X^{(p)})$$

wird der Punkt X^{p+1} als Berührungspunkt dieser Normalen mit der nächsten Hyperquadrik der Schar bestimmt:

$$r_p = \operatorname{grad} F(X^{(p)}) = \begin{bmatrix} f_1(X^{(p)}) \\ \vdots \\ f_n(X^{(p)}) \end{bmatrix} = A X^{(p)} - b, \quad X^{(p+1)} = X^{(p)} + \lambda_p r_p. \tag{1}$$

β) Bestimmung von λ_p

Die Residuen r_{p+1} und r_p müssen senkrecht aufeinander stehen, d. h., es gilt $r_p^\mathsf{T} r_{p+1} = 0$. Nun ist

$$x_{p+1} = x_p + \lambda_p r_p,$$

also

$$\begin{aligned} A x_{p+1} - b &= A x_p - b + \lambda_p A r_p, \\ r_{p+1} &= r_p + \lambda_p A r_p; \end{aligned} \tag{2}$$

daraus folgt

$$r_p^\mathsf{T} r_{p+1} = \| r_p \|^2 + \lambda_p r_p^\mathsf{T} A r_p = 0.$$

Für λ_p ergibt sich daher

$$\lambda_p = - \frac{\| r_p \|^2}{r_p^\mathsf{T} A r_p}; \tag{3}$$

folglich ist

$$X_{p+1} = X_p - \frac{\| r_p \|^2}{r_p^\mathsf{T} A r_p} r_p. \tag{4}$$

γ) Konvergenz

Satz. *Bei positiv definiter symmetrischer Matrix A konvergiert die Methode des stärksten Abstieges bei beliebigem Anfangsvektor gegen die Lösung von* $Ax - b = 0$, *wenn das Verhältnis* λ_M / λ_m *des größten und des kleinsten Eigenwertes von A echt kleiner ist als 2.*

Beweis. Aus (2) folgt wegen der Orthogonalität von r_p und r_{p+1}

$$\| r_{p+1} \|^2 + \| r_p \|^2 = \lambda_p^2 \| A r_p \|^2,$$

woraus sich unter Verwendung von (3)

$$\| r_{p+1} \|^2 = \| r_p \|^2 \left[\frac{\| r_p \|^2 \, \| A r_p \|^2}{(r_p^\mathsf{T} A r_p)^2} - 1 \right]$$

ergibt. Nun wissen wir, daß wenn A positiv definit und symmetrisch ist, eine nichtsinguläre untere Dreiecksmatrix B existiert (siehe 4.11.4.1.), so daß $A = BB^\mathsf{T}$ ist. Folglich gilt

$$\frac{\|r_p\|^2 \cdot \|Ar_p\|^2}{(r_p^\mathsf{T} A r_p)^2} = \frac{\|r_p\|^2 \cdot \|BB^\mathsf{T} r_p\|^2}{(r_p^\mathsf{T} BB^\mathsf{T} r_p)^2} = \frac{\|r_p\|^2}{\|B^\mathsf{T} r_p\|^2} \, \frac{\|B(B^\mathsf{T} r_p)\|^2}{\|B^\mathsf{T} r_p\|^2}.$$

Nun ist

$$\frac{\|Bx\|}{\|x\|} \leqq S_{\varphi_2\varphi_2}(B) = \sqrt{\lambda_M},$$

wenn λ_M der betragsgrößte Eigenwert von $BB^\mathsf{T} = A$ ist (vgl. 2.1.7., Beispiel 3); andererseits ist

$$\frac{1}{S_{\varphi_2\varphi_2}\big((B^\mathsf{T})^{-1}\big)} \leqq \frac{\|B^\mathsf{T} x\|}{\|x\|}$$

und

$$S_{\varphi_2\varphi_2}\big((B^\mathsf{T})^{-1}\big) = \sqrt{\lambda'_m},$$

wobei λ'_m der betragsgrößte Eigenwert von $(B^\mathsf{T})^{-1}B^{-1}$ ist (es ist $(M^{-1})^\mathsf{T} = (M^\mathsf{T})^{-1}$), d. h. von $(BB^\mathsf{T})^{-1} = A^{-1}$; also ist $\lambda'_m = 1/\lambda_m$, wenn λ_m der betragskleinste Eigenwert von A ist.

Wir erhalten schließlich

$$1 \leqq \frac{\|r_p\|^2 \cdot \|Ar_p\|^2}{(r_p^\mathsf{T} A r_p)^2} \leqq \frac{\lambda_M}{\lambda_m}.$$

Wenn also $\lambda_M/\lambda_m < 2$ ist, dann konvergiert das Verfahren.

Bemerkung. Wir haben auf die Anwendung der linearen Iteration von der Form

$$x_{p+1} = x_p + \mu r_p \qquad (r_p = Ax_p - b) \tag{5}$$

hingewiesen. Ist μ festgelegt, so impliziert eine solche Iteration

$$r_{p+1} = r_p + \mu A r_p; \tag{6}$$

diese Gleichung entspricht der Formel (5); es ist jedoch λ_p durch μ (μ fest) ersetzt worden.

Die notwendige und hinreichende Konvergenzbedingung hierfür ist leicht gefunden. Die Gleichung (6) kann auch in der Form $r_{p+1} = (I + \mu A) r_p$ geschrieben werden. Die notwendige und hinreichende Bedingung lautet daher

$$\varrho(I + \mu A) < 1.$$

Ist A positiv definit und symmetrisch, so finden wir

$$\varrho(I + \mu A) = \max(|1 + \mu\lambda_M|, |1 + \mu\lambda_m|);$$

also ist $-1 < 1 + \mu\lambda_M < 1$, d. h. $-2 < \mu\lambda_M < 0$, und damit ist

$$\frac{-2}{\lambda_M} < \mu < 0 \qquad (\lambda_M > 0).$$

δ) ALGOL-Prozedur für dieses Verfahren

```
'PROCEDURE'  STAERKSTER ABST (A) RECHTE SEITE: (B)
NAEHLOES: (X) ANFANG: (XO) PRUEFUNG: (EPS)
ORDNUNG: (N) ;
'REAL''ARRAY' A,B,X,XO ; 'INTEGER' N; 'REAL' EPS ;
'COMMENT' DIESES VERFAHREN KONVERGIERT FUER EINE
POSITIV DEFINITE(SYMMETRISCHE) MATRIX A. ES WIRD
ABGEBROCHEN, WENN DIE EUKLIDISCHE NORM VON AX -B
KLEINER IST ALS SQRT(EPS) ;
'BEGIN''REAL''ARRAY' R[1:N] ; 'INTEGER' I,J ;
  'REAL' L,NORM,PROD,TR ;
SCHLEIFE:
  NORM := 0 ; PROD := 0 ;
ANFANGSRESIDUEN:
  'FOR' I := 1 'STEP' 1 'UNTIL' N 'DO'
    'BEGIN' TR := 0 ;
      'FOR' J := 1 'STEP' 1 'UNTIL' N 'DO'
      TR := TR + A[I,J] * XO[J] ;
      R[I] := TR - B[I] ;
      NORM := NORM + R[I] * R[I]
    'END' ;
SKALARPRODUKT:
  'FOR' I := 1 'STEP' 1 'UNTIL' N 'DO'
    'BEGIN' TR := 0 ;
      'FOR' J := 1 'STEP' 1 'UNTIL' N 'DO'
      TR := TR + A[I,J] * R[J] ;
      PROD := PROD + TR * R[I]
    'END' ;
FAKTOR:
  L := - NORM / PROD ;
NEUKOMP:
  'FOR' I := 1 'STEP' 1 'UNTIL' N 'DO'
  XO[I] := XO[I] + L * R[I] ;
PRUEFUNG:
  'IF' NORM < EPS 'THEN''GOTO' AUSGANG
  'ELSE''GOTO' SCHLEIFE ;
AUSGANG:
  'FOR' I := 1 'STEP' 1 'UNTIL' N 'DO'
  X[I] := XO[I] ;
'END' ;
```

Aufwand: Pro Schritt $n^2 + 4n$ Multiplikationen, Additionen und eine Division.

5.4.2.3. Gradientenmethode

Wir wählen ein Ellipsoid $F(x) = F(x_p)$, das durch x_p geht; auf der Normalen in x_p in Richtung von r_p bestimmen wir x_{p+1} als den Punkt, in dem sich die zur Tangentialebene durch x_p parallele Hyperebene durch Ω und die Normale treffen (Abb. 5.8).

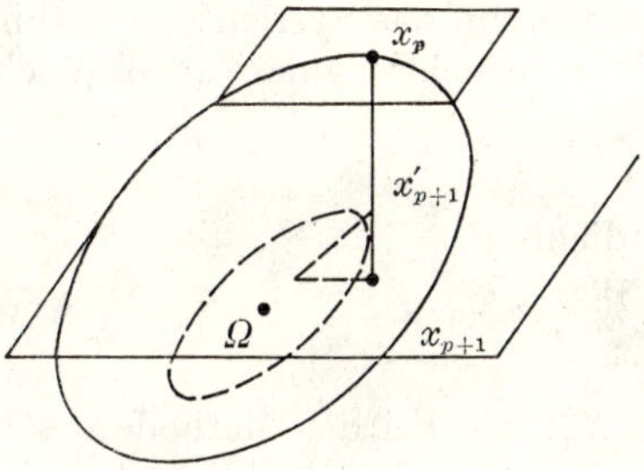

Abb. 5.8

Es ist $x_{p+1} = x_p + \mu_p r_p$.
Die Gleichung der durch Ω gehenden parallelen Ebene ist

$$r_p^{\mathsf{T}}(x - \Omega) = 0 \qquad \text{oder} \qquad (x_p - \Omega)^{\mathsf{T}} A^{\mathsf{T}}(x - \Omega) = 0 .$$

Wie man sieht, muß μ_p der Bedingung

$$(x_p - \Omega)^{\mathsf{T}} A^{\mathsf{T}}(x_p + \mu_p r_p - \Omega) = 0$$

genügen, woraus

$$\mu_p = -\frac{(x_p - \Omega)^{\mathsf{T}} A (x_p - \Omega)}{\| r_p \|^2}$$

folgt. Wenn man berücksichtigt, daß die Matrix A positiv definit und symmetrisch ist, also immer eine nichtsinguläre untere Dreiecksmatrix B existiert, so daß $A = BB^{\mathsf{T}}$ ist, dann besitzt das System $BB^{\mathsf{T}}x - b = 0$ dieselbe Lösung wie das System $B^{\mathsf{T}}x - B^{-1}b = 0$. Setzt man

$$\varrho_p = B^{\mathsf{T}} x_p - B^{-1} b,$$

so erkennt man, daß $B\varrho_p = r_p$ ist; wegen

$$(x_p - \Omega)^{\mathsf{T}} BB^{\mathsf{T}}(x_p - \Omega) = \| \varrho_p \|^2$$

ergibt sich in diesem Fall

$$x_{p+1} = x_p - \frac{\| \varrho_p \|^2}{\| B \varrho_p \|^2} B \varrho_p .$$

Es kann also eine Übereinstimmung mit dem Verfahren der Zerlegung der Norm (für die Norm φ_2) festgestellt werden. Für das System $B^{\mathsf{T}}x - B^{-1}b = 0$ konvergiert dieses Verfahren folglich immer. In der Praxis ist die Berechnung der μ_p unmöglich, da in

$$\mu_p = -\frac{(x_p - \Omega)^\mathsf{T} A (x_p - \Omega)}{\| r_p \|^2}$$

die Kenntnis von Ω vorausgesetzt wird bzw. zumindest die Berechnung von $B^{-1}b$ möglich sein müßte. Das ist dann der Fall, wenn das System von vornherein die Gestalt $C^\mathsf{T} C x - C^\mathsf{T} b = 0$ besitzt, wobei C eine nichtsinguläre quadratische Matrix bezeichnet.

5.4.2.4. Methode der konjugierten Gradienten (Methode von Stiefel-Hestenes)

α) Prinzip

Ausgegangen wird von einem Punkt X_0; wie bei der Methode des stärksten Abstiegs wird X_1 in Richtung von r_0 bestimmt als der Punkt, in dem die Hyperquadrik, die dort verläuft, D_0 berührt (Abb. 5.9).

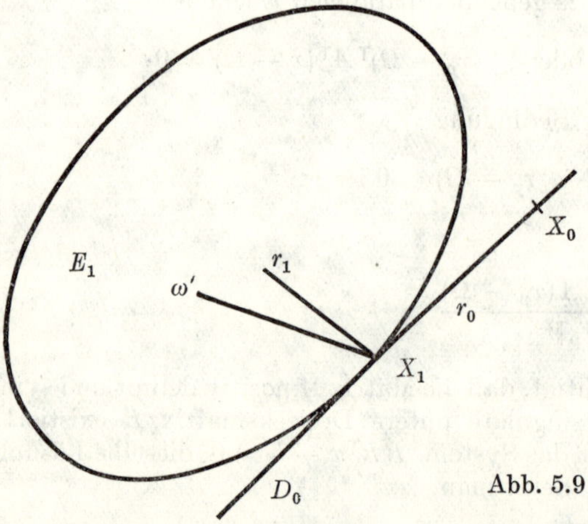

Abb. 5.9

Nach der Bestimmung von r_1 wird die Quadrik mit der von r_0 und r_1 aufgespannten Ebene geschnitten. Es entsteht ein Kegelschnitt E_1, für den die Mittelpunktrichtung leicht festgestellt werden kann; diese Richtung ist in der von r_0 und r_1 aufgespannten Ebene zur Richtung von r_0 bezüglich E_1 konjugiert. Es sei u_1 der entsprechende Richtungsvektor. Wir setzen $r_0 = -u_0$, und es muß

$$u_1 = -r_1 + s_1 u_0 \tag{1}$$

gelten (u_1 ist komplanar zu u_0 und r_1).

Bei der Bestimmung von s_1 gehen wir davon aus, daß u_0 und u_1 bezüglich der Hyperquadrik $u_1^\mathsf{T} A u_0 = 0$ bzw. $u_0^\mathsf{T} A u_1 = 0$ $(A^\mathsf{T} = A)$ konjugiert sind. Es bleibt X_2 festzulegen, und zwar so, daß das durch X_2 gehende Ellipsoid u_1 tangiert. Es ist

$$X_2 = X_1 + \lambda_1 u_1$$

und

$$r_2 = r_1 + \lambda_1 A u_1 .$$

Allgemein ergibt sich für den p-ten Schritt (X_p, r_p, u_p):

1. Es wird u_p bestimmt; dazu wird herangezogen, daß

a) u_p, u_{p-1} sowie r_p komplanar sind; d. h. es existiert ein s_p, so daß

$$u_p = -r_p + \boxed{s_p}\, u_{p-1} \tag{2}$$

ist;

b) u_p und u_{p-1} konjugiert sind, d. h., es ist

$$u_p^{\mathsf{T}} A u_{p-1} = 0 , \tag{3}$$

$$u_{p-1}^{\mathsf{T}} A u_p = 0 . \tag{3'}$$

2. Ist u_p gefunden, dann gilt

$$X_{p+1} = X_p + \boxed{\lambda_p}\, u_p , \tag{4}$$

$$r_{p+1} = r_p + \lambda_p A u_p . \tag{5}$$

Die Zahlen λ_p werden so bestimmt, daß u_p das durch X_{p+1} gehende Ellipsoid tangiert, d. h., daß

$$r_{p+1}^{\mathsf{T}} u_p = 0 . \tag{6}$$

gilt.

β) Berechnung

Wir beschränken uns auf die Darstellung der Berechnung von s_p und λ_p.

Für $\boxed{s_p}$ ergibt sich unter Verwendung von $(-r_p^{\mathsf{T}} + s_p u_{p-1}^{\mathsf{T}}) A u_{p-1} = 0$

$$s_p = \frac{r_p^{\mathsf{T}} A u_{p-1}}{u_{p-1}^{\mathsf{T}} A u_{p-1}} . \tag{7}$$

(Wie wir später sehen werden, kann noch ein anderer Ausdruck für s_p gefunden werden.)

Für $\boxed{\lambda_p}$ erhalten wir aus $r_{p+1}^{\mathsf{T}} u_p = 0$, $[r_p^{\mathsf{T}} + \lambda_p (A u_p)^{\mathsf{T}}] u_p = 0$

$$\lambda_p = -\frac{r_p^{\mathsf{T}} u_p}{u_p^{\mathsf{T}} A u_p} . \tag{8}$$

Es sei darauf verwiesen, daß aus $r_p^{\mathsf{T}} u_p = -r_p^{\mathsf{T}} r_p + s_p \boxed{r_p^{\mathsf{T}} u_{p-1}} = 0$ (Berührungsbeziehung)

$$r_p^{\mathsf{T}} u_p = -r_p^{\mathsf{T}} r_p = -\| r_p \|^2$$

und damit

$$\lambda_p = \frac{\| r_p \|^2}{u_p^\mathsf{T} A u_p} \tag{9}$$

folgt. Multipliziert man (2) mit r_{p-1}^T, dann ergibt sich

$$s_p = \frac{r_{p-1}^\mathsf{T} u_p + r_{p-1}^\mathsf{T} r_p}{r_{p-1}^\mathsf{T} u_{p-1}} = \frac{r_{p-1}^\mathsf{T} u_p + r_{p-1}^\mathsf{T} r_p}{-\| r_{p-1} \|^2}, \tag{10}$$

woraus der Beweis für (9) sofort zu ersehen ist. Schreibt man (5) in der Gestalt $r_p = r_{p-1} + \lambda_{p-1} X u_{p-1}$ und multipliziert diesen Ausdruck mit u_p^T, dann erhält man

$$\left.\begin{aligned} u_p^\mathsf{T} r_p &= u_p^\mathsf{T} r_{p-1} \\ r_p^\mathsf{T} u_p &= r_{p-1}^\mathsf{T} u_p \end{aligned}\right\} = -\| r_p \|^2. \tag{11}$$

Aus der Berührung ergibt sich schließlich $r_{p+1}^\mathsf{T} u_p = 0$; ersetzen wir

$$u_p = -r_p + s_p u_{p-1}$$

durch

$$0 = -r_{p+1}^\mathsf{T} r_p + s_p (r_{p+1}^\mathsf{T} u_{p-1})$$

und beachten wir, daß aus der Multiplikation von $r_{p+1} = r_p + \lambda_p A u_p$ mit u_{p-1}^T

$$u_{p-1}^\mathsf{T} r_{p+1} = \underbrace{u_{p-1}^\mathsf{T} r_p}_{=0} + \underbrace{\lambda_p u_{p-1}^\mathsf{T} A u_p}_{=0} = 0$$

folgt, dann erhalten wir $r_{p+1}^\mathsf{T} r_p = 0$, d. h., die beiden Vektoren r_p, r_{p+1} stehen aufeinander senkrecht.

Damit kann der Ausdruck für s_p vereinfacht werden, und wir erhalten

$$s_p = \frac{\| r_p \|^2}{\| r_{p-1} \|^2}.$$

γ) Der Satz von Stiefel

Satz. *Das Verfahren konvergiert nach höchstens n Iterationen. Das Prinzip besteht in folgender Überlegung: Die r_i werden nacheinander orthogonalisiert, d. h., man muß letztlich zu einem r_p gelangen, das Null ist.*

Beweis. Wir wollen zeigen, daß für beliebiges ganzzahliges p, wenn $q < p$ ist, folgende Gleichungen bestehen:

$$r_p^\mathsf{T} r_q = 0, \tag{12}$$

$$r_p^\mathsf{T} A u_{q-1} = 0, \tag{13}$$

$$u_p^\mathsf{T} A u_q = 0, \tag{14}$$

$$u_p^\mathsf{T} A r_q = 0. \tag{15}$$

1. Es sei $p = 1$, $q = 0$; dann ist $r_1^\mathsf{T} r_0 = 0$; die Formel (13) hat keine Bedeutung; $u_1^\mathsf{T} A u_0 = 0$ ist identisch mit $u_1^\mathsf{T} A r_0 = 0$; denn $r_0 = -u_0$ ist Ausdruck für die Konjugiertheit.

2. Wir nehmen an, der Satz gelte für $p = h$, und wir beweisen ihn für $h + 1$.

Erste Gleichung:

$$r_{h+1}^{\mathsf{T}} r_q = [r_h^{\mathsf{T}} + \lambda_h (A u_h)^{\mathsf{T}}] r_q = \underline{r_h^{\mathsf{T}} r_q} + \underline{\lambda_h u_h^{\mathsf{T}} A^{\mathsf{T}} r_q}.$$

Für $q < h$ sind die beiden unterstrichenen Terme gleich Null, da (12) und (15) für $p = h$ gelten. Ist $q = h$, dann stehen, wie wir gesehen haben, r_{h+1} und r_h (als zwei aufeinanderfolgende r) aufeinander senkrecht.

Zweite Gleichung:

$$\underline{r_{h+1}^{\mathsf{T}} r_q} = \underline{r_{h+1}^{\mathsf{T}} r_{q-1}} + \lambda_{q-1} (r_{h+1}^{\mathsf{T}} A u_{q-1})$$

(wobei r_q durch seine Darstellung ersetzt wurde). Wie wir gesehen haben, sind die beiden unterstrichenen Terme für beliebiges $q < h + 1$ gleich Null. Der Formel (9) für λ_{q-1} ist zu entnehmen, daß λ_{q-1} nur Null ist, wenn r_{q-1} gleich Null ist. In diesem Fall ist ein verschwindendes r_{q-1} gefunden. Also ist $r_{h+1}^{\mathsf{T}} A u_{q-1} = 0$.

Dritte Gleichung:

$$u_{h+1}^{\mathsf{T}} A u_q = -r_{h+1}^{\mathsf{T}} A u_q + s_{h+1} u_h^{\mathsf{T}} A u_q.$$

Auf Grund von (13) ist der erste Ausdruck auf der rechten Seite der Gleichung gleich Null. Für $q \leqq h$ ist die rechte Seite nach Voraussetzung gleich Null. Für $q = h$ ergibt sich wegen der Konjugiertheit $u_{h+1}^{\mathsf{T}} A u_h = 0$.

Vierte Gleichung:

Zum Beweis benutzen wir die Gleichung

$$\underbrace{u_{h+1}^{\mathsf{T}} A u_q}_{\substack{=0 \\ \text{(vorhergehender} \\ \text{Beweis)}}} = -u_{h+1}^{\mathsf{T}} A r_q + s_q \underbrace{(u_{h+1}^{\mathsf{T}} A u_{q-1})}_{\substack{=0 \\ \text{(vorhergehender} \\ \text{Beweis)}}};$$

damit finden wir

$$u_{h+1}^{\mathsf{T}} A r_q = 0.$$

Bemerkungen. Bei einer praktischen Berechnung können zwei Fälle eintreten:

a) entweder gelangt man vor dem n-ten Schritt zu einem r_p, für das $\|r_p\| = 0$ ist (Rechengenauigkeit); in diesem (seltenen) Fall konvergiert das Verfahren vor dem n-ten Schritt;

b) oder aber (und das ist häufiger der Fall) die Rechenfehler bewirken, daß das Verfahren nicht abbricht. Auch in diesem Fall gibt die Berechnung von $\|r_p\|$ an, ob es ratsam ist, in der Berechnung fortzufahren. Dazu vergleiche man die ALGOL-Prozedur:

```
'PROCEDURE' KONJUGRAD (A) RECHTE SEITE: (B)
LOES: (X) ANFANG: (XO) ORDNUNG: (N) ;
'REAL''ARRAY' A,B,X,XO ; 'INTEGER' N ;
'COMMENT' IN DIESEM VERFAHREN WIRD DIE
STIEFELSCHE METHODE (METHODE DER KONJUGIERTEN
GRADIENTEN) ZUR LOESUNG DES SYSTEMS AX = B
FUER POSITIV DEFINITES (UND SYMMETRISCHES) A
ANGEWENDET ;
'BEGIN''REAL''ARRAY' V,R,S[1:N] ;
  'INTEGER' I,J,K ;
  'REAL' SIGMA,LAMBDA,LAMBDA1,T ;
ANFANG:
  I := 0 ;
  'FOR' J := 1 'STEP' 1 'UNTIL' N 'DO'
    'BEGIN' T := 0 ;
      'FOR' K := 1 'STEP' 1 'UNTIL' N 'DO'
      T := T + A[J,K] * XO[K] ;
      R[J] := T - B[J] ;
      V[J] := -R[J]
    'END' ;
SCHLEIFE:
  'FOR' J := 1 'STEP' 1 'UNTIL' N 'DO'
    'BEGIN' T := 0 ;
      'FOR' K := 1 'STEP' 1 'UNTIL' N 'DO'
      T := T + A[J,K] * V[K] ;
     S[J] := T
    'END' ; LAMBDA1 := 0 ;
   'FOR' J := 1 'STEP' 1 'UNTIL' N 'DO'
  LAMBDA1 := LAMBDA1 + V[J] * S[J] ;
  T := 0 ;
  'FOR' J := 1 'STEP' 1 'UNTIL' N 'DO'
  T := T - R[J] * V[J] ;
  LAMBDA := T / LAMBDA1 ;
  'FOR' J := 1 'STEP' 1 'UNTIL' N 'DO'
  XO[J] := XO[J] + LAMBDA * V[J] ;
  'IF' I = N-1 'THEN''GOTO' AUSGANG ;
  'FOR' J := 1 'STEP' 1 'UNTIL' N 'DO'
  R[J] := R[J] + LAMBDA * S[J] ;
  T := 0 ;
  'FOR' J := 1 'STEP' 1 'UNTIL' N 'DO'
  T := T + R[J] * S[J] ;
  SIGMA := T / LAMBDA1 ;
  'FOR' J := 1 'STEP' 1 'UNTIL' N 'DO'
  V[J] := -R[J] + SIGMA * V[J] ;
  I := I+1 ;
  'GOTO' SCHLEIFE ;
AUSGANG:
  'FOR' I := 1 'STEP' 1 'UNTIL' N 'DO'
  X[I] := XO[I] ;
'END' ;
```

5.5. Bemerkungen (für den Fall nichtsymmetrischer Systeme)

Es können stets Iterationsverfahren, etwa Relaxationen (SOUTHWELL, GAUSS-SEIDEL, Gesamtschrittverfahren) oder Projektionen verwendet werden, aber in keinem Fall die beiden vorhergehenden Methoden. Wie man sieht, ist die Lösung des Systems $AX - b = 0$ zur Lösung des Systems $(A^\mathsf{T}A)X - A^\mathsf{T}b = 0$ äquivalent, wobei $A^\mathsf{T}A$ symmetrisch ist.

Dies ist allerdings in solchen Fällen äußerst unvorteilhaft, in denen A nahezu singulär ist; darüber hinaus bedarf es dazu einer Matrizenmultiplikation.

Interessant wird diese Operation dadurch, daß sich mit ihrer Hilfe häufig Systeme

$$AX - b = 0 \tag{1}$$

mit „mehr Gleichungen als Unbekannten" lösen lassen, deren „Verträglichkeit" von vornherein bekannt ist.

Es sei A eine Matrix vom Typ (p, q), $p > q$. In diesem Fall sind die Lösungen von (1) auch Lösungen des Systems

$$\underset{(qq)}{(A^\mathsf{T}A)}X - A^\mathsf{T}b = 0 \tag{1'}$$

mit q Gleichungen und q Unbekannten. Wie man leicht sieht, erhält man das System (1′) auch, wenn man

$$F(X) = \sum_{i=1}^{p} f_i^2(X)$$

und dazu das System

$$\frac{\partial F}{\partial x_j} = 0 \qquad (j = 1, 2, \ldots, q)$$

betrachtet, denn es ist

$$\frac{\partial F}{\partial x_j} = 2\left[\sum_{i=1}^{p} f_i(X)\,\frac{\partial f_i}{\partial x_j}\right] = 0. \tag{2}$$

Wir haben

$$f_i = \sum_{j=1}^{q} a_{ij}x_j - b_i, \qquad \frac{\partial f_i}{\partial x_j} = a_{ij},$$

und (2) schreibt sich daher in der Form

$$(AX - b)^\mathsf{T} A_{.j} = 0$$

oder

$$A_{.j}^\mathsf{T}(AX - b) = 0$$

oder

$$A^\mathsf{T}(AX - b) = 0,$$

was eben das System (1′) darstellt.

Das System (1') heißt das zu dem gegebenen System „assoziierte" System. Man könnte (1') als das System „der kleinsten Quadrate" von (1) bezeichnen; durch die Lösung von (1) wird $F(x)$ minimiert.

5.6. Bemerkungen zur Konvergenz und Konvergenzverbesserung

In allen bisher geschilderten Iterationsverfahren wollen wir $d_p = X_{p+1} - X_p$ setzen und annehmen, von einer gewissen Stelle an sei $d_{p+1} \approx K d_p$, wobei $\|K\| < 1$ eine Konstante bezeichnet. Damit erhalten wir

$$d_{p+1} = K d_p, \qquad d_{p+2} = K d_{p+1} = K^2 d_p, \quad \ldots, \quad d_{p+n} = K^n d_p;$$

die Addition ergibt

$$X_{p+n+1} - X_p = (1 + K + \cdots + K^n) d_p.$$

Daraus folgt

$$\Omega = X_p + \frac{d_p}{1 - K}.$$

Das trifft in der Praxis für einen linearen Ausdruck stets zu: $X_{p+1} = Q X_p + k$ (Q eine feste Matrix, k ein fester Vektor), also für das Verfahren von GAUSS-SEIDEL usw.; denn hier ist

$$X_{p+1} - \Omega_p = Q(X_p - \Omega) = \cdots = Q^p(X_1 - \Omega).$$

Wenn $\lambda_1, \ldots, \lambda_n$ die Eigenwerte von Q und $u_1, \ldots, u_p$ die zugehörigen Eigenvektoren sind (die der Einfachheit halber linear unabhängig vorausgesetzt seien), dann ist

$$X_1 - \Omega = \xi_1 u_1 + \cdots + \xi_n u_n,$$

$$X_{p+1} - \Omega = \sum_{i=1}^{n} \xi_i \lambda_i^p u_i,$$

also

$$d_p = \sum_{i=1}^{n} \xi_i (\lambda_i^p - \lambda_i^{p-1}) u_i \approx \xi_1 u_1 (\lambda_1^p - \lambda_1^{p-1})$$

$$\approx \xi_1 u_1 \lambda_1 (\lambda_1^{p-1} - \lambda_1^{p-2}) \approx \lambda_1 d_{p-1},$$

wenn λ_1 den betragsgrößten Eigenwert bezeichnet (wobei notwendig $|\lambda_1| < 1$ gilt, vgl. die Potenzmethode in 8.3.1.).

5.7. Verbesserung der Elemente einer inversen Matrix (Hotelling-Bodewig)

α) Prinzip

Es sei A eine Matrix und C_0 eine Approximation der inversen Matrix von A:

$$C_0 = A^{-1} - E_0, \qquad A^{-1} = C_0 + E_0$$

bzw.

$$I = AC_0 + AE_0$$

(nach Multiplikation mit A). Es ist also

$$E_0 = E_0 AC_0 + E_0 AE_0,$$

und folglich gilt

$$\begin{aligned} A^{-1} &= C_0 + E_0 AC_0 + E_0 AE_0 = C_0 + (A^{-1} - C_0)AC_0 + E_0 AE_0 \\ &= 2C_0 - C_0 AC_0 + E_0 AE_0 . \end{aligned}$$

Offenbar sind die Elemente von $E_1 = E_0 AE_0$ unendlich klein von zweiter Ordnung, wenn die Elemente von E_0 unendlich klein von erster Ordnung gewählt werden.

Die Iteration besteht in folgendem:

$$C_1 = 2C_0 - C_0 AC_0,$$

$$\cdots\cdots\cdots\cdots\cdots$$

$$C_p = 2C_{p-1} - C_{p-1}AC_{p-1}; \tag{1}$$

diese Formel entspricht der Bestimmung der Inversen einer Zahl:

$$x_{p+1} = x_p(2 - ax_p).$$

Nach (1) ergibt sich

$$\begin{aligned} C_p - A^{-1} &= (C_{p-1} - A^{-1}) + C_{p-1}(I - AC_{p-1}) \\ &= (C_{p-1} - A^{-1}) + C_{p-1} - C_{p-1}AC_{p-1} \\ &= (C_{p-1} - A^{-1}) + [A^{-1} - C_{p-1}]AC_{p-1} \\ &= (C_{p-1} - A^{-1})[I - AC_{p-1}] \\ &= (C_{p-1} - A^{-1})A(A^{-1} - C_{p-1}). \end{aligned}$$

Setzen wir $A^{-1} - C_p = E_p$, $E_{p-1} = (\varepsilon_{ij}^{p-1})$, dann erhalten wir

$$E_p = -E_{p-1}AE_{p-1}.$$

Weiter setzen wir

$$M_A = \max_{i,j} |a_{ij}|, \qquad \varepsilon_p = \max_{i,j} |(E_p)|_{ij}.$$

Der allgemeine Term von AE_{p-1} ist $\sum_{k=1}^{n} a_{ik}\varepsilon_{kj}^{p-1}$; dieser Ausdruck ist dem Betrag nach höchstens gleich $n\varepsilon_{p-1}M_A$, d. h., es ist

$$\varepsilon_p \leqq n^2 M_A \varepsilon_{p-1}^2$$

(quadratische Konvergenz).

β) Praktische Anwendung

a) Dieses Verfahren wird häufig dazu benutzt, um die Elemente der Inversen A^{-1} zu verbessern. Man kann vereinbaren, daß von vornherein $M_A \leqq 1$ ist, um sicher zu erreichen, daß $n\varepsilon_{p-1} \leqq 1$ ist.

b) Die praktische Ausführung der Rechnung gestaltet sich einfacher, wenn man beachtet, daß $C_p = C_{p-1} + C_{p-1}[I - AC_{p-1}]$ ist, oder, mit $B_{p-1} = I - AC_{p-1}$, daß $C_p = C_{p-1}[I + B_{p-1}]$ ist. Ferner haben wir

$$\begin{aligned} B_p = I - AC_p &= I - AC_{p-1}(I + B_{p-1}) = I - AC_{p-1} - AC_{p-1}B_{p-1} \\ &= B_{p-1} - AC_{p-1}B_{p-1} = (I - AC_{p-1})B_{p-1} = B_{p-1}^2; \end{aligned}$$

also ist $B_p = B_{p-1}^2 = B_0^{2p}$, und wir erhalten folgendes Rechenschema:

$B_0 = I - C_0A$; danach bildet man $B_0^2, B_0^4, B_0^8, \ldots$ und

$$C_p = C_{p-1}[I + B_0^{2(p-1)}] = C_0[I + B_0][I + B_0^2] \cdots [I + B_0^{2(p-1)}].$$

γ) ALGOL-Prozedur für dieses Verfahren

```
'PROCEDURE' HOTELLING (A) NAEH DER INVERSEN: (A0)
ERGEBNIS: (B) PRUEFUNG: (EPS) ORDNUNG: (N) ;
'REAL''ARRAY' A,A0,B ; 'INTEGER' N ; 'REAL' EPS ;
'COMMENT' DIESES VERFAHREN VERBESSERT DIE
GENAEHERTE INVERSE A0 EINER MATRIX DURCH
ITERATION: CI = 2 * C0·A·C0.
DIE ITERATION ERFOLGT UEBER
CP=A0*(I+B0)*(I+B0'POWER'2)*...*(I+B0'POWER'(2*P))
BIS NORM UNEND B0'POWER'(2*P) GROESSER ALS EPS IST ;
'BEGIN''REAL''ARRAY' C0,B0[1:N,1:N] ;
   'INTEGER' I,J,K,P ;
   'REAL''PROCEDURE' NORM UNENDLICH (X)
   ORDNUNG: (N) ; 'REAL''ARRAY' X ;
   'INTEGER' N ; 'REAL' S ;
     'BEGIN''INTEGER' I,J ; S := 0 ;
       'FOR' I := 1 'STEP' 1 'UNTIL' N 'DO'
       'FOR' J := 1 'STEP' 1 'UNTIL' N 'DO'
       S := 'IF' ABS(X[I,J]) 'NOTLESS' S
       'THEN' ABS(X[I,J])
       'ELSE' S ;
       NORM UNENDLICH := S
     'END' ;
```

```
'PROCEDURE' QUADRATMATRIX (B) ORDNUNG: (N) :
'REAL''ARRAY' B ; 'INTEGER' N ;
  'BEGIN''INTEGER' I,J,K ; 'REAL' S ;
    'REAL''ARRAY' T[1:N,1:N] ;
    'FOR' I := 1 'STEP' 1 'UNTIL' N 'DO'
    'FOR' J := 1 'STEP' 1 'UNTIL' N 'DO'
      'BEGIN' S := 0 ;
        'FOR' K := 1 'STEP' 1 'UNTIL' N 'DO'
        S := S + B[I,K] * B[K,J] ;
        T[I,J] := S
      'END' ;
    'FOR' I := 1 'STEP' 1 'UNTIL' N 'DO'
    'FOR' J := 1 'STEP' 1 'UNTIL' N 'DO'
    B[I,J] := T[I,J]
  'END' ;
'PROCEDURE' PRODUKT VON ZWEI MATRIZEN
(A,B,C,M,P,N) ; HAUPTTEIL IN II ;
  'BEGIN''REAL''ARRAY' C,F,E[1:N,1:N] ;
    'INTEGER' I,J ;
EINHEITSMATRIX:
    'FOR' I := 1 'STEP' 1 'UNTIL' N 'DO'
    'FOR' J := 1 'STEP' 1 'UNTIL' N 'DO'
    E[I,J] := 'IF' I = J 'THEN' 1 'ELSE' 0 ;
PRODUKT VON ZWEI MATRIZEN (A0,A,B,N,N,N) ;
    'FOR' I := 1 'STEP' 1 'UNTIL' N 'DO'
    'FOR' J := 1 'STEP' 1 'UNTIL' N 'DO'
    C[I,J] := E[I,J] - B[I,J] ;
SCHLEIFE:
    'FOR' I := 1 'STEP' 1 'UNTIL' N 'DO'
    'FOR' J := 1 'STEP' 1 'UNTIL' N 'DO'
    C[I,J] := E[I,J] + C[I,J] ;
  'END' ;
PRODUKT VON ZWEI MATRIZEN (A0,C,F,N,N,N) ;
  'FOR' I := 1 'STEP' 1 'UNTIL' N 'DO'
  'FOR' J := 1 'STEP' 1 'UNTIL' N 'DO'
  A0[I,J] := F[I,J] ;
QUADRATMATRIX (B,N) ;
  'IF' NORM UNENDLICH (B,N) < EPS 'THEN'
  'GOTO' AUSGANG ;
  'FOR' I := 1 'STEP' 1 'UNTIL' N 'DO'
  'FOR' J := 1 'STEP' 1 'UNTIL' N 'DO'
  C[I,J] := B[I,J] ;
  'GOTO' SCHLEIFE ;
AUSGANG:
  'FOR' I := 1 'STEP' 1 'UNTIL' N 'DO'
  'FOR' J := 1 'STEP' 1 'UNTIL' N 'DO'
  B[I,J] := A0[I,J]
'END' ;
```

AUFGABEN ZU KAPITEL 5

I

1. Man stelle kurz die folgenden Iterationsmethoden für die Lösung eines linearen Systems $Ax = b$ dar:

a) Verfahren von GAUSS-SEIDEL;

b) Gesamtschrittverfahren oder Verfahren von JACOBI.

Man erläutere die notwendigen und hinreichenden Konvergenzbedingungen für diese Methoden bei beliebigem b.

2. Man betrachte die Matrix vom Typ (3, 3)

$$A(\alpha, \beta) = \begin{bmatrix} 1 & \alpha & \beta \\ 1 & 1 & 1 \\ -\beta & \alpha & 1 \end{bmatrix}$$

(α, β reelle Parameter) und das lineare System $Ax = b$.

In der α, β-Ebene sind die Gebiete zu bestimmen, die einer Konvergenz der Jacobischen Iteration bei beliebigem b entsprechen.

3. Man betrachte die Matrix

$$A(\alpha, \beta, \gamma) = \begin{bmatrix} 1 & \alpha & \beta \\ \alpha & 1 & \gamma \\ -\beta & \gamma & 1 \end{bmatrix}.$$

Gibt es Werte α, β, γ, für die

a) das Verfahren von GAUSS-SEIDEL konvergiert und das Verfahren von JACOBI nicht,

b) das Verfahren von JACOBI konvergiert und das Verfahren von GAUSS-SEIDEL nicht?

Wenn ja, gebe man einfache Werte für α, β, γ an, die den Bedingungen a) oder b) genügen.

II

Wir betrachten die Matrix vom Typ (4, 4)

$$A = \begin{bmatrix} 1 & 1 & 1 & 1 \\ 2 & 2 & -2 & -2 \\ 3 & -3 & 3 & -3 \\ 4 & -4 & -4 & 4 \end{bmatrix}.$$

1. Man bestimme mit Hilfe des „verbesserten Gaußschen Verfahrens“ oder der „Disposition von CROUT“ die Inverse A^{-1} von A und erläutere diese Methode an dem Beispiel. (Im Fall verschwindender Diagonalelemente bereitet die Darstellung Schwierigkeiten.)

2. Mit einer anderen direkten Methode, deren Wahl zu begründen ist, überprüfe man die Ergebnisse von Aufgabe 1.

3. Man stelle das Iterationsverfahren der orthogonalen Projektionen von KACMARZ dar und verwende es zur Lösung des Systems

$$(S): \quad AX = b \quad \text{mit} \quad b = \begin{bmatrix} 5 \\ 2 \\ 3 \\ 4 \end{bmatrix}.$$

Man wähle $X_0 = b$. Das Ergebnis ist anhand der vorhergehenden Resultate zu überprüfen.

III

Wir betrachten die Matrix $A \in \mathcal{M}_{(n,n)}(C)$ $(n > 1)$, die definiert ist durch

$$a_{ij} = 1 \quad \text{für} \quad i \neq j, \; a_{ii} = 0 \quad (i, j = 1, \ldots, n).$$

1. Man beweise, daß A nichtsingulär ist.

2. Man bestimme die Inverse von A und erläutere die dabei verwendete Methode anhand dieses Beispiels.

3. Für einen Parameter m löse man das lineare System

$$(mI + A)x = b \tag{1}$$

mit Hilfe der Iterationsmethode von JACOBI (des „Gesamtschrittverfahrens“).

a) Man vergegenwärtige sich das Prinzip dieser Methode und gebe eine hinreichende Bedingung an, der m genügen muß, damit diese Iteration bei beliebigem Anfangsvektor x_0 konvergiert.

b) Wir gehen von $x_0 = 0$ aus. Es ist eine hinreichende Anzahl von Schritten für diese Iteration anzugeben, damit die Größe $\varphi_\infty(x_K - \Omega)/\varphi_\infty(\Omega)$ kleiner oder gleich $10^{-\nu}$ wird ($\varphi_\infty(X) = \max\limits_{i=1,\ldots,n} |X_i|$; Ω Lösung des Systems, ν ist eine positive ganze Zahl, und x_K ist die K-te Iterierte).

c) Man beschreibe in ALGOL den Hauptteil einer Prozedur, deren Anfang folgendermaßen lautet:

```
'PROCEDURE' JACOBI SPEZIAL (N) RECHTE SEITE: (B)
ERGEBNIS: (X) PARAMETER: (M) GENAUIGKEIT: (NUE) ;
'VALUE' M,N,NUE ; 'INTEGER' N,NUE ; 'REAL' M ;
'ARRAY' B,X ;
'COMMENT' GESUCHT WIRD EINE NAEHERUNGSLOESUNG
VON (1) MIT HILFE DER IN 3A) UND 3B) BESCHRIEBENEN
ITERATIONSMETHODEN. DIE ANZAHL DER DURCHLAEUFE IST
DURCH 3B) FESTGELEGT. DIE VERWENDETEN BEZEICHNUNGEN
SIND: N ORDNUNG DES SYSTEMS, M ERSETZT M AUS (1),
UND NUE IST DER EXPONENT FUER DIE GENAUIGKEIT IN
 DER BEDINGUNG B) ;
```

IV

Gegeben seien eine dreidiagonale reelle Matrix A_n vom Typ (n, n) der Gestalt

$$A_n = \begin{bmatrix} \alpha & 1 & & & \\ 1 & \alpha & 1 & & 0 \\ & 1 & \alpha & 1 & \\ & & \ddots & \ddots & \ddots \\ & 0 & & & 1 \\ & & & 1 & \alpha \end{bmatrix}$$

sowie ein Vektor $y = \begin{bmatrix} y_1 \\ y_2 \\ \vdots \\ y_n \end{bmatrix}$.

1. Man bilde die Folge $d_0, d_1, \ldots, d_n$, die definiert ist durch

$$d_{i+1} = \alpha d_i - d_{i-1} \qquad (i = 1, 2, \ldots, n); \quad d_0 = 1, \; d_1 = \alpha$$

und die Folge $z_1, z_2, \ldots, z_n$, die definiert ist durch

$$z_{i+1} = d_i y_{i+1} - z_i \qquad (i = 1, 2, \ldots, n-1), \quad z_1 = y_1.$$

a) Man beweise: Gilt $d_i \neq 0$ für jedes i, dann ist die Lösung des Systems $A_n x = y$ Lösung des Systems $D_n x = z$ mit

$$D_n = \begin{bmatrix} d_1 & d_0 & & 0 \\ & d_2 & d_1 & \\ & & \ddots & \ddots \\ & & & d_{n-2} \\ 0 & & & d_n \end{bmatrix}, \; z = \begin{bmatrix} z_1 \\ z_2 \\ \vdots \\ z_n \end{bmatrix}.$$

Unter Benutzung dieser Methode gebe man ein Flußdiagramm für die Berechnung der Lösung von $A_n x = y$ an.

b) Man setze $n = 4$, $\alpha = 2$. Mit Hilfe der vorhergehenden Ergebnisse ist die Inverse von A_4 zu bestimmen.

2. Gegeben sei

$$B_5 = \begin{bmatrix} 2 & 1 & 0 & 0 & 1 \\ 1 & 2 & 1 & 0 & 0 \\ 0 & 1 & 2 & 1 & 0 \\ 0 & 0 & 1 & 2 & 1 \\ 1 & 0 & 0 & 1 & 2 \end{bmatrix}.$$

Man bestimme die Inverse von B_5; wenn möglich, verwende man die Ergebnisse aus 1b).

3. a) Unter Verwendung der Formel

$$\sin \frac{\pi p(i-1)}{n+1} + \sin \frac{\pi p(i+1)}{n+1} = 2 \cos \frac{\pi p}{n+1} \sin \frac{\pi p i}{n+1}$$

beweise man, daß die Vektoren U_p (p ganz, $1 \leqq p \leqq n$) mit den Komponenten

$$U_{pi} = \sin \frac{\pi p i}{n+1} \qquad (i = 1, 2, \ldots, n)$$

Eigenvektoren von A_n sind. Es sind die Eigenwerte von A_n anzugeben.

b) Man erläutere die Methode von JACOBI (das Gesamtschrittverfahren) anhand der Lösung des Systems $A_n x = y$.

Man diskutiere die Konvergenz dieser Methode für verschiedene Werte von α.

6. INVARIANTE UNTERRÄUME

6.1. Einführung

Bekanntlich kann man in R^n (oder C^n) (d. h. in einem Vektorraum über R oder C) eine lineare Abbildung σ (im vorliegenden Kapitel werden wir allgemein diese Schreibweise verwenden) vermittels der zu dieser Transformation gehörenden Matrix A bezüglich der Fundamentalbasis $\mathscr{B} = \{e_1, e_2, \ldots, e_n\}$ von R^n definieren. Die i-te Spalte von A ist $\sigma(e_i)$. Es sei $\mathscr{B}' = \{e_1', e_2', \ldots, e_n'\}$ eine andere Basis von R^n. Einem Vektor

$$X = \begin{bmatrix} \xi_1 \\ \vdots \\ \xi_n \end{bmatrix} \in R^n$$

entsprechen die Zahlen $\xi_1', \ldots, \xi_n'$, so daß $X = \xi_1' e_1' + \xi_2' e_2' + \cdots + \xi_n' e_n'$ ist; die Zahlen ξ_i' sind die Komponenten von X bezüglich der Basis $\mathscr{B}'$. Sie können in einer Spalte angeordnet werden, und man erhält damit den (Spalten-)Vektor

$$X' = \begin{bmatrix} \xi_1' \\ \vdots \\ \xi_n' \end{bmatrix}.$$

Man erkennt sogleich, wie die Komponenten von X' in Abhängigkeit von X zu berechnen sind. Es seien

$$\left.\begin{aligned} e_1' &= \beta_{11} e_1 + \beta_{21} e_2 + \cdots + \beta_{n1} e_n = \sum_{k=1}^{n} \beta_{k1} e_k, \\ &\cdots\cdots\cdots\cdots\cdots\cdots \\ e_n' &= \beta_{1n} e_1 + \beta_{2n} e_2 + \cdots + \beta_{nn} e_n = \sum_{k=1}^{n} \beta_{kn} e_k \end{aligned}\right\} \qquad \text{(I)}$$

$\left(\text{oder } e_j' = \sum_{k=1}^{n} \beta_{kj} e_k\right)$. Für X ergibt sich daraus

$$X = \sum_{j=1}^{n} \xi_j' e_j' = \sum_{j=1}^{n} \xi_j' \left(\sum_{k=1}^{n} \beta_{kj} e_k\right) = \sum_{k=1}^{n} \left(\sum_{j=1}^{n} \beta_{kj} \xi_j'\right) e_k = \sum_{k=1}^{n} \xi_k e_k.$$

Auf Grund der Eindeutigkeit erhalten wir

$$\xi_k = \sum_{j=1}^{n} \beta_{kj} \xi_j'; \qquad (1)$$

bezeichnet B die Matrix mit dem allgemeinen Term β_{ij} $(i, j = 1, 2, \ldots, n)$, dann kann (1) auch geschrieben werden in der Gestalt

$$\left.\begin{aligned} X &= BX', \\ X' &= B^{-1}X. \end{aligned}\right\} \tag{II}$$

Offenbar ist B invertierbar. Die i-te Spalte von B besteht aus den Komponenten von e_i' bezüglich der Basis $\mathscr{B}$. (Diese Spalten sind linear unabhängig, da $\mathscr{B}'$ eine Basis ist.) Daraus folgt, daß in der i-ten Spalte von B^{-1} die Komponenten von e_i bezüglich $\mathscr{B}'$ stehen.

Bemerkung. Bei formaler Betrachtung liegen uns die beiden Zeilen

$$E = (e_1, e_2, \ldots, e_n),$$
$$E' = (e_1', e_2', \ldots, e_n')$$

vor. Mit dieser Darstellung können die Formeln (I) umgeschrieben werden, und sie geben dann einen Ausdruck für die

$$\left.\begin{matrix}\text{Kovarianz}\\ \text{der}\\ \text{Basisvek-}\\ \text{toren}\end{matrix}\right\} \begin{matrix} E' = EB \text{ im Vergleich zu } X = BX' \\ E = E'B^{-1} \text{ im Vergleich zu } X' = B^{-1}X \end{matrix} \left\{\begin{matrix}\text{Kontravarianz}\\ \text{der}\\ \text{Vektorkompo-}\\ \text{nenten}\end{matrix}\right.$$

bei einem Basiswechsel.

Vereinbarung. Es ist klar, daß die Vektoren unabhängig von einer Basis existieren, welche es ermöglicht, ihnen Spaltenvektoren zuzuordnen; wir bezeichnen diese Elemente mit $x, y, z, \ldots$. Ein gegebener Vektor $x \in R^n$ kann bezüglich der Fundamentalbasis $\mathscr{B}$ dargestellt werden als

$$x \to X = \begin{bmatrix} \xi_1 \\ \vdots \\ \xi_n \end{bmatrix}$$

und bezüglich der Basis $\mathscr{B}'$ als

$$x \to X' = \begin{bmatrix} \xi_1' \\ \vdots \\ \xi_n' \end{bmatrix}.$$

Es sei σ eine lineare Transformation von R^n (oder C^n), σ: $x \approxeq X \to \sigma(x) = y \approxeq Y$, wobei das Zeichen $\approxeq$ für „ist dargestellt als" steht. Die Spaltenvektoren X und Y seien bezüglich der Fundamentalbasis gegeben; es existiert eine Matrix A vom Typ (n, n), so daß $Y = AX$ ist. Wir nehmen an, $\mathscr{B}'$ sei eine weitere Basis, die durch eine Matrix B für den Basiswechsel definiert ist. (Die Spalten von B sind die Komponenten der e_i' bezüglich $\mathscr{B}$.) Es ist $x \to X = BX'$, $y \to Y = BY'$, womit wir

$$Y' = (B^{-1}AB)X'$$

erhalten.

Satz 1. *Ist eine lineare Transformation σ durch eine Matrix A bezüglich einer Basis $\mathscr{B}$ definiert, dann ist sie in einer anderen Basis $\mathscr{B}'$ durch die Matrix $A' = B^{-1}AB$ bestimmt, wobei B die Matrix des Basiswechsels ist* ($X = BX'$).

Umgekehrt sei nun B eine Matrix, deren Inverse existiert. Wir bilden $A' = B^{-1}AB$ und betrachten die zu A' gehörende lineare Abbildung. Es seien $e'_1, e'_2, \ldots, e'_n$ die Vektoren, deren Komponenten bezüglich $\mathscr{B}$ die erste, zweite, ..., n-te Spalte von B bilden. Wählen wir einen Vektor x, dann sind offenbar X' seine Komponenten bezüglich $\mathscr{B}'$, so daß $X = BX'$ ist.

Ist also $Y' = A'X'$, dann ist $Y = AX$. Folglich kann die Transformation $A' = B^{-1}AB$ als die Transformation σ interpretiert werden, wobei die Vektoren aus R^n (oder C^n) auf eine neue Basis bezogen sind.

Definition. Gegeben sei eine Matrix A; alle Matrizen der Form $B^{-1}AB$ (mit invertierbarem B) heißen zu A *ähnlich*; sie definieren dieselbe lineare Transformation.

Satz 2. *Zwei Matrizen definieren genau dann dieselbe lineare Transformation (bezüglich zweier verschiedener Basen), wenn die beiden Matrizen zueinander ähnlich sind.*

6.2. Invariante Unterräume

Gegeben sei ein Vektorraum $\mathscr{E}_n$ und darin eine lineare Transformation σ. Es sei ζ eine Teilmenge von $\mathscr{E}_n$ mit den Eigenschaften:

1. Mit $x, y \in \zeta$ ist $x + y \in \zeta$.
2. Mit $x \in \zeta$ ist $\lambda x \in \zeta$ für beliebiges $\lambda \in R$ (oder $\lambda \in C$).
3. Mit $x \in \zeta$ ist $\sigma(x) \in \zeta$ für beliebiges $x \in \zeta$.

Man sagt, ζ ist ein bezüglich σ *invarianter Unterraum* von $\mathscr{E}_n$. (Jeder Unterraum ist ein Vektorraum!) Offenbar ist die Dimension q jedes Unterraumes höchstens gleich n. Für $q = n$ stimmt der Unterraum mit $\mathscr{E}_n$ überein und ist bezüglich jeder Transformation invariant. Ist q gleich Null, so reduziert sich der Unterraum auf den Nullvektor; dieser Unterraum ist bezüglich jeder Transformation σ invariant.

Von besonderem Interesse sind bei linearen Transformationen σ die (nichttrivialen) invarianten Unterräume, d. h. diejenigen ζ, bei denen aus $x \in \zeta$ auch $\sigma(x) \in \zeta$ folgt.

Ein Beispiel stellen invariante Unterräume der Dimension Eins dar, d. h. solche Unterräume, für die $\sigma(x) = \lambda x$ ist. (In diesem Fall könnte man sagen, das Problem besteht in der Bestimmung von Vektoren, deren Richtung durch die Transformation σ nicht geändert wird.)

6.3. Polynomtransformationen

Es sei $K[u]$ der Ring der Polynome in der Unbekannten u über dem Grundkörper K von $\mathscr{E}_n$, d. h. die Menge der Polynome in u mit Koeffizienten aus K. Im folgendem werden Polynome aus $K[u]$ mit $f(u), g(u), \ldots$ bezeichnet.

Es sei $f(u) = \alpha_0 u^m + \alpha_1 u^{m-1} + \cdots + \alpha_m u^0$ ein derartiges Polynom. (Die Polynome werden stets nach fallenden Potenzen von u dargestellt.) Ohne besondere Schwierigkeiten kann die Matrix

$$f(A) = \alpha_0 A^m + \alpha_1 A^{m-1} + \cdots + \alpha_m A^0$$

definiert werden ($A^0 = I$). Wir ersetzen A durch $A' = B^{-1}AB$; da $A'^k = (B^{-1}AB)^k = B^{-1}A^kB$ ist, ergibt sich $f(A') = B^{-1}f(A)B$. (Zum Beweis denke man daran, daß $B^{-1}ABB^{-1}ABB^{-1}AB \cdots B^{-1}AB = B^{-1}A^kB$ ist.)

Damit ist gezeigt, daß die dem Polynom $f(A)$ entsprechende Transformation σ' nur von σ abhängt und nicht von ihrer Darstellung bezüglich einer Basis. Es ist daher sinnvoll, $\sigma' = f(\sigma)$ zu schreiben. Die lineare Transformation σ' ist der Wert von $f(u)$ für σ.

Sind also eine lineare Transformation σ in $\mathscr{E}_n$ und ein Polynom $f(u)$ aus $K[u]$ gegeben, so können wir von der linearen Transformation $f(\sigma) = \sigma'$ sprechen.

Wir beweisen jetzt den

Satz 1. *Zu einer Transformation σ existieren nicht identisch verschwindende Polynome, so daß $f(\sigma) = 0$ ist. (Hierbei bezeichnet 0 die Nulltransformation, die alle $x \in \mathscr{E}_n$ auf den Nullvektor abbildet.)*

Beweis. Wir nehmen an, daß σ bezüglich einer Basis, der Fundamentalbasis etwa, durch die Matrix A dargestellt wird. Wie wir wissen, kann jede Matrix A in genau einer Weise in der Gestalt

$$A = \sum_{i,j} a_{ij} E_{ij}$$

geschrieben werden, d. h., die Menge der Matrizen vom Typ (n, n) kann als ein Vektorraum der Dimension n^2 (über K) mit den Basisvektoren E_{ij} aufgefaßt werden. Bildet man nun die Folge von Matrizen $A^0 = I, A, \ldots, A^{n^2}$, so erhält man $n^2 + 1$ Matrizen, die notwendig ein linear abhängiges System darstellen. Es gibt also Konstanten $\alpha_0, \alpha_1, \ldots, \alpha_{n^2}$, die nicht alle Null sind, so daß

$$\alpha_{n^2} A^{n^2} + \alpha_{n^2-1} A^{n^2-1} + \cdots + \alpha_0 A^0 = 0 \in \mathscr{M}_{(n,n)}$$

gilt; für das Polynom

$$f(u) = \alpha_{n^2} u^{n^2} + \alpha_{n^2-1} u^{n^2-1} + \cdots + \alpha_0 u^0,$$

das nicht identisch Null ist, finden wir somit $f(\sigma) = 0$, d. h., wir erhalten die Nulltransformation.

Damit haben wir bewiesen, daß mindestens ein nicht identisch verschwindendes Polynom existiert, so daß $f(\sigma) = 0$ ist.

Es sei $J \subset K[u]$ die Menge der Polynome mit $f(\sigma) = 0$. Diese Teilmenge von $K[u]$ wird als *Ideal* in $K[u]$ bezeichnet. Es gilt:

1. $J \neq \{0\}$ (wie wir gesehen haben, enthält J wenigstens ein von Null verschiedenes Element).

2. Mit $f, g \in J$ ist auch $f + g \in J$ (denn es ist $f(\sigma) + g(\sigma) = 0$).
3. Mit $f \in J$, $h \in K[u]$, h beliebig, ist auch $f(u)h(u) \in J$.

In der Tat ist

$$f(\sigma)h(\sigma) = h(\sigma)f(\sigma);$$

denn wenn σ bezüglich einer Basis $\mathscr{B}$ durch die Matrix A dargestellt wird, gilt

$$f(A)h(A) = h(A)f(A),$$

da die Matrizen $f(A)$ und $h(A)$ als Linearkombinationen von Potenzen von A offensichtlich vertauschbar sind.

Gilt also $f(\sigma)x = 0$ für alle x, dann ist auch $f(\sigma)h(\sigma)x = h(\sigma)f(\sigma)x = h(\sigma)0 = 0$. Wir beweisen nun den

Satz 2. *Jedes Ideal J von $K[u]$, speziell die Menge der Polynome f mit $f(\sigma) = 0$ (Nulltransformation), besteht aus den Vielfachen eines Polynoms kleinsten Grades, dessen höchster Koeffizient gleich Eins ist.* (Diese Ideale heißen *Hauptideale*).

Beweis. Wir nehmen an, es gäbe in J Polynome, die nicht identisch Null sind; es sei $m(u)$ ein derartiges Polynom vom kleinsten in J möglichen Grad, dessen höchster Koeffizient gleich Eins ist.

Es sei weiter $f \in J$. Wir dividieren f durch m: $f = mg + r$; der Grad von r ist echt kleiner als der Grad von m; aus $f \in J$, $m \in J$ folgt $mg \in J$, $f - mg \in J$ und $r \in J$; daher wäre der Grad von m nicht der kleinstmögliche, wenn $r \not\equiv 0$ ist; also ist $r \equiv 0$. Hieraus folgt zugleich die Eindeutigkeit.

Definition. Das nach Satz 2 eindeutig bestimmte Polynom $m(u)$, dessen höchster Koeffizient gleich Eins ist und für das $m(\sigma) = 0$ gilt, heißt das *Minimalpolynom* von σ. Dieses Polynom ist darüber hinaus das Minimalpolynom jeder Darstellungsmatrix von σ.

Das bedeutet, es ist $m(A) = 0 \in \mathscr{M}_{(n,n)}$ für jede Darstellungsmatrix A von σ (m von kleinstem Grad und mit dem höchsten Koeffizienten Eins).

Beispiel. Es sei

$$A = \begin{bmatrix} 1 & 0 \\ 0 & -1 \end{bmatrix}, \quad A^2 = \begin{bmatrix} 1 & 0 \\ 0 & 1 \end{bmatrix} = I.$$

In diesem Fall ist $m(u) = u^2 - 1$.

Das Minimalpolynom von I ist offensichtlich $u - 1$.

6.4. Invariante Unterräume und Polynomtransformationen

Im folgenden werden Hilfsmittel für die Bestimmung invarianter Unterräume von σ bereitgestellt.

Satz 1. *Ist ein Unterraum S bezüglich σ invariant, dann ist er bezüglich aller Transformationen $f(\sigma)$ invariant, wobei f ein beliebiges Polynom aus $K[u]$ ist.*

Beweis. Aus $x \in S$ folgt $\sigma(x) \in S$; also ist auch $\sigma\sigma(x) = \sigma^2(x) \in S, \ldots, \sigma^h(x) \in S$. Andererseits gehört mit $\sigma^h(x)$ auch $\alpha\sigma^h(x)$ für beliebiges α zu S. Schließlich ist mit $\alpha_k\sigma^h(x) \in S$, $\alpha_l\sigma^m(x) \in S$ auch $(\alpha_k\sigma^h + \alpha_l\sigma^m)(x) \in S$.

Gegeben seien ein Polynom $f(u)$ und eine Transformation σ.

Definition. Die Menge der Vektoren x, für die $f(\sigma)x = 0$ ist, wird der *Kern* von $f(\sigma)$ genannt. Wir bezeichnen den Kern mit $S_{f(\sigma)}$; also ist $S_{f(\sigma)} \subset \mathscr{E}_n$.

(Allgemein besteht der Kern einer linearen Transformation aus der Menge derjenigen x, für die $\sigma(x) = 0$ ist.)

Hilfssatz 1. *Der Kern $S_{f(\sigma)}$ ist ein bezüglich σ invarianter Unterraum.*

α) $S_{f(\sigma)}$ ist ein Unterraum; denn aus $x, y \in S_{f(\sigma)}$, d. h. $f(\sigma)x = 0$, $f(\sigma)y = 0$, folgt $f(\sigma)(x + y) = 0$, also $x + y \in S_{f(\sigma)}$; wegen $f(\sigma)\lambda x = \lambda f(\sigma)x = 0$ ist auch $\lambda x \in S_{f(\sigma)}$ für beliebiges $\lambda \in K$.

(Das gilt übrigens für den Kern jeder linearen Transformation.)

β) $S_{f(\sigma)}$ ist bezüglich σ invariant; denn für $x \in S_{f(\sigma)}$, $f(\sigma)x = 0$ ergibt sich $f(\sigma)\sigma x = \sigma(f(\sigma)x) = 0$; dabei wurde die Vertauschbarkeit von σ und $f(\sigma)$ ausgenutzt.

Im folgenden wenden wir uns der Untersuchung dieser speziellen invarianten Unterräume zu.

Hilfssatz 2. *Gegeben sei ein bezüglich σ (nichttrivialer) invarianter Unterraum $S \subset \mathscr{E}_n$. Dieser Unterraum gehört zum Kern einer Polynomtransformation $f(\sigma)$, d. h., es ist $S \subset S_{f(\sigma)}$. Im allgemeinen ist f nicht mit dem Minimalpolynom von σ identisch, sondern ein Teiler desselben.*

Es sei $x_0 \in S$, $x_0 \neq 0$; wir bilden eine Folge von „iterierten" Vektoren

$$x_0, \sigma x_0, \ldots, \sigma^k x_0, \ldots \in S.$$

Da die Dimension von $\mathscr{E}_n$, also auch die von S endlich ist, gibt es in dieser Folge eine Stelle ν (die von x_0 abhängt), so daß $\{x_0, \sigma x_0, \ldots, \sigma^{\nu-1}x_0\}$ ein linear unabhängiges System ist, während $\{x_0, \sigma x_0, \ldots, \sigma^{\nu-1}x_0, \sigma^\nu x_0\}$ ein linear abhängiges System darstellt ($\nu \leqq n$). Bei festem x_0 gibt es ein Polynom (das nicht identisch gleich Null ist), so daß

$$f(\sigma)x_0 = 0$$

ist.

Es sei $\mathscr{T}_{x_0}$ die Familie der Polynome $f(u)$ mit $f(\sigma)x_0 = 0$.

1. $\mathscr{T}_{x_0}$ reduziert sich nicht nur auf das Nullpolynom.
2. Sind $f, g \in \mathscr{T}_{x_0}$, dann ist $\lambda f + \mu g \in \mathscr{T}_{x_0}$, $\lambda, \mu \in K$.
3. Ist $f \in \mathscr{T}_{x_0}$, $h \in K[u]$ beliebig, dann ist $hf \in \mathscr{T}_{x_0}$.

Die Menge $\mathscr{T}_{x_0}$ ist ein Ideal in $K[u]$, und es ist $m(u) \in \mathscr{T}_{x_0}$ für jedes x_0. Für den Durchschnitt

$$I = \bigcap_{x_0 \in S} \mathscr{T}_{x_0}$$

gilt offenbar:

α) I ist nicht leer und enthält auch nicht nur das Nullpolynom (denn für alle x_0 ist $m(u)$ in $\mathscr{T}_{x_0}$, also in I enthalten).

β) Sind $f, g \in I$, dann ist $\lambda f + \mu g \in I$; $\lambda, \mu \in K$.

γ) Ist $f \in I$ und $h \in K[u]$ beliebig, dann ist $fh \in I$.

Daher ist I ein Ideal, und auf Grund von 6.3., Satz 2, gibt es ein Polynom f, so daß jedes $g \in I$ in der Form $g = qf$ geschrieben werden kann. Offensichtlich ist $f(\sigma)x = 0$ für alle $x \in S$, $S \subset S_{f(\sigma)}$.

Im folgenden wollen wir die geometrischen Beziehungen zwischen den Kernen $S_{f(\sigma)}$ und $S_{g(\sigma)}$ untersuchen, die die Teilbarkeitsbeziehungen zwischen f und g wiedergeben.

Hilfssatz 3. *Wenn das Polynom $g(u)$ das Polynom $f(u)$ teilt, dann gilt* $S_{g(\sigma)} \subset S_{f(\sigma)}$.

Es sei $x \in S_{g(\sigma)}$, $g(\sigma)x = 0$; aus $f(u) = q(u)g(u)$ folgt $f(\sigma)x = q(\sigma)g(\sigma)x = 0$.

Hilfssatz 4. *Es sei $h(u)$ der größte gemeinsame Teiler von $f(u)$ und $g(u)$. Es gilt*

$$S_{h(\sigma)} = S_{g(\sigma)} \cap S_{f(\sigma)}.$$

Auf Grund von Hilfssatz 3 ergibt sich offenbar $S_{h(\sigma)} \subset S_{g(\sigma)}$, $S_{h(\sigma)} \subset S_{f(\sigma)}$; der Kern $S_{h(\sigma)}$ liegt also im Durchschnitt. Ist umgekehrt $x \in S_{g(\sigma)} \cap S_{f(\sigma)}$, d. h. $g(\sigma)x = f(\sigma)x = 0$, dann folgt aus der Existenz von $h_1(u)$ und $h_2(u)$

$$\begin{aligned} h(u) &= h_1(u)f(u) + g_1(u)g(u), \\ h(\sigma) &= h_1(\sigma)f(\sigma) + g_1(\sigma)g(\sigma), \\ h(\sigma)x &= h_1(\sigma)\underbrace{f(\sigma)x}_{=0} + g_1(\sigma)\underbrace{g(\sigma)x}_{=0} = 0. \end{aligned}$$

Korollar. *Sind $f(u)$ und $g(u)$ zueinander prim, so ist $h(u) = 1$ (oder eine von Null verschiedene Konstante); $S_{h(\sigma)}$ ist für $h(\sigma) = i$ (identische Transformation) die Menge derjenigen x, für die*

$$i(x) = x = 0$$

gilt, d. h. der Raum $\{0\}$. Wenn also $f(u)$ und $g(u)$ zueinander prim sind, dann besitzen $S_{f(\sigma)}$ und $S_{g(\sigma)}$ nur den Nullvektor gemeinsam.

Hilfssatz 5. *Es sei $f(u)$ ein beliebiges Polynom und $m(u)$ das Minimalpolynom von σ. Wenn $d(u)$ der größte gemeinsame Teiler von $m(u)$ und $f(u)$ ist, dann ist* $S_{f(\sigma)} = S_{d(\sigma)}$.

Anders ausgedrückt besagt Hilfssatz 5, daß man sich bei der Untersuchung von invarianten Unterräumen $S_{f(\sigma)}$ von σ auf diejenigen Unterräume beschränken kann, die den Teilern des Minimalpolynoms entsprechen.

Nach Hilfssatz 4 ist offenbar $S_{d(\sigma)} = S_{f(\sigma)} \cap S_{m(\sigma)}$. Es genügt zu zeigen, daß $S_{f(\sigma)} \subset S_{m(\sigma)}$ ist. Das ist aber offensichtlich, da $m(\sigma) = 0$ ist, d. h., für alle x gilt $m(\sigma)x = 0$. Also ist $S_{m(\sigma)} = \mathcal{E}_n$ und

$$S_{f(\sigma)} \subset S_{m(\sigma)} = \mathcal{E}_n,$$

was zu beweisen war.

Hilfssatz 6. *Es sei $f(u)$ ein Teiler von $m(u)$, $g(u)$ ein Teiler von $f(u)$ (von kleinerem Grad als $f(u)$). Dann ist $S_{g(\sigma)}$ in $S_{f(\sigma)}$ echt enthalten.*

Nach Hilfssatz 3 genügt es zu beweisen, daß die Inklusion echt ist.

Es sei $m(u) = f(u)h(u)$ und $k(u) = g(u)h(u)$; das Polynom $k(u)$ ist ein Teiler von $m(u)$, jedoch sind $m(u)$ und $k(u)$ nicht identisch (da $k(u)$ einen kleineren Grad besitzt). In $\mathscr{E}_n$ existiert also ein x_0, so daß $k(\sigma)x_0 \neq 0$ ist. Hieraus folgt $g(\sigma)[h(\sigma)x_0] \neq 0$, und $h(\sigma)x_0 \neq 0$ gehört also nicht zu $S_{g(\sigma)}$; da aber $f(\sigma)[h(\sigma)x_0] = m(\sigma)x_0 = 0$ ist, gehört $h(\sigma)x_0$ zu $S_{f(\sigma)}$.

Hilfssatz 7. *Es sei $f(u)$ ein beliebiges Polynom und $d(u)$ der größte gemeinsame Teiler von $f(u)$ und $m(u)$ (Minimalpolynom von σ); die Dimension von $S_{f(\sigma)}$ ist dann und nur dann größer als Null, (d. h., $S_{f(\sigma)}$ reduziert sich nicht auf den Nullunterraum), wenn der Grad von $d(u)$ größer als Null ist.*

Beweis. Ist der Grad von $d(u)$ gleich Null, so besteht die Menge der von $d(u) = 1$ annullierten Vektoren offenbar nur aus dem Nullvektor. Ist der Grad von $d(u)$ größer als Null, dann ist Eins ein echter Teiler von $d(u)$, und auf Grund von Hilfssatz 6 ist der Nullraum ein echter Unterraum von $S_{d(\sigma)}$; die Dimension von $S_{d(\sigma)}$ ist also größer als Null.

Hilfssatz 8. *Es sei $f_1(u), f_2(u), \ldots, f_r(u)$ eine Menge von r Polynomen; es sei ferner h ihr kleinstes gemeinsames Vielfaches. Dann ist*

$$S_{h(\sigma)} = S_{f_1(\sigma)} + S_{f_2(\sigma)} + \cdots + S_{f_r(\sigma)}$$

die Summe der Unterräume $S_{f_k(\sigma)}$, d. h., $S_{h(\sigma)}$ ist die Menge der Vektoren von der Form

$$y = x_1 + x_2 + \cdots + x_r \quad mit \quad x_i \in S_{f_i(\sigma)}. \tag{1}$$

Beweis.

a) Es sei zunächst S die Menge der Vektoren von der Form (1). Da $f_i(u)$ ein Teiler von $h(u)$ ist, folgt aus Hilfssatz 3 die Inklusion $S_{f_i(\sigma)} \subset S_{h(\sigma)}$ für alle i. Daher enthält $S_{h(\sigma)}$ alle $x_i \in S_{f_i(\sigma)}$, umfaßt also S.

b) Umgekehrt sei nun $x \in S_{h(\sigma)}$; wir werden zeigen, daß $x \in S$ ist. Da $h(u)$ das kleinste gemeinsame Vielfache der Polynome $f_i(u)$ ist, gibt es Polynome $h_i(u)$, die zueinander prim sind, so daß $h(u) = f_i(u)h_i(u)$ ist.

Nach dem verallgemeinerten Bézoutschen Satz existieren Polynome $s_1(u), s_2(u), \ldots, s_r(u)$, so daß

$$1 = s_1(u)h_1(u) + s_2(u)h_2(u) + \cdots + s_r(u)h_r(u)$$

ist. Die Transformation $s_1(\sigma)h_1(\sigma) + s_2(\sigma)h_2(\sigma) + \cdots + s_r(\sigma)h_r(\sigma)$ ist also die identische Transformation. Wir können schreiben:

$$x = s_1(\sigma)[h_1(\sigma)x] + s_2(\sigma)[h_2(\sigma)x] + \cdots + s_r(\sigma)[h_r(\sigma)x] \tag{2}$$

für alle $x \in \mathscr{E}_n$.

Wählen wir nun $x \in S_{h(\sigma)}$, dann gilt dafür (2); aus $h(\sigma)x = 0$ folgt aber $f_i(\sigma)\big(h_i(\sigma)x\big) = 0$, was zeigt, daß $h_i(\sigma)x \in S_{f_i(\sigma)}$ ist.

Nun ist

$$h_i(\sigma)x = t_i \in S_{f_i(\sigma)}.$$

Nach Hilfssatz 1 ist $S_{f_i(\sigma)}$ jedoch invariant bezüglich $S_i(\sigma)$ (Satz 1); wir erhalten also

$$s_i(\sigma)t_i = x_i \in S_{f_i(\sigma)},$$

und Formel (2) impliziert $x = x_1 + \cdots + x_r$, wobei $x_i \in S_{f_i(\sigma)}$ ist. Also ist $S_{h(\sigma)} \subset S$, womit der Hilfssatz bewiesen ist.

Hilfssatz 9 (Zerlegung des $\mathscr{E}_n$ in bezüglich σ invariante Unterräume der Form $S_{f(\sigma)}$). *Gegeben sei eine Transformation σ. Sind r Polynome $f_1(u), f_2(u), \ldots, f_r(u)$ paarweise zueinander prim und stellt $h(u)$ ihr kleinstes gemeinsames Vielfaches dar, dann ist $S_{h(\sigma)} = S_{f_1(\sigma)} + S_{f_2(\sigma)} + \cdots + S_{f_r(\sigma)}$, und diese Summe ist direkt, d. h., die Zerlegung eines Elementes x aus $S_{h(\sigma)}$ in der Form $x = x_1 + x_2 + \cdots + x_r$ mit $x_i \in S_{f_i(\sigma)}$ ist eindeutig* (vgl. Hilfssatz 8).

In der Tat, angenommen es wäre

$$x = x_1 + x_2 + \cdots + x_r = x'_1 + x'_2 + \cdots + x'_r,$$

dann erhielten wir

$$(x_1 - x'_1) + (x_2 - x'_2) + \cdots + (x_r - x'_r) = 0.$$

Wir werden zeigen, daß eine derartige Gleichung nur dann gelten kann, wenn alle $x_i - x'_i = 0$ sind.

Nehmen wir an, es sei $y_1 + y_2 + \cdots + y_r = 0$ $(y_i \in S_{f_i(\sigma)})$, dann ist

$$y_1 = -(y_2 + y_3 + \cdots + y_r).$$

Nach Voraussetzung waren die Polynome f_i paarweise zueinander prim, es gilt also $h(u) = f_1(u)f_2(u)\cdots f_r(u)$; nun ist jedoch $h_1(u) = h(u)/f_1(u) = f_2(u)\cdots f_r(u)$ das kleinste gemeinsame Vielfache der Polynome $f_2(u), \ldots, f_r(u)$; daher (Hilfssatz 8) gehört $y_1 = -y_2 - \cdots - y_r$ zu $S_{h_1(\sigma)}$; andererseits liegt y_1 in $S_{f_1(\sigma)}$; nun sind $h_1(u)$ und $f_1(u)$ offensichtlich zueinander prim, weshalb (Hilfssatz 4) der Durchschnitt von $S_{h_1(\sigma)}$ und $S_{f_1(\sigma)}$ nur aus dem Nullvektor besteht, d. h. $y_1 = 0$. Dieselbe Überlegung kann für jedes der y_1 angestellt werden.

Es sei nun $m(u)$ das Minimalpolynom von σ. Wir zerlegen $m(u)$ in irreduzible Faktoren

$$m(u) = \big(q_1(u)\big)^{a_1}\big(q_2(u)\big)^{a_2}\cdots\big(q_r(u)\big)^{a_r},$$

d. h., die Polynome $q_i(u)$ sind paarweise zueinander prim.

Bemerkung. Es ist klar, daß diese Zerlegung vom Grundkörper K abhängt. So ist beispielsweise $m(u) = (u^2 + 1)^2$ in $R[u]$ vollständig zerlegt, wohingegen sich in $C[u]$

$$m(u) = (u - i)^2(u + i)^2$$

ergibt. Es seien $L_1, L_2, \ldots, L_r$ die Kerne der Transformationen $\big(q_i(\sigma)\big)^{a_i}$, $S_{(q_i(\sigma))^{a_i}} = L_i$. Wir haben bereits darauf hingewiesen, daß $S_{m(\sigma)} = \mathscr{E}_n$ ist; wir können also

$$\mathscr{E}_n = L_1 + L_2 + \cdots + L_r$$

schreiben, und diese Summe ist direkt. Die Dimension von L_i sei m_i; wir wählen in L_i eine Basis $\mathscr{B}_i = \{e_{i1}, e_{i2}, \ldots, e_{im_i}\}$. Die Vektoren

$$e_{11}, e_{12}, \ldots, e_{1m_1}, \ldots, e_{2m_2}, \ldots, e_{r1}, e_{r2}, \ldots, e_{rm_r}$$

bilden eine Basis $\mathscr{B}$ für $\mathscr{E}_n$.

1. Jeder Vektor x kann dargestellt werden als $x = x_1 + x_2 + \cdots + x_r$ $(x_i \in L_i)$, und da $x_i = \sum_{j=1}^{m_i} \lambda_{ij} e_{ij}$ ist, bilden die Elemente von $\mathscr{B}$ ein Erzeugendensystem.

2. Die Elemente von $\mathscr{B}$ sind linear unabhängig; denn eine lineare Beziehung ließe sich in der Gestalt $y_1 + y_2 + \cdots + y_r = 0$ $(y_i \in L_i)$ schreiben, woraus folgt, daß alle y_i gleich Null sind (direkte Summe); aus $y_i = 0$ resultiert, daß alle Koeffizienten der e_{ij} Null sind.

Damit ist gezeigt, daß $m_1 + m_2 + \cdots + m_r = n$ ist. Wir erhalten so den grundlegenden

Satz 2. *Es sei σ eine lineare Transformation des $\mathscr{E}_n$ und $m(u)$ das Minimalpolynom von σ, das in $K[u]$ in irreduzible Faktoren zerlegt ist:*

$$m(u) = \big(q_1(u)\big)^{\alpha_1}\big(q_2(u)\big)^{\alpha_2} \cdots \big(q_r(u)\big)^{\alpha_r}. \tag{3}$$

Wenn L_i den Kern der Transformation $\big(q_i(\sigma)\big)^{\alpha_i}$ darstellt und man in jedem L_i eine Basis wählt, dann bildet die Menge dieser Vektoren eine Basis für $\mathscr{E}_n$. Bezüglich dieser Basis hat die Matrix von σ die Form

$$A = \begin{bmatrix} A^{(1)} & & & & 0 \\ & A^{(2)} & & & \\ & & A^{(3)} & & \\ & & & \ddots & \\ 0 & & & & A^{(r)} \end{bmatrix},$$

wobei $A^{(i)}$ quadratische Matrizen vom Typ (m_i, m_i) sind.

Der Schluß des Satzes ist trivial. In der Tat genügt es zu zeigen, welches die Komponenten von $\sigma(e_{il})$ bezüglich $\mathscr{B}$ sind. Für festes i (etwa $i = 1$) ist nun aber $\sigma(e_{1l})$ in L_1 enthalten. Also sind die Komponenten von $\sigma(e_{1l})$ bezüglich $\mathscr{B}$

$$\alpha_{1l}, \alpha_{2l}, \ldots \alpha_{m_1 l}, 0, 0, 0, 0, 0, 0, 0, 0, \ldots .$$

Aufgabe. Welches Minimalpolynom gehört zu der Matrix

$$A = \begin{bmatrix} 0 & 0 & 0 & 0 \\ 0 & 0 & 1 & 0 \\ 0 & 0 & 0 & 1 \\ 0 & 0 & 0 & 0 \end{bmatrix}?$$

Man untersuche die Unterräume L_i.

Zu ihrer weiteren Präzisierung wollen wir diese Begriffe an einem Beispiel erläutern.

Beispiel. Wir gehen aus von der Matrix

$$A = \begin{bmatrix} 3 & -2 & 1 \\ 2 & -1 & 1 \\ -2 & 2 & 0 \end{bmatrix}.$$

Wie man sieht, ist $A^2 = A$, also gilt $m(A) = 0$ für $m(u) = u^2 - u$. Dieses Polynom ist auch das Minimalpolynom; denn die Teiler von $u(u-1)$ sind u und $u - 1$; wegen $A \neq 0$ und $A - I \neq 0$ ist $m(u) = u^2 - u$.

Andererseits ist $m(u) = u(u-1)$; die irreduziblen Faktoren sind u und $u - 1$.

Wir bestimmen jetzt L_1 und L_2:

L_1 ist der Kern der Transformation σ,

L_2 ist der Kern der Transformation $\sigma - \sigma^0$.

1. Die Vektoren aus L_1 genügen der Gleichung $\sigma x = 0$, d. h., mit $x = (\xi_i)$, $i = 1, 2, 3$, haben wir

$$3\xi_1 - 2\xi_2 + \xi_3 = 0, \tag{4}$$

$$2\xi_1 - \xi_2 + \xi_3 = 0, \tag{5}$$

$$-2\xi_1 + 2\xi_2 = 0. \tag{6}$$

Aus (6) ergibt sich $\xi_1 = \xi_2$; das eingesetzt in (4) und (5) führt auf das System

$$\xi_1 + \xi_3 = 0,$$
$$\xi_1 + \xi_3 = 0,$$

dessen sämtliche Lösungen die Vektoren

$$x = \begin{bmatrix} \xi_1 \\ \xi_1 \\ -\xi_1 \end{bmatrix} = \xi_1 \begin{bmatrix} 1 \\ 1 \\ -1 \end{bmatrix}$$

sind. Der Unterraum L_1 besteht damit aus den Vektoren der Form

$$\alpha \begin{bmatrix} 1 \\ 1 \\ -1 \end{bmatrix} \quad (\alpha \in R).$$

2. Für L_2 gilt $\sigma x = x$, woraus sich

$$3\xi_1 - 2\xi_2 + \xi_3 - \xi_1 = 0,$$
$$2\xi_1 - \xi_2 + \xi_3 - \xi_2 = 0,$$
$$-2\xi_1 + 2\xi_2 - \xi_3 = 0,$$

d. h.

$$2\xi_1 - 2\xi_2 + \xi_3 = 0,$$
$$2\xi_1 - 2\xi_2 + \xi_3 = 0,$$
$$2\xi_1 - 2\xi_2 + \xi_3 = 0$$

ableitet. Die Lösungsmenge besteht aus Vektoren der Gestalt

$$\begin{bmatrix} \xi_1 \\ \xi_2 \\ 2(\xi_2 - \xi_1) \end{bmatrix}$$

Die Dimension von L_2 ist also 2.

Wir wählen nun die $\mathscr{B}_i$:

$$\text{für } L_1\colon\ e'_{11} = \begin{bmatrix} 1 \\ 1 \\ -1 \end{bmatrix}, \quad \text{für } L_2\colon\ e'_{21} = \begin{bmatrix} 0 \\ 1 \\ 2 \end{bmatrix}, \quad e'_{22} = \begin{bmatrix} 1 \\ 0 \\ -2 \end{bmatrix}$$

(die Basisvektoren sind linear unabhängig). Wir nehmen einen Basiswechsel vor, indem wir von der Fundamentalbasis zur Basis $\mathscr{B}'$ übergehen:

$$X = \begin{bmatrix} 1 & 0 & 1 \\ 1 & 1 & 0 \\ -1 & 2 & -2 \end{bmatrix} X'.$$

Die Gestalt von $A' = B^{-1}AB$ kann bestimmt werden; man findet

$$B^{-1} = \begin{bmatrix} -2 & 2 & -1 \\ 2 & -1 & 1 \\ 3 & -2 & 1 \end{bmatrix};$$

folglich ist

$$A' = \left[\begin{array}{c:cc} \overbrace{}^{L_1} & \multicolumn{2}{c}{\overbrace{}^{L_2}} \\ 0 & 0 & 0 \\ \hdashline 0 & 1 & 0 \\ 0 & 0 & 1 \end{array}\right].$$

Wie man leicht sieht, ergibt sich $\sigma(x) = 0$ für $x \in L_1$, $x = \alpha \begin{bmatrix} 1 \\ 1 \\ -1 \end{bmatrix}$; ist $x \in L_2$, dann erhält man $\sigma(x) = x$.

6.5. Diagonalform

Uns interessiert jetzt die Frage, ob es Basen gibt, in denen σ durch Matrizen von Diagonalform (der einfachsten allgemeinen Form) dargestellt werden kann.

Notwendige Bedingung: Angenommen, für eine Transformation σ existiere eine Basis $\mathscr{B}$, so daß die Darstellung von σ in dieser Basis Diagonalform besitzt:

$$\begin{bmatrix} \beta_1 & & & 0 \\ & \beta_2 & & \\ & & \ddots & \\ 0 & & & \beta_n \end{bmatrix}$$

(β_i sind Skalare, die auch gleich Null sein können). Es seien $e_1, e_2, \ldots, e_n$ die Basisvektoren. Offensichtlich ist

$$\sigma(e_i) = \beta_i e_i. \tag{1}$$

(Die Spalten der Matrix bestehen aus den Komponenten der Bilder der e_i bezüglich dieser Vektoren.) Es sei $m(u)$ das Minimalpolynom von σ.

Die Polynome $u - \beta_1, u - \beta_2, \ldots, u - \beta_n$ sind Teiler von $m(u)$.

Wir setzen $f_i(u) = u - \beta_i$. Wie man sieht, ist (1) äquivalent zu $f_i(\sigma)e_i = 0$; wir haben also $e_i \in S_{f_i(\sigma)}$; dieser Kern ist nicht leer; da der Grad des größten gemeinsamen Teilers von $m(u)$ und $f_i(u)$ größer als Null ist (6.4., Hilfssatz 7) und $f_i(u)$ den Grad Eins besitzt, kann dieser nur $f_i(u)$ selbst sein. Also ist $m(u)$ durch $u - \beta_h$ teilbar ($h = 1, 2, \ldots, n$).

Es seien $\beta_{\nu 1}, \beta_{\nu 2}, \ldots, \beta_{\nu r}$ die verschiedenen β_i, die in der Diagonale vorkommen. Das Polynom

$$g(u) = (u - \beta_{\nu 1})(u - \beta_{\nu 2}) \cdots (u - \beta_{\nu r})$$

ist ein Teiler von $m(u)$.

Ist e_i ein Vektor aus $\mathscr{B}$, dann gibt es offenbar ein β_i, so daß $\sigma(e_i) - \beta_i e_i = 0$ bzw. $f_i(\sigma)e_i = 0$ ist. Da aber

$$g(\sigma) \quad = (\sigma - \sigma^0\beta_{\nu 1})(\sigma - \sigma^0\beta_{\nu 2}) \cdots (\sigma - \sigma^0\beta_{\nu r}),$$

$$g(\sigma)e_i = (\sigma - \sigma^0\beta_{\nu 1})(\sigma - \sigma^0\beta_{\nu 2}) \cdots (\sigma - \sigma^0\beta_{\nu r})e_i$$

und außerdem

$$(\sigma - \sigma^0\beta_{\nu k})e_i = (\beta_i - \beta_{\nu k})e_i,$$

$$g(\sigma)e_i = (\beta_i - \beta_{\nu 1})(\beta_i - \beta_{\nu 2}) \cdots (\beta_i - \beta_{\nu r})e_i,$$

für einen Index ν_k jedoch $\beta_{\nu_k} = \beta_i$ gilt, ist also $g(\sigma)e_i = 0$ für beliebiges i, d. h., es ist $g(\sigma)x = 0$; da $g(\sigma)$ durch $m(u)$ teilbar ist, stimmt es mit dem Minimalpolynom überein.

Damit also für eine Transformation σ eine Basis existiert, in der σ durch eine Diagonalmatrix dargestellt wird, ist notwendig, daß das Minimalpolynom von σ die Form

$$m(u) = (u - \beta_{\nu 1})(u - \beta_{\nu 2}) \cdots (u - \beta_{\nu r})$$

besitzt, d. h. nur verschiedene Faktoren ersten Grades enthält.

Hinreichende Bedingung: Es sei umgekehrt eine Transformation σ gegeben mit

$$m(u) = (u - \alpha_1)(u - \alpha_2) \cdots (u - \alpha_r), \qquad \alpha_i \neq \alpha_j \qquad (i \neq j).$$

Der Vektorraum $\mathscr{E}_n$ wird in Unterräume L_i zerlegt, d. h. in die Kerne der Transformationen $f_i(\sigma)$ mit $f_i(u) = u - \alpha_i$. Nach Voraussetzung sind L_i die Mengen derjenigen x, für die $(\sigma - \alpha_i)x = 0$ oder $\sigma x = \alpha_i x$ ist; wählt man in L_i eine Basis $\{e_{i1}, e_{i2}, \ldots, e_{im_i}\}$, dann ist

$$\sigma(e_{ih}) = \alpha_i e_{ih} \qquad (h = 1, 2, \ldots, m_i).$$

Dem allgemeinen Satz zufolge haben bezüglich der Vereinigungsbasis die auf L_i eingeschränkten Matrizen daher die Form

$$A^{(i)} = \begin{bmatrix} \alpha_i & & \\ & \ddots & \\ & & \alpha_i \end{bmatrix} \quad (\text{Typ } (m_i, m_i)).$$

Wir verfügen jetzt über eine Basis, in der die Matrix von σ die folgende Gestalt gewinnt:

$$A' = \begin{bmatrix} \overbrace{\begin{matrix} \alpha_1 & & \\ & \ddots & \\ & & \alpha_1 \end{matrix}}^{m_1} & & & \\ & \overbrace{\begin{matrix} \alpha_2 & & \\ & \ddots & \\ & & \alpha_2 \end{matrix}}^{m_2} & & \\ & & \ddots & \\ & & & \overbrace{\begin{matrix} \alpha_r & & \\ & \ddots & \\ & & \alpha_r \end{matrix}}^{m_r} \end{bmatrix}$$

Satz. *Eine notwendige und hinreichende Bedingung für die Darstellbarkeit einer Matrix A in Diagonalform ist, daß das Minimalpolynom $m(u)$ der durch A dargestellten linearen Transformation über dem Körper K in voneinander verschiedene Linearfaktoren zerlegt werden kann.*

Aufgabe. Können die folgenden Matrizen über R, Q oder C in Diagonalform übergeführt werden:

$$\begin{bmatrix} 1 & 2 \\ 0 & 1 \end{bmatrix}, \quad \begin{bmatrix} 2 & -6 & 6 \\ 3 & -7 & 6 \\ 3 & -6 & 5 \end{bmatrix}, \quad \begin{bmatrix} -1 & 0 & -1 \\ 4 & 1 & 2 \\ 4 & 1 & 3 \end{bmatrix}?$$

Bemerkung. Über dem Körper C der komplexen Zahlen läßt sich das Minimalpolynom immer in der Form

$$m(u) = (u - \alpha_1)^{a_1} (u - \alpha_2)^{a_2} \cdots (u - \alpha_q)^{a_q}$$

schreiben (wenn zuvor die Gleichung $m(u) = 0$ gelöst wurde), da C algebraisch abgeschlossen ist. Daraus ergibt sich als notwendige und hinreichende Bedingung $a_1 = a_2 = \cdots = a_q = 1$.

Alle weiteren Aussagen werden für Matrizen über C getroffen.

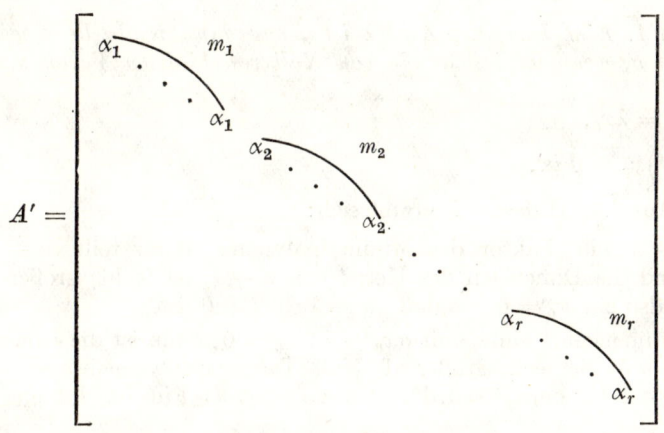

6.6. Das charakteristische Polynom

Um die Lösung des Problems in dem uns interessierenden Fall abzuschließen, sind unbedingt erforderlich:

α) die Kenntnis der Nullstellen des Minimalpolynoms $m(u)$ in C und

β) die Kenntnis ihrer Vielfachheiten.

Wir wollen zunächst die Nullstellen bestimmen.

Hilfssatz 1. *Eine komplexe Zahl λ ist genau dann Nullstelle des Minimalpolynoms von σ, wenn wenigstens ein von Null verschiedener Vektor x_0 existiert, so daß*

$$\sigma x_0 = \lambda x_0,$$

d. h. $(\sigma - \lambda\sigma^0)x_0 = 0$ ist.

Beweis. Aus 6.4., Hilfssatz 7, ergibt sich:

1. Ist $u - \lambda$ ein Faktor des Minimalpolynoms, dann teilt $u - \lambda$ dieses sicherlich, und die Dimension des Kerns von $u - \lambda$ ist (echt) größer als Null. Es existiert also ein $x_0 \neq 0$, so daß $(\sigma - \lambda\sigma^0)x_0 = 0$ ist.

2. Gibt es umgekehrt ein x_0 mit $\sigma x_0 - \lambda\sigma^0 x_0 = 0$, dann ist die Dimension des Kernes von $\sigma - \lambda\sigma^0$ echt größer als Null. Der größte gemeinsame Teiler von $m(u)$ und $u - \lambda$ hat einen Grad, der größer oder gleich Eins ist, d. h., $u - \lambda$ teilt $m(u)$.

Hilfssatz 2. *Eine Nullstelle α des Minimalpolynoms ist dann und nur dann einfach, wenn die Kerne der beiden Transformationen*

$$\sigma - \alpha\sigma^0 \quad \textit{und} \quad (\sigma - \alpha\sigma^0)^2$$

übereinstimmen.

Beweis. Dazu ist notwendig und hinreichend, daß, wenn $f_1(u) = u - \alpha$ ein Teiler von $m(u)$ ist, $f_2(u) = (u - \alpha)^2$ kein Teiler von $m(u)$ ist, d. h., daß $f_1(u)$ der größte gemeinsame Teiler von $m(u)$ und $f_2(u)$ ist. Wenn das der Fall ist, stimmen die Kerne $S_{f_1(\sigma)}$ und $S_{f_2(\sigma)}$ überein. Ist umgekehrt $S_{f_1(\sigma)} = S_{f_2(\sigma)}$, dann ist $f_2(u)$ kein Teiler von $m(u)$ (6.4., Hilfssatz 6).

Hilfssatz 1 beschreibt eine innere Eigenschaft der Wurzeln von $m(u)$. Ist A eine Darstellung von σ, dann lautet die Aussage dieses Hilfssatzes wie folgt:

Eine komplexe Zahl λ ist genau dann Nullstelle des Minimalpolynoms von σ (σ definiert durch A), wenn eine von Null verschiedene Spalte X_0 existiert, so daß

$$AX_0 = \lambda X_0 \quad \textit{oder} \quad (A - \lambda I)X_0 = 0$$

ist, d. h., wenn die Matrix $A - \lambda I$ singulär ist bzw. $\operatorname{Det}(A - \lambda I) = 0$.

Satz. *Gegeben sei eine Transformation σ, die bezüglich einer Basis durch eine Matrix A definiert sei. Die Nullstellen ihres Minimalpolynoms sind diejenigen Zahlen, für die* $\operatorname{Det}(A - \lambda I)$ *Null wird.*

Sind $A' = B^{-1}AB$ und A zwei ähnliche Matrizen, d. h. A' eine andere Darstellung von σ, so erhalten wir

$$\begin{aligned}\operatorname{Det}(A' - \lambda I) &= \operatorname{Det}(B^{-1}AB - \lambda B^{-1}B)\\ &= \operatorname{Det} B^{-1}(A - \lambda I)B\\ &= \operatorname{Det}(B^{-1}) \operatorname{Det}(A - \lambda I) \operatorname{Det}(B)\\ &= \operatorname{Det}(A - \lambda I) \operatorname{Det}(B^{-1}) \operatorname{Det}(B)\\ &= \operatorname{Det}(A - \lambda I).\end{aligned}$$

Definition. Das Polynom

$$F(u) = \begin{bmatrix} a_{11} - u & a_{12} & \dots a_{1n} \\ a_{21} & a_{22} - u & \dots a_{2n} \\ \vdots & \vdots & \vdots \\ a_{n1} & a_{n2} & \dots a_{nn} - u \end{bmatrix} = \operatorname{Det}(A - uI),$$

das nur von σ abhängt (und in bezug auf Ähnlichkeitstransformationen von A invariant ist) heißt das *charakteristische Polynom* von A (oder σ). Man schreibt dafür $F(u)$ (oder $F(\lambda)$). Das Minimalpolynom $m(u)$ und das charakteristische Polynom $F(u)$, die im allgemeinen verschieden sind, haben dieselben Nullstellen.

Diese Nullstellen werden die *Eigenwerte* (oder die *charakteristischen Zahlen*) von σ (bzw. A) genannt. (Beispiel: Für die Einheitsmatrix I ist das Minimalpolynom $u - 1$, das charakteristische Polynom $(1 - u)^n$).

Man hat also auch die Matrix

$$A - uI = \begin{bmatrix} a_{11} - u & a_{12} & \dots \\ a_{21} & a_{22} - u & \\ \vdots & & \ddots \end{bmatrix}$$

zu betrachten. Diese Matrix hängt von dem Parameter u ab. Ihre Diagonalelemente sind Polynome ersten Grades. Sie stellt eine Transformation $\tau_u(\sigma)$ dar, die von u und von σ abhängt. Wählen wir $A' = B^{-1}(A - uI)B$, dann ergibt sich eine Abhängigkeit nur von σ. Die Matrix $A - uI$ ist die *charakteristische Matrix* von σ bezüglich A.

6.7. Polynommatrizen. Elementarteiler von Polynommatrizen

Die Elemente der Matrix $A - uI$ sind Polynome. Im folgenden wollen wir derartige Matrizen eingehender untersuchen. Allgemein schreiben wir

$$\big(f_{ij}(u)\big) = F(u), \qquad G(u) = \big(g_{ij}(u)\big), \qquad f_{ij}(u),\ g_{ij}(u) \in K[u].$$

Wir betrachten die Operationen:

0_1: Multiplikation einer Zeile von $F(u)$ mit einer Konstanten $\neq 0$;

0_2: Multiplikation einer Zeile von $F(u)$ mit einem beliebigen Polynom und Addition des Ergebnisses zu einer anderen Zeile.

$0_1'$: Multiplikation einer Spalte von $F(u)$ mit einer Konstanten $\neq 0$;

$0_2'$: Multiplikation einer Spalte von $F(u)$ mit einem beliebigen Polynom und Addition des Ergebnisses zu einer anderen Spalte.

Diese Operationen sind äquivalent zu

$$0_1)\quad \big(I + (C-1)E_{ii}\big)F(u), \qquad 0_1')\quad F(u)\big(I + (C-1)E_{ii}\big),$$

$$0_2)\quad \big(I + f(u)E_{ij}\big)F(u) \quad (i \neq j), \qquad 0_2')\quad F(u)(I + f(u)E_{ij} \quad (i \neq j),$$

d. h. zu Multiplikationen (von rechts oder von links) mit Matrizen, deren Determinante von Null verschieden und gleich einer (von u unabhängigen) Konstanten ist (etwa gleich Eins oder gleich C).

Definition. Zwei Polynommatrizen heißen *äquivalent*, $F(u) \sim G(u)$, wenn eine aus der anderen durch Anwendung einer endlichen Anzahl von Elementaroperationen 0_1, 0_2, $0_1'$, $0_2'$ hervorgeht.

Damit ist tatsächlich eine Äquivalenzrelation definiert; denn:

α) $F(u) \sim F(u)$ (Reflexivität)

β) Wenn

$$F(u) \sim G(u), \tag{*}$$

dann ist

$$G(u) = M_1 M_2 \cdots M_n F(u) N_1 N_2 \cdots N_k,$$

wobei M_i, N_j entweder Matrizen von der Form $(I + \lambda E_{ii})$ $(\lambda \neq -1)$ sind mit den Inversen

$$\left[I + \left(\frac{1}{1+\lambda} - 1\right) E_{ii}\right]$$

oder aber Matrizen von der Form $(I + \lambda E_{ij})$ $(i \neq j)$ mit den Inversen $(I - \lambda E_{ij})$ darstellen. In beiden Fällen gehören die Inversen zur Menge der Polynommatrizen, die die Operationen 0_1, 0_2, $0_1'$, $0_2'$ definiert.

Wegen

$$F(u) = M_n^{-1} M_{n-1}^{-1} \cdots M_1^{-1} G(u) N_k^{-1} N_{k-1}^{-1} \cdots N_1^{-1}$$

folgt aus (*) $G(u) \sim F(u)$ (Symmetrie).

γ) Ebenso erkennt man, daß aus $F(u) \sim G(u)$, $G(u) \sim H(u)$, wobei

$$G(u) = M_1 \cdots M_n F(u) N_1 \cdots N_k,$$
$$H(u) = V_1 \cdots V_r G(u) W_1 \cdots W_s$$

ist, auch

$$H(u) = V_1 \cdots V_r M_1 \cdots M_n F(u) N_1 \cdots N_k W_1 \cdots W_s$$

folgt; also ist $F(u) \sim H(u)$ (Transitivität).

Wir werden jetzt einen grundlegenden Satz bezüglich der Reduktion von Polynommatrizen beweisen.

Es sei $F(u) = \big(f_{ij}(u)\big)$ eine Polynommatrix. Wir wollen eine Matrix von einfacher Gestalt bestimmen, die zu $F(u)$ äquivalent ist, und zwar werden wir zeigen, daß es stets eine solche Diagonalmatrix gibt. Wir bemerken, daß die Vertauschungsmatrix $(I - E_{ii} - E_{jj} + E_{ij} + E_{ji}) = V_{ij}$,

$$\begin{array}{l} i\text{-te Stelle} \\ \\ \\ j\text{-te Stelle} \end{array} \begin{bmatrix} L_i \\ \\ \\ L_j \end{bmatrix} \to \begin{bmatrix} L_i \\ \\ \\ L_j + L_i \end{bmatrix} \to \begin{bmatrix} -L_j \\ \\ \\ L_j + L_i \end{bmatrix} \to \begin{bmatrix} -L_j \\ \\ \\ L_i \end{bmatrix} \to \begin{bmatrix} L_j \\ \\ \\ L_i \end{bmatrix}$$

als Ergebnis einer Multiplikation der Matrix $(I + \lambda E_{ij})$ $(\lambda \neq -1$ für $i = j)$ mit den Matrizen $(I + E_{ji})$, $(I - E_{ij})$, $(I - 2E_{ii})$ $(\lambda = -1)$ entsteht:

$$V_{ij} = (I - 2E_{ii})(I + E_{ji})(I - E_{ij})(I + E_{ji}).$$

Hieraus folgt $F(u) \sim F_1(u)$, wobei $F_1(u)$ aus $F(u)$ durch Zeilen- und Spaltenvertauschungen hervorgeht.

Es sei nun $F(u)$ gegeben, und wir betrachten die Menge aller Polynommatrizen, die zu $F(u)$ äquivalent sind ($F(u)$ ist als nicht identisch verschwindend vorausgesetzt). Unter diesen Polynommatrizen wählen wir diejengen aus, deren Terme Polynome kleinsten Grades sind. Es sei $G(u)$ eine derartige Matrix.

Das vom Nullpolynom verschiedene Polynom kleinsten Grades aus $G(u)$ kann an die Stelle $g_{11}(u)$ gebracht werden. Wir beweisen, daß alle Polynome aus der ersten Zeile bzw. aus der ersten Spalte von $G(u)$ durch $g_{11}(u)$ teilbar sind.

In der Tat, der Term $g_{1k}(u)$ aus der ersten Zeile kann geschrieben werden als

$$g_{1k}(u) = g_{11}(u)h_{1k}(u) + r_{1k}(u),$$

wobei der Grad von r_{1k} echt kleiner als der Grad von g_{11} ist. Ist r_{1k} nicht das Nullpolynom, dann multiplizieren wir die erste Spalte mit $h_{1k}(u)$ und subtrahieren sie von der k-ten Spalte. Es ergibt sich eine Matrix, in der an der Stelle $(1, k)$ das Polynom $r_{1k}(u)$ steht, dessen Grad kleiner als der Grad von $g_{11}(u)$ ist; das ist unmöglich.

Also ist

$$G(u) = \begin{bmatrix} g_{11}(u) & h_{12}g_{11} & h_{13}g_{11} \cdots \\ h'_{21}g_{11} & & \\ \vdots & & \end{bmatrix}.$$

Dann können wir aber die mit h_{12} multiplizierte erste Spalte von der zweiten Spalte subtrahieren, die mit h_{13} multiplizierte erste Spalte von der dritten usw.; verfahren wir ebenso für die Zeilen, so erhalten wir

$$F(u) \sim \begin{bmatrix} g_{11}(u) & 0 & 0 & 0 \\ 0 & l_{22}(u) & & \\ 0 & & & \\ 0 & & l_{ij}(u) & \end{bmatrix} \begin{array}{l} \\ \leftarrow L(u). \\ \\ \\ \end{array}$$

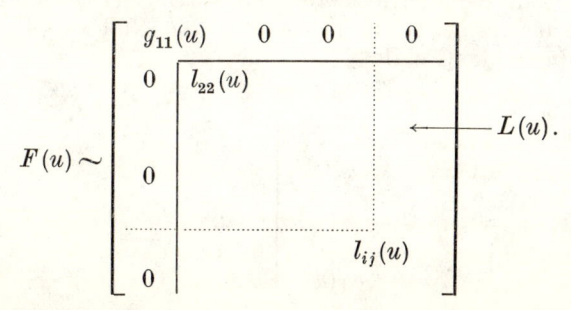

Man sieht nun, wie die Überlegung fortgeführt wird. Im Ergebnis sind alle Terme $l_{ij}(u)$ durch $g_{11}(u)$ teilbar. Anderenfalls wäre

$$l_{ij}(u) = g_{11}(u) k_{ij}(u) + r_{ij}(u).$$

Man addiert zur i-ten Zeile das $k_{ij}(u)$-fache der ersten Zeile; darauf subtrahiert man von der j-ten Spalte die erste (und man erhält $r_{ij}(u)$ an Stelle von $l_{ij}(u)$). Setzt man die Überlegung für die Matrix $L(u)$ fort, so findet man, daß $F(u)$ zu einer Matrix der Form

$$\begin{bmatrix} e_1(u) & 0 & \cdots & & & \\ 0 & e_2(u) & & & & \\ \vdots & & \ddots & & & \\ & & & e_r(u) & & \\ & & & & 0 & \\ \vdots & & & & & \ddots \; 0 \end{bmatrix} \tag{1}$$

äquivalent ist, wobei $e_i(u)$ das Polynom $e_j(u)$ für $i < j$ teilt.

Das Verfahren bricht erst ab, wenn man zu einer Matrix $L(u)$ gelangt ist, deren Terme alle gleich Null sind. Nehmen wir an, wir hätten erreicht, daß die höchsten Koeffizienten der Polynome $e_i(u)$ alle Eins sind (ist das nicht der Fall, dann dividiere man durch eine von Null verschiedene Konstante). Wir wollen zeigen, daß die Form (1) eindeutig ist.

In der Tat, sei $F(u)$ gegeben, und es sei $k \leqq n$. Ferner sei $d_k(u)$ der größte gemeinsame Teiler aller Determinanten k-ter Ordnung, die in der Matrix $F(u)$ gebildet werden können. Wenn alle $d_k(u)$ Null sind, setzen wir $d_k(u) \equiv 0$; anderenfalls wählen wir den höchsten Koeffizienten von $d_k(u)$ gleich Eins. Wir nehmen an, es sei $F(u) \sim G(u)$, und zeigen, daß $d_k(u) = d'_k(u)$ ist, wobei $d'_k(u)$ der größte gemeinsame Teiler der aus $G(u)$ abgeleiteten Determinanten k-ter Ordnung ist.

Zum Beweis genügt es zu zeigen, daß $d_k(u)$ gleich $d'_k(u)$ ist für eine Polynommatrix $G(u)$, die aus $F(u)$ durch eine Elementaroperation abgeleitet worden ist. Für 0_1 und $0'_1$ ist das unmittelbar einzusehen. Für 0_2, $0'_2$ ist es leicht nachzuprüfen; denn entweder ändern sich die Determinanten k-ter Ordnung nicht, oder sie werden durch Summen der Gestalt $D_1(u) + f(u) D_2(u)$ ersetzt, wobei $D_1(u)$ und $D_2(u)$ Elemente aus der Menge der Determinanten k-ter Ordnung sind. Damit ist klar, daß die einzigen, aus (1) abgeleiteten von Null verschiedenen Determinanten k-ter Ordnung die Gestalt

$$D_k(u) = \begin{bmatrix} e_{\alpha_1}(u) & & & \\ & e_{\alpha_2}(u) & & \\ & & \ddots & \\ & & & e_{\alpha_k}(u) \end{bmatrix}$$

haben, wobei $k < r$ ist und $\alpha_1, \alpha_2, \ldots, \alpha_k$ nach wachsender Größe angeordnet sind. Wegen $1 \leqq \alpha_1,\ 2 \leqq \alpha_2, \ldots, k \leqq \alpha_k$ ist $D_k(u)$ durch $e_1(u), e_2(u), \ldots, e_k(u)$ teilbar, was eine Determinante k-ter Ordnung darstellt. Damit haben wir den größten gemeinsamen Teiler gefunden, und sein höchster Koeffizient ist gleich Eins.

Daher ist $d_k(u) = e_1(u)e_2(u) \cdots e_k(u)$, und für $k = r + 1, \ldots, n$ ist $d_k(u) = 0$, da

$$d_{k-1}(u) = e_1(u)e_2(u) \cdots e_{k-1}(u)$$

ist. Daraus folgt

$$e_k(u) = \frac{d_k(u)}{d_{k-1}(u)},$$

womit die Eindeutigkeit der Form (1) gezeigt ist. Wir erhalten den

Satz 1. *Zu einer Polynommatrix $F(u)$ gibt es eine und nur eine Polynommatrix $G(u)$, so daß*

1. $G(u) \sim F(u)$;
2. $G(u)$ *Diagonalform besitzt*:

$$G(u) = \begin{bmatrix} e_1(u) & & & & & \\ & \ddots & & & & \\ & & e_r(u) & & & \\ & & & 0 & & \\ & & & & 0 & \\ & & & & & \ddots \\ & & & & & & 0 \end{bmatrix},$$

3. *das Polynom $e_i(u)$ das Polynom $e_{i+1}(u)$ für $i = 1, 2, \ldots, r-1$ teilt und die höchsten Koeffizienten der Polynome e_i gleich Eins sind.*

Definition. Die Polynome $e_1(u), e_2(u), \ldots, e_r(u)$ sind die *Elementarteiler* der Polynommatrix $F(u)$.

Korollar. *Zwei Polynommatrizen $F(u)$ und $F'(u)$ sind genau dann äquivalent, wenn sie dieselbe Folge von Elementarteilern besitzen.*

Beweis. Wenn $F(u)$ und $F'(u)$ äquivalent sind, dann stimmen die Polynome $d_r(u)$ überein (Satz 1), also auch die Polynome $e_r(u)$; das Verfahren des Satzes führt also für beide Matrizen auf dieselbe Matrix $G(u)$. Ist umgekehrt $F(u)$ äquivalent $G(u) = G'(u)$, dann folgt aus $G'(u) \sim F'(u)$ die Äquivalenz $F(u) \sim F'(u)$. Ist $F(u) \sim G(u)$, dann existieren offensichtlich Matrizen $J_1, J_2, \ldots, J_k$, $J_1', J_2', \ldots, J_l'$, die Elementaroperationen $0_1, 0_1', 0_2, 0_2'$ entsprechen, so daß

$$F(u) = J_1 \cdots J_k G(u) J_1' \cdots J_l' = M(u) G(u) N(u)$$

ist, wobei $M(u)$ und $N(u)$ Polynommatrizen sind, deren Determinanten gleich einer von Null verschiedenen Konstanten aus dem Skalarkörper sind.

Umgekehrt nehmen wir an, es sei $F(u) = M(u)G(u)N(u)$, wobei die Determinanten von $M(u)$, $N(u)$ gleich einer von Null verschiedenen skalaren Konstanten sind. Wir wollen die Elementarteiler von $M(u)$ bestimmen. Es ist $d_n(u) = 1$; dann sind für $M(u)$ die Polynome $e_1(u), e_2(u), \ldots, e_n(u)$ von Null verschieden und gleich Eins $(d_n(u) = e_1(u)e_2(u) \cdots e_n(u))$. Daher gilt

$$M(u) \sim I, \qquad M(u) = J_1 \cdots J_r I J_1' \cdots J_l' = J_1 \cdots J_l'$$

und desgleichen

$$N(u) = J_1'' \cdots J_r''.$$

Also erhalten wir

$$F(u) = J_1 \cdots J_l' G(u) J_1'' \cdots J_r'' \sim G(u).$$

Daraus folgt

Satz 2. *Für die Äquivalenz zweier Polynommatrizen ist notwendig und hinreichend, daß zwei Polynommatrizen $M(u)$, $N(u)$ existieren, deren Determinanten gleich einer von Null verschiedenen Konstanten sind, so daß $F(u) = M(u)G(u)N(u)$ ist.*

6.8. Normalformen. Basen bezüglich einer linearen Transformation

Im folgenden wenden wir verschiedene bereits bekannte Begriffe an, wie Kern, Minimalpolynom, Polynommatrix u. a.

6.8.1. *σ-Basen in $\mathscr{E}_n$*

Es sei σ eine lineare Transformation, die bezüglich der Basis $\mathscr{B} = \{e_1, e_2, \ldots, e_n\}$ durch die Matrix A definiert ist.

Gegeben sei ferner ein Vektorsystem $\{a_1, a_2, \ldots, a_h\}$. Dieses System heißt ein *Erzeugendensystem* des $\mathscr{E}_n$ *in bezug auf* σ oder ein *σ-System*, wenn für jedes $x \in \mathscr{E}_n$ Polynome $f_1(u), f_2(u), \ldots, f_h(u)$ existieren, so daß

$$x = \sum_{i=1}^{h} f_i(\sigma) a_i$$

ist.

Das System heißt eine *σ-Basis* (Basis in bezug auf σ), wenn diese Darstellung eindeutig ist, d. h., wenn aus

$$x = \sum_{i=1}^{h} f_i(\sigma) a_i = \sum_{i=1}^{h} g_i(\sigma) a_i$$

auch

$$g_i(\sigma) a_i = f_i(\sigma) a_i$$

folgt (für beliebiges i).

Somit können wir sagen, daß bezüglich dieser Basis

$$0 = \sum_{i=1}^{h} h_i(\sigma) a_i \tag{1}$$

eindeutig ist; die Vektoren $h_i(\sigma)a_i$ sind vollständig bestimmt: Sie können nur gleich Null sein, d. h. $h_i(\sigma)a_i = 0$.

Man kann sich fragen, ob solche σ-Basen existieren. Ganz offensichtlich ist das der Fall. Jede (gewöhnliche) Basis ist eine σ-Basis; denn ist

$$x = \xi_1 e_1 + \xi_2 e_2 + \cdots + \xi_n e_n,$$

dann brauchen wir nur

$$f_i(u) = \xi_i u^0 \quad \text{(vom Grad Null)},$$

$$f_i(\sigma) = \xi_i \sigma^0$$

zu wählen.

Es sei σ bezüglich der (gewöhnlichen) Basis $\mathscr{B} = \{e_1, e_2, \ldots, e_n\}$ durch die Matrix $A = (a_{ij})$ dargestellt. Mit unseren neuen Begriffen ergibt sich

$$\sigma(e_j) = \sum_{i=1}^{n} a_{ij} e_i \qquad (j = 1, 2, \ldots, n).$$

Dafür schreiben wir

$$\sum_{i=1}^{n} (a_{ij}\sigma^0 - \delta_{ij}\sigma)\, e_i = 0 \qquad (j = 1, 2, \ldots, n).$$

Wir wollen jetzt den folgenden Satz beweisen ($A - uI$ ist die charakteristische Matrix von σ in bezug auf $\mathscr{B}$).

6.8.2. *Satz über die Existenz eines Erzeugendensystems*

Satz 1. *Ist* $(A - uI) \sim F(u)$, $F(u) = (f_{ij}(u))$, *dann existiert in bezug auf* σ *ein Erzeugendensystem* $\{b_1, b_2, \ldots, b_n\}$, *so daß*

$$\sum_{h=1}^{n} f_{hj}(\sigma) b_h = 0 \qquad (j = 1, 2, \ldots, n). \tag{1}$$

ist.

Beweis. Zum Beweis genügt es zu zeigen: Gilt der Satz für $F(u)$, dann gilt er auch für $F'(u) \sim F(u)$, wobei $F'(u)$ aus $F(u)$ durch eine Elementaroperation hervorgeht; denn für $F(u) = A - uI$ gilt der Satz mit $b_i = e_i$ auf Grund der vorangehenden Formeln. Um die Bezeichnungen zu vereinfachen, sei

$$B = \{b_1, b_2, \ldots, b_n\}$$

ein (formaler) Zeilenvektor, der aus den Vektoren des Systems $\{b_i\}$ besteht, und $F(\sigma)$ bezeichne die Matrix $F(u)$, in der u durch die Transformation σ ersetzt wurde. Damit gehen die Beziehungen (1) über in [1])

$$\{0\} = BF(\sigma), \tag{2}$$

wobei $\{0\}$ einen Zeilenvektor bezeichnet, dessen n Komponenten Nullvektoren sind. Offensichtlich folgt aus (2)

$$\{0\} = BF(\sigma)\big(I + \varphi(\sigma)E_{ij}\big), \tag{3}$$

wobei $\varphi(u)$ ein beliebiges Polynom bezeichnet. Damit ist gezeigt: Ist $F'(u)$ äquivalent $F(u)$ und geht $F'(u)$ aus $F(u)$ durch die Operationen $0_1'$ oder $0_2'$ hervor, dann können die zu $F(u)$ assoziierten $\{b_i\}$ als zu $F'(u)$ assoziierte Vektoren gewählt werden; die Beziehungen (2) gelten dann auch für $F'(u)$.

Es sei jetzt

$$F'(u) = \big(I + (C-1)E_{ii}\big)F(u) \qquad (C \neq 0)$$

oder

$$F'(u) = \big(I + \varphi(u)E_{ij}\big)F(u) \qquad (i \neq j).$$

Nun sieht man in beiden Fällen, daß

$$F(u) = \left(I + \left(\frac{1}{C} - 1\right)E_{ii}\right)F'(u),$$

$$F(u) = \big(I - \varphi(u)E_{ij}\big)F'(u) \qquad (i \neq j)$$

ist. Setzen wir diese Beziehungen in (2) ein, dann erhalten wir

$$\{0\} = \left[B\left(I + \left(\frac{1}{C} - 1\right)E_{ii}\right)\right]F'(\sigma),$$

$$\{0\} = \big[B\big(I - \varphi(\sigma)E_{ij}\big)\big]F'(\sigma) \qquad (i \neq j).$$

Wir wollen zeigen, daß die Vektorsysteme

$$B' = B\left(I + \left(\frac{1}{C} - 1\right)E_{ii}\right), \qquad B = B'\big(1 + (C-1)E_{ii}\big)$$

oder

$$B' = B\big(I - \varphi(\sigma)E_{ij}\big), \qquad B = B'\big(1 + \varphi(\sigma)\big)E_{ij}$$

in bezug auf σ Erzeugendensysteme darstellen.

Bei Benutzung unserer Bezeichnungen genügt es nachzuprüfen, daß für jedes $x \in \mathscr{E}_n$ eine Polynommatrix $\Phi'(u)$ vom Typ $(n, 1)$ existiert, so daß $x = B'\Phi'(\sigma)$ ist. Da B ein σ-System ist, können wir $x = B\Phi(\sigma)$ schreiben, also ist

im ersten Fall $\quad x = B'\big(I + (C-1)E_{ii}\big)\Phi(\sigma)$,

im zweiten Fall $\quad x = B'\big(I + \varphi(\sigma)E_{ij}\big)\Phi(\sigma)$;

---

[1]) Auf Grund unserer Vereinbarung ist $f(\sigma)b$ derselbe Vektor wie $bf(\sigma)$, wenn b ein Vektor und $f(\sigma)$ eine lineare Transformation ist.

damit erhalten wir

$$\Phi'(\sigma) = \big(I + (C-1)E_{ii}\big)\Phi(\sigma).$$

Daraus folgt

$$\Phi'(\sigma) = \big(I + \varphi(\sigma)E_{ij}\big)\Phi(\sigma),$$

was zu beweisen war.

Nun transformieren wir die charakteristische Matrix $A - uI$ mit Hilfe von Elementaroperationen auf Diagonalform:

$$A - uI \sim \begin{bmatrix} e_1(u) & & & & \\ & \cdot & & & \\ & & \cdot & & \\ & & & \cdot & \\ & & & & e_n(u) \end{bmatrix} = F(u);$$

dabei bezeichnen $e_i(u)$ ihre Elementarteiler. Das Polynom $e_n(u)$ ist nicht das Nullpolynom; denn $d_n(u) = e_1(u)e_2(u)\cdots e_n(u)$ verschwindet nicht identisch ($d_n(u)$ stimmt bis auf das Vorzeichen mit dem charakteristischen Polynom überein).

Auf Grund von Satz 1 gibt es ein σ-System von Erzeugenden $\{b_1, b_2, \ldots, b_n\}$, so daß (2) erfüllt ist, d. h., in diesem speziellen Fall ist

$$e_i(\sigma)b_i = 0. \tag{4}$$

Satz 2. *Das Vektorsystem* $\{b_1, b_2, \ldots, b_n\}$ *bildet eine σ-Basis von* $\mathscr{E}_n$.

Beweis. Es sei $x \in \mathscr{E}_n$; da die Vektoren b_i ein σ-System von Erzeugenden darstellen, gibt es Polynome $f_i(u)$, so daß

$$x = \sum_{i=1}^{n} f_i(\sigma)b_i \tag{5}$$

ist.

Wir dividieren $f_i(u)$ durch $e_i(u)$, d. h., wir setzen

$$r_i(u) = f_i(u) - h_i(u)e_i(u),$$

wobei der Grad von $r_i(u)$ echt kleiner ist als der Grad von $e_i(u)$. Mit (4) ergibt sich

$$r_i(\sigma)b_i = f_i(\sigma)b_i - h_i(\sigma)e_i(\sigma)b_i = f_i(\sigma)b_i;$$

also ist

$$x = \sum_{i=1}^{n} r_i(\sigma)b_i. \tag{6}$$

Der Grad von $e_i(u)$ sei ν_i, der Grad von $r_i(u)$ ist höchstens gleich $\nu_i - 1$, d. h., es ist

$$r_i(\sigma)b_i = c_{i0}b_i + c_{i1}\sigma(b_i) + \cdots + c_{i,\nu_i-1}\sigma^{\nu_i-1}(b_i).$$

Wie Formel (6) zeigt, ist x als eine Linearkombination mit konstanten Koeffizienten dargestellt:

$$\{b_1, \sigma(b_1), \ldots, \sigma^{\nu_1-1}(b_1); b_2, \sigma(b_2), \ldots, \sigma^{\nu_2-1}(b_2); \ldots; b_n, \sigma(b_n), \ldots, \sigma^{\nu_n-1}(b_n)\}.$$

Die Ordnung der Determinante von $F(u)$ ist aber n, und es ist $\nu_1 + \nu_2 + \cdots + \nu_n = n$. Gewisse der ν_i können Null sein, was $e_i(u) \equiv 1$, $e_i(\sigma) = \sigma^0 = I$ entspricht. In diesem Fall sind die entsprechenden Vektoren b_i gleich Null (auf Grund von (4)). Da andererseits $e_i(u)$ die Polynome $e_{i+1}(u)$, $e_{i+2}(u)$ usw. teilt, stehen die Polynome e_i vom Grad Null notwendig vorn; es existiert also ein h, so daß $\nu_1 = \nu_2 = \cdots = \nu_{h-1} = 0$ und $\nu_h \neq 0$ ist.

Die Vektoren

$$b_h, \sigma(b_h), \ldots, \sigma^{\nu_h-1}(b_h); b_{h+1}, \sigma(b_{h+1}), \ldots, \sigma^{\nu_{h+1}-1}(b_{h+1}); \ldots; b_n, \sigma(b_n), \ldots, \sigma^{\nu_n-1}(b_n)$$

bilden daher ein (gewöhnliches) Erzeugendensystem für $\mathscr{E}_n$, und wegen $\nu_h + \cdots + \nu_n = n$ gibt es n solche Vektoren. Es liegt daher eine gewöhnliche Basis des $\mathscr{E}_n$ vor.

Die Vektoren $b_1, b_2, \ldots, b_n$ schließlich bilden eine σ-Basis.

Es genügt zu beweisen, daß aus

$$\sum_{i=1}^{n} f_i(\sigma) b_i = 0$$

$f_i(\sigma) b_i = 0$ folgt. Für $i < h$ ist das wegen $b_i = 0$ trivial; andererseits gilt

$$0 = \sum_{i=1}^{n} r_i(\sigma) b_i;$$

da $r_i(\sigma)$ Linearkombinationen von σ^m sind und alle Koeffizienten von $\sigma^l(b_i)$ (die eine gewöhnliche Basis bilden) gleich Null sein müssen, ist $r_i(u) \equiv 0$, woraus $f_i(u) = h_i(u) e_i(u)$ und $f_i(\sigma) b_i = h_i(\sigma) e_i(\sigma) b_i = 0$ folgt.

6.8.3. *Die erste Normalform*

Zusammenfassend läßt sich sagen: Ausgehend von $A - uI$ gelangten wir zu

$$F(u) = \begin{bmatrix} e_1(u) & & & \\ & e_2(u) & & \\ & & \ddots & \\ & & & e_n(u) \end{bmatrix}.$$

Für gewisse $e_i(u)$ ist $e_1(u) \equiv e_2(u) \equiv \cdots \equiv e_{h-1}(u) \equiv 1$; das Polynom $e_h(u)$ hatte einen Grad $\nu_h \neq 0$. Es wurde bewiesen, daß es eine dieser Form entsprechende Basis gibt:

$$\{b_h, \sigma(b_h), \ldots, \sigma^{\nu_h-1}(b_h); b_{h+1}, \ldots; \ldots; b_n, \ldots, \sigma^{\nu_n-1}(b_n)\} = \mathscr{B}.$$

Wir setzen $e_i(u) = a_{i1} + a_{i2} u + \cdots + a_{i\nu_i} u^{\nu_i-1} + u^{\nu_i}$ und wollen die Matrix von σ bezüglich dieser Basis bestimmen.

Es ist klar, daß der erste Vektor b_h ist, der zweite Vektor $\sigma(b_h)$ und

$$\sigma^{\nu_h}(b_h) = -a_{h1} b_h - a_{h2}\sigma(b_h) - \cdots - a_{h\nu_h}\sigma^{\nu_h-1}(b_h),$$
$$\sigma\left(\sigma^{\nu_h-1}(b_h)\right) = \sigma^{\nu_h}(b_h).$$

Das ergibt

$$M = \left[\begin{array}{c|c|c|c}
\left.\begin{matrix} 0 & 0 & \cdots & -a_{h1} \\ 1 & 0 & \cdots & -a_{h2} \\ 0 & 1 & \cdots & -a_{h3} \\ \vdots & & \ddots & \vdots \\ 0 & \cdots & 1 & -a_{h\nu_h} \end{matrix}\right\} \nu_h \text{ Zeilen} & & & \\ \hline
 & \left.\begin{matrix} 0 & 0 \ldots & -a_{h+1,1} \\ 1 & 0 & -a_{h+1,2} \\ 0 & 1 & -a_{h+1,2} \\ \vdots & \ddots & \vdots \\ 0 \ldots & 1 & -a_{h+1,\nu_{h+1}} \end{matrix}\right\} \nu_{h+1} \text{ Zeilen} & & \\ \hline
 & & \ddots & \\ \hline
 & & & \nu_n \text{ Zeilen} \left\{\begin{matrix} 0 & 0 & \ldots & -a_{n1} \\ 1 & 0 & \ldots & -a_{n2} \\ 0 & 1 & \ldots & -a_{n3} \\ \vdots & & \ddots & \vdots \\ 0 & \ldots & 1 & -a_{n\nu_n} \end{matrix}\right.
\end{array}\right],$$

d. h. eine Matrix der Form

$$\left[\begin{array}{c|c|c|c}
A_h & & & \\ \hline
 & A_{h+1} & & \\ \hline
 & & \ddots & \\ \hline
 & & & A_n
\end{array}\right].$$

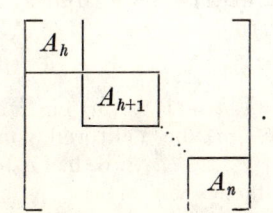

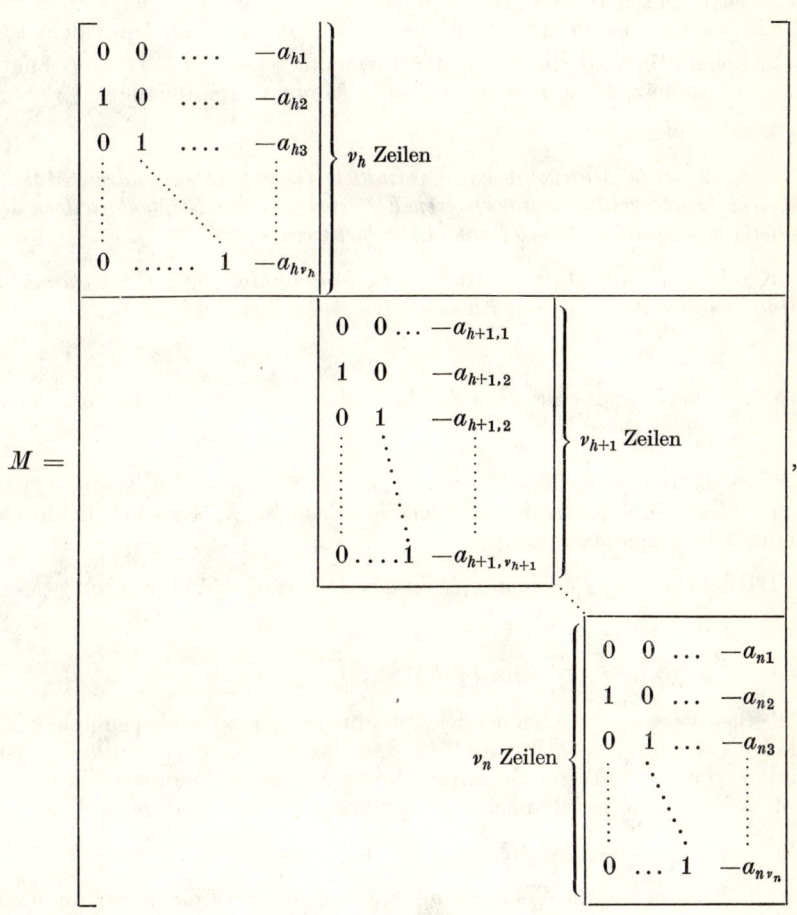

Satz 1. *Die soeben abgeleitete Form ist eindeutig bestimmt*; sie heißt die *erste Normalform* einer Matrix.

Beweis.

1. Wird σ bezüglich einer Basis durch die Matrix A dargestellt, dann entspricht σ in einer neuen Basis die Matrix $A' = B^{-1}AB$ (B Matrix des Basiswechsels). Die charakteristische Matrix von A' ist $A' - uI = B^{-1}(A - uI)B$, die im weiter oben definierten Sinne zur Matrix $A - uI$ äquivalent ist.

2. Bekanntlich ist die Folge der Elementarteiler von $A - uI$ eindeutig bestimmt; sie hängt also nur von σ ab (da M nur von σ abhängt).

Daraus folgt

Satz 2. *Jede Matrix A kann vermittels einer nichtsingulären Matrix in eine Matrix M übergeführt werden, deren Elemente aus den Elementarteilern der charakteristischen Matrix $A - uI$ von A gebildet werden.*

Korollar. *Zwei Matrizen sind genau dann ähnlich, wenn ihre charakteristischen Matrizen dieselbe Folge von Elementarteilern besitzen.*

6.8.4. *Beziehungen zwischen der Normalform und den Teilern des Minimalpolynoms von σ*

Es sei L_i der von den Vektoren $\{b_i, \ldots, \sigma^{\nu_i-1}(b_i)\}$ aufgespannte Unterraum. Diese Vektoren bilden offensichtlich eine Basis für L_i. Es sei σ_i die durch σ auf L_i induzierte Transformation.

Hilfssatz. *Das Polynom $e_i(u)$ ist das Minimalpolynom von σ_i.*

Beweis. Für $l \leqq \nu_i - 1$ ist

$$e_i(\sigma_i)\big(\sigma_i^l(b_i)\big) = e_i(\sigma)\big(\sigma^l(b_i)\big) = \sigma^l[e_i(\sigma)b_i] = 0.$$

Alle Basisvektoren werden bei der Abbildung $e_i(\sigma_i)$ auf Null abgebildet: $L_i \xrightarrow{e_i(\sigma_i)} 0$; daher gilt $e_i(\sigma)x = 0$ für alle $x \in L_i$. Das Minimalpolynom von σ_i ist also ein Teiler von $e_i(u)$. Wenn der Grad dieses Minimalpolynoms kleiner als ν_i wäre, folgte daraus die Existenz eines Polynoms $\alpha_1 + \alpha_2 u + \cdots + \alpha_t u^t$, so daß

$$\alpha_1 b_i + \cdots + \alpha_t \sigma^t(b_i) = 0 \qquad (t < \nu_i)$$

ist, und das hieße, die Vektoren $b_i, \ldots, \sigma^t(b_i)$ wären nicht linear unabhängig, was unmöglich ist.

Satz 1. *Der letzte Elementarteiler $e_n(u)$ der charakteristischen Matrix $A - uI$ von A (oder der Transformation σ) ist das Minimalpolynom von σ.*

Beweis.

1. Das Polynom $e_n(u)$ ist für beliebiges i ($i = h, h + 1, \ldots, n$) ein Vielfaches von $e_i(u)$; wie wir soeben gesehen haben, bildet $e_i(\sigma)$ die Vektoren von L_i auf Null ab, so daß offenbar $e_n(\sigma)x_i = f(\sigma)e_i(\sigma)x_i$, $x_i \in L_i$, d. h. $e_n(\sigma)x = 0$ für alle x gilt. Das Polynom $e_n(u)$ ist also ein Vielfaches von $m(u)$.

2. Andererseits induziert $m(\sigma)$ auf L_n die Nullabbildung; da die auf L_n induzierte Transformation σ_n daher das Polynom $e_n(u)$ als Minimalpolynom besitzt, ist $m(u)$ ein Vielfaches des Polynoms $e_n(u)$, dessen höchster Koeffizient gleich Eins ist:

$$e_n(u) = m(u).$$

Satz 2 (Cayley-Hamilton). *Jede Transformation σ ist Nullstelle ihres charakteristischen Polynoms.*

Ist $d_n(u) = \text{Det}(A - uI)(-1)^n$, dann haben wir $d_n(\sigma) = 0$ (Transformation) oder $d_n(A) = 0$ (Matrix).

Beweis. Es ist

$$d_n(u) = e_1(u)e_2(u) \cdots e_n(u) = e_1(u) \cdots e_{n-1}(u)m(u),$$

$$d_n(\sigma) = e_1(\sigma) \cdots e_{n-1}(\sigma)m(\sigma) = 0.$$

Satz 3. *Das charakteristische Polynom ist ein Vielfaches des Minimalpolynoms, dessen Grad höchstens gleich n ist.*

Im Körper der komplexen Zahlen C kann das charakteristische Polynom $F(u)$ offenbar nur folgende Gestalt haben:

$$(-1)^n(u - \lambda_1)^{\alpha_1}(u - \lambda_2)^{\alpha_2} \cdots (u - \lambda_h)^{\alpha_h} = F(u)$$

mit $\alpha_1 + \alpha_2 + \cdots + \alpha_h = n$, und $m(u)$ ist von der Form

$$(u - \lambda_1)^{m_1}(u - \lambda_2)^{m_2} \cdots (u - \lambda_h)^{m_h} = m(u)$$

mit $m_1 + m_2 + \cdots + m_h \leqq n$.

Korollar. *Sind alle Nullstellen des charakteristischen Polynoms einfach, dann ist $m(u) = F(u)$.*

6.8.5. *Zweite Normalform (Jordansche Normalform)*

Nehmen wir an, wir hätten die erste Normalform M gefunden und betrachten nun einen Elementarteiler $e_i(u) \neq 1$ (ihm entspricht ein „Kästchen"). Wir setzen voraus, daß im Körper C

$$e_i(u) = (u - \alpha_1)^{s_1}(u - \alpha_2)^{s_2} \cdots (u - \alpha_r)^{s_r}$$

$$(s_i \geqq 1, s_1 + s_2 + \cdots + s_r = \nu_i, \alpha_j \neq \alpha_h)$$

gelte. Es sei

$$A_i = \underbrace{\begin{bmatrix} \underbrace{\begin{matrix} \alpha_1 & 1 & & \\ & \alpha_1 & 1 & \\ & & \ddots & 1 \\ & & & \alpha_1 \end{matrix}}_{s_1} \Big\} s_1 & & & \\ & \underbrace{\begin{matrix} \alpha_2 & 1 & & \\ & \alpha_2 & 1 & \\ & & \ddots & 1 \\ & & & \alpha_2 \end{matrix}}_{s_2} \Big\} s_2 & & \\ & & \ddots & \\ & & & s_r \Big\{ \overbrace{\begin{matrix} \alpha_r & 1 & & \\ & \alpha_r & 1 & \\ & & \ddots & 1 \\ & & & \alpha_r \end{matrix}}^{s_r} \end{bmatrix}}_{} \Bigg\} \text{Dimension } \nu_i .$$

Welches sind die Elementarteiler von $(A_i - uI_{\nu_i})$? Der letzte Elementarteiler ist $d_{\nu_i} = e_i(u)$. Zu berechnen sei $d_{\nu_i-1}(u)$, d. h. der größte gemeinsame Teiler der Determinanten von der Ordnung $\nu_i - 1$. Trennen wir die erste Spalte von A_i und die s_1-te Zeile ab, so bleiben am Anfang Einsen stehen, und die Determinante geht über in $1 \cdot 1 \cdot 1 \cdot (u - \alpha_2)^{s_2} \cdots (u - \alpha_r)^{s_r}$. Ebenso ergibt sich beim Abtrennen der $(s_1 + 1)$-ten Spalte und der $(s_1 + s_2)$-ten Zeile

$$(u - \alpha_1)^{s_1}(u - \alpha_2)^{s_2} \cdots (u - \alpha_r)^{s_r}$$

usw. Kurz gesagt, die Polynome

$$(u - \alpha_1)^{s_1} \cdots (u - \alpha_{i-1})^{s_{i-1}}(u - \alpha_{i+1})^{s_{i+1}} \cdots (u - \alpha_r)^{s_r}$$

sind Minoren der Ordnung $\nu_i - 1$ $(i = 2, \ldots, n - 1)$. Sie sind zueinander prim; daher ist $d_{\nu_i-1}(u) = 1$; wegen $d_{\nu_i-1}(u) = e_1(u) e_2(u) \cdots e_{\nu_i-1}(u) = 1$ sind aber $1, 1, \ldots, 1, e_i$ die Elementarteiler von A_i.

Mit Hilfe von Elementaroperationen kann die Matrix $A_i - uI_{\nu_i}$ auf die Form

$$\begin{bmatrix} 1 & & & \\ & 1 & & \\ & & \ddots & \\ & & 1 & \\ & & & e_i(u) \end{bmatrix}$$

gebracht werden.

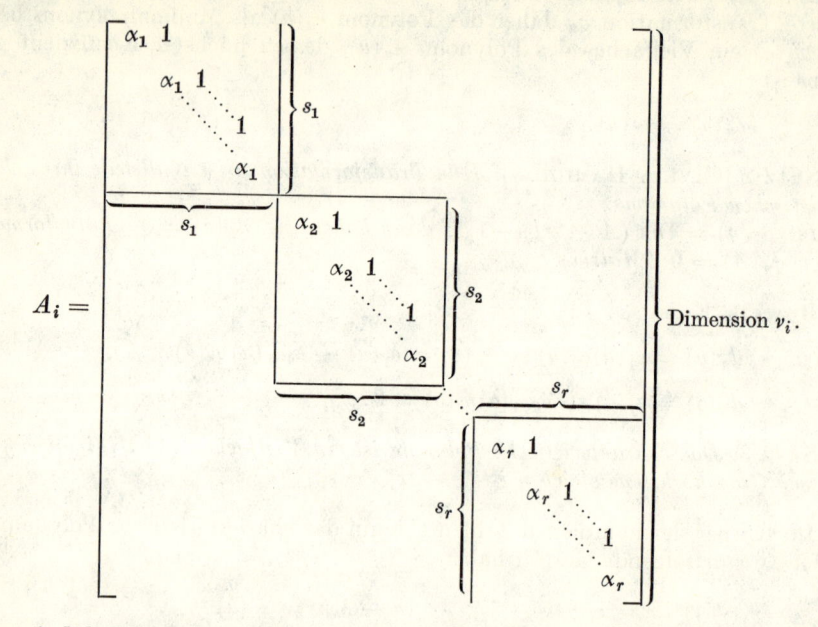

Nach diesen Ausführungen wollen wir jetzt die Reduktion angeben. Wir gehen von A aus, bilden $A - uI$ und bestimmen danach die Elementarteiler $e_1(u)$, $e_2(u), \ldots, e_n(u)$. Es sei $e_1(u) \equiv e_2(u) \equiv \cdots \equiv e_{h-1}(u) \equiv 1$ und $e_i(u) \not\equiv 1$ $(i = h, \ldots, n)$.

Die Kästchen werden mit Hilfe der Beziehungen $e_i(u) = (u - \alpha_1^i)^{s_1^i} \cdots (u - \alpha_r^i)^{s_r^i}$ gebildet:

$$J_i = \begin{bmatrix} \underbrace{\begin{matrix} \alpha_1^i & 1 & & \\ & \alpha_1^i & \ddots & \\ & & \ddots & 1 \\ & & & \alpha_1^i \end{matrix}}_{s_1^i} & & & \\ & \underbrace{\begin{matrix} \alpha_2^i & 1 & & \\ & \alpha_2^i & \ddots & \\ & & \ddots & 1 \\ & & & \alpha_2^i \end{matrix}}_{s_2^i} & & \\ & & \ddots & \\ & & & \underbrace{\begin{matrix} \alpha_r^i & 1 & & \\ & \alpha_r^i & \ddots & \\ & & \ddots & 1 \\ & & & \alpha_r^i \end{matrix}}_{s_r^i} \end{bmatrix},$$

$$M' = \begin{bmatrix} J_h & & & & \\ & J_{h+1} & & & \\ & & \ddots & & \\ & & & J_{n-1} & \\ & & & & J_n \end{bmatrix}.$$

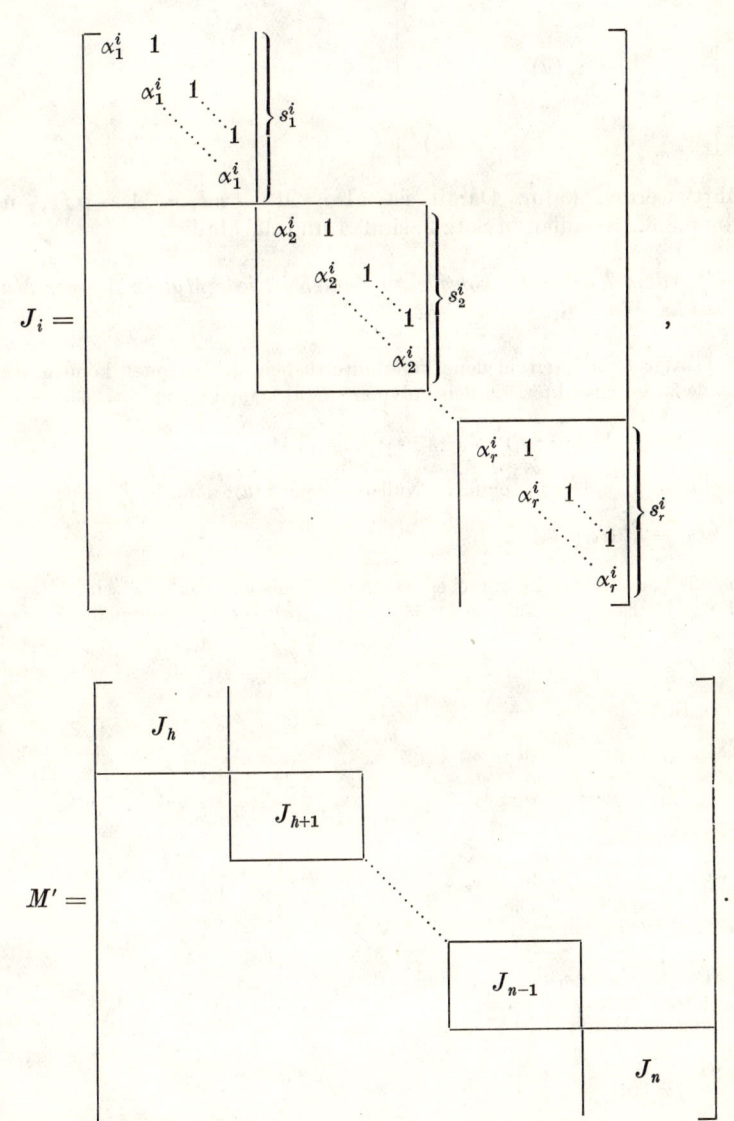

Es ist klar, daß $M' - uI_n$ durch Elementaroperationen in die Form

$$\begin{bmatrix} 1 & & & & & & \\ & 1 & & & & & \\ & & \ddots & & & & \\ & & & 1 & & & \\ & & & & e_h(u) & & \\ & & & & & \ddots & \\ & & & & & & e_n(u) \end{bmatrix}$$

übergeführt werden kann. Damit ist also $M' - uI_n \sim A - uI_n$, und auf Grund von 6.8.3., Korollar zu Satz 2, sind A und M' ähnlich.

Satz. *Über dem Körper der komplexen Zahlen ist jede Matrix A einer Matrix M' von Jordanscher Normalform ähnlich.*

Beispiele. Wir wollen verschiedene Fälle untersuchen, die eintreten können, wenn man eine Nullstelle λ_1 des charakteristischen Polynoms $F(u)$ kennt:

$$F(u) = (-1)^n (u - \lambda_1)^{\alpha_1} (u - \lambda_2)^{\alpha_2} \cdots (u - \lambda_n)^{\alpha_n}.$$

1. Wir nehmen an, λ_1 sei eine einfache Nullstelle von $F(u)$; dann ist λ_1 wegen

$$F(u) = h(u)m(u)$$

auch Nullstelle von $m(u)$; λ_1 kann nur eine einfache Nullstelle von $m(u)$ sein.

In der Folge der Elementarteiler $m(u) = e_n(u)\, e_{n-1}(u) \cdots e_h(u)$ kommt der Faktor $u - \lambda_1$ nur in $e_n(u)$ vor.

So sei beispielsweise

$$e_n(u) = (u - \lambda_1)(u - \lambda_2)^2 (u - \lambda_3),$$

$$e_{n-1}(u) = (u - \lambda_2)^2 (u - \lambda_3),$$

$$e_{n-2}(u) = (u - \lambda_2)(u - \lambda_3),$$

$$e_{n-3}(u) \equiv 1, \ldots$$

$$\nu_n = 4, \qquad \nu_{n-1} = 3, \qquad \nu_{n-2} = 2.$$

Wir nehmen an, wir hätten

$$F(u) = -(u - \lambda_1)(u - \lambda_2)^5 (u - \lambda_3)^3.$$

Die Ordnung der Matrix A ist $5 + 3 + 1 = 9$.

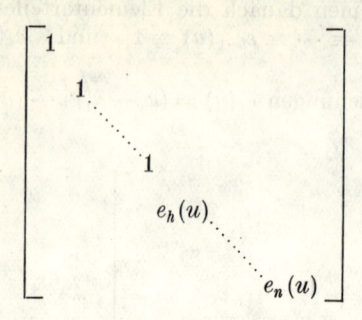

Als Jordansche Normalform ergibt sich bezüglich einer Basis $\mathscr{B} = \{e_1, e_2, \ldots, e_n\}$:

$$M' = \begin{array}{c} \begin{matrix} e_1 & e_2 & e_3 & e_4 & e_5 & e_6 & e_7 & e_8 & e_9 \end{matrix} \\ \left[\begin{array}{c|c|cc|c|c|cc|c} \lambda_2 & & & & & & & & \\ & \lambda_3 & & & & & & & \\ \hline & & \lambda_2 & 1 & & & & & \\ & & & \lambda_2 & & & & & \\ \hline & & & & \lambda_3 & & & & \\ & & & & & \lambda_3 & & & \\ \hline & & & & & & \lambda_2 & 1 & \\ & & & & & & & \lambda_2 & \\ \hline & & & & & & & & \lambda_1 \end{array}\right] \end{array}$$

An diesem Beispiel erkennt man, daß einer einfachen Nullstelle des charakteristischen Polynoms $F(u)$ genau ein invarianter Unterraum entspricht; dieser Unterraum wird durch den Vektor e_9 aufgespannt und ist folglich von der Dimension Eins. Der Vektor e_9 ist ein Eigenvektor.

2. Nehmen wir an, λ sei eine mehrfache Wurzel, a) etwa λ_3. Offenbar sind e_2, e_5, e_6 drei Vektoren, für die

$$\sigma(e_i) = \lambda_3 e_i$$

gilt. Jeder Vektor der Gestalt

$$x = x_2 e_2 + x_5 e_5 + x_6 e_6$$

geht daher über in

$$\sigma(x) = \lambda_3 x;$$

der dreifachen Nullstelle λ_3 entspricht also ein dreidimensionaler invarianter Unterraum.

b) etwa λ_2; die Vielfachheit von λ_2 ist 5; e_1 erzeugt einen invarianten Unterraum der Dimension Eins; für e_3 ist $\sigma(e_3) = \lambda_2 e_3$ und $\sigma(e_4) = e_3 + \lambda_2 e_4$; wir bemerken, daß e_4 kein Eigenvektor ist. In dem durch $\{e_3, e_4\}$ aufgespannten invarianten Unterraum gibt es nur eine bezüglich σ invariante Richtung: die von e_3.

Es gibt also drei Eigenrichtungen: e_1, e_3, e_7.

6.9. Funktionen von linearen Transformationen (Matrizenfunktionen)

6.9.1. *Elementare Eigenschaften. Wert einer Funktion auf einem Spektrum*

Wie wir gesehen haben, konnte $f(\sigma)$ eindeutig definiert werden, wenn die lineare Transformation σ eines Vektorraumes $\mathscr{E}_n$ in sich und das Polynom $f(u)$ aus $K[u]$ gegeben waren. Stellt die Matrix A die Transformation σ bezüglich einer Basis $\mathscr{B}$

dar, dann wird $f(\sigma)$ durch $f(A)$ in derselben Basis dargestellt. Aus der Definition des Minimalpolynoms ergibt sich

Hilfssatz 1. *Es seien $f(u)$, $g(u)$ zwei Polynome aus $K[u]$. Notwendig und hinreichend für $f(\sigma) = g(\sigma)$ ist, daß*

$$f(u) - g(u) = q(u)m(u),$$

ist, wobei $m(u)$ das Minimalpolynom von σ ist.

Es sei

$$m(u) = (u - \lambda_1)^{\alpha_1}(u - \lambda_2)^{\alpha_2} \cdots (u - \lambda_r)^{\alpha_r}, \qquad \gamma = \alpha_1 + \alpha_2 + \cdots + \alpha_r.$$

Führen wir die Ableitungen von $m(u)$ ein, dann folgt daraus, daß der Faktor $(u - \lambda_i)^{\alpha_i}$ in $m(u)$ aufgeht; es ist

$$m(\lambda_i) = m'(\lambda_i) = m''(\lambda_i) = \cdots = m^{(\alpha_i - 1)}(\lambda_i) = 0.$$

Wir erhalten damit

Hilfssatz 2. *Es seien $f(u), g(u) \in K[u]$. Notwendig und hinreichend für $f(\sigma) = g(\sigma)$ ist, daß*

$$f(\lambda_i) = g(\lambda_i), \qquad f'(\lambda_i) = g'(\lambda_i), \ldots, \qquad f^{(\alpha_i-1)}(\lambda_i) = g^{(\alpha_i-1)}(\lambda_i) \tag{1}$$

ist für alle λ_i.

1. Ist $f(u) - g(u) = q(u)m(u)$, dann gilt offensichtlich

$$\big(f(u) - g(u)\big)^{(k)}_{u=\lambda_i} = 0 \quad \text{für} \quad k = 1, 2, \ldots, \alpha_i - 1;\ i = 1, \ldots, r. \tag{1'}$$

2. Ist umgekehrt (1) erfüllt, dann gilt (1'), und $f(u) - g(u)$ besitzt $(u - \lambda_1)^{\alpha_1}$, $(u - \lambda_2)^{\alpha_2}, \ldots, (u - \lambda_r)^{\alpha_r}$ als Faktoren; also ist $f(u) - g(u)$ durch $m(u)$ teilbar.

Im folgenden bezeichnet $\mathcal{E}_n$ stets einen endlichdimensionalen Vektorraum über C ($K[u] \equiv C[u]$). Die vorhergehenden Hilfssätze führen uns zu der folgenden

Definition 1. Es seien $\lambda_1, \lambda_2, \ldots, \lambda_r$ die (verschiedenen) Nullstellen des Minimalpolynoms $m(u)$ einer Transformation σ und $\alpha_1, \alpha_2, \ldots, \alpha_r$ ihre Vielfachheiten:

$$m(u) = (u - \lambda_1)^{\alpha_1}(u - \lambda_2)^{\alpha_2} \cdots (u - \lambda_r)^{\alpha_r}.$$

Ferner sei $f\colon z \to f(z)$ eine Funktion der komplexen Variablen z, die in einem (offenen) Gebiet G definiert und dort analytisch (d. h. beliebig oft differenzierbar) ist. Wir nehmen an, es sei $\lambda_i \in G$; dann sind die komplexen Zahlen

$$\begin{array}{l} f(\lambda_1), f'(\lambda_1), f''(\lambda_1), \ldots, f^{(\alpha_1-1)}(\lambda_1), \\ f(\lambda_2), f'(\lambda_2), f''(\lambda_2), \ldots, f^{(\alpha_2-1)}(\lambda_2), \\ \cdots\cdots\cdots\cdots\cdots \\ f(\lambda_r), f'(\lambda_r), f''(\lambda_r), \ldots, f^{(\alpha_r-1)}(\lambda_r). \end{array}$$

(es ist $\alpha_1 + \alpha_2 + \cdots + \alpha_r = \gamma$) definiert. Diese Zahlen heißen die *Werte von f auf dem Spektrum von σ.*

Mit $f(\Lambda_\sigma)$ wird der Vektor aus C^γ mit den Werten von f auf dem Spektrum von σ als Komponenten bezeichnet:

$$f(\Lambda_\sigma) = \begin{bmatrix} f(\lambda_1) \\ f'(\lambda_1) \\ \vdots \\ f^{(\alpha_1-1)}(\lambda_1) \\ f(\lambda_2) \\ \vdots \\ f^{(\alpha_2-1)}(\lambda_2) \\ \vdots \\ f^{(\alpha_r-1)}(\lambda_r) \end{bmatrix} \in C^\gamma.$$

Hilfssatz 2 läßt sich nun folgendermaßen formulieren:

Hilfssatz 3. *Es seien f, g zwei Polynome aus $C[u]$ und $f(z)$, $g(z)$ in ganz C definiert; für $f(\sigma) = g(\sigma)$ ist notwendig und hinreichend, daß $f(\Lambda_\sigma) = g(\Lambda_\sigma)$ in C^γ ist.*

Mit anderen Worten, durch den Vektor $f(\Lambda_\sigma) \in C^\gamma$ ist $f(\sigma)$ vollständig bestimmt.

Definition 2. Es seien $f, g \in C[u]$; gilt $f(\Lambda_\sigma) = g(\Lambda_\sigma)$, dann setzen wir $f(\sigma) = g(\sigma)$.

Offenbar ist diese Definition sinnvoll; denn für $g' \in C[u]$ und $g'(\Lambda_\sigma) = f(\Lambda_\sigma)$ ergibt sich $g'(\sigma) = g(\sigma)$.

6.9.2. *Definition einer Funktion durch Interpolationsformeln*

Offensichtlich kann $f(\sigma)$ stets als Polynom in σ geschrieben werden. Wenn die Zahlen $f(\Lambda_\sigma)$ gegeben sind, ermöglicht es die Lagrangesche Interpolationsformel, dieses Polynom zu bestimmen, dessen Grad kleiner als γ ist. Es sei $p(u)$ ein Polynom, so daß $p(\Lambda_\sigma) = f(\Lambda_\sigma)$ ist.

α) Sind alle α_i gleich Eins ($m(u)$ hat nur einfache Wurzeln), dann ist

$$f(\Lambda_\sigma) = \begin{bmatrix} f(\lambda_1) \\ f(\lambda_2) \\ \vdots \\ f(\lambda_r) \end{bmatrix} \qquad (r = \gamma),$$

und der Grad von p ist $\gamma - 1$,

$$\begin{aligned} p(u) &= \sum_{i=1}^{r} \frac{(u-\lambda_1)\cdots(u-\lambda_{i-1})(u-\lambda_{i+1})\cdots(u-\lambda_r)}{(\lambda_i-\lambda_1)\cdots(\lambda_i-\lambda_{i-1})(\lambda_i-\lambda_{i+1})\cdots(\lambda_i-\lambda_r)} f(\lambda_i) \\ &= \sum_{i=1}^{r} L_i(u) f(\lambda_i); \end{aligned} \tag{1}$$

daraus ergibt sich

$$f(\sigma) = p(\sigma) = \sum_{i=1}^{r} L_i(\sigma) f(\lambda_i).$$

β) Sind nicht alle α_i gleich Eins, so nimmt die Lagrangesche Interpolationsformel eine etwas kompliziertere Gestalt an. Man kann zeigen, daß $(r \neq \gamma)$

$$p(u) = \sum_{i=1}^{r} [\varphi_{i1}(u) f(\lambda_i) + \varphi_{i2}(u) f'(\lambda_i) + \cdots + \varphi_{i\alpha_i}(u) f^{(\alpha_i - 1)}(\lambda_i)]$$

ist, wobei die Polynome $\varphi_{ij}(u)$ $(i = 1, 2, \ldots, r;\ j = 1, 2, \ldots, \alpha_i)$ dadurch bestimmt sind, daß ihr Grad kleiner als γ ist und $\varphi_{ij}(\Lambda_\sigma)$ bis auf die $\varphi_{ij}^{(j)}(\lambda_i) = 1$ entsprechende Komponente den Nullvektor aus C^γ darstellt. Die Polynome $\varphi_{ij}(u)$ können speziellen Interpolationstafeln entnommen werden. Es ergeben sich im allgemeinen komplizierte Formeln.

In der Praxis geht man von der folgenden Annahme aus:

$$m'(u) m(u) = (u - \lambda_1^{(1)}) \cdots (u - \lambda_1^{(\alpha_1)})(u - \lambda_2^{(1)}) \cdots (u - \lambda_2^{(\alpha_2)}) \cdots (u - \lambda_r^{(1)}) \cdots (u - \lambda_r^{(\alpha_r)}),$$

und man ersetzt

$\lambda_1^{(1)}, \lambda_1^{(2)}, \ldots, \lambda_1^{(\alpha_1)}$ durch λ_1,

. . . .

$\lambda_r^{(1)}, \lambda_r^{(2)}, \ldots, \lambda_r^{(\alpha_r)}$ durch λ_r.

Unter Verwendung der Formel (1) für $m'(u)$ untersucht man unter diesen Voraussetzungen den Grenzwert von $p'(u)$.

Es ergibt sich

$$f(\sigma) = p(\sigma) = \sum_{i=1}^{r} [\varphi_{i1}(\sigma) f(\lambda_i) + \varphi_{i2}(\sigma) f'(\lambda_i) + \cdots + \varphi_{i\alpha_i}(\sigma) f^{(\alpha_i - 1)}(\lambda_i)]. \quad (2)$$

Man zeigt ohne Schwierigkeiten, daß die linearen Transformationen $\varphi_{ik}(\sigma)$ unabhängig sind (über einen indirekten Beweis; Übungsaufgabe!).

Die Formel (2) stellt den allgemeinen Ausdruck für $f(\sigma)$ dar.

6.9.3. *Eigenschaften*

1. Wird σ bezüglich einer Basis durch die Matrix A dargestellt, dann ist offensichtlich $f(A)$ die Matrix $f(A) = p(A)$ für $p(\Lambda_\sigma) = f(\Lambda_\sigma)$.

Bei einem Basiswechsel geht A über in $A' = B^{-1}AB$, und es ist $f(A') = p(A') = p(B^{-1}AB)$, also $f(A') = B^{-1}p(A)B$, und wir erhalten

$$f(A') = B^{-1} f(A) B.$$

2. Wir nehmen an, A sei eine Diagonalmatrix

$$D = \begin{bmatrix} d_1 & & \\ & \ddots & \\ & & d_n \end{bmatrix};$$

dann ist auch $f(A) = p(A)$ eine Diagonalmatrix:

$$f(A) = p(D) = \begin{bmatrix} p(d_1) & & \\ & \ddots & \\ & & p(d_n) \end{bmatrix};$$

$d_1, d_2, \ldots, d_n$ sind die λ_i des Spektrums von σ, d. h. $p(d_i) = p(\lambda_i) = f(\lambda_i)$.

Wir können daher

$$f(A) = \begin{bmatrix} f(\lambda_1) & & & \\ & f(\lambda_2) & & \\ & & \ddots & \\ & & & f(\lambda_n) \end{bmatrix}$$

schreiben. Wird σ bezüglich einer Basis durch eine Diagonalmatrix

$$D = \begin{bmatrix} \lambda_1 & & \\ & \ddots & \\ & & \lambda_n \end{bmatrix}$$

dargestellt, dann besitzt $f(\sigma)$ bezüglich derselben Basis die Darstellung

$$f(A) = \begin{bmatrix} f(\lambda_1) & & \\ & \ddots & \\ & & f(\lambda_n) \end{bmatrix}.$$

3. Wir wollen annehmen, daß σ in einer Basis durch ein Jordan-Kästchen dargestellt sei:

$$J = \begin{bmatrix} \lambda_1 & 1 & & & \\ & \lambda_1 & 1 & & \\ & & \ddots & \ddots & \\ & & & \lambda_1 & 1 \\ & & & & \lambda_1 \end{bmatrix},$$

d. h., es ist $\lambda_1 I + H = J$ mit

$$H = \begin{bmatrix} 0 & 1 & & & \\ & 0 & 1 & & \\ & & \ddots & \ddots & \\ & & & \ddots & 1 \\ & & & & 0 \end{bmatrix}.$$

Wie man sieht, ist

$$H^2 = \begin{bmatrix} 0 & 0 & 1 & & & & \\ & 0 & 0 & 1 & & & \\ & & 0 & 0 & 1 & & \\ & & & \ddots & \ddots & \ddots & \\ & & & & & & 1 \\ & & & & & & 0 \\ & & & & & & 0 \end{bmatrix};$$

ebenso ergeben sich $H^3, H^4, \ldots$

Wir wollen $f(J)$ bestimmen, das bezüglich der gewählten Basis $f(\sigma)$ darstellt. Es ist $f(J) = p(J)$, wobei $p(u)$ ein Polynom von höchstens $(n-1)$-tem Grad ist. Die Taylor-Entwicklung von $p(u)$ lautet

$$p(u) = p(\lambda_1) + \frac{p'(\lambda_1)}{1!}(u-\lambda_1) + \frac{p''(\lambda_1)}{2!}(u-\lambda_1)^2 + \cdots + \frac{p^{(n-1)}(\lambda_1)}{(n-1)!}(u-\lambda_1)^{n-1}.$$

In dieser Formel ersetzen wir u durch J $(J^0 = I,\ J - \lambda_1 J^0 = H)$:

$$f(J) = p(J) = p(\lambda_1)I + \frac{p'(\lambda_1)}{1!}H + \frac{p''(\lambda_1)}{2!}H^2 + \cdots + \frac{p^{(n-1)}(\lambda_1)}{(n-1)!}H^{n-1};$$

wegen $p^{(k)}(\lambda_1) = f^{(k)}(\lambda_1)$ $(k = 0, 1, \ldots, n-1)$ erhalten wir

$$f(J) = \begin{bmatrix} f(\lambda_1) & \frac{f'(\lambda_1)}{1!} & \frac{f''(\lambda_1)}{2!} & \cdots & \frac{f^{(n-1)}(\lambda_1)}{(n-1)!} \\ & f(\lambda_1) & \frac{f'(\lambda_1)}{1!} & \cdots & \frac{f^{(n-2)}(\lambda_1)}{(n-2)!} \\ & & f(\lambda_1) & & \vdots \\ & & & \ddots & \frac{f'(\lambda_1)}{1!} \\ & & & & f(\lambda_1) \end{bmatrix}.$$

Die Matrix $f(J)$ ist kein Jordan-Kästchen, sondern besitzt eine bezüglich der Nebendiagonale symmetrische Dreiecksform.

4. Besitzt σ in einer Basis allgemein die Jordansche Darstellung

$$A = \begin{bmatrix} \begin{matrix} \lambda_1 & 1 & & \\ & \lambda_1 & 1 & \\ & & \ddots & 1 \\ & & & \lambda_1 \end{matrix} & & \\ & \ddots & \\ & & \begin{matrix} \lambda_r & 1 & & \\ & \lambda_r & 1 & \\ & & \ddots & 1 \\ & & & \lambda_r \end{matrix} \end{bmatrix},$$

dann wird $f(\sigma)$ nach den vorhergehenden Ausführungen offensichtlich dargestellt durch die Matrix

$$f(A) = \begin{bmatrix} \begin{matrix} f(\lambda_1) & \frac{f'(\lambda_1)}{1!} & \cdots & \frac{f^{(\alpha_1-1)}(\lambda_1)}{(\alpha_1-1)!} \\ & f(\lambda_1) & & \vdots \\ & & \ddots & \frac{f'(\lambda_1)}{1!} \\ & & & f(\lambda_1) \end{matrix} & & \\ & \ddots & \\ & & \begin{matrix} f(\lambda_r) & \frac{f'(\lambda_r)}{1!} & \cdots & \frac{f^{(\alpha_r-1)}(\lambda_r)}{(\alpha_r-1)!} \\ & f(\lambda_r) & & \vdots \\ & & \ddots & \frac{f'(\lambda_r)}{1!} \\ & & & f(\lambda_r) \end{matrix} \end{bmatrix},$$

die im allgemeinen keine Jordansche Normalform besitzt.

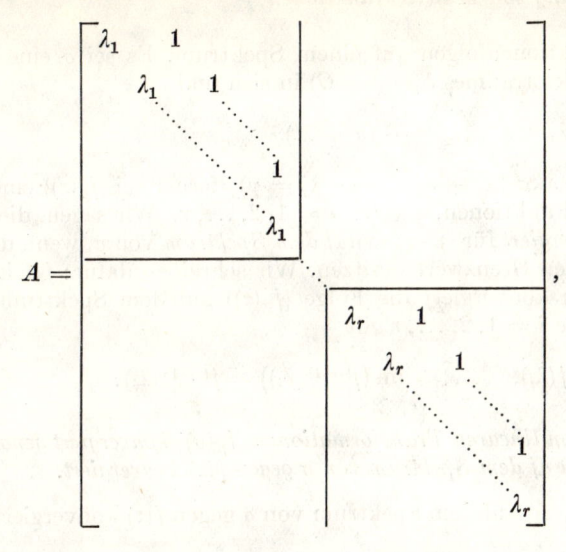

6.9.4. *Reihendarstellung von Matrizenfunktionen*

1. Konvergente Funktionenfolgen auf einem Spektrum. Es sei σ eine lineare Transformation des Vektorraumes $\mathscr{E}_n$ (über C) in sich und

$$m(u) = (u - \lambda_1)^{\alpha_1}(u - \lambda_2)^{\alpha_2} \cdots (u - \lambda_r)^{\alpha_r}$$

das Minimalpolynom von σ $(\alpha_1 + \alpha_2 + \cdots + \alpha_r = \gamma)$; ferner sei $\{f_p(z)\}$ eine Folge von in G analytischen Funktionen, $\lambda_i \in G$, $i = 1, 2, \ldots, r$. Wir sagen, die Funktionenfolge $\{f_p(z)\}$ *konvergiert* für $p \to \infty$ *auf dem Spektrum* von σ, wenn die Vektoren $f_p(\Lambda_\sigma)$ aus C^γ einen Grenzwert besitzen. Wir schreiben dafür: $f_p(\Lambda_\sigma) \to \Gamma$.

Ist $\Gamma = f(\Lambda_\sigma)$, dann konvergiert die Folge $\{f_p(z)\}$ auf dem Spektrum von σ gegen $f(z)$, d. h., für alle $i = 1, 2, \ldots, r$ gilt

$$\lim_{p\to\infty} \left(f_p(\lambda_i)\right) = f(\lambda_i), \quad \ldots, \quad \lim_{p\to\infty} \left(f_p^{(\alpha_i-1)}(\lambda_i)\right) = f^{(\alpha_i-1)}(\lambda_i).$$

Satz 1. *Eine Folge von linearen Transformationen $\{f_p(\sigma)\}$ konvergiert genau dann gegen $f(\sigma)$, wenn $\{f_p(z)\}$ auf dem Spektrum von σ gegen $f(z)$ konvergiert.*

Beweis. α) Wenn $\{f_p(z)\}$ auf dem Spektrum von σ gegen $f(z)$ konvergiert, dann konvergiert

$$f_p(\sigma) = \sum_{i=1}^{r} [\varphi_{i1}(\sigma) f_p(\lambda_i) + \cdots + \varphi_{i\alpha_i}(\sigma) f_p^{(\alpha_i-1)}(\lambda_i)]$$

gegen

$$\sum_{i=1}^{r} [\varphi_{i1}(\sigma) f(\lambda_i) + \cdots + \varphi_{i\alpha_i}(\sigma) f^{(\alpha_i-1)}(\lambda_i)] = f(\sigma),$$

d. h. $f_p(\sigma) \to f(\sigma)$.

β) Strebt $f_p(\sigma)$ gegen $f(\sigma)$, dann folgt aus der linearen Unabhängigkeit der Polynome $\varphi_{ik}(\sigma)$:

$$f_p^{(k)}(\lambda_i) \to f^{(k)}(\lambda_i),$$

woraus sich die Konvergenz auf dem Spektrum ableitet. Wenn speziell eine Folge von Polynomen $q_p(z)$ auf dem Spektrum von σ gegen $f(z)$ konvergiert, dann gilt: $q_p(\sigma) \to f(\sigma)$.

2. Für Reihen ergeben sich hieraus analoge Resultate. Gegeben sei eine Reihe $\sum_{p=0}^{\infty} u_p(\lambda)$, und wir setzen $s_p(\lambda) = \sum_{i=0}^{p} u_p(\lambda)$. Wir sagen, die Reihe $\sum_{p=0}^{\infty} u_p(\sigma)$ konvergiere gegen eine Funktion $f(\sigma)$, wenn die Folge $\{s_p(\sigma)\}$ gegen $f(\sigma)$ konvergiert.

Wie man sieht, erhält man aus Satz 1:

Satz 2. *Die Reihe $\sum_{p=0}^{\infty} u_p(\sigma)$ konvergiert genau dann gegen $f(\sigma)$, wenn $\sum_{p=0}^{\infty} u_p(z)$ auf dem Spektrum von σ gegen $f(z)$ konvergiert, d. h.*

$$\sum_{p=0}^{\infty} u_p(\lambda_i) = f(\lambda_i), \quad \ldots, \quad \sum_{p=0}^{\infty} u_p^{(k)}(\lambda_i) = f^{(k)}(\lambda_i) \qquad (k = 1, \ldots, \alpha_i - 1).$$

Spezialfall: Es sei $f(z) = \sum_{p=0}^{\infty} \alpha_p (z - z_0)^p$ eine im Kreis G: $|z - z_0| < R$ konvergente Reihe. Für $\lambda_i \in G$ (G offen) konvergieren offenbar die Partialsummen $s_p(z) = \sum_{i=0}^{p} \alpha_i (z - z_0)^i$ auf dem Spektrum von σ gegen $f(z)$. Wir erhalten somit

Satz 3. *Konvergiert* $f(z) = \sum_{p=0}^{\infty} \alpha_p (z - z_0)^p$ *in dem Kreis* G: $|z - z_0| < R$, *so können wir für* $\lambda_i \in G$ $(i = 1, 2, \ldots, r)$ *schreiben*:

$$f(\sigma) = \sum_{p=0}^{\infty} \alpha_p (\sigma - z_0 \sigma^0)^p.$$

6.9.5. *Anwendungen*

Die Transformation σ sei bezüglich einer Basis durch die Matrix A dargestellt. Durch Satz 3 von 6.9.4. sind die folgenden Definitionen gerechtfertigt:

$$e^\sigma = \sum_{p=0}^{\infty} \frac{\sigma^p}{p!}, \qquad e^A = \sum_{p=0}^{\infty} \frac{A^p}{p!},$$

$$\cos \sigma = \sum_{p=0}^{\infty} \frac{(-1)^p}{(2p)!} \sigma^{2p}, \qquad \cos A = \sum_{p=0}^{\infty} \frac{(-1)^p}{(2p)!} A^{2p},$$

$$\sin \sigma = \sum_{p=0}^{\infty} \frac{(-1)^p}{(2p+1)!} \sigma^{2p+1}, \qquad \sin A = \sum_{p=0}^{\infty} \frac{(-1)^p}{(2p+1)!} A^{2p+1}.$$

Da die Reihen in der ganzen komplexen Ebene konvergent sind, gelten diese Entwicklungen für alle σ (oder A). Im Gegensatz dazu ist

$$(\sigma^0 - \sigma)^{-1} = \sum_{p=0}^{\infty} \sigma^p$$

nur für solche Transformationen σ erklärt, für die $|\lambda_i| < 1$ ist (für alle i). (Desgleichen setzt $(I - A)^{-1} = \sum_{p=0}^{\infty} A^p$ voraus, daß $\varrho(A) < 1$ ist.) Auch die Entwicklung

$$\log \sigma = \sum_{p=1}^{\infty} \frac{(-1)^{p-1}}{p} (\sigma - \sigma^0)^p$$

$\left(\text{oder } \log A = \sum_{p=1}^{\infty} \frac{(-1)^{p-1}}{p} (A - I)^p\right)$ impliziert $|\lambda_i - 1| < 1$ (für alle i).

Aufgabe. Man beweise (für lineare Transformationen σ) die Gleichung

$$\cos^2 \sigma + \sin^2 \sigma = \sigma^0.$$

Eine seiner wichtigsten Anwendungen findet der Begriff der Matrizenfunktion bei der Integration von Systemen linearer Differentialgleichungen mit konstanten

Koeffizienten. Es sei

$$X(t) = \begin{bmatrix} x_1(t) \\ x_2(t) \\ \vdots \\ x_n(t) \end{bmatrix}$$

ein Spaltenvektor aus C^n, dessen Elemente differenzierbare Funktionen des reellen Parameters t sind. Mit $X'(t)$ bezeichnen wir die Spalte der Ableitungen:

$$X'(t) = \begin{bmatrix} x_1'(t) \\ x_2'(t) \\ \vdots \\ x_n'(t) \end{bmatrix}.$$

Es sei $A \in \mathcal{M}_{(n,n)}(C)$, wobei die Terme a_{ij} von t unabhängige Zahlen sind und $F(t)$ eine Spalte bekannter Funktionen darstellt:

$$F(t) = \begin{bmatrix} f_1(t) \\ f_2(t) \\ \vdots \\ f_n(t) \end{bmatrix}.$$

Es sind Spaltenvektoren $X(t)$ zu bestimmen, so daß

$$X'(t) = AX(t) + F(t) \tag{1}$$

ist, d. h., die Differentialgleichung (1) ist zu integrieren. Für $F(t) \equiv 0 \in C^n$ heißt die Gleichung (1) *homogen.*

Im Fall eines homogenen Systems

$$X' = AX \tag{2}$$

ist die Lösung leicht anzugeben.

Wir nehmen an, es gäbe eine Spalte $X(t)$, die der Beziehung (2) genügt, es existiere X'' und es sei $X'' = AX' = A^2X$ oder allgemein $X^{(n)} = A^nX$. Da alle Ableitungen existieren, kann $X(t)$ in eine MacLaurinsche Reihe entwickelt werden:

$$X(t) = X(0) + \frac{t}{1!}X'(0) + \cdots + \frac{t^n}{n!}X^{(n)}(0) + \cdots,$$

$$X(t) = X(0) + \frac{t}{1!}AX(0) + \cdots + \frac{t^n}{n!}A^nX(0) + \cdots = e^{tA}X(0).$$

Da umgekehrt

$$\frac{d}{dt}e^{tA} = \frac{d}{dt}\left(I + tA + \frac{1}{2}t^2A^2 + \cdots\right) = Ae^{tA}$$

ist, stellt $X = e^{tA}X_0$ eine Lösung des Systems dar. Daraus folgt der

Satz. *Die Lösung des homogenen Systems mit konstanten Koeffizienten*

$$X'(t) = AX(t), \tag{2'}$$

die für $t = 0$ gleich X_0 ist, kann für beliebiges A in der Form

$$X = e^{tA} X_0$$

geschrieben werden.

Bemerkung. Sind λ_i die Wurzeln des Minimalpolynoms von A und α_i deren Vielfachheiten ($i = 1, 2, \ldots, r$), so gilt, wie wir wissen (vgl. 6.9.3.), mit $(e^{tz})^{(k)} = t^k e^{tz}$

$$e^{tA} = p(A) = \sum_{i=1}^{r} [\varphi_{i1}(A) + \varphi_{i2}(A)t + \cdots + \varphi_{i,\alpha_i-1}(A)t^{\alpha_i-1}] \, e^{\lambda_i t}.$$

Alle Lösungen von (2) sind also Linearformen in $e^{\lambda_i t}$, deren Koeffizienten Polynome in t sind. Nun ist es einfach, die Lösung des Systems

$$X' = AX + F(t) \tag{1}$$

vollständig zu bestimmen. Wir setzen

$$X = e^{tA} Z, \tag{3}$$

wobei Z eine Spalte unbekannter Funktionen bezeichnet, und bilden die erste Ableitung:

$$X' = A e^{tA} Z + e^{tA} Z'.$$

Einsetzen in (1) ergibt

$$e^{tA} Z' = F(t).$$

Daher ist

$$Z(t) = C + \int_{t_0}^{t} F(\tau) e^{-\tau A} \, d\tau,$$

wobei C eine Spalte von Konstanten ist. Zusammen mit (3) erhalten wir daraus

$$X = e^{tA} C + \int_{t_0}^{t} e^{(t-\tau)A} F(\tau) \, d\tau;$$

gilt $X = X_0$ für $t = t_0$, dann bestimmen wir C und finden schließlich

$$X = e^{(t-t_0)A} X_0 + \int_{t_0}^{t} e^{(t-\tau)A} F(\tau) \, d\tau.$$

7. ANWENDUNG DER EIGENSCHAFTEN INVARIANTER UNTERRÄUME

7.1. Der Satz von Schur und Schlußfolgerungen

Es sei A eine Matrix über C. Mit T^* bezeichnen wir die Adjungierte von T, $T^* = \overline{T}^{\mathsf{T}}$. Die Matrix T heißt *unitär*, wenn $T^* T = I$ gilt (in Analogie zur Orthonormalität bei reellen Matrizen).

7.1.1. *Der Satz von Schur*

Satz. *Zu jeder komplexen Matrix A gibt es eine unitäre Matrix T, so daß*

$$T^* A T = T^{-1} A T = \begin{bmatrix} \lambda_1 & b_{12} \dots b_{1n} \\ 0 & \lambda_2 \dots b_{2n} \\ \vdots & \vdots \ddots \vdots \\ 0 & 0 \dots \lambda_n \end{bmatrix}$$

eine obere Dreiecksmatrix darstellt.

Den Beweis führen wir durch Induktion nach der Ordnung n von A.

α) Es sei

$$A = \begin{vmatrix} a_{11} & a_{12} \\ a_{21} & a_{22} \end{vmatrix}$$

und λ_1 ein Eigenwert von A; mit X_1 bezeichnen wir einen der zu λ_1 gehörenden Eigenvektoren, für den

$$X_1^* X_1 = 1 = \|X_1\|^2$$

gilt. Wir wählen einen Vektor X_2, so daß

$$X_1^* X_2 = 0,$$
$$X_2^* X_2 = 1 = \|X_2\|^2$$

ist. Für $X_1 = \begin{bmatrix} \xi_1 \\ \xi_2 \end{bmatrix}$ genügt es, $X_2' = \begin{bmatrix} \xi_1' \\ \xi_2' \end{bmatrix}$ so zu wählen, daß

$$X_2' \neq 0,$$
$$\xi_1 \xi_1' + \xi_2 \xi_2' = 0$$

ist, was immer möglich ist, und

$$X_2 = \frac{1}{\sqrt{X_2'^* X_2'}} X_2'$$

zu setzen.

Es sei $T = \{X_1, X_2\}$ eine Matrix vom Typ (2, 2), deren beide Spalten X_1 und X_2 sind. Offenbar gilt $T^* T = I$. Wir bilden $A' = T^{-1} A T$, die Matrix der Transformation σ bezüglich der Basis $\{X_1, X_2\}$. Dem Vektor mit den Komponenten $\begin{bmatrix} 0 \\ 1 \end{bmatrix}$ (bezüglich der neuen Basis) ordnet σ den Vektor $\lambda_1 X_1$ zu; die erste Spalte von A' ist also $\begin{bmatrix} \lambda_1 \\ 0 \end{bmatrix}$, d. h., es ist

$$A' = \begin{bmatrix} \lambda_1 & b_{12} \\ 0 & b_{22} \end{bmatrix}.$$

Da A' und A offenbar dieselben Eigenwerte besitzen, ist $b_{22} = \lambda_2$.

β) Wir nehmen an, der Satz sei für Matrizen der Ordnung n bewiesen. Es sei A eine Matrix der Ordnung $n + 1$. Mit X_1 bezeichnen wir einen dem Eigenwert λ_1 entsprechenden normierten Vektor ($X_1^* X_1 = 1$).

Ausgehend von X_1 konstruieren wir mit Hilfe des Schmidtschen Orthogonalisierungsverfahrens Vektoren $X_2, \ldots, X_n, X_{n+1}$:

$$X_1$$
$$X_2 = \alpha_2 (e_2 + \lambda_1^{(2)} X_1) = \alpha_2 V_2$$
$$\cdots\cdots\cdots\cdots\cdots\cdots\cdots$$
$$X_h = \alpha_h (e_h + \lambda_1^{(h)} X_1 + \cdots + \lambda_{h-1}^{(h)} X_{h-1}) = \alpha_h V_h$$

(e_k bezeichnet den k-ten Vektor aus der Fundamentalbasis von C^{n+1}).

Den Vektor X_2 bestimmen wir durch

$$X_1^* X_2 = 0 = X_1^* e_2 + \lambda_1^{(2)} X_1^* X_1,$$
$$X_2^* X_2 = 1.$$

Für $\lambda_1^{(2)}$ ergibt sich also $\lambda_1^{(2)} = -X_1^* e_2$; für α_2 wählen wir

$$\alpha_2 = \frac{1}{\sqrt{V_2^* V_2}}$$

usw. Sind die Vektoren $X_1, X_2, \ldots, X_{n+1}$ orthogonal (im hermiteschen Sinne), dann ergeben sich die Zahlen $\lambda_i^{(h)}$ aus $\lambda_i^{(h)} = -X_i^* e_h$ $(i = 1, 2, \ldots, h - 1)$. Mit diesen $\lambda_i^{(h)}$ können die V_h bestimmt werden, wobei $\alpha_h = \dfrac{1}{\sqrt{V_h^* V_h}}$ gewählt wird, um X_h zu normieren.

Damit gelangen wir zu einer Folge von Vektoren $X_1, X_2, \ldots, X_h, \ldots$, die paarweise aufeinander senkrecht stehen und unitär sind. Das Verfahren bricht für $k = n + 1$ (auf Grund der Orthogonalität der Vektoren) ab:

$$T_1^{-1} A T_1 = \left[\begin{array}{c|c} \lambda_1 & b_{12} \ldots b_{1n} \\ \hline 0 & \\ \vdots & B_n \end{array}\right]$$

ist von der Ordnung $n + 1$. Die Matrix $T_1 = \{X_1, X_2, \ldots, X_{n+1}\}$ ist auf Grund der Wahl der X_k unitär, und B_n ist eine Matrix der Ordnung n.

Für die Matrix $A' = T_1^{-1} A T_1$ muß $A' X_1 = \lambda_1 X_1$ gelten; die Matrix A' stellt in der Basis $\{X_1, \ldots, X_n, X_{n+1}\}$ dieselbe Transformation dar wie die Matrix A:

$$X_1 = \begin{bmatrix} 1 \\ 0 \\ \vdots \\ 0 \end{bmatrix} \to \lambda_1 \begin{bmatrix} 1 \\ 0 \\ \vdots \\ 0 \end{bmatrix} \text{ erste Spalte von } A'.$$

Nach Induktionsvoraussetzung existiert nun eine unitäre Matrix T_2 (der Ordnung n), so daß

$$T_2^{-1} B_n T_2 = \begin{bmatrix} \lambda_2 & * & * \cdots * \\ & \lambda_3 & \\ & & \ddots \\ 0 & & & \lambda_{n+1} \end{bmatrix}$$

eine obere Dreiecksmatrix von der Ordnung n ist. Offenbar ist $\mathrm{Det}(A' - \lambda I) = (\lambda_1 - \lambda)\,\mathrm{Det}(B_n - \lambda I)$.

Also sind $\lambda_2, \ldots, \lambda_{n+1}$ die Nullstellen des charakteristischen Polynoms von A' und damit von A nach Division durch $\lambda - \lambda_1$. Wir betrachten nun die Matrix vom Typ $(n + 1, n + 1)$:

$$T_3 = \left[\begin{array}{c|c} 1 & 0 \;\; 0 \ldots \\ \hline 0 & \\ 0 & T_2 \\ 0 & \\ \vdots & \end{array}\right].$$

Diese Matrix ist offensichtlich unitär. Es sei $T_1 T_3 = T$. Dann ist $T^* = T_3^* T_1^* = T_3^{-1} T_1^{-1} = (T_1 T_3)^{-1} = T^{-1}$, d. h., T ist unitär.

Es sei

$$T^* A T = T_3^{-1} (T_1^{-1} A T_1) T_3 = T_3^{-1} A' T_3$$

$$= \left[\begin{array}{c|c} 1 & 0 \ldots 0 \\ \hline 0 & \\ \vdots & T_2^* \\ 0 & \end{array}\right] \cdot \left[\begin{array}{c|c} \lambda_1 & b_{12} \ldots b_{1n} \\ \hline 0 & \\ \vdots & B_n \\ 0 & \end{array}\right] \cdot \left[\begin{array}{c|c} 1 & 0 \ldots 0 \\ \hline 0 & \\ \vdots & T_2 \\ 0 & \end{array}\right]$$

$$= \left[\begin{array}{c|c} 1 & 0 \\ \hline 0 & \\ \vdots & T_2^* \\ 0 & \end{array}\right] \cdot \left[\begin{array}{c|c} \lambda_1 & * \; * \; \cdots \; * \\ \hline 0 & \\ \vdots & B_n T_2 \\ 0 & \end{array}\right] = \left[\begin{array}{c|c} \lambda_1 & * \; * \; \cdots \; * \\ \hline 0 & \\ \vdots & T_2^* B_n T_2 \\ 0 & \end{array}\right]$$

(die mit * gekennzeichneten Terme können von Null verschieden sein)

$$= \begin{vmatrix} \lambda_1 & * \cdots & * \\ & \lambda_2 & \vdots \\ & \ddots & \\ 0 & & \lambda_n \end{vmatrix},$$

was eine obere Dreiecksmatrix ist.

7.1.2. *Schlußfolgerungen aus dem Satz von Schur*

Gegeben sei eine hermitesche Matrix A ($A^* = A$). Bestimmen wir eine unitäre Matrix T derart, daß $A' = T^*AT$ eine obere Dreiecksmatrix ist, so erhalten wir

$$A'^* = (T^*AT)^* = T^*A^*(T^*)^* = T^*AT = A'. \tag{1}$$

Die Matrix A' ist also hermitesch, d. h., A' ist notwendig eine Diagonalmatrix.

Satz 1. *Zu einer symmetrischen Matrix A über R existiert eine orthogonale Basis, so daß die Transformation darin durch eine Diagonalmatrix definiert wird.*

Auf Grund der Beziehung (1) gilt $A'^* = A'$, womit gezeigt ist, daß diese Diagonalmatrix reelle Diagonalelemente besitzt. Hieraus folgt

Satz 2. *Die Eigenwerte einer hermiteschen Matrix (oder einer symmetrischen reellen Matrix) sind reell.*

7.2. Polare Zerlegung

7.2.1. *Einführung*

Es sei A eine Matrix aus $\mathcal{M}_{(n,n)}(C)$. Wir betrachten die Matrix A^*A. Bekanntlich ist diese Matrix hermitesch und positiv semidefinit, denn es ist

$$(A^*A)^* = (A)^*((A)^*)^* = A^*A;$$

andererseits haben wir für alle $x \in C^n$

$$x^*A^*Ax = (Ax)^*(Ax) \geqq 0. \tag{1}$$

Nach dem Satz von Schur gibt es eine unitäre Matrix V (vgl. 7.1.1.), so daß $D = V^*A^*AV$ eine reelle Diagonalmatrix ist. Setzt man in (1)

$$x = Vy,$$

so folgt

$$(AVy)^*(AVy) \geqq 0.$$

Daher ist

$$y^*V^*A^*AVy \geqq 0,$$

woraus

$$y^* D y \geqq 0$$

und für alle y

$$\lambda_1 |y_1|^2 + \lambda_2 |y_2|^2 + \cdots + \lambda_n |y_n|^2 \geqq 0$$

folgt. Damit ergibt sich $\lambda_i \geqq 0$.

Hilfssatz 1. *Die Matrix A^*A ist positiv semidefinit und ihre Eigenwerte sind nichtnegativ.*

Wir wählen einen eindeutigen Zweig der komplexen Funktion $\varphi: z \to \sqrt{z} = \varphi(z)$; es sei A eine nichtsinguläre Matrix:

$$\operatorname{Det}(A^*A) = \operatorname{Det}(A^*) \cdot \operatorname{Det}(A) = \overline{\operatorname{Det}(A)} \cdot \operatorname{Det}(A) = |\operatorname{Det}(A)|^2 \neq 0.$$

Dann ist auch A^*A nicht singulär und $\lambda_i > 0$. Die Funktion $\varphi(z)$ ist in jedem Punkt λ_i differenzierbar, und $\varphi(A^*A)$ ist erklärt; wir setzen $\varphi(A^*A) = \sqrt{A^*A} = H$. Wegen $\varphi^2(z) = z$, $H^2 = A^*A$ ist H hermitesch definit ($\varphi(A^*A)$ ist ein Polynom in A^*A). Wir können den Zweig von $\varphi(z)$ so wählen, daß H positiv definit wird (wenn die Eigenwerte von H die Zahlen $+\sqrt{\lambda_i}$ sind). Nun setzen wir

$$V = AH^{-1}$$

und erhalten

$$VV^* = AH^{-1}(H^{-1})^*A^* = A(H^2)^{-1}A^* = AA^{-1}(A^*)^{-1}A^* = I.$$

Die Matrix V ist also unitär, $A = VH$. In derselben Weise zeigt man, daß $A = H_1 V_1$ ist, wobei V_1 unitär und H_1 positiv definit und hermitesch ist. Somit erhalten wir

Hilfssatz 2.

a) *Jede nichtsinguläre Matrix $A \in \mathcal{M}_{(n,n)}(C)$ kann in der Form*

$$A = VH = H_1 V_1$$

geschrieben werden; dabei sind V, V_1 unitäre und H, H_1 positiv definite hermitesche Matrizen.

b) *Jede nichtsinguläre Matrix $A \in \mathcal{M}_{(n,n)}(R)$ kann in der Form*

$$A = QS = S_1 Q_1$$

geschrieben werden; dabei sind Q, Q_1 orthonormale und S, S_1 positiv definite symmetrische Matrizen.

Wir haben damit den Satz von der polaren Zerlegung erhalten (dessen Aussage der Darstellung einer komplexen Zahl $z = re^{i\theta}$ in Polarkoordinaten entspricht).

Die Gültigkeit von Hilfssatz 2 kann für singuläre Matrizen A folgendermaßen bewiesen werden: Gegeben sei eine Matrix V, so daß $V^*A^*AV = D$ ist; für die Spaltenvektoren $(u_1, u_2, \ldots, u_n)$ von V gilt daher $(Au_i)^*(Au_j) = 0$ für $i \neq j$ und $|Au_i|^2 = \lambda_i^2$.

Auf jeden Fall existiert ein Orthonormalsystem von Vektoren V_i, so daß

$$A u_i = \lambda_i V_i$$

ist. Die Matrix T sei definiert durch $T u_i = V_i$, die Matrix H sei definiert durch $H V_i = \lambda_i V_i$. Bekanntlich ist $H T u_i = \lambda_i V_i$, d. h., es ist $A = HT$. Ohne Schwierigkeiten zeigt man nun, daß T unitär und H eine positiv semidefinite hermitesche Matrix ist (mit einem System orthonormaler Eigenvektoren und nichtnegativen Eigenwerten).

Aufgabe. Es ist zu zeigen, daß jede unitäre Matrix in der folgenden Form geschrieben werden kann:

$$V = e^{iF};$$

dabei ist F eine hermitesche Matrix. Jede Matrix kann demnach in der Gestalt

$$A = H e^{iF}$$

geschrieben werden, wobei H, F hermitesche Matrizen sind und H darüber hinaus positiv semidefinit ist.

7.2.2. *Normale Matrizen*

Definition. Eine Matrix heißt *normal*, wenn $AA^* = A^*A$ ist (oder $AA^\mathsf{T} = A^\mathsf{T} A$ im reellen Fall).

a) Für $A \in \mathcal{M}_{(n,n)}(C)$ ist (Hilfssatz 2a aus 7.2.1.)

$$A = VH = H_1 V_1$$

und daher

$$A^* = H^* V^* = H V^*;$$

damit folgt

$$AA^* = VH^2V^*,$$

$$A^*A = H^2.$$

Die Matrix A ist genau dann normal, wenn

$$H^2 = VH^2V^* \quad \text{oder} \quad H^2V = VH^2 \tag{1}$$

gilt. Nun ist aber $H = \sqrt{H^2} = g(H^2)$, wobei $g(u)$ ein gewisses Polynom bezeichnet. Ist A normal, so ist $HV = VH$; gilt umgekehrt $HV = VH$ und $A = VH$, dann ist A normal; denn dann ist $H^2V = HVH = VH^2$, und wir haben (1) sowie den Satz: *Eine Matrix A ist genau dann normal, wenn V und H in der polaren Zerlegung $A = VH$ vertauschbar sind.*

b) Es sei $A \in \mathcal{M}_{(n,n)}(C)$. Nach dem Satz von Schur gibt es eine unitäre Matrix Q und eine obere Dreiecksmatrix T, so daß $A = Q^*TQ$ ist. Also ist $A^* = Q^*T^*Q$, $AA^* = Q^*TT^*Q$ und $A^*A = Q^*T^*TQ$.

Damit A normal sei, ist notwendig und hinreichend, daß $TT^* = T^*T$, d. h., daß T normal ist.

Wir wollen die normalen oberen Dreiecksmatrizen bestimmen. Für $n = 2$ finden wir

$$T = \begin{bmatrix} \alpha & \gamma \\ 0 & \beta \end{bmatrix}, \qquad T^* = \begin{bmatrix} \bar{\alpha} & 0 \\ \bar{\gamma} & \bar{\beta} \end{bmatrix};$$

also ist

$$TT^* = \begin{bmatrix} |\alpha|^2 + |\gamma|^2 & \bar{\beta}\gamma \\ \beta\bar{\gamma} & |\beta|^2 \end{bmatrix} \quad \text{und} \quad T^*T = \begin{bmatrix} |\alpha|^2 & \gamma\bar{\alpha} \\ \bar{\gamma}\alpha & |\beta|^2 + |\gamma|^2 \end{bmatrix}.$$

Damit $TT^* = T^*T$ gilt, muß $|\alpha|^2 + |\gamma|^2 = |\alpha|^2$ sein, d. h. $\gamma = 0$; in diesem Fall ist T eine Diagonalmatrix, also normal. Wir nehmen jetzt an, daß eine obere Dreiecksmatrix der Ordnung $n - 1$ genau dann normal ist, wenn sie eine Diagonalmatrix ist. Es sei T eine normale obere Dreiecksmatrix der Ordnung n, die folgendermaßen in Blöcke zerlegt ist:

$$T = \left[\begin{array}{c|c} \alpha & u \\ \hline 0 & T_1 \end{array}\right];$$

dabei ist α ein Skalar, u ein Zeilenvektor mit $n - 1$ Komponenten und T_1 eine obere Dreiecksmatrix aus $\mathcal{M}_{(n-1,n-1)}(C)$. Es ist

$$T^* = \left[\begin{array}{c|c} \bar{\alpha} & 0 \\ \hline u^* & T_1^* \end{array}\right],$$

woraus sich

$$T^*T = \left[\begin{array}{c|c} |\alpha|^2 & \bar{\alpha}u \\ \hline u^* & u^*u + T_1^*T_1 \end{array}\right], \qquad TT^* = \left[\begin{array}{c|c} |\alpha|^2 + \|u\|^2 & uT_1^* \\ \hline T_1u^* & T_1T_1^* \end{array}\right]$$

ergibt. Damit $TT^* = T^*T$ ist, muß $|\alpha|^2 = |\alpha|^2 + \|u\|^2$ sein, d. h. $u = 0$; das ist aber dann der Fall, wenn $T_1^*T_1 = T_1T_1^*$, d. h., wenn T_1 eine Diagonalmatrix ist. Damit erhalten wir folgenden

Satz. *Eine Matrix* $A \in \mathcal{M}_{(n,n)}(C)$ *ist genau dann normal, wenn sie die Form* $A = Q^*DQ$ *besitzt; dabei ist* Q *unitär und* D *eine Diagonalmatrix.*

7.3. Matrizen mit nichtnegativen Elementen

Definition. Eine reelle Matrix A vom Typ (m, n) heißt *nichtnegativ*, wenn $a_{ij} \geqq 0$ ist für $i = 1, 2, \ldots, m$; $j = 1, 2, \ldots, n$.

Die Matrix A heißt *positiv*, wenn $a_{ij} > 0$ ist für $i = 1, 2, \ldots, m$; $j = 1, 2, \ldots, n$.

Im ersten Fall schreiben wir $A \geqq 0$, im zweiten Fall $A > 0$. Sind A und B zwei Matrizen vom selben Typ und ist $A - B \geqq 0$ (bzw. $A - B > 0$), dann schreiben wir dafür auch $A \geqq B$ (bzw. $A > B$).

Fassen wir einen Vektor $x \in R^n$ als eine Matrix vom Typ $(n, 1)$ auf, so können wir auch hier $x \geqq 0$ (oder $x > 0$) schreiben. Offensichtlich ist $e_i \geqq 0$, $i = 1, 2, \ldots, n$ (e_i ist der i-te Vektor aus der Fundamentalbasis des R^n).

Im folgenden werden vorwiegend quadratische Matrizen vom Typ (n, n) betrachtet.

Hilfssatz 1. *Es ist genau dann* $A > 0$, *wenn* $Ax > 0$ *für alle* $x > 0$ *gilt.*

Beweis. Die Bedingung ist notwendig; ist $A > 0$, dann ist $Ae_i > 0$. Nun besitzt jeder Vektor $x > 0$ die Gestalt $x = x_1 e_1 + x_2 e_2 + \cdots + x_n e_n$ (wobei nicht alle x_i Null sind und $x_i \geqq 0$); es ist ferner

$$Ax = x_1 A e_1 + x_2 A e_2 + \cdots + x_n A e_n;$$

wegen $Ae_i > 0$ sind offenbar alle Komponenten von Ax von Null verschieden und positiv.

Die Bedingung ist hinreichend; denn es ist $Ae_i > 0$, da $e_i \geqq 0$ ist, d. h., die Spalten von A sind positiv.

Geometrisch besagt Hilfssatz 1, daß die Menge R_0 aller nichtnegativen Vektoren x durch die Abbildung $T\colon x \to Ax$ in ein Gebiet $T(R_0)$ abgebildet wird, das bis auf den diesen beiden Kegeln gemeinsamen Ursprung echt in R_0 enthalten ist.

Definition. Eine Matrix A heißt *unzerlegbar*, wenn sie durch keine Permutation (ihrer Zeilen und Spalten) auf die Form

$$PAP^{\mathsf{T}} = A' = \left[\begin{array}{c|c} \alpha & \beta \\ \hline 0 & \gamma \end{array}\right]$$

gebracht werden kann; dabei sind α, γ quadratische Matrizen, und 0 ist die Nullmatrix.

Hilfssatz 2. *Ist die nichtnegative Matrix* A *vom Typ* (n, n) *unzerlegbar, dann ist*

$$(I + A)^{n-1} > 0.$$

Beweis. Auf Grund von Hilfssatz 1 genügt es zu zeigen, daß für alle $x > 0$

$$(I + A)^{n-1} x > 0$$

gilt. Angenommen, es sei $x_k \geqq 0$, $x_{k+1} = x_k + Ax_k = (I + A)^k x$.

α) Die Anzahl der Komponenten von x_{k+1}, die gleich Null sind, ist nicht größer als die Anzahl der Komponenten von x_k, die gleich Null sind; denn es ist $x_{k+1} = x_k + Ax_k$ ($x_k \geqq 0$) und $A \geqq 0$, d. h., es bestehen die Gleichungen

$$\xi_i^{k+1} = \xi_i^k + \sum_{j=1}^{n} a_{ij} \xi_j^k,$$

deren Terme nichtnegativ sind. Wir wollen annehmen, die Anzahl der verschwindenden Komponenten sei gleich.

β) Durch eine Permutation der Zeilen in $x_{k+1} = x_k + A x_k$ und durch eine Veränderung in der Reihenfolge der Spaltenindizes kann man für A stets zu der Beziehung

$$\begin{bmatrix} u_{k+1} \\ 0 \end{bmatrix} = \begin{bmatrix} u_k \\ 0 \end{bmatrix} + A' \begin{bmatrix} u_k \\ 0 \end{bmatrix} \tag{1}$$

gelangen. Die Matrix A' unterscheidet sich von A durch eine Permutation der Zeilen und der Spalten; u_{k+1}, u_k bezeichnen zwei positive Vektoren aus R^k. Die oben angegebene Gleichung kann nur dann gelten, wenn A' die Gestalt

$$A' = k\left\{\left[\begin{array}{c|c} \overbrace{A''}^{k} & X \\ \hline 0 & X \end{array}\right]\right.$$

hat, d. h., A ist zerlegbar.

Die Anzahl der Nullen unter den Komponenten von x_{k+1} ist also kleiner als die entsprechende Anzahl für x_k. Nun besitzt aber x_0 höchstens $n - 1$ Nullkomponenten, x_1 also $n - 2$ usw. Der Vektor x_{n-1} kann keine Nullkomponente mehr enthalten, d. h., $(I + A)^{n-1} x$ ist positiv (was zu beweisen war).

Es sei $A = (a_{ij})$ eine unzerlegbare nichtnegative Matrix. Für alle $x > 0$ definieren wir die Funktion

$$x \in R_0 \to r(x) = \min_{1 \leq i \leq n} \left\{\frac{A_{i.} x}{x_i}\right\} \geqq 0;$$

dabei bezeichnet $A_{i.}$ die i-te Zeile von A. Der Quotient wird nur für von Null verschiedene Komponenten x_i gebildet. Es ist

$$A_{i.} x = \sum_{j=1}^{n} a_{ij} x_j.$$

Die Funktion $r(x)$ kann auch über die folgende Eigenschaft definiert werden: Gegeben sei $x > 0$; wir bilden Ax. Das Ergebnis ist nichtnegativ. Die Menge aller $\varrho \geqq 0$, für die

$$Ax \geqq \varrho x \tag{2}$$

gilt, ist beschränkt, und es ist gerade

$$r(x) = \max_{\varrho \geqq 0} \{\varrho \mid Ax \geqq \varrho x\}. \tag{3}$$

Auf Grund der Definition (2) bemerken wir, daß für die Funktion $r(x)$

$$r(x) = r(\alpha x)$$

für alle Skalare $\alpha > 0$ gilt.

Um die Änderung von $r(x)$ zu untersuchen, genügt es, den „Punkt" x auf irgendeiner Kugel mit dem Zentrum im Nullpunkt variieren zu lassen; in R_0 wählen wir beispielsweise den Rand eines Würfels $\mathscr{B}_1 = \{x\colon \max |x_i| \leqq 1\}$.

Zur Bestimmung von $r(x)$ reicht es aus, erstens den Schnittpunkt ξ der Halbgeraden $\overrightarrow{Ox}$ mit dem Rand von $\mathscr{B}_1$ zu kennen, und zweitens,

$$r(x) = \min_{\substack{i \\ \xi_i \neq 0}} \left\{\frac{A_{i.}\xi}{\xi_i}\right\} = r(\xi)$$

zu bilden (vgl. Abb. 7.1).

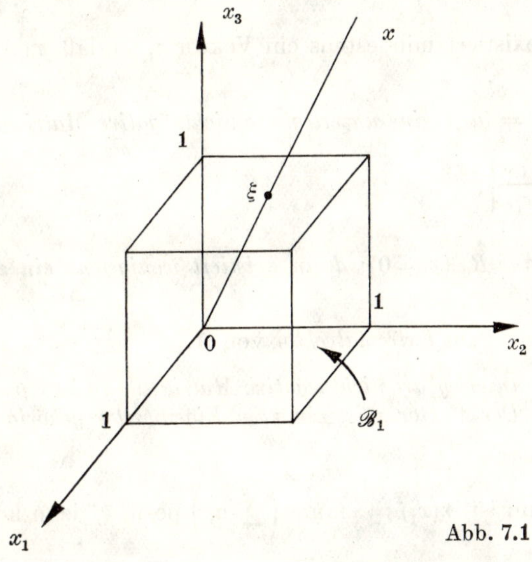

Abb. 7.1

Wir wollen zeigen, daß $r(\xi)$ eine auf der kompakten Menge $\mathscr{B}_1 \cap R_0 = P$ beschränkte Funktion ist, die dort ihr absolutes Maximum r annimmt.

In der Tat, es sei Q die Menge der η, für die $\eta = (I + A)^{n-1}\xi$ ist. Die Menge dieser η bildet eine kompakte Teilmenge von R_0; sie ist das Bild der kompakten Menge P bei der (stetigen) linearen Transformation

$$\xi \to (I + A)^{n-1}\xi.$$

Für jedes $\eta \in Q$, $\eta > 0$ gilt außerdem

$$A\xi \geqq r(\xi)\xi. \tag{4}$$

(Auf Grund der Definition (3) von $r(\xi)$ ist das die größte Zahl, die eine solche Darstellung für gegebenes ξ zuläßt.) Ausgehend von (4) kann man schreiben:

$$(I + A)^{n-1}A\xi \geqq r(\xi)(I + A)^{n-1}\xi,$$

und auf Grund der Kommutativität von A und $(I + A)^{n-1}$ ist $A\eta \geqq r(\xi)\eta$, d. h. $r(\eta) \geqq r(\xi)$ für alle $\xi \in P$.

Um die Existenz von r nachzuweisen genügt es, η die Menge Q durchlaufen zu lassen, da η ein Vektor aus R_0 ist.

Es ist also

$$r = \max_{\substack{x \in R_0 \\ x \neq 0}} r(x) = \max_{\eta \in Q} r(\eta).$$

Nun existiert aber $\max r(\eta)$, da $\eta \in Q$, also $\eta > 0$ ist. Ferner sind die Funktionen $\frac{A_{i.}\eta}{\eta_i}$ stetig auf der kompakten Menge Q; daher ist auch die Funktion

$$\min_{i=1,\ldots,n} \left\{\frac{A_{i.}\eta}{\eta_i}\right\}$$

auf Q stetig. Außerdem existiert mindestens ein Vektor z, so daß $r(z) = r$ ist. Wir erhalten somit

Hilfssatz 3. *Es sei* $A = (a_{ij})$ *eine unzerlegbare nichtnegative Matrix und*

$$r(x) = \min_{\substack{i=1,\ldots,n \\ x_i \neq 0}} \left\{\frac{A_{i.}x}{x_i}\right\}$$

für alle nichtnegativen x *aus* R_0 $(x \neq 0)$; *dann existiert wenigstens ein* z, *so daß* $r(z) = r = \max_{x \neq 0} \{r(x)\}$ *ist.*

Wir sagen, der Vektor z sei ein *Extremalvektor* von A.

Hilfssatz 4. *Ist* A *eine unzerlegbare nichtnegative Matrix, dann ist* r *positiv, und* z *ist ein positiver Vektor. Der Vektor* z *ist ein zum Eigenwert* r *gehöriger Eigenvektor.*

Es sei $x_1 = \begin{bmatrix} 1 \\ 1 \\ \vdots \end{bmatrix}$; dann ist $r(x_1) = \min_{i=1,\ldots,n} \left(\sum_{j=1}^{n} a_{ij}\right)$ positiv; denn keine Zeile von A kann nur aus Nullen bestehen (anderenfalls wäre A zerlegbar). Also gilt $r \geqq r(x_1) > 0$. Andererseits sollte z Extremalvektor sein: $Az \geqq rz$; nehmen wir an, es sei $Az - rz$ von Null verschieden, d. h., es ist für eine (etwa die i-te) Komponente $(Az)_i - r(z)_i > 0$. Damit haben wir

$$(I + A)^{n-1}(Az - rz) > 0, \qquad A(I + A)^{n-1}z - r(I + A)^{n-1}z > 0.$$

Für den (positiven) Vektor $x = (I + A)^{n-1}z$ gilt also $Ax - rx > 0$; daraus folgt, es existiert ein genügend kleines ε, so daß auch $Ax - (r + \varepsilon)x > 0$ ist; wir finden also $r(x) \geqq r + \varepsilon > r$, was aber unmöglich der Fall sein kann, da r das Maximum von $r(x)$ darstellt.

Ist z ein Extremalvektor, dann gilt $Az = rz$; nun ist aber $(I + A)^{n-1}z = (1 + r)^{n-1}z$ positiv, d. h., z ist positiv.

Hilfssatz 5. *Das Maximum* r *von* $r(x)$ *ist gleich dem Spektralradius* $\varrho(A)$ *der Matrix* A ($\varrho(A)$ *war definiert als das Maximum der Beträge der Eigenwerte von* A, $\varrho(A) = \max_i |\lambda_i|$). *Diesem Eigenwert entspricht nur ein Eigenvektor;* r *ist eine einfache Wurzel der charakteristischen Gleichung von* A.

Es sei y_i ein Eigenvektor und λ_i der zugehörige Eigenwert,

$$Ay_i = \lambda_i y_i; \tag{5}$$

in der Gleichung (5) gehen wir zu den Beträgen über:

$$A\,|y_i| \geqq |\lambda_i| \cdot |y_i|;$$

dabei bezeichnet $|y_i|$ den Vektor, den wir erhalten, wenn wir in y_i alle Komponenten durch ihre Beträge ersetzen. Es ist somit

$$|\lambda_i| \leqq r(|y_i|) \leqq r, \tag{6}$$

d. h. $r = \varrho(A)$.

Wir nehmen an, es sei y ein zu r gehöriger Eigenvektor: $Ay = ry$, $A\,|y| \geqq r|y|$; es ist also $r(|y|) = r$, und $|y|$ ist extremal, d. h. $|y| > 0$ (alle Komponenten von y sind von Null verschieden). Wenn nun zwei linear unabhängige Vektoren z und z_1 zum Eigenwert r gehörten, dann ließen sich Zahlen α, β finden, so daß $x = \alpha z + \beta z_1$ ebenfalls ein zu r gehöriger Eigenvektor ist und als nichtnegativer Vektor wenigstens eine verschwindende Komponente besitzt. Nach dem bereits Bewiesenen ist das aber unmöglich.

Wir beweisen schließlich noch, daß r eine einfache Nullstelle des charakteristischen Polynoms von A ist.

Wir bilden die zur charakteristischen Matrix $\lambda I - A$ adjungierte Matrix $B(\lambda) = \big(B_{ij}(\lambda)\big) = \Delta(\lambda)(\lambda I - A)^{-1}$. Wie man sieht, ist

$$(\lambda I - A)B^{\mathsf T} = \Delta(\lambda)I; \tag{7}$$

dabei bezeichnet $\Delta(\lambda)$ das charakteristische Polynom der Matrix A und $B_{ij}(\lambda)$ das algebraische Komplement des Elementes $\lambda\delta_{ij} - a_{ij}$ in $\Delta(\lambda)$. Der Wurzel r entspricht der Vektor $z = \begin{bmatrix} z_1 \\ \vdots \\ z_n \end{bmatrix}$, $z > 0$.

Aus (7) folgt $(rI - A)B^{\mathsf T}(r) = 0$; die Spalten von $B^{\mathsf T}(r)$ genügen der Gleichung $rX - AX = 0$. Daraus folgt, daß in jeder Spalte von $B^{\mathsf T}(r)$, die keine Nullspalte ist, alle Elemente von Null verschieden und von gleichem Vorzeichen sind. Dasselbe gilt bezüglich der Zeilen von $B^{\mathsf T}(r)$, da die obigen Überlegungen auch auf die Transponierte Matrix $A^{\mathsf T}$ angewendet werden können ($A^{\mathsf T}$ hat dasselbe charakteristische Polynom). Hieraus folgt, daß alle Terme $B_{ij}(r)$ von Null verschieden sind und dasselbe Vorzeichen σ besitzen. Daher gilt

$$\sigma\Delta'(r) = \sigma \sum_{i=1}^{n} B_{ii}(r),$$

d. h., es ist $\Delta'(r) \neq 0$, und r ist einfache Wurzel von $\Delta(r) = 0$.

Bemerkung. Da r die maximale Nullstelle des Polynoms $\Delta(\lambda) = \lambda^n + \cdots$ ist, wächst $\Delta(\lambda)$ für $\lambda \geqq r$. Daher ist $\Delta'(r) > 0$ und $\sigma = +1$, d. h.

$$B_{ij}(r) > 0 \qquad (i, j = 1, 2, \ldots, n).$$

Aus dem bisher Gesagten (Hilfssätze 1 bis 5) ergibt sich

Satz 1 (Frobenius; für $A > 0$ von Perron). *Jede unzerlegbare nichtnegative Matrix A besitzt einen positiven Eigenwert r, der einfache Wurzel der charakteristischen Gleichung ist. Der Betrag aller anderen charakteristischen Wurzeln übertrifft diese Zahl r nicht, d. h., r ist gleich dem Spektralradius von A,* $r = \varrho(A)$. *Diesem Eigenwert r entspricht ein (bis auf einen Faktor eindeutig bestimmter) Eigenvektor z mit positiven Komponenten.*

Wir wollen uns jetzt eingehender mit folgendem Problem befassen. Es seien A und C zwei quadratische Matrizen, A nichtnegativ und unzerlegbar, C eine komplexe Matrix. Mit $|C|$ bezeichnen wir die Matrix (mit nichtnegativen reellen Elementen), die wir erhalten, wenn wir in C alle Elemente durch ihre Beträge ersetzen.

Angenommen, es sei

$$|C| \leqq A. \tag{8}$$

Was läßt sich dann über die Eigenwerte von C und A aussagen?

Es sei y ein Eigenvektor von C, γ der zugehörige Eigenwert ($Cy = \gamma y$, $y \neq 0$). Es ist

$$|C| \cdot |y| \geqq |\gamma| \cdot |y|. \tag{8'}$$

Daraus ergibt sich

$$|\gamma| \cdot |y| \leqq A|y|;$$

es ist also $|\gamma| \leqq r$. Wir erhalten so

Hilfssatz 6. *Ist A eine nichtnegative unzerlegbare Matrix und C eine komplexe Matrix, so daß* $|C| \leqq A$ *ist, dann gilt*

$$r \geqq |\gamma|,$$

wobei r den größten positiven Eigenwert von A und γ einen beliebigen Eigenwert von C bezeichnet.

Dieser Satz gestattet es, die Eigenwerte zu vergleichen, was häufig notwendig ist.

Wenn insbesondere die Elemente der Matrix $A \geqq 0$ beliebig wachsen (und A unzerlegbar bleibt), d. h., wenn $A \leqq A'$ ist, dann gilt $\varrho(A) \leqq \varrho(A')$. Der Spektralradius einer nichtnegativen unzerlegbaren Matrix ist eine monoton nichtabnehmende Funktion ihrer Elemente (wenn A unzerlegbar bleibt).

Mit den weiter oben verwendeten Bezeichnungen wollen wir annehmen, für γ gelte $|\gamma| = r$. Hieraus folgt wegen (8′) die Beziehung $|\gamma| \cdot |y| = A\,|y|$. Daher ist $|y|$ ein Extremalvektor; wir haben $|y| > 0$; $|y|$ ist ein zu r gehöriger Eigenvektor von A.

Die Beziehung (8′) nimmt nun folgende Form an:

$$r\,|y| = |C| \cdot |y| = A\,|y|. \tag{8''}$$

Wegen $A \geqq |C|$ und $|y| > 0$ folgt hieraus $|C| = A$. Wir setzen

$$y_j = |y_j|\,e^{i\psi_j} \qquad (j = 1, 2, \ldots, n)$$

und definieren eine Diagonalmatrix

$$D = \begin{bmatrix} e^{i\psi_1} & & & 0 \\ & e^{i\psi_2} & & \\ & & \ddots & \\ 0 & & & e^{i\psi_n} \end{bmatrix}.$$

Dann ist $y = D\,|y|$. Wird $\gamma = re^{i\varphi}$ gesetzt, so findet man

$$re^{i\varphi} y = Cy,$$

$$re^{i\varphi} D\,|y| = CD\,|y|$$

und folglich

$$r\,|y| = e^{-i\varphi} D^{-1} CD\,|y|;$$

mit

$$F = e^{-i\varphi} D^{-1} CD \tag{9}$$

ergibt sich

$$r\,|y| = F\,|y|.$$

Also ist

$$F\,|y| = |C| \cdot |y| = A\,|y| = r\,|y|,$$

und man sieht (auf Grund von (9)), daß

$$|F| = |C| = A$$

ist. Daher ergibt sich

$$|F| \cdot |y| = F\,|y|.$$

Wegen $|y| > 0$ kann diese Gleichung nur dann gelten, wenn $|F| = F$ ist, d. h.

$$e^{-i\varphi} D^{-1} CD = A.$$

Hieraus folgt

$$C = e^{i\varphi} DAD^{-1}.$$

Damit haben wir folgendes Lemma bewiesen:

Lemma. *Ist* $|C| \leqq A$ *(A unzerlegbar) und* γ *ein Eigenwert von C mit* $\gamma = re^{i\varphi}$, *dann gilt* $C = e^{i\varphi} DAD^{-1}$; *dabei ist D eine Diagonalmatrix, deren Diagonalelemente alle den Betrag Eins besitzen* ($|D| = I$).

Es sei A eine nichtnegative unzerlegbare Matrix. Nach Satz 1 existiert ein betragsgrößter Eigenwert r, der einfach ist usw. Wir haben die Existenz von weiteren Eigenwerten $\lambda_1, \lambda_2, \ldots, \lambda_{h-1}$ mit $|\lambda_i| = r$ nicht ausgeschlossen. (Diese Eigenwerte müssen notwendig komplex sein.)

Nehmen wir an, die Matrix A besäße genau h betragsgrößte Eigenwerte:

$$\lambda_0 = r e^{i\varphi_0}, \quad \lambda_1 = r e^{i\varphi_1}, \ldots, \lambda_{h-1} = r e^{i\varphi_{h-1}}$$

$$(0 = \varphi_0 < \varphi_1 < \cdots < \varphi_{h-1} < 2\pi).$$

Da A nichtnegativ ist ($|A| = A$), kann der Hilfssatz angewendet werden. Für $j = 0, 1, \ldots, h-1$ erhalten wir somit

$$A = e^{i\varphi_j} D_j A D_j^{-1},$$

wobei D_j eine Diagonalmatrix mit $|D_j| = I$ ist.

Es sei z ein Extremalvektor, $Az = rz$ $(z > 0)$.

Setzt man

$$y^{(k)} = D_k z,$$

dann ist auch $|y^{(k)}| = z$ extremal, so daß man

$$A y^{(k)} = \lambda_k y^{(k)}$$

erhält; denn es ist

$$A = e^{i\varphi_k} D_k A D_k^{-1} \quad \text{und} \quad A y^{(k)} = e^{i\varphi_k} D_k A \overbrace{D_k^{-1} y^{(k)}}^{=z} = e^{i\varphi_k} D_k r z = \lambda_k y^{(k)}.$$

Die Vektoren $y^{(k)} = D_k z$ sind also die zu den Eigenwerten λ_k gehörigen Eigenvektoren.

Aus

$$A = e^{i\varphi_k} D_k A D_k^{-1} \tag{10}$$

folgt, daß die Eigenwerte $\lambda_0, \lambda_1, \ldots, \lambda_{h-1}$ von A alle einfach sind. (Die Eigenwerte von $e^{i\varphi_k} D_k A D_k^{-1}$ sind die mit $e^{i\varphi_k}$ multiplizierten Eigenwerte von A.) Ferner sieht man, daß die Eigenvektoren $y^{(k)}$ $(k = 0, 1, \ldots, h-1)$ unmittelbar bestimmt sind. Wir setzen fest, daß das erste Diagonalelement jeder Matrix D_k gleich Eins ist. Dann ist $D_0 = I$, $y^{(0)} = z > 0$. Außerdem finden wir

$$A = e^{i(\varphi_j \pm \varphi_k)} D_j D_k^{\pm 1} A D_k^{\mp 1} D_j^{-1} \qquad (j, k = 0, 1, \ldots, h-1).$$

Wie wir bemerken, ist auch $D_j D_k^{\pm 1} z$ ein zum Eigenwert $r e^{i(\varphi_j \pm \varphi_k)}$ gehöriger Eigenvektor der Matrix A. Daher stimmt $e^{i(\varphi_j \pm \varphi_k)}$ mit einer der Zahlen $e^{i\varphi_l}$ und die Matrix $D_j D_k^{\pm 1}$ mit der entsprechenden Matrix D_l überein.

Die Zahlen $e^{i\varphi_0}, e^{i\varphi_1}, \ldots, e^{i\varphi_{h-1}}$ und die entsprechenden Diagonalmatrizen $D_0, D_1, \ldots, D_{h-1}$ bilden also zwei isomorphe multiplikative abelsche Gruppen. Nun gilt in jeder endlichen multiplikativen Gruppe, die aus h verschiedenen Elementen besteht,

$$(e^{i\varphi_k})^h = 1 \qquad (k \text{ beliebig}).$$

Daher sind die $e^{i\varphi_k}$ die h-ten Einheitswurzeln

$$\varphi_k = \frac{2k\pi}{h} \qquad (k = 0, 1, \ldots, h-1;\ 0 = \varphi_0 < \varphi_1 < \cdots < \varphi_{h-1}).$$

Wir setzen

$$\varepsilon^k = e^{i(2k\pi/h)}, \qquad \lambda_k = r\,\varepsilon^k,$$

und die Zahlen λ sind folglich Wurzeln von $\lambda^h - r^h = 0$, was ein einfacher Faktor des charakteristischen Polynoms ist.

Außerdem ist $D_k = (D_1)^k = D^k$.

Hieraus folgt

$$A = D e^{(2i\pi/h)} A D^{-1} = \varepsilon D A D^{-1}. \tag{11}$$

Das gesamte System der Eigenwerte von A bleibt demnach ungeändert, wenn man die Eigenwerte mit

$$e^{2i\pi/h}$$

multipliziert.

In der komplexen Ebene liegen die den Eigenwerten von A entsprechenden Punkte folgendermaßen angeordnet: $\lambda_0, \lambda_1, \ldots, \lambda_{h-1}$ bilden die Ecken eines regulären h-eckigen Polygons; einer dieser Eigenwerte liegt auf dem positiven Teil der x-Achse. Die übrigen Eigenwerte λ_k $(k \geqq h)$ liegen auf im ersten Polygon enthaltenen Kreisen, und zwar ebenfalls auf regulären Polygonen, die gegenüber Drehungen um die Winkel $2\pi k/h$ invariant sind (vgl. Abb. 7.2).

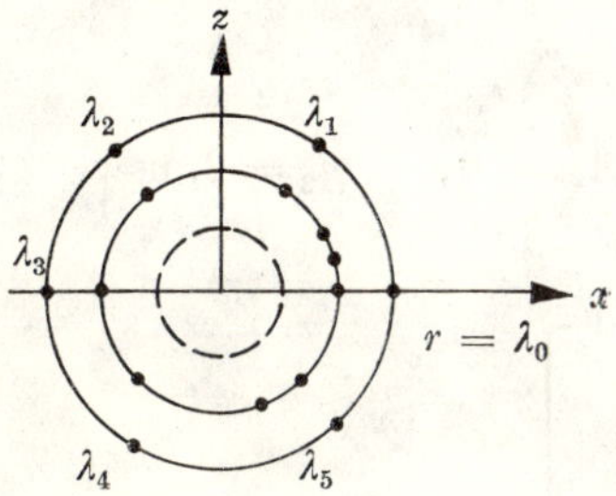

Abb. 7.2

Nun gilt aber auch $D^h = I$. Die Elemente von D sind also h-te Einheitswurzeln. Nach einer Permutation der Zeilen und Spalten von A (und entsprechend von D) kann man erreichen, daß D in die (verallgemeinerte) Diagonalmatrix

$$D = \begin{bmatrix} \eta_0 I_0 & & & \\ & \eta_1 I_1 & & \\ & & \ddots & \\ & & & \eta_s I_s \end{bmatrix}$$

übergeht, wobei $I_0, I_1, \ldots, I_{h-1}$ Einheitsmatrizen sind und

$$\eta_p = e^{in_p(2\pi/h)} \quad (n_p \text{ ganz}; \ 0 \leqq n_p \leqq h-1).$$

Wir nehmen an, es sei $0 = n_0 < n_1 < n_2 < \cdots < n_{s-1} \leqq h - 1$. Dieser Zerlegung von D entspricht die folgende Zerlegung von A:

$$A = \begin{bmatrix} A_{11} & A_{12} & \ldots & A_{1s} \\ A_{21} & A_{22} & \ldots & A_{2s} \\ \vdots & \vdots & & \vdots \\ A_{s1} & A_{s2} & \ldots & A_{ss} \end{bmatrix};$$

dabei ist A_{ij} eine im allgemeinen rechteckige Teilmatrix und A_{ii} eine quadratische Teilmatrix vom selben Typ wie I_i.

Die Beziehung (11) erhält damit die Form

$$\varepsilon A_{pq} = \frac{\eta_{q-1}}{\eta_{p-1}} A_{pq} \qquad (p, q = 1, 2, \ldots, s).$$

Für alle p und q ist entweder $\varepsilon = \eta_{q-1}/\eta_{p-1}$, oder es ist $A_{pq} = 0$.

Wir setzen $p = 1$. Da die Matrizen $A_{12}, A_{13}, \ldots, A_{1s}$ nicht alle gleichzeitig Nullmatrizen sein können (sonst wäre A zerlegbar), muß eine der Zahlen $\eta_1/\eta_0, \eta_2/\eta_0, \ldots, \eta_{s-1}/\eta_0$ gleich ε sein (wegen $\eta_0 = 1$). Dies ist nur für $\eta_1 = 1$ möglich. Dann ist $\eta_1/\eta_0 = \varepsilon$, und es ergibt sich

$$A_{11} = 0, \quad A_{13} = A_{14} = \cdots = A_{1s} = 0.$$

Wir setzen nun $p = 2$ und finden

$$A_{21} = A_{22} = A_{24} = A_{25} = \cdots = A_{2s} = 0, \qquad n_2 = 2, \text{ usw.}$$

Für A erhalten wir schließlich

$$A = \begin{bmatrix} 0 & A_{12} & 0 & 0 & \ldots & 0 \\ 0 & 0 & A_{23} & 0 & \ldots & 0 \\ 0 & 0 & 0 & A_{34} & \ldots & 0 \\ \cdot & \cdot & \ddots & & \ddots & \vdots \\ \cdot & \cdot & \cdot & & & \cdot \\ \cdot & \cdot & \cdot & & & A_{s-1,s} \\ A_{s1} & A_{s2} & A_{s3} & A_{s4} & \ldots & A_{ss} \end{bmatrix},$$

und es ist $n_i = i$ (für $i = 1, 2, \ldots, s - 1$). Für $p = s$ ergibt sich dann aber

$$\frac{\eta_{q-1}}{\eta_{p-1}} = e^{(2\pi i/h)(q-s)}.$$

Eine dieser Zahlen muß gleich ε sein. Das ist nur möglich, wenn $q = 1$ und $s = h$ und folglich $A_{s2} = A_{s3} = \cdots = A_{ss} = 0$ ist. Damit gelangen wir zu dem Ergebnis:

$$\eta_0 = 1, \quad \eta_1 = \varepsilon, \quad \ldots, \quad \eta_{h-1} = \varepsilon^{h-1}.$$

Aus dem vorher Gesagten folgt

Satz 2 (Frobenius). *Besitzt eine unzerlegbare nichtnegative Matrix A insgesamt h Eigenwerte $\lambda_0 = r, \lambda_1, \ldots, \lambda_{h-1}$ vom Betrag r, so sind diese Zahlen voneinander verschiedene Wurzeln der Gleichung $\lambda^h - r^h = 0$. Das vollständige System der Eigenwerte von A ist in der komplexen Ebene gegenüber Drehungen um den Ursprung um den Winkel $2\pi k/h$ invariant. Die Matrix A ist zu der Matrix*

$$A' = \begin{bmatrix} 0 & A_{12} & 0 \ldots 0 \\ 0 & 0 & A_{23} \ldots 0 \\ \cdot & \cdot & \ddots \quad \cdot \\ \cdot & \cdot & \cdot \quad \ddots \\ \cdot & \cdot & \cdot \quad A_{h-1,h} \\ A_{h1} & 0 & 0 \ldots 0 \end{bmatrix} \tag{12}$$

ähnlich; dabei sind die Nullmatrizen und die Diagonalelemente in A' quadratische Teilmatrizen. Die Form von A' wird als „*h-zyklisch*" bezeichnet. Gilt $h = 1$ für die unzerlegbare nichtnegative Matrix A (d. h., gibt es keine komplexen Wurzeln vom Betrag r), dann heißt A *primitiv*.

Bemerkung. Alle Überlegungen, die wir für unzerlegbare nichtnegative Matrizen A angestellt haben, basierten auf der Abbildung

$$x \in R_0 \to r(x) = \min_{1 \leq i \leq n} \left\{ \frac{A_{i.}\, x}{x_i} \right\},$$

und es zeigte sich, daß $\max r(x) = \varrho(A)$ ist.

Man könnte ebenso von der Abbildung

$$x \in R_0 \to s(x) = \max_{1 \leq i \leq n} \left\{ \frac{A_{i.}\, x}{x_i} \right\}$$

ausgehen und beweisen, daß $\min s(x) = \varrho(A)$ ist.

Insbesondere sei auf die oft gebrauchte Gleichung

$$\sup_x \left\{ \min_i \left\{ \frac{A_{i.}\, x}{x_i} \right\} \right\} = \varrho(A) = \inf_x \left\{ \max_{x_i} \left\{ \frac{A_{i.}\, x}{x_i} \right\} \right\}$$

hingewiesen.

7.4. Graphentheorie und Matrizen mit positiven Elementen

7.4.1. *Der zu einer Matrix mit positiven Elementen gehörige orientierte Graph*

Im folgenden werden wir nur den Begriff des orientierten ebenen Graphen verwenden.

7.4.1.1. Definition

Ein *orientierter ebener Graph* besteht aus einer endlichen Menge von verschiedenen Punkten (den Ecken $P_1, P_2, \ldots, P_n$) und einfachen orientierten Bögen mit dem Anfang in einer Ecke P_i und dem Ende in einer Ecke P_j; die Bögen eines orientierten Graphen werden mit $\overset{\frown}{\Gamma}$ bezeichnet.

Abb. 7.3. zeigt einen orientierten Graphen mit den Ecken P_i, P_j, P_k, P_l und den Bögen $\overset{\frown}{P_iP_l}, \overset{\frown}{P_lP_i}, \overset{\frown}{P_jP_k}, \overset{\frown}{P_jP_j}$.

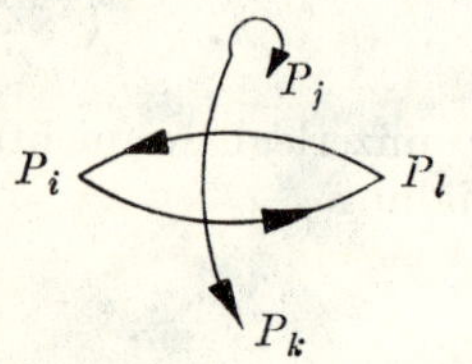

Abb. 7.3

7.4.1.2. Der zu einer Matrix gehörige Graph

Es sei $A = (a_{ij})$ $(i, j = 1, 2, \ldots, n)$ eine quadratische Matrix.

Wir ordnen die n verschiedenen Punkte $P_1, P_2, \ldots, P_n$ in der Ebene an und treffen die folgende Vereinbarung: Für $a_{ij} \neq 0$ ziehen wir einen von P_i nach P_j

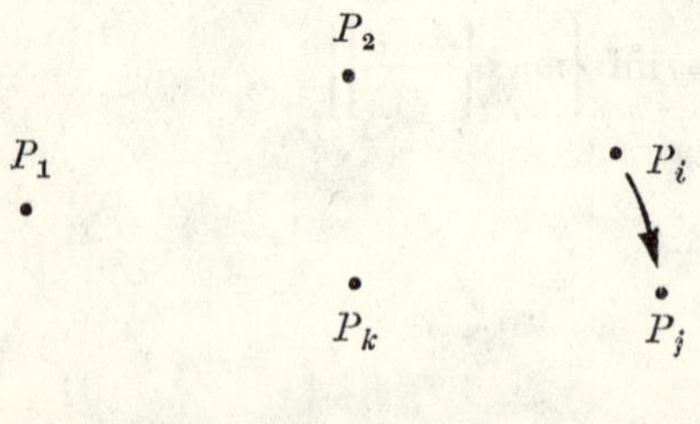

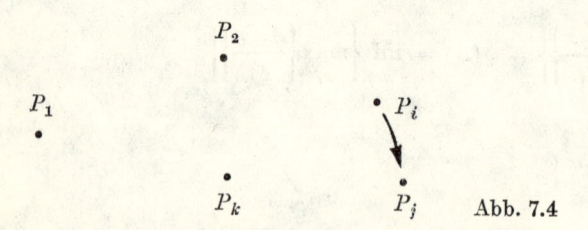

Abb. 7.4

verlaufenden Bogen; wenn $a_{ij} = 0$ ist, werden die Punkte nicht verbunden. Auf diese Weise erhalten wir einen orientierten Graphen, der für die Anordnung der Nullen in der Matrix A charakteristisch ist (vgl. Abb. 7.4).

Beispiele. Hierbei wurden die von Null verschiedenen Elemente von A gleich Eins gesetzt.

I. $$A = \begin{bmatrix} 0 & 0 & 1 & 0 \\ 0 & 0 & 0 & 1 \\ 0 & 1 & 0 & 0 \\ 1 & 0 & 0 & 0 \end{bmatrix}, \qquad \widetilde{\Gamma}_A \equiv$$

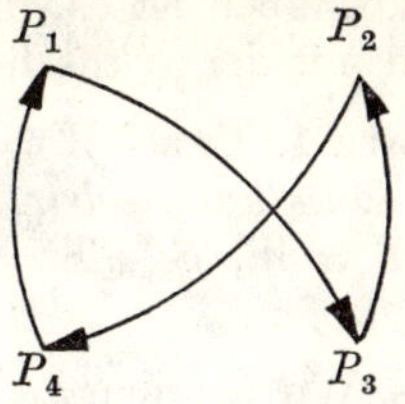

II. $$A = \begin{bmatrix} 0 & 0 & 1 & 0 \\ 0 & 0 & 0 & 1 \\ 1 & 0 & 0 & 0 \\ 0 & 1 & 0 & 0 \end{bmatrix}, \qquad \widetilde{\Gamma}_A \equiv$$

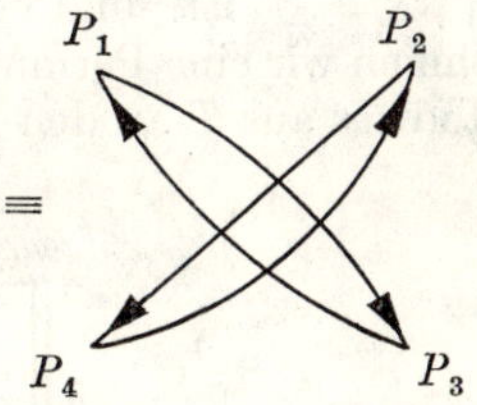

III. $$A = \begin{bmatrix} 0 & 1 & 0 & 0 \\ 0 & 0 & 1 & 0 \\ 0 & 0 & 0 & 1 \\ 1 & 1 & 0 & 0 \end{bmatrix}, \qquad \widetilde{\Gamma}_A \equiv$$

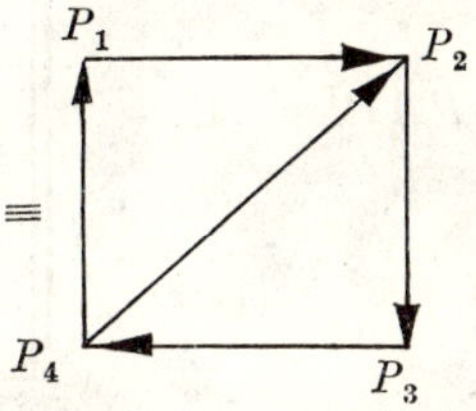

IV. $$A = \begin{bmatrix} 1 & 1 & 0 & 0 \\ 0 & 0 & 1 & 0 \\ 0 & 0 & 0 & 1 \\ 1 & 0 & 0 & 0 \end{bmatrix}, \qquad \widetilde{\Gamma}_A \equiv$$

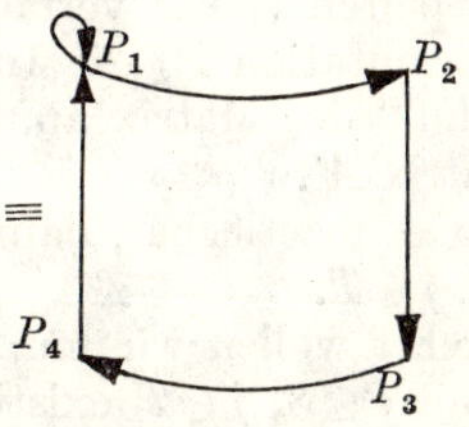

7.4.2. *Zusammenhang*

Definition. Ein orientierter Graph $\widetilde{\Gamma}$ heißt *stark zusammenhängend* (zusammenhängend, wenn Mißverständnisse ausgeschlossen sind), wenn zu je zwei Ecken P_i, P_j (die nicht notwendig verschieden zu sein brauchen) ein aus Bögen von $\widetilde{\Gamma}$ gebildeter „Weg" existiert:

$$\overrightarrow{P_i P_{l_1}},\ \overrightarrow{P_{l_1} P_{l_2}},\ \ldots,\ \overrightarrow{P_{l_j} P_{l_r}} \qquad \text{mit} \qquad P_{l_r} = P_j,$$

der von P_i nach P_j „führt"; r heißt die *Länge des Weges*.

Beispiele. Die Graphen I, III, IV im obenstehenden Beispiel sind zusammenhängend. Der Graph II ist nicht zusammenhängend; denn man kann über $\widetilde{\Gamma}$ nicht von P_1 nach P_2 gelangen.

Aufbauend auf diesen Begriffen lassen sich zahlreiche Eigenschaften für Graphen beweisen (zusammenhängende Komponenten usw.).

Unser Vorhaben ist es, diese Begriffe zu verknüpfen mit der Unzerlegbarkeit von A und mit der zyklischen Ordnung von nichtnegativen Matrizen.

Hilfssatz 1. *Es sei* $W = \{1, 2, \ldots, n\}$. *Eine Matrix* A *vom Typ* (n, n), $n \geqq 2$, *ist genau dann unzerlegbar, wenn zu je zwei nichtleeren Teilmengen* S, T *von* W *mit* $S \cup T = W$, $S \cap T = \emptyset$ *ein Element* $a_{ij} \neq 0$ *in* A *existiert, so daß* $i \in S$, $j \in T$ *ist.*

Beweis. Wir nehmen an, es existieren Teilmengen S, T von W, so daß $S \cup T = W$, $S \cap T = \emptyset$ ist. und es sei $a_{ij} = 0$ für $i \in S$, $j \in T$. Bezüglich der Zeilen von A nehmen wir eine Permutation P vor, die die Indizes aus S an den „Schluß" und die Indizes aus T an den „Anfang" bringt:

$$PAP^{\mathsf{T}} = A' = \begin{array}{r} \\ T\Big\{ \\ S\Big\{ \end{array} \!\!\left[\begin{array}{c|c} \overbrace{}^{T} & \overbrace{}^{S} \\ & \\ \hline 0 & \end{array}\right].$$

Mit den Spalten von A verfahren wir genauso, d. h., wir ordnen (mit Hilfe derselben Permutation P) die Indizes aus T am „Anfang" und die Indizes aus S am „Schluß" der Matrix an. Damit gelangen wir offensichtlich zu einer zerlegbaren Matrix A'.

Ist also A unzerlegbar, dann existiert für jedes Paar S, T ein Element $a_{ij} \neq 0$ mit $i \in S$, $j \in T$.

Umgekehrt wollen wir nun annehmen, daß zu jedem Paar S, T ein Element $a_{ij} \neq 0$ mit $i \in S$, $j \in T$ existiere. Wenn A zerlegbar wäre, dann existierte eine Permutation P, so daß

$$PAP^{\mathsf{T}} = A' = \begin{array}{r} \\ T\Big\{ \\ S\Big\{ \end{array} \!\!\left[\begin{array}{c|c} \overbrace{}^{T} & \overbrace{}^{S} \\ & \\ \hline 0 & \end{array}\right]$$

ist. Damit wäre aber eine Aufteilung S, T von W definiert, für die $a_{ij} = 0$ ist mit $i \in S$, $j \in T$.

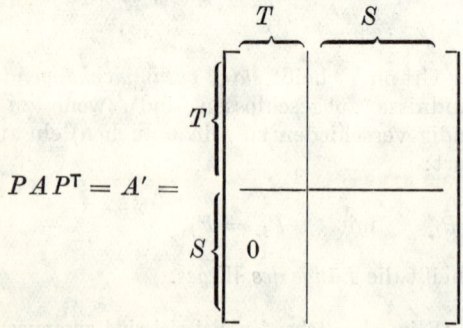

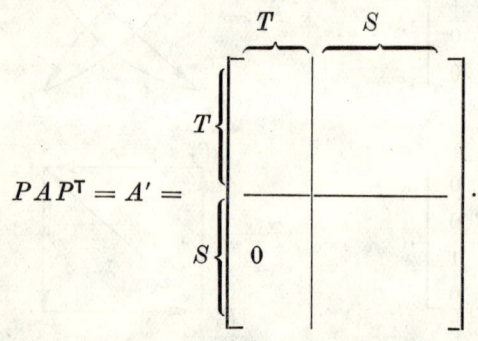

Hilfssatz 2. *Eine Matrix A ist genau dann unzerlegbar, wenn zu jedem Paar (i, j) von ganzen Zahlen $1 \leqq i, j \leqq n$ eine Folge von Null verschiedener Elemente $\{a_{ii_1}, a_{i_1i_2}, a_{i_2i_3}, \ldots, a_{i_{n+1},j}\}$ aus A existiert.*

Beweis. Wir nehmen an, A sei unzerlegbar. Zu gegebenem i bilden wir die Mengen $\{i\} = S$ und $W - \{i\} = T$. Nach Hilfssatz 1 existiert ein Element $a_{ii_1} \neq 0$ mit $i \neq i_1$.

Allgemein bezeichne $W(i)$ bei gegebenem festen i die Menge derjenigen k aus W, für die eine Folge von Null verschiedener Elemente der Form

$$\{a_{ii_1}, a_{i_1i_2}, \ldots, a_{i_mk}\}$$

existiert. Wie wir sehen werden, ist $W(i) \neq \emptyset$.

Wir setzen nun $S = W(i)$, $T = W - W(i)$ und nehmen an, es sei $T \neq \emptyset$. Wenn es ein Element $a_{lr} \neq 0$ gibt mit $l \in S$, $r \in T$, dann bedeutet das $r \in W(i)$. Denn $l \in S$ besagt, daß eine Folge $\{a_{ii_1}, \ldots, a_{i_ml}\}$ mit $a_{i_ml} \neq 0$ existiert; eine solche Folge wäre dann auch $\{a_{ii_1}, \ldots, a_{i_ml}, a_{lr}\}$, womit gezeigt ist, daß r aus $W(i)$ ist. Das ist jedoch auf Grund unserer Annahmen unmöglich. Wenn T also nicht leer ist, dann ist A zerlegbar. Ist A unzerlegbar, so gibt es nur die Möglichkeit $W(i) = W$.

Umgekehrt wollen wir annehmen, die Bedingung sei erfüllt und A sei zerlegbar. Nach Hilfssatz 1 existieren nichtleere Mengen S, T, so daß $S \cup T = W, S \cap T = \emptyset$ ist und $a_{st} = 0$ für alle Paare (s, t), $s \in S$, $t \in T$ gilt.

Wir betrachten jetzt eine Kette von Null verschiedener Elemente, die $s \in S$ und $t \in T$ verbindet:

$$\{a_{si_1}, a_{i_1i_2}, \ldots, a_{i_l,i_{l+1}}, \ldots, a_{i_mt}\}.$$

Der Index i_1 kann nicht in T liegen (sonst wäre $a_{si_1} = 0$); also ist $i_1 \in S$; ebenso ergibt sich $i_2 \in S, \ldots, i_m \notin S$, denn sonst wäre $a_{i_mt} = 0$; also ist $i_m \in T$. Ebenso ergibt sich $i_{m-1} \in T$ usw. Wir gelangen so zu einem Element $a_{i_l,i_{l+1}}$ mit $i_l \in S$, $i_{l+1} \in T$, das zur Kette gehört und gleich Null ist. Damit haben wir einen Widerspruch erhalten.

Wenn die Bedingung des Satzes erfüllt ist, dann ist A also unzerlegbar.

Hilfssatz 3. *Es sei $\vec{\Gamma}(A)$ der zu einer quadratischen Matrix A gehörige orientierte Graph. Die Matrix A ist genau dann unzerlegbar, wenn der Graph $\vec{\Gamma}(A)$ stark zusammenhängend ist.*

Es ist klar, daß es sich bei diesem Satz nur um eine Übertragung von Hilfssatz 2 in die Sprache der Graphen handelt; dabei bezeichnet ein Weg eine Folge von Null verschiedener Elemente

$$\{a_{ii_1}, a_{i_1i_2}, \ldots, a_{i_lj}\}.$$

In den oben angegebenen Beispielen ist nur die Matrix II zerlegbar.

Beispiel. Es sei $L(V) = 0$ eine partielle Differentialgleichung, die in jedem Punkt eines Gitters $\mathcal{M}$ durch eine endliche Differenzengleichung approximiert wird (vgl. 5.1.2.).

Im allgemeinen wird die Lösung der partiellen Differentialgleichung durch die Lösung eines großen linearen Systems $AX = b$ ersetzt; dabei ist A eine Matrix vom Typ (n, n), wenn man im Gitter $\mathcal{M}$ in n Punkten n Relationen angegeben hat.

Man kann also die n Gitterpunkte, in denen man die Relation beschreibt, als Träger des Graphen $\vec{\Gamma}(A)$ verwenden. So zeigt beispielsweise Abb. 7.5 den „Zusammenhang" um einen Punkt des Graphen zur klassischen Approximation des Potentialproblems:

$$V_{ij} \cong \frac{1}{h^2}\,(V_{i+1,j} + V_{i-1,j} - 4\,V_{ij} + V_{i,j-1} + V_{i,j+1}),$$

und man erkennt sofort die Zerlegbarkeit oder die Unzerlegbarkeit.

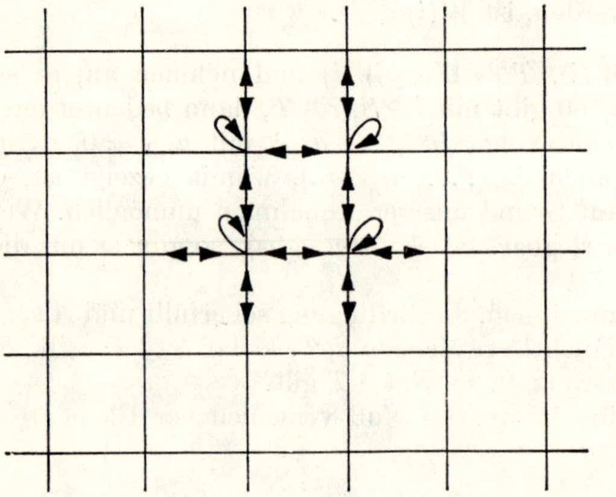

Abb. 7.5

7.4.3. *Orientierte Graphen nichtnegativer Matrizen*

Satz 1. *Es sei $\vec{\Gamma}(A)$ der orientierte Graph einer nichtnegativen Matrix A und r eine ganze Zahl, $r \geqq 1$. Der Graph $\vec{\Gamma}(A^r)$ der r-ten Potenz von A ist der Graph, den man erhält, wenn man alle Wege der Länge r aus $\vec{\Gamma}(A)$ durch einen Bogen ersetzt, dessen Anfangs- bzw. Endpunkt mit dem des entsprechenden Weges übereinstimmt.*

Beweis. Es seien i, j zwei Ecken des Graphen von A (oder von A^r). Die Terme α_{ij} der Matrix A^r stellen Summen von Termen der Gestalt $\sum a_{ii_1} a_{i_1 i_2} \cdots a_{i_{l-1},j}$ dar. Die von Null verschiedenen Terme entsprechen ausschließlich Wegen der Länge r von i nach j.

α) Es sei A primitiv (d. h., A besitzt einen einzigen Eigenwert vom Betrag $r = \varrho(A)$). Für $x_0 \geqq 0$ strebt $A^r x_0$ gegen $z > 0$. Hieraus folgt, daß für hinreichend großes r alle Spalten von A^r (die Spalten von A^r sind $A^{r-1} A_{.j}$, j fest) positiv sind, d. h., A^r ist positiv, und der Graph von A^r ergibt sich bei der Verbindung jeder Ecke P_i mit jeder Ecke P_j.

β) Es sei A eine h-zyklische Matrix ($h > 1$). Wie wir gesehen haben, kann A durch Permutation seiner Zeilen und Spalten auf die Form

$$A' = \begin{array}{c} \begin{matrix} \overbrace{\qquad}^{I_1} & \overbrace{\qquad}^{I_2} & \overbrace{\qquad}^{I_3} & \overbrace{\qquad}^{I_4} \end{matrix} \\ \left[\begin{array}{c|c|c|c} 0 & A_{21} & 0 & 0 \\ \hline 0 & 0 & A_{32} & 0 \\ \hline 0 & 0 & 0 & A_{43} \\ \hline A_{14} & 0 & 0 & 0 \end{array}\right] \end{array}$$

gebracht werden.

Diese Darstellung läßt folgende geometrische Interpretation zu: Es sei $I = \{1, 2, \dots, n\}$ die Menge der Indizes. Es existieren Mengen $I_1, I_2, \dots, I_h$, so daß $I = I_1 \cup I_2 \cup \dots \cup I_h$ ist. Die Menge der

$$X = \begin{bmatrix} x_1 \\ \vdots \\ x_n \end{bmatrix}$$

mit $x_j = 0$ für $j \notin I_k$ bildet einen Unterraum ξ_k; $\xi = \xi_1 \dotplus \xi_2 \dotplus \dots \dotplus \xi_h$ ($\dotplus$ bedeutet die direkte Summe).

Offensichtlich ist $A^h X \in \xi_k$, wenn $X \in \xi_k$ ist. Also sind die Matrizen A^h und

$$\begin{matrix} I_1\{ \\ I_2\{ \\ \end{matrix} \left[\begin{array}{c|c|c} U_1 & 0 & \\ \hline 0 & U_2 & \\ \hline & & \ddots \end{array}\right]$$

ähnlich, d. h., die Matrix A^h kann in Diagonalblöcke zerlegt werden; der Graph von A^h ist daher in h zusammenhängende Komponenten zerlegbar.

Beispiel.

$$A = \begin{bmatrix} 0 & 0 & 1 & 1 \\ 0 & 0 & 1 & 1 \\ 1 & 1 & 0 & 0 \\ 1 & 1 & 0 & 0 \end{bmatrix} \qquad \tilde{\Gamma}(A) =$$

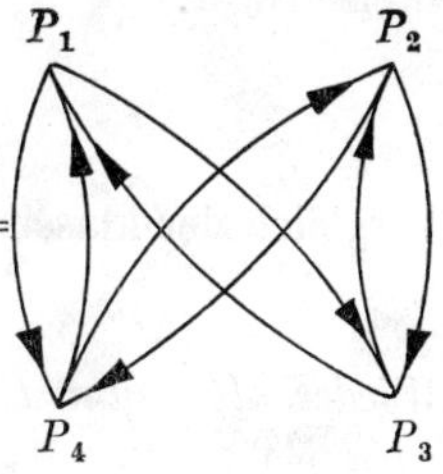

$\tilde{\Gamma}(A^2) =$

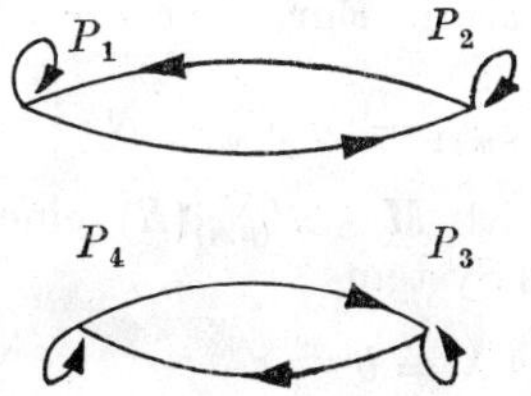

Satz 2. *Es sei* $A = (a_{ij})$ *eine unzerlegbare nichtnegative Matrix vom Typ* (n, n) *und* $\widehat{\Gamma}(A)$ *der zugehörige orientierte Graph. Für jede Ecke* P_i *betrachten wir die Menge der Wege, die* P_i *mit sich verbinden. Es sei* $S_i = \{\mu\}$ *die Menge der Längen dieser Wege. Der größte gemeinsame Teiler der Zahlen* $\mu \in S_i$ *sei* k_i $(i = 1, 2, \ldots, n)$. *Dann gilt*

1. *Alle* k_i *sind gleich* k.
2. *Ist* $k = 1$, *dann ist* A *primitiv.*
3. *Ist* $k > 1$, *dann ist* A k*-zyklisch.*

Beweis. Es sei $A^r = (a_{ij}^{(r)})$; ferner seien $\mu_1, \mu_2 \in S_i$ und $a_{ii}^{(\mu_1)}, a_{ii}^{(\mu_2)}$ zwei positive Zahlen. Wegen

$$a_{ii}^{(\mu_1+\mu_2)} = \sum_{l=1}^{n} a_{il}^{(\mu_1)} \cdot a_{li}^{(\mu_2)} \geqq a_{ii}^{(\mu_1)} a_{ii}^{(\mu_2)} > 0$$

folgt aus $\mu_1, \mu_2 \in S_i$ auch $\mu_1 + \mu_2 \in S_i$.

Die Menge S_i ist also eine bezüglich der Addition abgeschlossene Menge von ganzen Zahlen; S_i ist daher die Menge der Vielfachen des größten gemeinsamen Teilers k_i der Elemente aus S_i. Wenn für ein gewisses i der größte gemeinsame Teiler $k_i = 1$ ist, dann ist für hinreichend großes p das Element $a_{ii}^{(p)}$ positiv; das ist aber auf Grund der Form einer h-zyklischen Matrix nicht möglich. Wenn aber A primitiv ist, dann gilt für jedes j

$$a_{jj}^{(p)} > 0,$$

sobald nur p hinreichend groß gewählt ist; also haben wir $k_1 = k_2 = \cdots = k_n = 1$.

Im folgenden setzen wir $k_i > 1$ voraus. Für hinreichend großes p wird $a_{ij}^{(p)} = 0$; die Matrix A ist also ν-zyklisch, $\nu > 1$. Aus dem weiter oben Gesagten folgt jedoch, daß nur die Potenzen $(A^\nu)^m$ von A von Null verschiedene Diagonalelemente aufweisen, und auf Grund der „Primitivität" der Diagonalmatrizen von A^ν ergibt sich

$$\nu = k_1 = k_2 = \cdots = k_n,$$

was zu beweisen war.

7.5. Vergleich der klassischen linearen Iterationen

7.5.1. *Wiederholung und Bezeichnungen* (vgl. Kapitel 5)

Definition. Eine Iteration $X_m \to X_{m+1}$ heißt *linear*, wenn sie von der Form

$$X_{m+1} = M X_m + N$$

ist; dabei ist $M \in \mathcal{M}_{(n,n)}(R)$ eine feste Matrix und $N \in R^n$ ein fester Vektor.

Um das System

$$AX = b \tag{1}$$

zu lösen, setzen wir

$A =$ 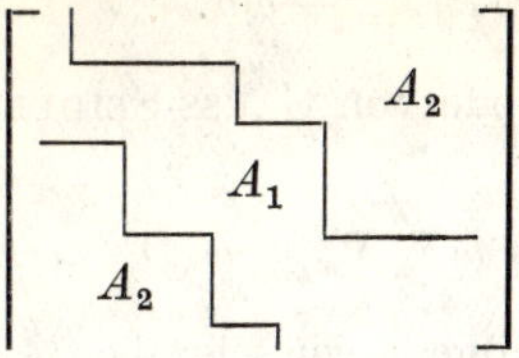 $= A_1 + A_2$

und betrachten die Iteration

$$X_{m+1} = -A_1^{-1} A_2 X_m + A_1^{-1} b.$$

Später setzen wir auch

$A =$ 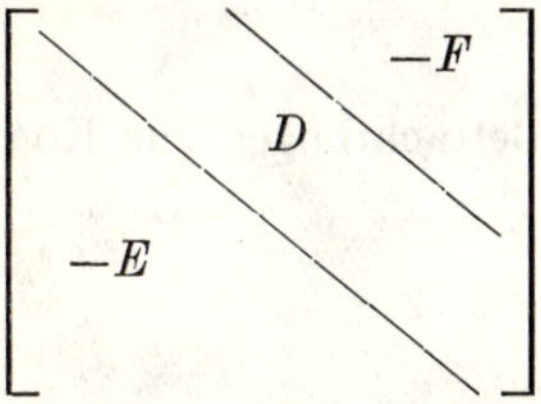 $= D - E - F;$

dabei ist $D = (a_{ii})$ eine Diagonalmatrix, E eine echte untere Dreiecksmatrix ($e_{ij} = -a_{ij}$, $i > j$) und F eine echte obere Dreiecksmatrix ($f_{ij} = -a_{ij}$, $i < j$).

1. Die Methode von Jacobi ist definiert durch

$$X_{m+1} = D^{-1}(E + F) X_m + D^{-1} b, \quad A_1 = D, \quad A_2 = -E - F.$$

Wir setzen

$$B = M_J = D^{-1}(E + F).$$

2. Die Methode von Gauss-Seidel:

$$A_1 = D - E, \quad A_2 = -F,$$
$$X_{m+1} = (D - E)^{-1} F X_m + (D - E)^{-1} b;$$

wir setzen

$$C = M_{GS} = (D - E)^{-1} F.$$

3. Die Überrelaxationsmethode: Für $\omega \geqq 1$ schreiben wir

$$A = D - E - F + \frac{1}{\omega} D - \frac{1}{\omega} D = A_1 + A_2$$

mit

$$A_1 = \frac{1}{\omega}(D - \omega E), \qquad A_2 = -\frac{1}{\omega}[(1 - \omega) D + \omega F].$$

Die Iterationsvorschrift lautet

$$\frac{1}{\omega}(D - \omega E) X_{m+1} = \frac{1}{\omega}[(1 - \omega) D + \omega F] X_m + b$$

oder

$$(D - \omega E) X_{m+1} = [(1 - \omega) D + \omega F] X_m + \omega b. \tag{2}$$

(Die Berechnung erfolgt wie bei der Methode von GAUSS-SEIDEL komponentenweise.) Es ist also

$$X_{m+1} = (D - \omega E)^{-1} [(1 - \omega) D + \omega F] X_m + \omega (D - \omega E)^{-1} b;$$

setzen wir $L = D^{-1} E$, $U = D^{-1} F$, so können wir schreiben:

$$X_{m+1} = (I - \omega L)^{-1} [(1 - \omega) I + \omega U] X_m + \omega (I - \omega L)^{-1} D^{-1} b.$$

Man setzt

$$\mathcal{L}_\omega = M_{\ddot{u}\omega} = (I - \omega L)^{-1} [(1 - \omega) I + \omega U].$$

Offenbar ist $C = \mathcal{L}_1$.

Wir wollen jetzt einige vergleichende Betrachtungen zur Konvergenz dieser Iterationen anstellen.

7.5.2. *Spektralradien von $\mathcal{L}_\omega$*

In den soeben von uns untersuchten Fällen waren

$$A = D - E - F,$$

$$B = D^{-1}(E + F) = L + U = \begin{bmatrix} 0 & & U \\ & \ddots & \\ L & & 0 \end{bmatrix}.$$

Die Matrix B wird *Jacobische Matrix* (mit Nulldiagonale) genannt. Die Matrix

$$\mathcal{L}_\omega = (I - \omega L)^{-1} [\omega U + (1 - \omega) I]$$

ist die *zur Überrelaxation gehörige Matrix.*

Wir wollen jetzt die Spektralradien von $\mathcal{L}_\omega$ und B vergleichen. Dazu setzen wir $m(\sigma) = \varrho(\sigma L + U)$ für $\sigma \geqq 0$; es ist $m(0) = \varrho(U) = 0$, $m(1) = \varrho(B)$.

Lemma 1. *Ist B nichtnegativ, dann ist $m(\sigma)$ entweder eine streng wachsende Funktion von σ ($\sigma \geqq 0$), oder es ist $m(\sigma) \equiv 0$; in diesem Fall ist $\varrho(B) = 0$* (vgl. Abb. 7.6).

Ist B unzerlegbar und hat $\sigma L + U$ für $\sigma > 0$ denselben Graphen wie B, dann ist $\sigma L + U$ unzerlegbar, und nach dem Satz von FROBENIUS (vgl. 7.3.) ist $\varrho(\sigma L + U)$ eine wachsende Funktion. (Ist B zerlegbar, so geht man zu einer reduzierten Darstellung durch unzerlegbare Teilmatrizen über.)

Lemma 2. *Für $\omega \neq 0$ ist λ genau dann Eigenwert von $\mathcal{L}_\omega$, wenn $(\lambda + \omega - 1)/\omega$ Eigenwert der Matrix $\lambda L + U$ ist.*

Denn wenn λ der zum Eigenvektor X gehörige Eigenwert ist, dann gilt

$$\mathcal{L}_\omega X = (I - \omega L)^{-1}[\omega U + (1 - \omega) I] X = \lambda X$$

oder

$$\omega U X + (1 - \omega) X = \lambda X - \omega \lambda L X, \quad (\lambda L + U) X = \frac{\lambda + \omega - 1}{\omega} X.$$

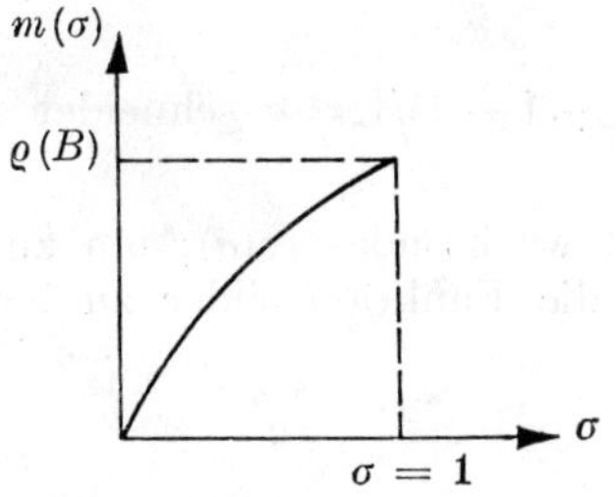

Abb. 7.6

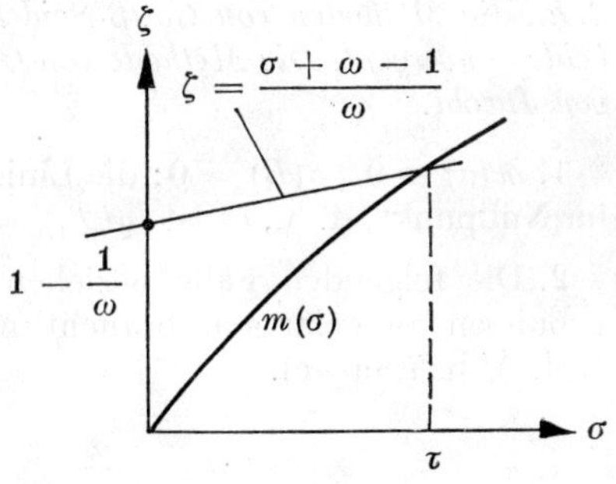

Abb. 7.7

Lemma 3. *Es sei B eine nichtnegative Matrix und τ eine reelle Zahl, $\tau \geqq 0$. Gilt für $\omega \neq 0$*

$$m(\tau) = \frac{\tau + \omega - 1}{\omega}, \tag{1}$$

dann ist τ Eigenwert von $\mathcal{L}_\omega$.

Beweis. Es ist $\varrho(\tau L + U) = (\tau + \omega - 1)/\omega$; da aber B nichtnegativ ist, ist auch $\tau L + U$ nichtnegativ (wegen $\tau \geqq 0$); also ist $\varrho(\tau L + U)$ Eigenwert von $\tau L + U$, d. h. $(\tau + \omega - 1)/\omega$ ist Eigenwert von $\tau L + U$); mit Lemma 2 heißt das, τ ist Eigenwert von $\mathcal{L}_\omega$.

Da L eine echte Dreiecksmatrix ist mit $L^n = 0$, gilt (Cayley-Hamilton)

$$(I - \omega L)^{-1} = I + \omega L + \omega^2 L^2 + \cdots + \omega^{n-1} L^{n-1}.$$

Hieraus folgt für $0 < \omega \leqq 1$, daß $\mathcal{L}_\omega$ nichtnegativ ist (vgl. den Ausdruck für $\mathcal{L}_\omega$). Die Zahl $\varrho(\mathcal{L}_\omega)$ ist ein Eigenwert; also ist $(\varrho(\mathcal{L}_\omega) + \omega - 1)/\omega$ ein Eigenwert von $\varrho(\mathcal{L}_\omega) L + U$.

Aufgabe. Man beweise, daß $m(\varrho(L_\omega))$ der Spektralradius von $\varrho(\mathcal{L}_\omega) L + U$ ist.

Der Schnittpunkt τ der Kurven

$$\zeta = (\sigma + \omega - 1)/\omega \quad \text{und} \quad m(\sigma) = \zeta$$

ist $\tau = \varrho(\mathcal{L}_\omega)$ (vgl. Abb. 7.7).

Satz (Stein-Rosenberg). *Ist die Jacobische Matrix $B = L + U$ nichtnegativ und bezeichnet $\mathcal{L}_1$ die zum Gauß-Seidel-Verfahren gehörige Matrix ($\omega = 1$), dann gilt genau eine der vier Bedingungen*

a) $\varrho(B) = \varrho(\mathcal{L}_1) = 0$,

b) $0 < \varrho(\mathcal{L}_1) < \varrho(B) < 1$,

c) $1 = \varrho(B) = \varrho(\mathcal{L}_1)$,

d) $1 < \varrho(B) < \varrho(\mathcal{L}_1)$,

d. h., die Methoden von Gauß-Seidel und Jacobi sind entweder beide divergent oder beide konvergent. Die Methode von Gauß-Seidel konvergiert schneller als die Methode von Jacobi.

1. $m(\sigma) \equiv 0$, $\varrho(B) = 0$; die Linie $\zeta = (\sigma + 1 - 1)/1 = \sigma$ schneidet $m(\sigma) \equiv 0$ im Nullpunkt, d. h., es ist $\varrho(\mathcal{L}_1) = 0$.

2. Die folgenden Fälle beziehen sich auf wachsendes $m(\sigma)$; um zu den Ergebnissen zu gelangen, braucht man nur die Funktionsbilder zu betrachten: (vgl. Abb. 7.8a—c).

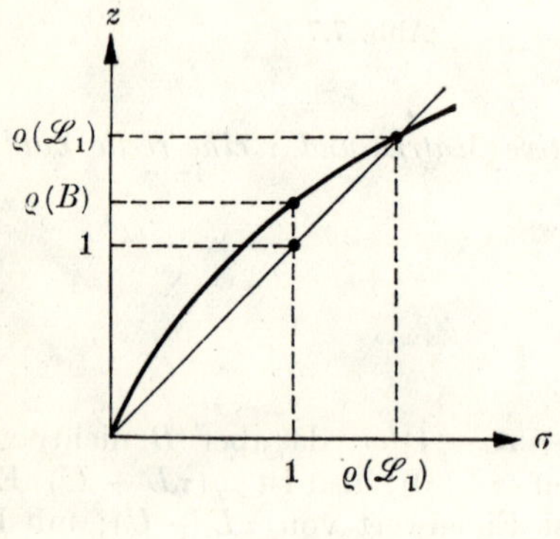

Abb. 7.8a

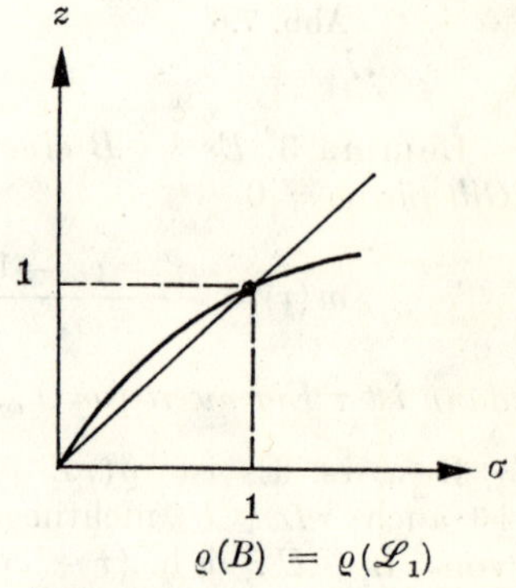

Abb. 7.8b

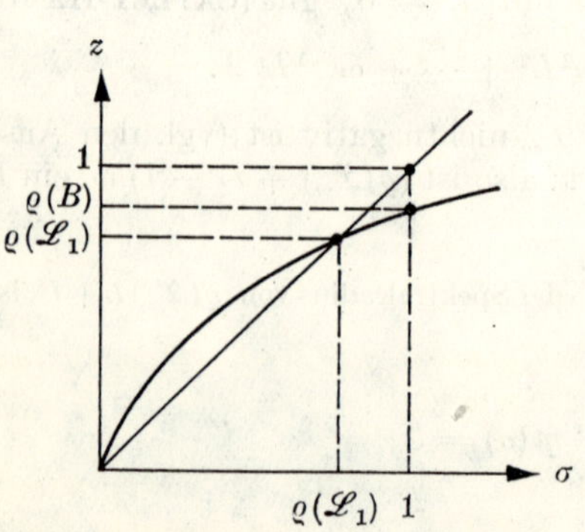

Abb. 7.8c

7.6. Die Young-Frankelsche Theorie der Überrelaxation

7.6.1. *Definitionen*

Definition 1. Eine Matrix A vom Typ (n, n) heißt *dreidiagonale Blockmatrix*, wenn sie die Form

$$A = \left[\begin{array}{c|c|c|cc}
D_1 & F_1 & 0 & 0 & \\
\hline
E_1 & D_2 & F_2 & 0 & \\
\hline
0 & E_2 & D_2 & & \\
\hline
0 & 0 & \ddots & & \\
\hline
 & & & D_{m-1} & F_{m-1} \\
\hline
 & & & E_{m-1} & D_m
\end{array}\right]$$

besitzt; dabei sind D_i quadratische Matrizen.

Beispiel.

$$\left[\begin{array}{c|c|c}
D_1 & F_1 & 0 \\
\hline
E_1 & D_2 & F_2 \\
\hline
0 & E_2 & D_3
\end{array}\right].$$

Für jede Matrix kann die folgende Zerlegung betrachtet werden:

$$\left[\begin{array}{c|c}
D_1 & F_1 \\
\hline
E_1 & D_2
\end{array}\right].$$

Definition 2. Eine Matrix heißt *dreidiagonal mit Diagonalblöcken*, wenn die Matrizen D_i quadratische Diagonalmatrizen sind.

Definition 3. Eine Matrix A besitzt die „Eigenschaft A", wenn eine Permutationsmatrix π existiert, so daß $A' = \pi A \pi^{\mathrm{T}}$ eine dreidiagonale Matrix mit

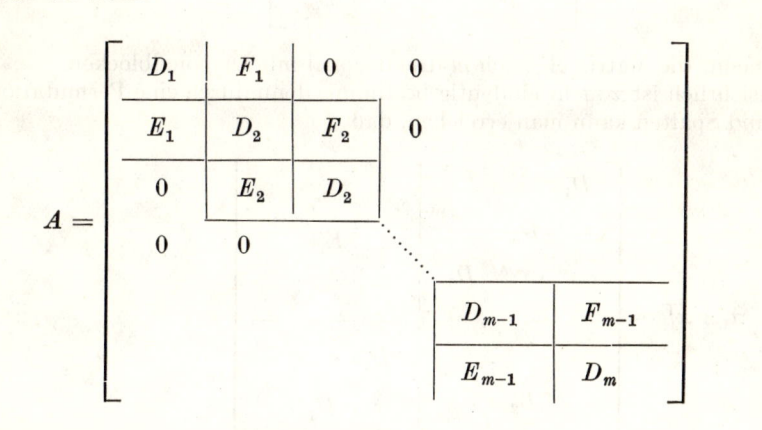

Diagonalblöcken ist:

$$A' = \pi A \pi^{\mathsf{T}} = \left[\begin{array}{c|c|c|c} D_1 & F_1 & & \\ \hline E_1 & D_2 & & \\ \hline & & \ddots & \\ \hline & & & D_m \end{array}\right].$$

Man nennt die Matrix A' auch m-dreidiagonal mit Diagonalblöcken.

Offensichtlich ist π nicht eindeutig bestimmt, denn durch eine Permutation der Zeilen und Spalten kann man erreichen, daß

$$\pi_1 A' \pi_1^{\mathsf{T}} = \left[\begin{array}{ccc|ccc} D_1 & & & & & \\ & D_3 & & & F_1' & \\ & & D_5 \ddots & & & \\ \hline & & & D_2 & & \\ & E_2' & & & D_4 & \\ & & & & & \ddots \end{array}\right]$$

stets 2-dreidiagonal ist.

7.6.2. *Der Satz von Young*

Es sei A eine dreidiagonale Matrix mit Diagonalblöcken:

$$A = \left[\begin{array}{c:c:c:c} D_1 & F_1 & & \\ \hdashline E_1 & D_2 & F_2 & \\ \hdashline & E_2 & \ddots & \\ \hdashline & & & D_m \end{array}\right]. \tag{1}$$

Zu lösen sei das System $AX - b = 0$.

Man sagt, x_i und x_j bilden ein *Paar* $(i \neq j)$, wenn a_{ij} oder a_{ji} von Null verschieden ist. Es sei S_j die Menge der Indizes k, so daß $a_{kk} \in D_j$ ist. Es ist $S_j \subset \{1, 2, \ldots, N\}$, wenn N die Ordnung von A darstellt.

Um mit einer Iterationsmethode (etwa der Überrelaxation) den Vektor $X^{(n+1)}$ aus $X^{(n)}$ zu berechnen, geht man von den Komponenten

$$X^{(n)} = \begin{bmatrix} \xi_1^{(n)} \\ \xi_2^{(n)} \\ \vdots \\ \xi_N^{(n)} \end{bmatrix}$$

aus und berechnet die Komponenten $\xi_i^{(n+1)}$ in einer bestimmten Reihenfolge. Diese ist durch eine Permutation σ der Menge $\{1, 2, \ldots, N\}$ bestimmt, so daß sich die Zahlen $\xi_j^{(n+1)}$ in der Reihenfolge

$$\xi_{\sigma(1)}^{(n+1)}, \ \xi_{\sigma(2)}^{(n+1)}, \ldots, \ \xi_{\sigma(N)}^{(n+1)}$$

ergeben. Man sagt, die Reihenfolge σ sei mit der Darstellung (1) der Matrix A *verträglich*, wenn alle Komponenten $\xi_k^{(n+1)}$ mit $k \in S_{j-1}$ vor den Komponenten $\xi_k^{(n+1)}$ mit $k \in S_j$ berechnet werden.

Die natürliche verträgliche Reihenfolge besteht also in der Wahl der Komponenten $\xi_k^{(n+1)}$ beginnend mit $k \in S_1$, darauf $k \in S_2$ usw.

Beispiel. Es sei $\xi = (\mu h, \nu h)$, wobei diese Unbekannte nur mit den „Nachbarn" Paare bilden kann:

$$(x, y) \leftrightarrow \begin{cases} (x + h, y), & (x - h, y) \\ (x, y + h), & (x, y - h) \end{cases} \qquad ((x, y) = (\mu h, \nu h)).$$

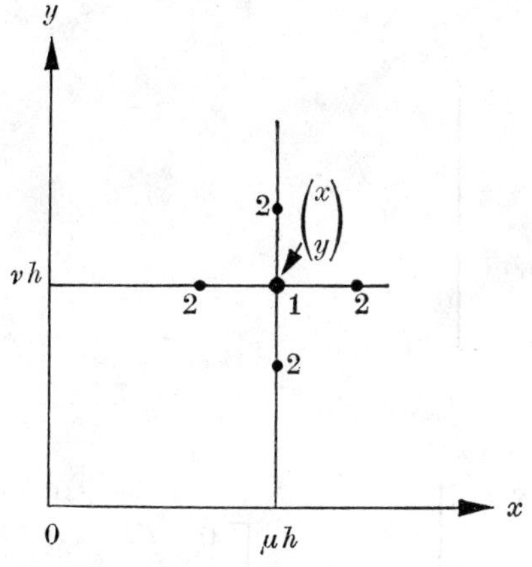

Abb. 7.9

Es sei beispielsweise eine Numerierung der Punkte gegeben: $\{1, 2, \ldots, N\}$, und S_1 bezeichne die Menge der Indizes aus dieser Menge, für die $i \leftrightarrow (\mu h, \nu h)$ mit $\mu + \nu$ gerade, S_2 die Indexmenge, für die $\mu + \nu$ ungerade ist. Wir finden $S_1 \cap S_2 = \emptyset$, $S_1 \cup S_2 = \{1, 2, \ldots, N\}$. Ein Punkt aus S_1 bildet niemals mit einem Punkt aus S_2 ein Paar, wenn das Gebiet etwa das Rechteck $0 \leqq \mu \leqq M$, $0 \leqq \nu \leqq M'$ ist (vgl. Abb. 7.9).

Die einem derartigen Problem entsprechende Matrix kann stets als 2-dreidiagonale Matrix mit Diagonalblöcken dargestellt werden.

Wählen wir S_j als die Menge der Indizes, so daß $\mu + \nu = j$ ist $(j = 1, 2, \ldots, M + M')$, dann sieht man, daß zwei Punkte aus S_j kein Paar bilden und daß ein Punkt aus S_j nur mit Punkten aus S_{j-1} und S_{j+1} Paare bilden kann. Damit gelangen wir zu einer $(M + M')$-dreidiagonalen Form mit Diagonalblöcken (vgl. Abb. 7.10).

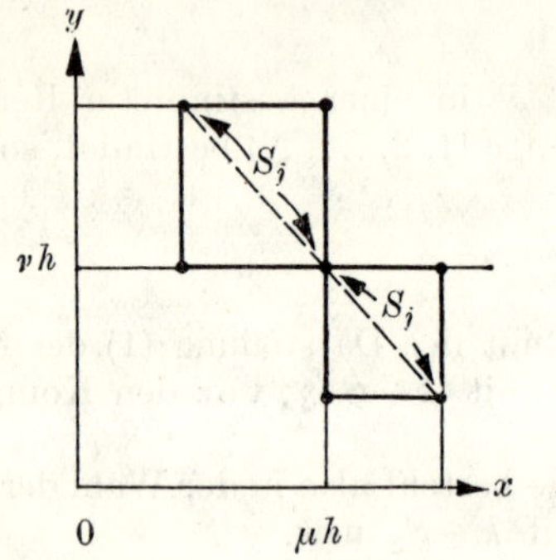

Abb. 7.10

Es ist recht einfach zu erkennen, daß *eine Matrix, die zu einem endlichen Differenzenproblem gehört, bezüglich der üblichen Paarbildungen im allgemeinen die ,,Eigenschaft* A" *besitzt* (Satz von YOUNG).

Eine Matrix A, die die ,,Eigenschaft A" besitzt, sei folgendermaßen strukturiert:

$$A = \begin{bmatrix} D_1 & F_1 & & & \\ E_1 & D_2 & F_2 & & \\ & E_2 & \ddots & \ddots & \\ & & \ddots & \ddots & F_{n-1} \\ & & & E_{n-1} & D_n \end{bmatrix}$$

mit

$$-E = \begin{bmatrix} 0 & & & & \\ E_1 & 0 & & & \\ & E_2 & 0 & & \\ & & \ddots & 0 & \\ & & & E_{n-1} & 0 \end{bmatrix}, \quad -F = \begin{bmatrix} 0 & F_1 & & \\ & 0 & F_2 & \\ & & \ddots & F_{m-1} \\ & & & 0 \end{bmatrix}$$

und

$$D = \begin{bmatrix} D_1 & & & \\ & D_2 & & \\ & & \ddots & \\ & & & D_m \end{bmatrix}, \qquad A = D - E - F.$$

Mit σ bezeichnen wir eine mit der Darstellung von A verträgliche Reihenfolge. Wir beginnen mit X_0. Es sei $X^{(k)}$ die k-te Iterierte, und wir wollen $X^{(k+1)}$ bestimmen. Dazu bedienen wir uns eines Zwischenvektors $X^{k+1/2}$, den wir über seine Komponenten $\xi_{\sigma(i)}^{k+1/2}$ berechnen. Als Wert von $\xi_{\sigma(i)}^{k+1}$ ergibt sich

$$\xi_{\sigma(i)}^{k+1} = \xi_{\sigma(i)}^{k} + \omega\left(\xi_{\sigma(i)}^{k+1/2} - \xi_{\sigma(i)}^{k}\right) \qquad (\omega \neq 0). \tag{2}$$

Zur Bestimmung von $\xi_{\sigma(i)}^{k+1/2}$ ziehen wir die bereits über die Beziehung

$$-EX^{k+1} + DX^{k+1/2} - FX^k = b \tag{3}$$

berechneten Größen $\xi_{\sigma(1)}^{k+1}, \xi_{\sigma(2)}^{k+1}, \ldots, \xi_{\sigma(i-1)}^{k+1}$ heran; denn $(EX^{k+1})_{\sigma(i)}$ enthält nur diese Größen, da σ als mit der Darstellung von A verträgliche Reihenfolge vorausgesetzt war.

Beispiel. Es sei σ die identische Permutation und $X = \begin{bmatrix} X_1 \\ \vdots \\ X_m \end{bmatrix}$; wir schreiben die „$S_1$“ ersten Gleichungen von

$$D_1 X_1^{k+1/2} + F_1 X_2^k = b_1 \tag{4}$$

auf; daraus leiten wir $X_1^{k+1/2}$ ab und darauf die Gleichungen

$$X_1^{k+1} = X_1^k + \omega\left(X_1^{k+1/2} - X_1^k\right). \tag{5}$$

In „S_2“ erhalten wir die Gleichungen

$$E_1 X_1^{k+1} + D_2 X_2^{k+1/2} + F_2 X_3^k = b_2, \tag{6}$$

woraus sich $X_2^{k+1/2}$ und die Gleichungen

$$X_2^{k+1} = X_2^k + \omega\left(X_2^{k+1/2} - X_2^k\right)$$

ergeben, usw. In Matrizenschreibweise finden wir dafür

$$X^{k+1} = X^k + \omega\left(X^{k+1/2} - X^k\right), \tag{7}$$

$$-EX^{k+1} + DX^{k+1/2} - FX^k = b, \tag{8}$$

und wie wir sehen, handelt es sich um eine explizite Beziehung. Eliminieren wir $X^{k+1/2}$, so erhalten wir

$$(-E + \omega^{-1} D) X^{k+1} + [-F + (1 - \omega^{-1}) D] X^k = b$$

oder

$$X^{k+1} = H(\omega) X^k + b' \quad (b' \text{ fester Vektor}),$$

$$H(\omega) = -(\omega^{-1} D - E)^{-1} [-F + (1 - \omega^{-1}) D] = \mathcal{L}_\omega,$$

wie ein Vergleich mit den Ergebnissen von Seite 262 zeigt. Das Problem besteht also darin, unter der Voraussetzung, daß die Matrix A die „Eigenschaft A" besitzt, die Eigenwerte von $\mathcal{L}_\omega$ zu untersuchen. Es seien $\eta_i^{(\omega)}$ diese Eigenwerte. Für ein η gilt

$$\operatorname{Det}[\mathcal{L}_\omega - \eta I] = 0$$

oder

$$Q(\eta) = \operatorname{Det}[(\omega^{-1}D - E)\eta + (1 - \omega^{-1})D - F] = 0 .$$

Für die Jacobische Iteration ist $X^{n+1} = D^{-1}(E + F)X^n + K$; es sei $P(\lambda) = \operatorname{Det}(D\lambda - E - F)$. Die Eigenwerte von $D^{-1}(E + F)$ genügen der Gleichung $P(\lambda) = 0$:

$$P(\lambda) = \operatorname{Det}\begin{bmatrix} \lambda D_1 & F_1 & & \\ E_1 & \lambda D_2 & \ddots & \\ & \ddots & \ddots & F_{n-1} \\ & & E_{n-1} & \lambda D_n \end{bmatrix}.$$

Gegeben sei die Matrix

$$M = \begin{bmatrix} -I_1 & & & \\ & I_2 & & \\ & & -I_3 & \\ & & & \ddots \\ & & & & (-1)^n I_n \end{bmatrix},$$

wobei I_k Einheitsmatrizen sind. Wir haben

$$\operatorname{Det}(M) = \pm 1, \qquad P(\lambda) = \operatorname{Det} M \cdot (D\lambda - E - F)M ,$$

$$P(\lambda) = \operatorname{Det}\begin{bmatrix} \lambda D_1 & -F_1 & & \\ -E_1 & \lambda D_2 & \ddots & \\ & \ddots & \ddots & -F_{n-1} \\ & & -E_{n-1} & \lambda D_n \end{bmatrix};$$

also ist $P(-\lambda) = (-1)^N P(\lambda)$.

Ist N gerade, so existiert ein r, so daß $P(\lambda) = \lambda^{2r} P_{(N/2)-r}(\lambda^2)$ ist; dabei bezeichnet $P_\alpha(x)$ ein Polynom vom Grad α.

Ist N ungerade, so existiert ein r, so daß $P(\lambda) = \lambda^{2r+1} P_{\frac{N-1}{2}-r}(\lambda^2)$ ist; damit haben wir für die zum Iterationsverfahren von Jacobi gehörige Matrix das interessante Ergebnis gefunden: *Die von Null verschiedenen Nullstellen von* $P(\lambda)$ *sind* $\pm\lambda_i$.

Wir wählen $\zeta = (\eta + \omega - 1)/\omega$ $(\omega \neq 0)$ und behandeln (nach FRIEDMANN) in derselben Weise das Polynom $Q(\eta) = \operatorname{Det}[D\zeta - E\eta - F]$:

$$Q(\eta) = \operatorname{Det}\begin{bmatrix} \zeta D_1 & F_1 & & & \\ \eta E_1 & \zeta D_2 & F_2 & & \\ & \eta E_2 & \ddots & \ddots & \\ & & \ddots & \zeta D_{n-1} & F_{n-1} \\ & & & \eta E_{n-1} & \zeta D_n \end{bmatrix}.$$

Wir setzen

$$M_G = \begin{bmatrix} I_1 & & & & 0 \\ & \eta^{-1/2} I_2 & & & \\ & & \eta^{-1} I_3 & & \\ & & & \ddots & \\ 0 & & & & \eta^{-(n-1)/2} I_n \end{bmatrix},$$

$$M_D = \begin{bmatrix} \eta^{-1/2} I_1 & & & & 0 \\ & I_2 & & & \\ & & \eta^{1/2} I_3 & & \\ & & & \ddots & \\ 0 & & & & \eta^{(n-2)/2} I_n \end{bmatrix}$$

und bilden

$$\operatorname{Det}(M_D M_G) = \operatorname{Det}(\eta^{-1/2} I) = \eta^{-N/2};$$

es ist also

$$Q(\eta) = \eta^{N/2} \operatorname{Det}(M_G[D\zeta - E\eta - F] M_D)$$

$$= \operatorname{Det}\begin{bmatrix} \eta^{-1/2}\zeta D_1 & F_1 & & & 0 \\ E_1 & \eta^{-1/2}\zeta D_2 & F_2 & & \\ & E_2 & \eta^{-1/2}\zeta D_3 & \ddots & F_{n-1} \\ & & \ddots & \ddots & \\ 0 & & & E_{n-1} & \eta^{-1/2}\zeta D_n \end{bmatrix} \eta^{N/2}$$

daraus folgt

$$Q(\eta) = \eta^{N/2} P(\eta^{-1/2}\zeta) = \eta^{N/2} P\big(\omega^{-1}\eta^{-1/2}(\eta + \omega - 1)\big).$$

Mit dieser Formel gelangen wir zu folgendem

Satz. *Ist* λ *eine Wurzel von* $P(\lambda) = 0$ *und gilt für* η *die Gleichung*

$$\frac{(\eta + \omega - 1)^2}{\eta} = \omega^2 \lambda^2 \qquad (\omega \neq 0),$$

dann ist η *Wurzel von* $Q(\eta) = 0$.

Ist umgekehrt η *Lösung von* $Q(\eta) = 0$ *und genügt* λ *der Gleichung*

$$\frac{(\eta + \omega - 1)^2}{\eta} = \omega^2 \lambda^2,$$

dann ist λ *Wurzel von* $P(\lambda) = 0$.

Besitzt eine Matrix A *die „Eigenschaft* A“, *dann besteht zwischen den Nullstellen* λ_i *des Polynoms* $P(\lambda)$, *das zur Methode von Jacobi gehört, und den Eigenwerten* $\eta_i^{(\omega)}$ *der Matrix* $\mathcal{L}_\omega$, *die zur Überrelaxation gehört, die Beziehung*

$$\frac{(\eta + \omega - 1)^2}{\eta} = \omega^2 \lambda^2. \tag{9}$$

Bemerkung. Für einen großen Teil der Anwendungen bedeutet die Aussage, eine Matrix A besitzt die „Eigenschaft A“, daß die Matrix A auf 2-dreidiagonale Gestalt gebracht werden kann (vgl. 7.6.1.). In dieser Gestalt und unter der Voraussetzung, daß E_1' und F_1' nichtnegativ sind, sieht man, daß $A' - D$ eine 2-zyklische Matrix ist.

Wie Varga bewiesen hat, besteht auch in diesem Fall (allgemein für k-zyklische Matrizen) eine zu (9) analoge Beziehung.

7.6.3. *Problemstellung*

Das grundlegende Problem besteht in folgendem: Wie muß ω bei bekannten Eigenwerten λ_i gewählt werden, damit $\max_i |\eta_i^{(\omega)}| = \varrho(\mathcal{L}_\omega)$ minimal wird?

Die Zahlen η sind Wurzeln von

$$\eta - \omega \lambda_i \eta^{1/2} + \omega - 1 = 0. \tag{1}$$

Wir nehmen an, die Eigenwerte λ_i seien reell. Das ist der Fall, wenn A symmetrisch und D positiv definit ist; denn dann besitzt

$$P(\lambda) = \text{Det}\,[\lambda D - E - F]$$

dieselben Wurzeln wie

$$\text{Det}\,[\lambda I - \underbrace{D^{1/2}(E + F) D^{1/2}}_{\text{symmetrisch}}] = 0.$$

Aus der Relation (1) folgt

$$\eta^{1/2} = \frac{\omega \lambda_i \pm \sqrt{\omega^2 \lambda_i^2 - 4(\omega - 1)}}{2}. \tag{2}$$

Da mit λ_i auch $-\lambda_i$ Nullstelle von $P(\lambda)$ ist, können wir uns auf $\lambda_i > 0$ beschränken. Für $|\lambda_i| < 1$, λ_i fest, sei

$$\eta^{1/2} = \frac{\omega\lambda_i}{2} + \frac{1}{2}\sqrt{\omega^2\lambda_i^2 - 4(\omega - 1)}, \qquad \frac{d}{d\omega}(\eta^{1/2}) = -\frac{1}{2}\,\frac{1 - \lambda_i\eta^{1/2}}{\eta^{1/2} - \omega\lambda_i/2}.$$

Für $\omega = 1$ (ω wachsend) nimmt $\eta^{1/2}$ solange ab, bis $\eta^{1/2} > \omega\lambda_i/2$ ist (was für $\omega = 1$ gilt), d. h., bis $\omega^2\lambda_i^2 - 4(\omega - 1)$ positiv bleibt. Wegen $\lambda_i < 1$ existiert ein $\omega_i < 2$, so daß

$$\omega_i^2\lambda_i^2 - 4(\omega_i - 1) = 0$$

ist; für den Wert $\omega_i = \frac{2}{\lambda_i^2}\left(1 - \sqrt{1 - \lambda_i^2}\right)$ wird also das Minimum angenommen.

Zusammenfassung.

Gilt für das Iterationsverfahren von JACOBI $\lambda_1^2 = \max_i |\lambda_i^2|$, $|\lambda_1| = \varrho(B)$, sind alle Eigenwerte λ_i reell und ist $\varrho(B) < 1$, dann ist der optimale Wert von A (das die „Eigenschaft A" besitzt)

$$\omega_{\text{opt}} = \frac{2}{1 + \sqrt{1 - \lambda_1^2}},$$

und es ist

$$\varrho(\mathcal{L}_{\omega_{\text{opt}}}) = \omega_{\text{opt}} - 1 = \frac{1 - \sqrt{1 - \lambda_1^2}}{1 + \sqrt{1 - \lambda_1^2}}.$$

7.7. Die Polynommethode. Das Verfahren von Peaceman-Rachford

7.7.1. *Die Polynommethode*

Zur Lösung des Systems $(I - M)X = g$ betrachten wir die lineare Iteration $X^{(i+1)} = MX^{(i)} + g$; dabei bezeichnet M eine feste Matrix, $\varrho(M) < 1$. Es sei

$$E_m = X^{(m)} - \Omega,$$

wobei Ω die Lösung und E_m ein Fehlervektor ist. Es ist

$$E_m = M^m E_0.$$

Wir setzen

$$y^m = \nu_0(m)X^0 + \nu_1(m)X^1 + \cdots + \nu_m(m)X^m, \tag{1}$$

d. h., wir definieren y^m als eine Linearkombination von $m + 1$ Iterierten, wobei etwa

$$\nu_j(m) = \frac{1}{m + 1}$$

ist. Die Koeffizienten $\nu_j(m)$ wählen wir derart, daß y^m so schnell wie möglich (in einem gewissen Sinne) gegen Ω strebt.

Ist $X^0 = \Omega$, dann ist offenbar $y^m = \Omega$ für alle m; wir finden somit

$$\sum_{j=0}^{m} \nu_j(m) = 1 \qquad \text{für beliebiges } m > 0. \tag{2}$$

Ist andererseits $E_m^* = y^m - \Omega$, dann ergibt sich

$$E_m^* = \sum_{j=0}^{m} \nu_j(m) E_j$$

(nach Subtraktion von Ω in (1)); unter Berücksichtigung von (2) erhalten wir

$$E_m^* = \left(\sum_{j=0}^{m} \nu_j(m) M^j\right) E_0 .$$

Wir setzen

$$P_m(u) = \sum_{j=0}^{m} \nu_j(m) u^j, \qquad E_m^* = P_m(M) E_0 .$$

Wenn die Iteration für gegebenes m darin besteht, von E_0 ausgehend zu E_m^* zu gelangen, dann ist offenbar der Spektralradius $\varrho\big(P_m(M)\big)$ so klein wie möglich zu halten. Nun ist allgemein bekannt, daß die Eigenwerte λ von M in einem Intervall $[\alpha, \beta]$ liegen und daß die Eigenwerte von $P_m(M)$ durch $P_m(\lambda)$ gegeben sind, $\alpha \leqq \lambda \leqq \beta$. Für gegebenes m das beste P_m zu bestimmen führt daher auf folgendes Problem:

Für welches Polynom $P_m(u)$ ist

$$\text{(I)} \begin{cases} 1.\ P_m(1) = 1; \\ 2.\ \max\limits_{\alpha \leqq u \leqq \beta} P_m(u) \quad \text{minimal?} \end{cases}$$

Wie man zeigen kann, besitzt das Problem (I) die folgende Lösung:

Bezeichnet $T_k(x) = \cos k \arccos x$ das k-te Tschebyscheff-Polynom, dann ist

$$P_m(u) = Q_m(u-1) \quad \text{für} \quad Q_m(u) = \frac{T_m\left(\dfrac{\beta + \alpha - 2u}{\beta - \alpha}\right)}{T_m\left(\dfrac{\beta + \alpha}{\beta - \alpha}\right)} .$$

Wir setzen

$$y_0 = \frac{\beta + \alpha}{\beta - \alpha}$$

und finden damit

$$\max_{\alpha \leqq u \leqq \beta} |P_m(u)| = 2\left(y_0 - \sqrt{y_0^2 - 1}\right)^m .$$

7.7.2. *Das Überrelaxationsverfahren von Peaceman-Rachford*

Wir betrachten das lineare Gleichungssystem

$$Ax = b \tag{1}$$

und schreiben die Matrix A in der Form

$$A = H + V;$$

dabei sind H und V zwei Matrizen, die im folgenden eingehender behandelt werden.

Die Iterationsvorschrift laute

$$x^{(m)} \to x^{(m+1/2)} \to x^{(m+1)},$$

und es sei

$$x^{(m+1/2)} = x^{(m)} - r(Hx^{(m+1/2)} + Vx^{(m)} - b),$$

wobei r einen Parameter bezeichnet, und es sei

$$x^{(m+1)} = x^{(m+1/2)} - r(Hx^{(m+1/2)} + x^{(m+1)} - b).$$

Dafür schreiben wir auch

$$(I + rH)x^{(m+1/2)} = (I - rV)x^{(m)} + rb,$$
$$(I + rV)x^{(m+1)} = (I - rH)x^{(m+1/2)} + rb;$$

setzen wir die Matrizen $(I + rH)$, $(I + rV)$ als nichtsingulär voraus und eliminieren $x^{(m+1/2)}$, dann ergibt sich

$$x^{(m+1)} = T_r x^{(m)} + C \tag{2}$$

mit

$$T_r = (I + rV)^{-1}(I - rH)(I + rH)^{-1}(I - rV),$$
$$C = r(I + rV)^{-1}\big(I + (I - rH)(I + rH)^{-1}\big)b$$
$$= 2r(I + rV)^{-1}(I + rH)^{-1}b.$$

Bezeichnet Ω die exakte Lösung von (1) oder (2), dann ist

$$\Omega = T_r\Omega + C. \tag{3}$$

Wir erhalten damit

$$x^{(m+1)} - \Omega = T_r(x^{(m)} - \Omega).$$

Der Grundgedanke des Verfahrens besteht darin, für r eine Menge von k Werten anzugeben, etwa $r_1, r_2, \ldots, r_k$, und ausgehend von $x^{(m)}$ die Größen $x^{(m+1)}, x^{(m+2)}, \ldots, x^{(m+k)}$ so zu wählen, daß

$$x^{(m+1)} - \Omega = T_{r_1}(x^{(m)} - \Omega),$$
$$x^{(m+2)} - \Omega = T_{r_2}(x^{(m+1)} - \Omega),$$
$$\cdots\cdots\cdots\cdots\cdots$$
$$x^{(m+k)} - \Omega = T_{r_k}(x^{(m+k-1)} - \Omega)$$

ist. Wenn man diese k Schritte als einen ansieht, indem man

$$x_{(m+1)} = x^{(m+k)} \quad \text{und} \quad x_{(m)} = x^{(m)}$$

setzt, dann erhält man

$$x_{(m+1)} - \Omega = \mathscr{C}\,(x_m - \Omega)$$

mit

$$\mathscr{C} = T_{r_k} T_{r_{k-1}} T_{r_{k-2}} \cdots T_{r_1}.$$

Wie wir wissen, konvergiert die Iteration $x_{(m)} \to x_{(m+1)}$, wenn alle Eigenwerte von $\mathscr{C}$ ihrem Betrag nach kleiner als Eins sind, und sie konvergiert um so schneller, je kleiner das Maximum ihres absoluten Betrages ist.

Die Untersuchung dieser Art von Verfahren zerfällt daher in zwei Teile: der eine dient der Bestimmung der Matrizen A, so daß eine Zerlegung $A = H + V$ eine einfache Berechnung der Eigenwerte von $\mathscr{C}$ ermöglicht, der andere hat zum Ziel, diese Eigenwerte betragsmäßig durch geeignete Wahl der r_i (der Überrelaxationsparameter) zu minimieren.

In ihren Arbeiten haben Young und Varga gezeigt, daß der erste Teil leicht zu lösen ist, wenn die Matrix A das Ergebnis einer Anwendung der endlichen Differenzenmethode auf ein lineares partielles Differentialgleichungsproblem bzw. ein solches von zweiter Ordnung ist, oder allgemeiner, wenn A die „Eigenschaft A" besitzt bzw. p-zyklisch ist. Ein Spezialfall, der in der Praxis leider selten vorkommt, liegt vor, wenn H und V linear unabhängige Eigenvektoren gemeinsam haben. Es sei v ein solcher Vektor, dem für H und V die Eigenwerte μ und ν entsprechen mögen. Da dann (beispielsweise)

$$(I - rV)v = (1 - r\nu)v$$

ist, gilt auch

$$T_{r_i} v = \frac{(1 - r_i\mu)(1 - r_i\nu)}{(1 + r_i\mu)(1 + r_i\nu)}\, v$$

und schließlich

$$\mathscr{C} v = \prod_{i=1}^{k} \frac{(1 - r_i\mu)(1 - r_i\nu)}{(1 + r_i\mu)(1 + r_i\nu)}\, v.$$

Die Eigenwerte von $\mathscr{C}$ sind also die Zahlen

$$\lambda = \prod_{i=1}^{k} \frac{(1 - r_i\mu)(1 - r_i\nu)}{(1 + r_i\mu)(1 + r_i\nu)},$$

wobei μ und ν die Paare von einander entsprechenden Eigenwerten für H und V durchlaufen (da sie zu denselben Eigenvektoren gehören).

In der Praxis kennt man μ und ν nicht, sondern nur ein Intervall, etwa (a, b), $0 < a < b$, in welchem $\dfrac{1}{\mu}$ und $\dfrac{1}{\nu}$ liegen.

In diesem Fall sind die absoluten Beträge dieser Zahlen offensichtlich für positive r_i kleiner als Eins.

Setzen wir

$$\Phi(x) = \prod_{i=1}^{k} \frac{x - r_i}{x + r_i},$$

dann ist

$$\lambda = \Phi\left(\frac{1}{\mu}\right) \Phi\left(\frac{1}{\nu}\right)$$

und

$$|\lambda| = \left|\Phi\left(\frac{1}{\mu}\right)\right| \cdot \left|\Phi\left(\frac{1}{\nu}\right)\right|;$$

damit erhalten wir

$$|\lambda| \leqq \left[\max_{x\in[a,b]} |\Phi(x)|\right]^2. \tag{4}$$

7.7.3. *Das Minimierungsproblem*

Im Vorhergehenden sind wir auf folgendes Problem gestoßen:

Gegeben seien eine ganze Zahl k, ein Intervall $[a, b]$, $0 < a < b$, sowie der absolute Betrag des Bruches

$$\Phi(x) = \prod_{i=1}^{k} \frac{x - r_i}{x + r_i},$$

wobei r_i positive Zahlen sind. Da $\Phi(x)$ auf der kompakten Menge $[a, b]$ stetig ist, nimmt diese Funktion dort ihr Maximum an:

$$M = \max_{x\in[a,b]} |\Phi(x)|.$$

Wie müssen die Zahlen r_i gewählt werden, damit dieses Maximum das kleinstmögliche ist? Man kann beweisen, daß ein solches k-Tupel von r_i existiert (vgl. 7.7.2.); dieses ist besonders einfach zu bilden, wenn k von der Form 2^m ist.

7.8. Approximation des Spektralradius einer Matrix über eine Norm

Es sei

$$S_{pp}(A) = \max_{x \neq 0} \left\{\frac{p(Ax)}{p(x)}\right\}$$

die Norm der Matrix $A \in \mathcal{M}_{(n,n)}(C)$, die sich aus der Vektornorm $p(x)$ auf C^n ableitet. Für einen Eigenwert λ und den zugehörigen Eigenvektor x_0 gilt

$$p(Ax_0) = p(\lambda x_0) = |\lambda|\, p(x_0),$$

d. h., es ist $|\lambda| \leqq S_{pp}(A)$ und folglich $\varrho(A) \leqq S_{pp}(A)$. Damit erhalten wir

Satz 1. *Für jede Norm S_{pp} gilt*

$$\varrho(A) \leqq S_{pp}(A), \qquad A \in \mathcal{M}_{(n,n)}(C).$$

Gegeben sei eine Matrix A; gibt es eine Norm p, so daß $S_{pp}(A) \leqq \varrho(A) + \varepsilon$ ist für beliebig kleines gegebenes $\varepsilon > 0$? Wie wir zeigen werden, ist das der Fall, und zwar auf eine Vielzahl von Arten. Dabei ist zu bemerken, daß p von A abhängt.

1. Wie wir wissen (Satz von JORDAN) existiert eine invertierbare Matrix B, so daß

$$B^{-1}AB = A'$$

mit

$$A' = \begin{bmatrix} J_1 & & & \\ & J_2 & & \\ & & \ddots & \\ & & & J_r \end{bmatrix}$$

ist, wobei J_k quadratische Blöcke der Form

$$J_k = \begin{bmatrix} \lambda_k & 1 & & & \\ & \lambda_k & \ddots & & \\ & & \ddots & \ddots & \\ & & & \lambda_k & 1 \\ & & & & \lambda_k \end{bmatrix}$$

sind und λ_k Eigenwerte von A bezeichnen. Es sei J_k eine Matrix vom Typ (p_k, p_k); wir bilden die Matrix

$$W_k(\varepsilon) = \begin{bmatrix} 1 & & & & \\ & \varepsilon & & & \\ & & \varepsilon^2 & & \\ & & & \ddots & \\ & & & & \varepsilon^{p_k-1} \end{bmatrix}$$

und mit Hilfe der $W_i(\varepsilon)$ die Diagonalmatrix

$$W(\varepsilon) = \begin{bmatrix} W_1(\varepsilon) & & & \\ & W_2(\varepsilon) & & \\ & & \ddots & \\ & & & W_r(\varepsilon) \end{bmatrix}.$$

Ohne Schwierigkeiten prüft man nach, daß

$$W^{-1}(\varepsilon) B^{-1} A B W(\varepsilon) = \begin{bmatrix} W_1^{-1}(\varepsilon) J_1 W_1(\varepsilon) & & \\ & \ddots & \\ & & W_r^{-1}(\varepsilon) J_r W_r(\varepsilon) \end{bmatrix}$$

ist; nun ist

$$W_k^{-1}(\varepsilon) J_k W_k(\varepsilon) = \begin{bmatrix} \lambda_k & \varepsilon & & & \\ & \lambda_k & \varepsilon & & \\ & & \lambda_k & \varepsilon & \\ & & & \ddots & \\ & & & \lambda_k & \varepsilon \\ & & & & \lambda_k \end{bmatrix} = \lambda_k I_k + \varepsilon U_k,$$

wobei wir die bekannten Bezeichnungen verwendet haben. Also erhalten wir

$$W^{-1}(\varepsilon) B^{-1} A B W(\varepsilon) = \begin{bmatrix} \ddots & & \\ & \lambda_k I_k + \varepsilon U_k & \\ & & \ddots \end{bmatrix} = Z.$$

2. Wir setzen $P = BW(\varepsilon)$; P ist nichtsingulär. In C^n betrachten wir die Abbildung

$$x \to \| P^{-1}(x) \| = p(x);$$

dabei bezeichnet $\| \, . \, \|$ die euklidische Norm in C^n. Offensichtlich ist $p(x)$ eine Norm. Wir bestimmen jetzt $S_{pp}(A)$; es ist

$$S_{pp}(A) = \max_x \left\{ \frac{p(Ax)}{p(x)} \right\},$$

also

$$S_{pp}^2(A) = \max_x \frac{\| P^{-1} A x \|^2}{\| P^{-1} x \|^2} = \max_y \left(\frac{\| P^{-1} A P y \|^2}{\| y \|^2} \right),$$

wenn $y = P^{-1} x$ ist. Damit finden wir[1])

$$S_{pp}^2(A) = \max_y \left\{ \frac{\| Z y \|^2}{\| y \|^2} \right\} = \max_y \left(\frac{y^* Z^* Z y}{y^* y} \right),$$

und dieser Wert ist gleich dem betragsgrößten Eigenwert der hermiteschen Matrix $Z^* Z$.

---

[1]) A^* bezeichnet die Adjungierte von A.

Nun ist

$$Z^*Z = \begin{bmatrix} \ddots & & \\ & \bar{\lambda}_k I_k + \varepsilon U_k^* & \\ & & \ddots \end{bmatrix} \cdot \begin{bmatrix} \ddots & & \\ & \lambda_k I_k + \varepsilon U_k & \\ & & \ddots \end{bmatrix}$$

$$= \begin{bmatrix} \ddots & & \\ & R_k & \\ & & \ddots \end{bmatrix},$$

wobei

$$R_k = |\lambda_k|^2 I_k + \lambda_k \varepsilon U_k^* + \bar{\lambda}_k \varepsilon U_k + \varepsilon^2 S_k$$

ist mit

$$S_k = \begin{bmatrix} 0 & & & & \\ & 1 & & & \\ & & 1 & & \\ & & & 1 \ddots & \\ & & & & 0 \end{bmatrix};$$

R_k hat also die Form

$$R_k = \begin{bmatrix} |\lambda_k|^2 & \bar{\lambda}_k \varepsilon & 0 & & \\ \lambda_k \varepsilon & |\lambda_k|^2 + \varepsilon^2 & \bar{\lambda}_k \varepsilon & & \\ 0 & \lambda_k \varepsilon & |\lambda_k|^2 + \varepsilon^2 & \bar{\lambda}_k \varepsilon & \\ & & \ddots & \ddots & \ddots \\ & & & \ddots & \ddots \end{bmatrix}.$$

Auf Grund des Satzes von HADAMARD (vgl. 5.2.3.1.) sind die Eigenwerte von R_k jedoch dem Betrag nach kleiner als $|\lambda_k|^2 + \varepsilon^2 + |\lambda_k|\,\varepsilon + |\bar{\lambda}_k|\,\varepsilon = (|\lambda_k| + \varepsilon)^2$, d. h., es ist

$$S_{pp}^2(A) \leqq \big(\varrho(A) + \varepsilon\big)^2 \quad \text{und} \quad S_{pp}(A) \leqq \varrho(A) + \varepsilon .$$

Hieraus ergibt sich der

Satz 1 (HOUSEHOLDER). *Zu jeder Matrix A und jedem $\varepsilon > 0$ existiert eine nichtsinguläre Matrix P^{-1}, so daß für die Norm $p(x) = \| P^{-1}(x) \|$*

$$\varrho(A) \leqq S_{pp}(A) \leqq \varrho(A) + \varepsilon$$

gilt.

Aus Satz 1 wollen wir einen wichtigen, von STEIN stammenden Satz ableiten.

Satz 2 (Stein). *Für eine Matrix* $B \in \mathcal{M}_{(n,n)}(C)$ *gilt* $\varrho(B) < 1$ *genau dann, wenn eine positiv-definite hermitesche Matrix* G *existiert, so daß* $G - B^*GB$ *ebenfalls eine positiv definite hermitesche Matrix ist.*

Beweis.

α) Es sei $\varrho(B) < 1$; es existiert ein ε, so daß $\varrho(B) < 1 - \varepsilon$ ist. Auf Grund von Satz 1 gibt es daher ein P, so daß $S_{pp}(B) < 1$, d. h., so daß der größte Eigenwert von $(P^{-1}BP)^*(P^{-1}BP)$ kleiner als Eins ist. Der größte Eigenwert von $P^*\big(B^*(P^{-1})^*P^{-1}B\big)P$ ist kleiner als Eins, da diese hermitesche Matrix semidefinit ist; $I - P^*\big(B^*(P^{-1})^*(P^{-1})B\big)P$ ist eine positiv definite hermitesche Matrix, und dasselbe gilt für $(P^{-1})^*P^{-1} - B^*(P^{-1})^*P^{-1}B$. Man braucht nur $(P^{-1})^*P^{-1} = G$ zu setzen, um zu sehen, daß $G - B^*GB$ eine positiv definite hermitesche Matrix ist.

β) Sind die Matrizen G und $G - B^*GB$ positiv definit, dann ist, wenn man G^{-1} in PP^* zerlegt (P nichtsingulär), die Matrix $(P^*)^{-1}P^{-1} - B^*(P^*)^{-1}P^{-1}B$ positiv definit, also auch die Matrix $I - P^*B^*(P^*)^{-1}P^{-1}BP$; die Eigenwerte von $(P^{-1}BP)^*(P^{-1}BP)$ sind also dem Betrag nach echt kleiner als Eins, d. h., es ist $S_{pp}(B) < 1$ und folglich $\varrho(B) < 1$, was zu beweisen war.

3. Anwendungen

α) Zu lösen sei das lineare System

$$Ax = b, \tag{1}$$

wobei $A = A_1 + A_2$ gesetzt werde und A_1 invertierbar sein soll. Wir betrachten den Iterationsprozeß

$$x_{n+1} = -A_1^{-1}A_2x_n + A_1^{-1}b.$$

Offensichtlich ist für $C = A_1^{-1}$

$$A^*A - (I - A^*C^*)A^*A(I - CA) = A^*(A_1^{-1})^*(A_1^*A_1 - A_2^*A_2)A_1^{-1}A$$

(denn wir haben $I - CA = I - A_1^{-1}(A_1 + A_2) = -A_1^{-1}A_2$). Wie man sieht, ist A^*A eine positiv definite hermitesche Matrix. Damit das Verfahren konvergiert, genügt es, daß $A_1^*A_1 - A_2^*A_2$ positiv definit ist.

β) Es sei $\{u_1, u_2, \ldots, u_p\}$ ein endliches System von unitären Vektoren, die ein Erzeugendensystem für C^n darstellen. Es sei ferner

$$M = (I - u_pu_p^*)(I - u_{p-1}u_{p-1}^*) \cdots (I - u_1u_1^*)$$

die Produktmatrix der Matrizen, die den orthogonalen Projektionen auf die durch den Ursprung gehenden Hyperebenen mit den Normalen $u_p, \ldots, u_1$ entsprechen. Wir wollen zeigen, daß $\varrho(M)$ kleiner als Eins ist. Dazu genügt es nachzuweisen, daß $I - M^*IM$ eine positiv definite Matrix ist (I ist positiv definit!).

Nun ist

$$x^*(I - M^*M)x = \|x\|^2 - \|Mx\|^2;$$

wir haben

$$\|x\|^2 \geqq \|x_1\|^2 \geqq \cdots \geqq \|x_p\|^2,$$

wenn

$$x_i = (I - u_i u_i^*) x_{i-1}, \qquad x_0 = x, \qquad x_p = Mx$$

ist. Will man erreichen, daß

$$\|x\|^2 - \|Mx\|^2 = 0$$

oder

$$\|x_p\| = \|x\|$$

ist, dann muß x wegen

$$x = x_1 = x_2 = \cdots = x_p$$

zu allen Hyperebenen gehören, die auf $u_1, u_2, \ldots, u_p$ senkrecht stehen, d. h., x ist zu u_i orthogonal (für alle i). Nun stellte $\{u_i\}$ $(i = 1, 2, \ldots, p)$ für C^n aber ein Erzeugendensystem dar, woraus $x = 0$ folgt. Die Gleichung $x^*(I - M^*M)x = 0$ impliziert also $x = 0$.

Will man das Gleichungssystem $Ax = b$ mit einer orthogonalen Projektionsmethode lösen und ist $\{z_i\}$ eine Folge von Vektoren aus C^n, dann kann man leicht den folgenden Satz ableiten:

Satz 3. *Wenn die Folge $A^* z_i$ periodisch ist und die Vektoren $A^* z_1, \ldots, A^* z_p$ für C^n ein Erzeugendensystem bilden, dann konvergiert die Iteration, bei der M_i die orthogonale Projektion von M_i auf $z_i^*(Ax - b) = 0$ zugeordnet wird, gegen die Lösung Ω des Systems $Ax = b$ (verallgemeinerte Methode von* Kaczmarz).

8. NUMERISCHE VERFAHREN ZUR BERECHNUNG VON EIGENWERTEN UND EIGENVEKTOREN

8.1. Methoden zur direkten Bestimmung der charakteristischen Gleichung

8.1.1. *Methoden, denen die Berechnung von* $\operatorname{Det}(A - \lambda I) = F(\lambda)$ *zugrunde liegt*

In 4.4. haben wir gezeigt, daß die Berechnung von $\operatorname{Det}(M)$ für eine gegebene Matrix M durch die Triangulation von M erleichtert wird.

Man kann nun versuchen, die charakteristische Gleichung $F(\lambda) = \operatorname{Det}(A - \lambda I)$ in folgender Weise zu berechnen:

Es werden $n+1$ verschiedene Werte $\lambda_0, \lambda_1, \ldots, \lambda_n$ von λ gewählt; davon ausgehend berechnet man

$$\operatorname{Det}(A - \lambda_i I) = F(\lambda_i) = y_i .$$

Offensichtlich stimmt das Lagrangesche Interpolationspolynom

$$\Phi(\lambda) = \sum_{i=0}^{n} y_i \frac{(\lambda - \lambda_1) \cdots (\lambda - \lambda_{i-1})(\lambda - \lambda_{i+1}) \cdots (\lambda - \lambda_n)}{(\lambda_i - \lambda_1) \cdots (\lambda_i - \lambda_{i-1})(\lambda_i - \lambda_{i+1}) \cdots (\lambda_i - \lambda_n)}$$

bis auf einen multiplikativen Koeffizienten mit $F(\lambda)$ überein. Außerdem kann man schreiben (Newtonsche Interpolationsformel):

$$\Phi(\lambda) = y_0 + (\lambda - \lambda_0)\, \Delta_1(\lambda_0, \lambda_1) + (\lambda - \lambda_0)(\lambda - \lambda_1) \Delta_2(\lambda_0, \lambda_1, \lambda_2) + \cdots + \left[\prod_{k=0}^{n-1} (\lambda - \lambda_k)\right] \Delta_n(\lambda_0, \lambda_1, \ldots, \lambda_n),$$

wobei die „dividierten Differenzen" oder „Steigungen" Δ_r definiert sind durch

$$\Delta_1(\lambda_0, \lambda_1) = \frac{y_0 - y_1}{\lambda_0 - \lambda_1},$$

$$\Delta_r(\lambda_0, \lambda_1, \ldots, \lambda_r) = \frac{\Delta_{r-1}(\lambda_1, \lambda_2, \ldots, \lambda_r) - \Delta_{r-1}(\lambda_0, \lambda_1, \ldots, \lambda_{r-1})}{\lambda_r - \lambda_0}.$$

Dieses Schema für die Berechnung von $\operatorname{Det}(A - \lambda I)$ kann man anwenden, um $F(\lambda) = 0$ entweder durch Eingabeln oder unter Verwendung des Sekantenverfahrens zu lösen. Allerdings ist die Anwendung dieser beiden Verfahren nur dann sinnvoll, wenn die gesuchte (reelle) Wurzel von $F(\lambda) = 0$ bereits hinreichend lokalisiert ist.

Wünscht man eine sehr hohe Genauigkeit, dann empfiehlt es sich, die durch ein anderes Verfahren erhaltene Näherung für einen Eigenwert durch eins der beiden Verfahren zu verbessern.

8.1.2. *Direkte Anwendung des Satzes von Cayley-Hamilton (Krylow, Frazer, Duncan, Collar)*

Wir setzen

$$F(\lambda) = (-1)^n \left[\lambda^n - \sum_{k=0}^{n-1} \alpha_k \lambda^k\right].$$

Nach dem Satz von Cayley-Hamilton (vgl. 6.8.4.) ist $F(A) = 0$; also gilt

$$A^n = \sum_{k=0}^{n-1} \alpha_k A^k.$$

Für einen beliebigen Vektor Y erhalten wir

$$A^n Y = \sum_{k=0}^{n-1} \alpha_k A^k Y. \tag{1}$$

Wir bilden die Matrix B mit den Spalten $A^0 Y, A^1 Y, \dots, A_{n-1} Y$:

$$B = [Y, A Y, A^2 Y, \dots, A^{n-1} Y],$$

und es sei $X \in R^n$ der Vektor mit den Komponenten $\alpha_0, \alpha_1, \dots, \alpha_{n-1}$. Für (1) können wir dann

$$A^n Y = BX \tag{2}$$

schreiben. Wenn der Vektor Y so gewählt wurde, daß B nichtsingulär ist, dann erhält man aus (2) die Gleichung $X = B^{-1} A^n Y$; diese Gleichung liefert die gesuchten Koeffizienten α_i. Eine dazu äquivalente Aussage ist: Die Vektoren Y, $A Y, \dots, A^{n-1} Y$ sind linear unabhängig.

Wenn das Minimalpolynom von A nicht den Grad n besitzt, dann sind diese Vektoren immer linear abhängig; in diesem Fall ist das vorliegende Verfahren daher nicht anwendbar.

Ist der Grad des Minimalpolynoms n, d. h., stimmt das Minimalpolynom (bis auf den Faktor $(-1)^n$) mit dem charakteristischen Polynom überein, das von der Form $(u - \alpha_1)^{s_1} (u - \alpha_2)^{s_2} \cdots (u - \alpha_p)^{s_p}$ ist, dann ist $s_1 + s_2 + \cdots + s_p = n$, und wir erhalten als Jordansche Normalform von A

$$V = \begin{bmatrix} \left.\begin{matrix} \alpha_1 & 1 & & \\ & \alpha_1 & \ddots & \\ & & \ddots & 1 \\ & & & \alpha_1 \end{matrix}\right\} s_1 & & \\ & \ddots & \\ & & s_p \left\{\begin{matrix} \alpha_p & 1 & & \\ & \alpha_p & \ddots & \\ & & \ddots & 1 \\ & & & \alpha_p \end{matrix}\right. \end{bmatrix}.$$

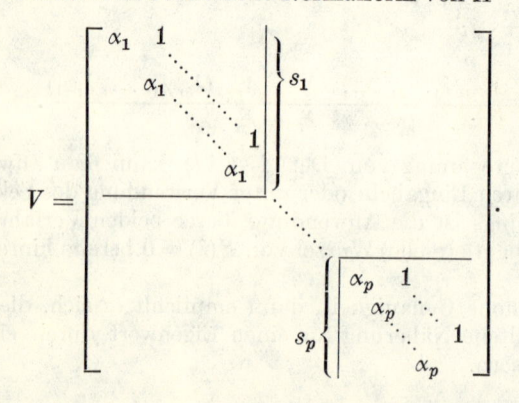

Der Raum R^n (oder C^n) ist somit in die invarianten Unterräume $L_1, L_2, \ldots, L_p$ zerlegt, die den angegebenen Blöcken entsprechen.

Die Matrix

$$B = [Y, AY, \ldots, A^{n-1}Y]$$

ist für einen Vektor Y genau dann invertierbar, wenn Y folgendermaßen zerlegt werden kann:

$$Y = u_1 + u_2 + \cdots + u_p \qquad (u_i \in L_i);$$

bei dieser Darstellung handelt es sich um eine direkte Summe der L_i. Damit jedes Polynom f mit $f(V)\,Y = 0$ mindestens den Grad n besitzt, ist notwendig und hinreichend, daß

$$f(V)\,u_i = 0 \qquad \text{für alle } i \ (i = 1, 2, \ldots, p)$$

gilt.

Nun ist aber $f(V)\,u_i \in L_i$, und wie man leicht sieht, sind die Vektoren Y, $AY, \ldots, A^{n-1}Y$ genau dann linear unabhängig, wenn die Vektoren $u_i, Vu_i, \ldots, V^{s_i-1}u_i$ für alle i diese Eigenschaft besitzen.

Sind $\xi_1, \xi_2, \ldots, \xi_{s_i}$ die Komponenten von u_i bezüglich der Basis von L_i und wird die Einschränkung von A dargestellt durch

$$\begin{bmatrix} \alpha_i & 1 & & & \\ & \alpha_i & 1 & & \\ & & \ddots & \ddots & \\ & & & & 1 \\ & & & & \alpha_i \end{bmatrix},$$

so erkennt man, daß die gesuchte notwendige und hinreichende Bedingung folgendermaßen lautet:

Es seien

$$Vu_i = \begin{bmatrix} \alpha_i\xi_1 + \xi_2 \\ \alpha_i\xi_2 + \xi_3 \\ \vdots \\ \alpha_i\xi_{s_i} \end{bmatrix}, \quad V^2u_i = \begin{bmatrix} \alpha_i^2\xi_1 + 2\alpha_i\xi_2 + \xi_3 \\ \alpha_i^2\xi_2 + 2\alpha_i\xi_3 + \xi_4 \\ \vdots \\ \alpha_i^2\xi_{s_i} \end{bmatrix}, \ldots;$$

wegen $(\alpha_i I + H)^r = \alpha_i^r I + \binom{r}{1}\alpha_i^{r-1}H + \binom{r}{2}\alpha^{r-2}H^2 + \cdots$ (wobei H die Matrix

$$\begin{bmatrix} 0 & 1 & 0 & & & \\ 0 & 0 & 1 & & 0 & \\ 0 & 0 & 0 & 1 & & \\ & & & \ddots & \ddots & \\ & & & & & 1 \\ & 0 & & & & 0 \end{bmatrix}$$

bezeichnet) und $H^{s_i} = 0$ folgt unmittelbar

$$\operatorname{Det}(V^{s_i-1}u_i, V^{s_i-2}u_i, \ldots, Vu_i, u_i) = \operatorname{Det}\begin{bmatrix} \xi_{s_i} & \xi_{s_i-1} & \cdots & \xi_1 \\ & \xi_{s_i} & & \xi_2 \\ & & \ddots & \vdots \\ 0 & & & \xi_{s_i} \end{bmatrix}.$$

Die Vektoren $u_i, Vu_i, \ldots, V^{s_i-1}u_i$ sind also genau dann linear unabhängig, wenn $\xi_{s_i} \neq 0$ für alle i gilt.

Für den Fall $s_1 = s_2 = \cdots = s_p = 1$ geht diese Aussage über in die folgende: Bezüglich der Eigenvektoren von A müssen alle Komponenten des Vektors Y von Null verschieden sein.

Bemerkung. Wie wir in 8.3.3.2. sehen werden, strebt A^kY für $k \to \infty$ in den einfachsten Fällen gegen die Richtung des Eigenvektors, der dem betragsgrößten Eigenwert von A entspricht. Die Spalten von B werden somit nach und nach „parallel". Es ist daher nicht damit zu rechnen, daß die Lösung des linearen Systems $BX = A^nY$ Schwierigkeiten bereiten würde. Frazer, Duncan und Collar haben praktisch gangbare Wege zur Lösung dieses Systems angegeben.

8.1.3. *Die Methode von Leverrier*

Gegeben sei ein Polynom

$$f(x) = a_0x^n + a_1x^{n-1} + \cdots + a_{n-1}x + a_n \quad \text{mit} \quad a_0 \neq 0.$$

Bezeichnen wir mit $x_1, x_2, \ldots, x_n$ die n Wurzeln von $f(x) = 0$ und mit σ_i die symmetrischen Grundfunktionen

$$\sigma_1 = x_1 + x_2 + \cdots + x_n, \quad \sigma_2 = x_1x_2 + x_1x_3 + \cdots, \quad \ldots, \quad \sigma_n = x_1x_2x_3\cdots x_n,$$

$$\sigma_k = (-1)^k \frac{a_k}{a_0} \qquad (k = 1, 2, \ldots, n),$$

ferner mit

$$S_1 = x_1 + x_2 + \cdots + x_n, \ldots, S_k = x_1^k + x_2^k + \cdots + x_n^k, \ldots$$

die Summen gleicher Potenzen (Potenzsummen) der Wurzeln von $f(x) = 0$, dann bestehen die folgenden (Newtonschen) Relationen:

$$\begin{aligned} &a_1 + a_0S_1 = 0, \\ &a_2 + a_1S_1 + a_0S_2 = 0, \\ &\ldots\ldots\ldots\ldots\ldots\ldots \\ &a_k + a_{k-1}S_1 + a_{k-2}S_2 + \cdots + a_0S_k = 0, \\ &\ldots\ldots\ldots\ldots\ldots\ldots \\ &a_n + a_{n-1}S_1 + a_{n-2}S_2 + \cdots + a_0S_n = 0. \end{aligned}$$

Wir können daher schreiben:

$$\frac{a_k}{a_0} = -\frac{1}{k}\left[\frac{a_{k-1}}{a_0} S_1 + \frac{a_{k-2}}{a_0} S_2 + \cdots + \frac{a_1}{a_0} S_{k-1} + S_k\right] \quad (k = 1, 2, \ldots, n). \tag{1}$$

Lassen sich für eine charakteristische Gleichung

$$F(\lambda) = \operatorname{Det}(A - \lambda I) = \begin{bmatrix} a_{11} - \lambda & a_{12} & \ldots a_{1n} \\ a_{21} & a_{22} - \lambda & \ldots a_{2n} \\ \vdots & & \vdots \\ a_{n1} & a_{n2} & \ldots a_{nn} - \lambda \end{bmatrix}$$

die Summen

$$S_1 = \lambda_1 + \lambda_2 + \cdots + \lambda_n, \quad \ldots, \quad S_k = \lambda_1^k + \lambda_2^k + \cdots + \lambda_n^k$$

einfach berechnen, dann leitet man daraus über (1) die Koeffizienten des Polynoms $F(\lambda)$ her (a_0 wird etwa gleich $(-1)^n$ gewählt).

Nun ist klar, daß auf Grund der eigentlichen Form von $F(\lambda)$ (dargestellt als Determinante)

$$F(\lambda) = (-1)^n[\lambda^n - (a_{11} + a_{22} + a_{33} + \cdots + a_{nn})\lambda^{n-1} - \cdots]$$

ist. Also ist

$$S_1 = \lambda_1 + \lambda_2 + \cdots + \lambda_n = a_{11} + a_{22} + \cdots + a_{nn},$$

d. h., S_1 ist gleich der Spur der Matrix A.

Sind $\lambda_1, \lambda_2, \ldots, \lambda_n$ die Eigenwerte der Matrix A, dann erhalten wir als

Eigenwerte von A^2:	$\lambda_1^2, \lambda_2^2, \ldots, \lambda_n^2$,
. . . .	. . . . . .
Eigenwerte von A^k:	$\lambda_1^k, \lambda_2^k, \ldots, \lambda_n^k$.

(Um das einzusehen genügt es, etwa den Satz von Schur heranzuziehen (vgl. 7.1.1.): Ist $A = U^* T U$, wobei U eine unitäre Matrix bezeichnet, und T eine obere Dreiecksmatrix mit den Eigenwerten von A als Diagonalelemente, dann ist $A^k = U^* T^k U$, und die Diagonalelemente von T^k sind die Eigenwerte von A^k; dabei handelt es sich aber gerade um die k-ten Potenzen der Diagonalelemente von T.)

Es gilt also

$$S_k = \operatorname{Spur}(A^k).$$

Die Berechnung der Werte a_k/a_0 erfolgt nach Formel (1), wobei mit $-S_1 = a_1/a_0$ begonnen wird.

Wir geben jetzt eine dieser Methode entsprechende ALGOL-Prozedur an:

```
   'PROCEDURE' LEVERRIER (C,N,A) ;
  'VALUE' N ; 'REAL''ARRAY' A,C ;
  'INTEGER' N ;
  'BEGIN''REAL''ARRAY' T[1:N] ;
    'PROCEDURE' SPUR (A,T,N,P) ; 'VALUE' N,P ;
    'REAL''ARRAY' A,T ; 'INTEGER' N,P ;
      'BEGIN''REAL' S ; 'INTEGER' I,J ;
        'REAL''ARRAY' B[1:N,1:N] ;
        'INTEGER' K ;
        'REAL''PROCEDURE' EINHEIT ;
          'BEGIN''INTEGER' R ; S := 0 ;
            'FOR' R := 1 'STEP' 1 'UNTIL' N 'DO'
            S := S + B[R,R] ;
            EINHEIT := S
            'END' ;
        'PROCEDURE' PRODMATRI (A,B,N) ; 'VALUE' N ;
        'INTEGER' N ; 'REAL''ARRAY' A,B ;
          'BEGIN''INTEGER' I,J,K ; 'REAL' S ;
            'REAL''ARRAY' L[1:N] ;
            'FOR' I := 1 'STEP' 1 'UNTIL' N 'DO'
              'BEGIN''FOR' J := 1 'STEP' 1
                'UNTIL' N 'DO'
                  'BEGIN' S := 0.0 ;
                    'FOR' K := 1 'STEP' 1
                    'UNTIL' N 'DO'
                   S := S + B[I,K] * A[K,J] ;
                   L[J] := S
                  'END' ;
                'FOR' J := 1 'STEP' 1 'UNTIL' N 'DO
               B[I,J] := L[J]
              'END'
          'END' ;
        'FOR' I := 1 'STEP' 1 'UNTIL' N 'DO'
        'FOR' J := 1 'STEP' 1 'UNTIL' N 'DO'
        B[I,J] := A[I,J] ;
        'FOR' I := 1 'STEP' 1 'UNTIL'P-2 'DO'
          'BEGIN' T[I] := EINHEIT ;
            PRODMATRI (A,B,N)
          'END' ;
        T[P-1] := EINHEIT ; S := 0.0 ;
        'FOR' I := 1 'STEP' 1 'UNTIL' N 'DO'
        'FOR' K := 1 'STEP' 1 'UNTIL' N 'DO'
        S := S + A[I,K] * B[K,I] ;
        T[P] := S
      'END' SPUR ;
```

```
'PROCEDURE' BABARE (C,N,T) ;
'VALUE' N ; 'REAL''ARRAY' C,T ;
'INTEGER' N ;
  'BEGIN''INTEGER' I,Z ;
    'IF' 2 * ENTIER(N/2) = N 'THEN' Z := 1
    'ELSE' Z := -1 ;
    'FOR' I := 1 'STEP' 1  'UNTIL' N 'DO'
      'BEGIN''REAL' S ; 'INTEGER' L ;
        S := 0 ;
        'FOR' L := 1 'STEP' 1 'UNTIL' I-1 'DO'
        S := S + C[I-L] * T[L] ;
        C[I] := -(T[I] + S) * Z ;
      'END'
  'END' ;
 SPUR (A,T,N,N) ;
 BABARE (C,N,T) ;
'END' LEVERRIER ;
```

8.1.4. *Die Methode von Souriau (Methode von Faddejew-Frame)*

Bei diesem Verfahren handelt es sich um eine elegante Modifikation der Methode von LEVERRIER. Man setzt

$$A = A_1, \quad P_1 = \text{Spur}\,(A_1), \quad B_1 = A_1 - P_1 I,$$

$$B_1 A = A_2, \quad P_2 = \frac{1}{2}\,\text{Spur}\,(A_2), \quad B_2 = A_2 - P_2 I,$$

$$B_2 A = A_3, \quad P_3 = \frac{1}{3}\,\text{Spur}\,(A_3), \quad B_3 = A_3 - P_3 I,$$

$$\cdots\cdots\cdots\cdots\cdots\cdots\cdots\cdots\cdots$$

$$B_{n-1} A = A_n, \quad P_n = \frac{1}{n}\,\text{Spur}\,(A_n), \quad B_n = A_n - P_n I.$$

Satz. *Es ist*

$$B_n = 0 \quad (A_n = P_n I, \quad B_{n-1} A = P_n I),$$

und

$$(-1)^n[\lambda^n - P_1\lambda^{n-1} - P_2\lambda^{n-2} - \cdots - P_n]$$

ist das charakteristische Polynom $F(\lambda)$ von A.

Beweis. Angenommen, die charakteristische Gleichung von A sei

$$F(\lambda) = \text{Det}\,(A - \lambda I) = (-1)^n[\lambda^n - a_1\lambda^{n-1} - a_2\lambda^{n-2} - \cdots - a_n].$$

Wie man sieht, ist $a_1 = \sum_i \lambda_i = \text{Spur}\,(A) = \text{Spur}\,(A_1) = P_1$.

Nehmen wir an, wir hätten gezeigt, daß $a_2 = P_2, \ldots, a_{k-1} = P_{k-1}$ ist; wir wollen jetzt beweisen, daß $a_k = P_k$ ist.

In der Tat ist $A_k = B_{k-1}A = (A_{k-1} - P_{k-1}I)A = A_{k-1}A - P_{k-1}A$. Ersetzen wir A_{k-1} durch $A_{k-2}A - P_{k-2}A$ usw., so finden wir

$$\begin{aligned} A_k &= A^k - P_1 A^{k-1} - P_2 A^{k-2} - \cdots - P_{k-1}A \\ &= A^k - a_1 A^{k-1} - a_2 A^{k-2} - \cdots - a_{k-1}A \quad \text{nach Voraussetzung.} \end{aligned}$$

Daraus ergibt sich die Newtonsche Relation

$$\begin{aligned} \operatorname{Spur}(A_k) &= \operatorname{Spur}(A^k) - a_1 \operatorname{Spur}(A^{k-1}) - \cdots - a_{k-1} \operatorname{Spur}(A) \\ &= S_k - a_1 S_{k-1} - \cdots - a_{k-1} S \\ &= k a_k, \end{aligned}$$

d. h., es gilt tatsächlich $P_k = a_k$.

Nach dem Satz von CAYLEY-HAMILTON ist $B_n = A^n - P_1 A^{n-1} - \cdots - P_n I = 0$, woraus

$$A_n - P_n I = 0, \qquad B_{n-1}A = A_n = P_n I$$

folgt; ist A nichtsingulär, dann gilt $\operatorname{Det}(A) = F(0) = (-1)^{n-1} P_n \neq 0$; es ist also $A^{-1} = (1/P_n) B_{n-1}$.

Das Verfahren liefert auch die zu A inverse Matrix.

8.1.5. *Die Methode von Samuelson*

Wir wollen das charakteristische Polynom einer Matrix A bestimmen, $A \in \mathcal{M}_{(n,n)}(R)$. Es sei $X(t)$ eine Spalte von Funktionen der Veränderlichen t,

$$X(t) = \begin{bmatrix} x_1(t) \\ x_2(t) \\ \vdots \\ x_n(t) \end{bmatrix}.$$

Gesucht ist die Lösung des Differentialgleichungssystems mit konstanten Koeffizienten

$$\frac{dX}{dt} = AX. \tag{I}$$

Wie wir wissen, ist die Lösung dieses Systems (vgl. 6.9.5.)

$$X = e^{tA} X_0.$$

Wir fassen das Symbol d/dt für die Ableitung als Zeichen für eine Unbestimmte u auf; das Produkt uX bedeutet dann die Ableitung von X. Damit wird

$$uuX = AuX = A^2X \quad \text{oder} \quad u^{(2)}X = A^2X.$$

Ebenso zeigt man

$$u^{(k)} X = A^k X,$$

so daß man für ein beliebiges Polynom $f(u)$

$$f(u) X = f(A) X \tag{1}$$

schreiben kann. In dieser Formel wird $f(u)$ als der Operator $f(d/dt)$ genommen. Hieraus folgt, daß für jedes Polynom f, welches ein Vielfaches des Minimalpolynoms von A ist,

$$f(u) X = 0 \quad \text{oder} \quad f\left(\frac{d}{dt}\right) x_i(t) = 0 \qquad (i = 1, 2, \ldots, n)$$

gilt.

Wir wollen annehmen, der Grad des Minimalpolynoms von A sei n. Läßt sich dann ein Polynom f von n-tem Grade angegeben, so daß

$$f\left(\frac{d}{dt}\right) x_i(t) = 0 \qquad (i = 1, 2, \ldots, n) \tag{2}$$

ist (für alle t), dann ist dieses Polynom bis auf einen konstanten Faktor mit dem charakteristischen Polynom identisch; denn aus (2) folgt (für alle t)

$$0 = f\left(\frac{d}{dt}\right) X = f(A) X,$$

und notwendigerweise existiert eine Menge von Werten der Variablen t, etwa $(t_1, t_2, \ldots, t_n)$, für die $X(t_1), X(t_2), \ldots, X(t_n)$ auf Grund der allgemeinen Lösungsformel linear unabhängig sind.

Folglich ergibt sich aus $f(A) X = 0$ auch

$$f(A) = 0.$$

Das Verfahren besteht in diesem Fall darin zu versuchen, eine Gleichung (n-ter Ordnung) zu bilden, die von einer der unbekannten Funktionen (beispielsweise $x_k(t)$) erfüllt wird. Wir setzen

$$X^{(0)} = X, \quad X^{(1)} = \frac{dX}{dt}, \quad X^{(2)} = \frac{d^2 X}{dt^2}, \quad \ldots, \quad X^{(n)} = \frac{d^n X}{dt^n};$$

dann ist

$$\begin{aligned} X^{(1)} &= A X^{(0)}, \\ X^{(2)} &= A X^{(1)}, \\ &\cdots\cdots \\ X^{(n)} &= A X^{(n-1)}. \end{aligned}$$

Es bezeichne Y die Spalte, die sich bei der folgenden Anordnung von $X^{(0)}$ $X^{(1)}, \ldots, X^{(n)}$ ergibt:

$$Y^{\mathsf{T}} = \{x_1(t), x_1'(t), \ldots, x_1^{(n)}(t), x_2(t), x_2'(t), \ldots, x_2^{(n)}(t), \ldots, x_n(t), x_n'(t), \ldots, x_n^{(n)}(t)\}.$$

Die Beziehungen (I) können dann in Matrizenschreibweise ausgedrückt werden:

$$
\begin{array}{r}
n\left\{\begin{array}{c}\\ \\ \\ \\ \end{array}\right. \\
\\ \\ \\ \\ \\ \\ \\ \\
n\left\{\begin{array}{c}\\ \\ \\ \\ \end{array}\right.
\end{array}
\left[\begin{array}{ccccc|cccc|c|cccc}
\multicolumn{5}{c|}{\overbrace{\qquad\qquad\qquad}^{n+1}} & \multicolumn{4}{c|}{\overbrace{\qquad\qquad\qquad}^{n+1}} & & & & & \\
a_{11} & -1 & 0 & 0\ldots & & a_{12} & 0 & 0\ldots & & \cdots & a_{1n} & 0 & 0\ldots & \\
a_{21} & 0 & 0 & 0\ldots & & a_{22} & -1 & 0\ldots & & \cdots & a_{2n} & 0 & 0\ldots & \\
\vdots & \vdots & \vdots & \vdots & & \vdots & \vdots & \vdots & & & \vdots & \vdots & \vdots & \\
a_{n1} & 0 & 0 & 0\ldots & & a_{n2} & 0 & 0\ldots & & \cdots & a_{nn} & -1 & 0\ldots & \\
\hline
0 & a_{11} & -1 & 0\ldots & 0 & a_{12} & 0 & 0\ldots & & \cdots & 0 & a_{1n} & 0\ldots & \\
0 & a_{21} & 0 & 0\ldots & 0 & a_{22} & -1 & 0\ldots & & \cdots & 0 & a_{2n} & 0\ldots & \\
\vdots & \vdots & \vdots & \vdots & \vdots & \vdots & \vdots & \vdots & & & \vdots & \vdots & \vdots & \\
0 & a_{n1} & 0 & 0\ldots & 0 & a_{n2} & 0 & 0\ldots & & \cdots & 0 & a_{nn} & -1\ldots & \\
\hline
 & & & & & & & & & & & & & \\
\multicolumn{10}{c}{\underbrace{\qquad\qquad\qquad\qquad\qquad\qquad\qquad\qquad\qquad}_{B}} & \multicolumn{4}{c}{\underbrace{\qquad\qquad\qquad}_{C}} \\
\hline
0 & \ldots & 0 & a_{11} & -1 & & & & & \cdots & 0 & 0\ldots a_{1n} & & 0 \\
0 & \ldots & 0 & a_{21} & 0 & & & & & \cdots & 0 & 0\ldots a_{2n} & & 0 \\
\vdots & & \vdots & \vdots & \vdots & & & & & & \vdots & \vdots\quad\vdots & & \vdots \\
0 & \ldots & 0 & a_{n1} & 1 & & & & & \cdots & 0 & 0\ldots a_{nn} & & -1
\end{array}\right]
\underset{\substack{\uparrow\\ D}}{}
Y = 0 .
$$

Diese Matrix ist vom Typ $(n^2, n(n+1))$. Die Teilmatrix B aus den $n-1$ ersten Gruppierungen von $n+1$ Spalten ist vom Typ $(n^2, (n-1)(n+1)) = (n^2, n^2-1)$. Wie man sofort sieht, kann man durch Anwendung des Gaußschen Triangularisierungsalgorithmus erreichen, daß die Nullen in der Matrix B unterhalb der Hauptdiagonalen und am Schluß des Algorithmus in der letzten Zeile stehen. Unterwirft man die Spalten der n-ten Gruppierung C demselben Algorithmus, dann erhält man auf diese Weise offenbar in D die (bis auf einen Faktor bestimmten) Koeffizienten des gesuchten charakteristischen Polynoms. Es ist selbstverständlich, daß der Algorithmus unter Berücksichtigung der zahlreichen Nullen in der Matrix B geschrieben werden muß.

8.1.6. *Die Zerlegungsmethode*

Die Matrix A sei vom Typ (n, n); wir zerlegen sie in folgender Weise:

$$
A = A_n = \left[\begin{array}{c|c} A_{n-1} & a_{n-1} \\ \hline \tilde{a}_{n-1} & \alpha_{n-1} \end{array}\right].
$$

Dabei bezeichnet A_{n-1} eine Matrix vom Typ $(n-1, n-1)$, $\tilde{a}_{n-1}$ einen Zeilenvektor (eine Matrix vom Typ $(1, n-1)$), a_{n-1} einen Spaltenvektor (eine Matrix vom Typ $(n-1, 1)$ und α_{n-1} einen Skalar.

Bezeichnet I_n die Einheitsmatrix vom Typ (n, n), dann ist

$$A_n - \lambda I_n = \left[\begin{array}{c|c} A_{n-1} - \lambda I_{n-1} & a_{n-1} \\ \hline \tilde{a}_{n-1} & \alpha_{n-1} - \lambda \end{array}\right]$$

und

$$F_n(\lambda) = \operatorname{Det}(A_n - \lambda I_n)$$

das gesuchte charakteristische Polynom von A. Mit $B_n(\lambda)$ bezeichnen wir die Transponierte der Adjungierten von $A_n - \lambda I_n$ (vgl. 3.10.):

$$B_n(\lambda) = [(A_n - \lambda I_n)^*]^{\mathsf{T}}.$$

Es ist

$$F_n(\lambda) I_n = (A_n - \lambda I_n) B_n(\lambda). \tag{1}$$

Wir nehmen an, es sei

$$B_n(\lambda) = \left[\begin{array}{c|c} \Phi_{n-1}(\lambda) & f_{n-1}(\lambda) \\ \hline \tilde{f}_{n-1}(\lambda) & F_{n-1}(\lambda) \end{array}\right].$$

Offensichtlich stellt $F_{n-1}(\lambda)$ das charakteristische Polynom von A_{n-1} dar; die Matrizen $f_{n-1}(\lambda)$ bzw. $\tilde{f}_{n-1}(\lambda)$ sind Polynommatrizen in λ vom Typ $(n-1, 1)$ bzw. $(1, n-1)$; da der Grad der nichtdiagonalen Minoren von $A_n - \lambda I_n$ höchstens $n-2$ ist, sind $f_{n-1}(\lambda)$ und $\tilde{f}_{n-1}(\lambda)$ Polynome in λ, deren Grad höchstens gleich $n-2$ ist.

Unter Verwendung der letzten Spalte von (1) erhalten wir also

$$(A_n - \lambda I_n) \begin{bmatrix} f_{n-1}(\lambda) \\ F_{n-1}(\lambda) \end{bmatrix} = F_n(\lambda) e_n$$

oder

$$\left[\begin{array}{c|c} A_{n-1} - \lambda I_{n-1} & a_{n-1} \\ \hline \tilde{a}_{n-1} & \alpha_{n-1} - \lambda \end{array}\right] \cdot \left[\begin{array}{c} f_{n-1}(\lambda) \\ \hline F_{n-1}(\lambda) \end{array}\right] = \left[\begin{array}{c} 0 \\ \hline F_n(\lambda) \end{array}\right];$$

daraus folgt

$$A_{n-1} f_{n-1}(\lambda) - \lambda f_{n-1}(\lambda) + a_{n-1} F_{n-1}(\lambda) = 0 \in R^{n-1}, \tag{I}$$

$$\tilde{a}_{n-1} f_{n-1}(\lambda) + (\alpha_{n-1} - \lambda) F_{n-1}(\lambda) = F_n(\lambda). \tag{II}$$

Wir setzen

$$F_{n-1}(\lambda) = (-1)^{n-1} \lambda^{n-1} + \cdots + p_i^{(n-1)} \lambda^i + \cdots + p_0^{(n-1)}$$

als bekannt voraus (es gibt n Koeffizienten $p_i^{(n-1)}$, $i = 0, \ldots, n-1$). Da das

Polynom $f_{n-1}(\lambda)$ in der Form

$$f_{n-1}(\lambda) = \varphi_{n-2}\lambda^{n-2} + \varphi_{n-3}\lambda^{n-3} + \cdots + \varphi_0$$

geschrieben werden kann, wobei φ_j ($j = 0, 1, \ldots, n-2$) Vektoren aus R^{n-1} sind, ergibt sich bei einer Identifizierung der Potenzen von λ in (I)

$$\varphi_{n-2} = (-1)^{n-1} a_{n-1};$$

danach erhält man

$$\varphi_{i-1} = A_{n-1}\varphi_i + p_i^{(n-1)} a_{n-1} \quad \text{für} \quad i = n-2, \ldots, 1, 0.$$

Über diese Beziehungen gelangt man zu den Vektoren φ_i.

Es ist klar, daß damit aus (II)

$$F_n(\lambda) = \tilde{a}_{n-1} f_{n-1}(\lambda) + (\alpha_{n-1} - \lambda) F_{n-1}(\lambda)$$

folgt. Die Methode gestattet es also, ausgehend von $F_1(\lambda) = a_{11} - \lambda$ nacheinander die Polynome $F_i(\lambda)$ zu bestimmen und daraus $F_n(\lambda)$ abzuleiten.

8.2. Bestimmung des charakteristischen Polynoms mit Hilfe von Ähnlichkeitstransformationen

8.2.1. *Der Fall nicht notwendig symmetrischer Matrizen*

8.2.1.1. Ähnlichkeitstransformationen durch Matrizen mit Minimalpolynomen zweiten Grades (sog. Matrizen zweiten Grades)

Gegeben sei eine Matrix K aus $\mathcal{M}_{(n,n)}$; $m(u) = u^2 - pu - q$ sei das Minimalpolynom. Setzen wir $M = aI + bK$, wobei a, b Elemente aus dem Grundkörper von $\mathcal{M}_{(n,n)}$ sind, $\mu = -a/b$ ($b \neq 0$), dann gilt

Satz 1. *Ist $m(\mu)$ von Null verschieden, dann ist M invertierbar, und es ist $M^{-1} = a'I + b'K$ mit*

$$a' = \frac{1}{b}\frac{p-\mu}{m(\mu)}, \quad b' = -\frac{1}{b}\frac{1}{m(\mu)}.$$

Beweis. Es ist

$$(aI + bK)(a'I + b'K) = aa'I + (ab' + b'a)K + bb'K^2,$$

und wegen $K^2 = pK + q$ ergibt sich für dieses Produkt

$$(aa' + qbb')I + (ab' + ba' + pbb')K;$$

der Koeffizient von I ist

$$\frac{a}{b}\frac{p-\mu}{m(\mu)} - q\frac{1}{m(\mu)} = \frac{1}{m(\mu)}[\mu^2 - p\mu - q] = +1,$$

der Koeffizient von K ist

$$-\frac{a}{b}\frac{1}{m(\mu)}+\frac{p-\mu}{m(\mu)}-p\frac{1}{m(\mu)}=0,$$

was zu beweisen war.

Ist A eine Matrix aus $\mathscr{M}_{(n,n)}$, so erhalten wir folglich

$$\begin{aligned}A &= MAM^{-1}=(aI+bK)A(a'I+b'K)\\ &= aa'A+a'bKA+ab'AK+bb'KAK,\end{aligned}$$

und es ist

$$A'=\frac{\mu^2-p\mu}{m(\mu)}A+\frac{p-\mu}{m(\mu)}KA+\frac{\mu}{m(\mu)}AK-\frac{1}{m(\mu)}KAK. \qquad \text{(I)}$$

Bemerkung. Das Minimalpolynom von M ist (für $b \neq 0$)

$$M_1(u)=\frac{1}{b^2}(u-a)^2-\frac{p}{b}(u-a)-q;$$

M ist eine Matrix zweiten Grades.

1. Reduktion auf Frobenius-Form (in Anlehnung an A. M. Danilewski, vgl. [8]).

Im folgenden verwenden wir Matrizen K der Gestalt

$$K = XY^{\mathsf{T}}$$

mit

$$X=\begin{bmatrix}x_1\\x_2\\\vdots\\x_n\end{bmatrix},\qquad Y=\begin{bmatrix}y_1\\y_2\\\vdots\\y_n\end{bmatrix}.$$

Wir setzen $\lambda = Y^{\mathsf{T}}X = X^{\mathsf{T}}Y = x_1y_1+x_2y_2+\cdots+x_ny_n$; das Minimalpolynom von K ist also $m(u)=u^2-\lambda u$.

Mit der Matrix $M=aI+bK$, deren Inverse $M^{-1}=a'I+b'K$ durch Satz 1 vollständig bestimmt ist, ergibt die Ähnlichkeitstransformation für eine Matrix $A=(a_{ij})$ $(i,j=1,2,\ldots)$, wenn $\mu=-a/b$ von Null verschieden ist und $\mu \neq \lambda$,

$$A'=A+\frac{\lambda-\mu}{\mu^2-\lambda\mu}KA+\frac{\mu}{\mu^2-\lambda\mu}AK-\frac{1}{\mu^2-\lambda\mu}KAK$$

oder

$$A'=A-\frac{1}{\mu}KA+\frac{1}{\mu-\lambda}AK-\frac{1}{\mu(\mu-\lambda)}KAK. \qquad \text{(II)}$$

In diesem Fall ist

$$AK = (AX)\,Y^{\mathsf T}, \qquad KA = X(Y^{\mathsf T}A)$$
$$KAK = XY^{\mathsf T}AXY^{\mathsf T} = (Y^{\mathsf T}AX)XY^{\mathsf T} = (Y^{\mathsf T}AX)K.$$

Diese Formel schreiben wir

a) als Ausdruck für den allgemeinen Term a'_{ij} von A':

$$\begin{aligned} a'_{ij} &= a_{ij} - \frac{1}{\mu}\,x_i(a_{1j}y_1 + a_{2j}y_2 + \cdots + a_{nj}y_n) \\ &\quad + \frac{1}{\mu-\lambda}\,y_j(a_{i1}x_1 + \cdots + a_{in}x_n) - \frac{1}{\mu(\mu-\lambda)}\,(Y^{\mathsf T}AX)x_iy_j, \\ &= a_{ij} - \frac{1}{\mu}\,x_i(Y^{\mathsf T}A_{.j}) + \frac{1}{\mu-\lambda}\,y_j(A_{i.}X) - \frac{1}{\mu(\mu-\lambda)}\,(Y^{\mathsf T}AX)x_iy_j, \end{aligned}$$

b) als Ausdruck für die j-te Spalte von A':

$$A'_{.j} = A_{.j} - \frac{1}{\mu}\,(Y^{\mathsf T}A_{.j})X + \frac{1}{\mu-\lambda}\,y_j(AX) - \frac{1}{\mu(\mu-\lambda)}\,(Y^{\mathsf T}AX)y_jX.$$

Andererseits wissen wir aus den Überlegungen zur Reduktion einer Matrix auf ihre erste Normalform (vgl. 6.8.3.), daß es möglich ist, falls das charakteristische Polynom einer Matrix einfache Nullstellen besitzt, durch rationale Operationen über dem Koeffizientenkörper eine Matrix $\mathcal{F}$ zu finden, die zu dieser Matrix ähnlich ist und Frobenius-Form besitzt:

$$\mathcal{F} = \begin{bmatrix} 0 & 0 & & & & p_1 \\ 1 & 0 & & & & p_2 \\ 0 & 1 & 0 & & & p_3 \\ \vdots & & 1 & 0 & & \vdots \\ \vdots & & & \ddots & 0 & \vdots \\ 0 & & & & 1 & p_n \end{bmatrix},$$

d. h., es existiert eine nichtsinguläre Matrix $\mathcal{M}$, deren Elemente durch rationale Operationen aus den Elementen von A hervorgehen, so daß $\mathcal{F} = \mathcal{M}A\mathcal{M}^{-1}$ ist.

Wir wollen beweisen, daß die Matrix $\mathcal{M}$ als Produkt von einfachen Matrizen zweiten Grades bestimmt werden kann, und damit eine Möglichkeit angeben, eine solche Berechnung zu programmieren.

1a) Erste Ähnlichkeitstransformation

Wir setzen $y_1 = 0$ und lassen x_i und $y_2, y_3, \ldots, y_n$ im Augenblick unbestimmt. Es ist

$$A'_{.1} = A_{.1} - \frac{1}{\mu}\,(Y^{\mathsf T}A_{.1})X.$$

Nebenbei sei bemerkt, daß es unmöglich ist, die restlichen x_i und y_i so zu wählen, daß die Komponenten von $A'_{.1}$ alle gleich Null sind; denn in diesem Fall wäre

$$X = \frac{\mu}{(Y^{\mathsf{T}} A_{.1})} A_{.1},$$

woraus

$$\lambda = Y^{\mathsf{T}} X = \frac{\mu}{(Y^{\mathsf{T}} A_{.1})} (Y^{\mathsf{T}} A_{.1}) = \mu$$

folgen würde, was mit den von uns verwandten Beziehungen unvereinbar ist.

Kann man im Gegensatz dazu als Einleitung der Reduktion auf eine Frobenius-Form vielleicht $A'_{.1} = e_2$ setzen? (Mit e_i bezeichnen wir stets den i-ten Vektor der Fundamentalbasis in R^n.)

Dazu genügt es, $\mu = Y^{\mathsf{T}} A_{.1}$ zu wählen, und $x_1 = a_{11}$, $x_3 = a_{31}$, $x_4 = a_{41}, \ldots$, $x_n = a_{n1}$ zu setzen. Dann ist

$$X = A_{.1} - a_{21} e_2 + x_2 e_2;$$

damit ergibt sich

$$A'_{.1} = A_{.1} - X = (a_{21} - x_2) e_2 = e_2,$$

wenn wir $x_2 = a_{21} - 1$, $x = A_{.1} - e_2$ setzen.

Wie wir sehen werden, ist bei dieser Wahl von $A'_{.1}$ sowohl $\mu \neq 0$ als auch $\mu \neq \lambda$. Die Unbestimmtheit von $y_2, y_3, \ldots, y_n$ erlaubt es, wenn $A_{.1}$ von Null verschieden ist (und das ist der Fall, da die erste Spalte von A nicht nur aus Nullen besteht), Y so zu wählen, daß $\mu = Y^{\mathsf{T}} A_{.1} \neq 0$ ist. Damit erhalten wir

$$\lambda = Y^{\mathsf{T}} X = Y^{\mathsf{T}} (A_{.1} - e_2),$$

und es ist $\mu = \lambda + y_2$. Die Komponente y_2 muß also von Null verschieden gewählt werden; wir setzen beispielsweise $y_2 = 1$.

Für Y ergibt sich daraus

$$Y = \begin{bmatrix} 0 \\ 1 \\ 0 \\ \vdots \\ 0 \end{bmatrix} = e_2,$$

woraus $\mu = a_{21}$ (für $a_{21} \neq 0$) und $\lambda = a_{21} - 1$ folgt. In diesem Fall ist $A'_{.1} = e_2$.

Für die anderen Spalten von A' erhalten wir

$$A'_{.2} = A_{.2} - \frac{a_{22}}{a_{21}} (A_{.1} - e_2) + A(A_{.1} - e_2) \frac{1}{a_{22}} \left(e_2^{\mathsf{T}} A (A_{.1} - e_2)(A_{.1} - e_2)\right)$$

$$A'_{.j} = A_{.j} - \frac{a_{2j}}{a_{21}} (A_{.1} - e_2) \qquad (j = 3, 4, \ldots, n).$$

Die Formel für $A'_{.2}$ läßt sich vereinfachen, wenn man beachtet, daß $Ae_2 = A_{.2}$ und

$$e_2^{\mathsf T} A(A_{.1} - e_2) = e_2^{\mathsf T} AA_{.1} - e_2^{\mathsf T} A_{.2} = (AA_{.1})_2 - a_{22}$$

ist; dabei wurde die i-te Komponente von $(AA_{.1})$ mit $(AA_{.1})_i$ bezeichnet. Es ist dann

$$A'_{.2} = A_{.2} - \frac{1}{a_{21}}\,[a_{22} + (AA_{.1})_2 - a_{22}](A_{.1} - e_2) + AA_{.1} - A_2,$$

womit wir zu den folgenden einfachen Ausdrücken gelangen:

$$A'\colon \begin{cases} A'_1 = e_2, \\[4pt] A'_2 = AA_{.1} - \dfrac{(AA_{.1})_2}{a_{21}}\,(A_{.1} - e_2), \\[4pt] \cdots\cdots\cdots\cdots\cdots\cdots\cdots\cdots\cdots \\[4pt] A'_j = A_{.j} - \dfrac{(A_{.j})_2}{a_{21}}\,(A_{.1} - e_2). \end{cases}$$

1 b) Die allgemeine Ähnlichkeitstransformation

Nehmen wir an, wir hätten A in $A^{(k)}$ übergeführt, wobei $A^{(k)}$ von der Form

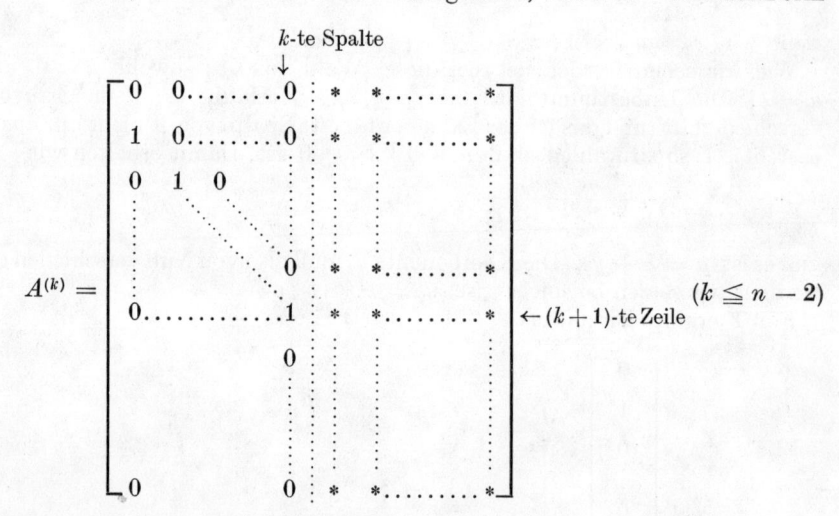

$$A^{(k)} = \left[\begin{array}{cccc|cccc}
0 & 0 & \cdots & \overset{\substack{k\text{-te Spalte}\\ \downarrow}}{0} & * & * & \cdots & * \\
1 & 0 & \cdots & 0 & * & * & \cdots & * \\
0 & 1 & 0 & \vdots & \vdots & \vdots & & \vdots \\
\vdots & & \ddots & 0 & * & * & \cdots & * \\
0 & \cdots & \cdots & 1 & * & * & \cdots & * \\
 & & & 0 & \vdots & \vdots & & \vdots \\
 & & & \vdots & \vdots & \vdots & & \vdots \\
0 & & & 0 & * & * & \cdots & *
\end{array}\right]
\begin{array}{l} \\ \\ \\ \\ \leftarrow (k+1)\text{-te Zeile} \\ \\ \\ \\ \end{array}
\qquad (k \leqq n-2)$$

ist. In den ersten k Spalten von $A^{(k)}$ stehen also Nullen bis auf die Terme in der ersten Parallelen unterhalb der Hauptdiagonale, die gleich Eins sind.

Wir wollen zeigen, daß μ, X und Y so gewählt werden können, daß die ihnen entsprechende Ähnlichkeitstransformation den Übergang von $A^{(k)}$ zu einer Matrix der Form $A^{(k+1)}$ sichert.

Als Formel für die Spalten von $A^{(k+1)}$ haben wir

$$A_{.j}^{(k+1)} = A_{.j}^{(k)} - \frac{1}{\mu}\,(Y^{\mathsf T} A_{.j}^{(k)})X + \frac{1}{\mu - \lambda}\,y_j A^{(k)} X - \frac{1}{\mu(\mu - \lambda)}\,(Y^{\mathsf T} A^{(k)} X) y_j X.$$

Hierin setzen wir $y_1 = y_2 = \cdots = y_{k+1} = 0$. Für $j = 1, 2, \ldots, k$ gilt offensichtlich $Y^\mathsf{T} A^{(k)}_{.j} = 0$, da $A^{(k)}_{.j}$ $(j = 1, 2, \ldots, k)$ in den Zeilen $k+2, k+3, \ldots, n$ nur Nullen enthält.

Daher ist

$$A^{(k+1)}_{.j} = A^{(k)}_{.j} \qquad (j = 1, 2, \ldots, k);$$

die ersten k Spalten von $A^{(k+1)}$ stimmen mit denen von $A^{(k)}$ überein.

Wählen wir nun

$$Y = \begin{bmatrix} 0 \\ 0 \\ \vdots \\ 1 \\ 0 \\ \vdots \end{bmatrix} \begin{matrix} \\ \\ \\ \leftarrow (k+2)\text{-te Zeile} \\ \\ \\ \end{matrix} = e_{k+2},$$

dann ist

$$A^{(k+1)}_{.k+1} = A^{(k)}_{.k+1} - \frac{1}{\mu} (e^\mathsf{T}_{k+2} A^{(k)}_{.k+1}) X,$$

und um zu erreichen, daß $A^{(k+1)}_{.k+1} = e_{k+2}$ ist, genügt es,

$$\mu = e^\mathsf{T}_{k+2} A^{(k)}_{.k+1} = a^{(k)}_{k+2,\,k+1} \ (\neq 0)$$

zu wählen sowie

$$X = A^{(k)}_{.k+1} - e_{k+2}$$

zu setzen. Dann wird

$$\lambda = Y^\mathsf{T} X = a^{(k)}_{k+2,\,k+1} - 1 = \mu - 1 \neq \mu,$$

so daß sich für $A^{(k+1)}_{.j}$ $(j = k+1, \ldots, n)$ folgende Formeln ergeben:

$$\begin{aligned} A^{(k+1)}_{.k+1} &= e_{k+2}, \\ A^{(k+1)}_{.k+2} &= A^{(k)}_{.k+2} - \frac{1}{a^{(k)}_{k+2,\,k+1}} (e^\mathsf{T}_{k+2} A^{(k)}_{.k+2}) (A^{(k)}_{.k+1} - e_{k+2}) + A^{(k)} (A^{(k)}_{.k+1} - e_{k+2}) \\ &\quad - \frac{1}{a^{(k)}_{k+2,\,k+1}} [e^\mathsf{T}_{k+2} A^{(k)} (A^{(k)}_{.k+1} - e_{k+2})] (A^{(k)}_{.k+1} - e_{k+2}), \\ A^{(k+1)}_{.j} &= A^{(k)}_{.j} - \frac{a^{(k)}_{k+2,\,j}}{a^{(k)}_{k+2,\,k+1}} (A^{(k)}_{.k+1} - e_{k+2}) \qquad (j = k+3, \ldots, n). \end{aligned}$$

Vereinfacht man den zweiten Ausdruck in analoger Weise wie oben, dann wird

$$\begin{aligned} A^{(k+1)}_{.k+2} &= A^{(k)}_{.k+2} - \frac{1}{a^{(k)}_{k+2,\,k+1}} [a^{(k)}_{k+2,\,k+1} + (A^{(k)} A^{(k)}_{.k+1})_{k+2} - a^{(k)}_{k+2,\,k+2}] (A^{(k)}_{.k+1} - e_{k+2}) \\ &\quad + A^{(k)} A^{(k)}_{.k+1} - A^{(k)}_{.k+1}. \end{aligned}$$

Hieraus erhalten wir die folgenden Formeln $(A^0 = A)$:

$$\begin{array}{c} A^{(k)} \to A^{(k+1)} \\ {\scriptstyle (k=0,1,\ldots,n-2)} \end{array} \left\{ \begin{aligned} & A^{(k+1)}_{.j} = e_{j+1} \qquad (j = 1, 2, \ldots, k+1), \\ & A^{(k+1)}_{.k+2} = A^{(k)} A^{(k)}_{.k+1} - \frac{(A^{(k)} A^{(k)}_{.k+1})_{k+2}}{a^{(k)}_{k+2,\,k+1}} [A^{(k)}_{.k+1} - e_{k+2}], \\ & A^{(k+1)}_{.j} = A^{(k)}_{.j} - \frac{(A^{(k)}_{.j})_{k+2}}{a^{(k)}_{k+2,\,k+1}} [A^{(k)}_{.k+1} - e_{k+2}] \qquad (j = k+3, \ldots, n). \end{aligned} \right.$$

Wie man sieht, hat die Matrix $A^{(n-1)}$ schließlich Frobenius-Form:

$$(e_2, e_3, \ldots, e_n, \pi) = \mathscr{F} \qquad \text{mit } \pi = A^{(n-1)}_{.n}.$$

Für das charakteristische Polynom von A erhalten wir damit den Ausdruck

$$F(\lambda) = (-1)^n [\lambda^n - \lambda^{n-1} a^{(n-1)}_{nn} - \lambda^{n-2} a^{(n-1)}_{n-1,\,n} - \cdots - a^{(n-1)}_{1,\,n}].$$

Zu untersuchen bleiben noch die verschiedenen Spezialfälle, die bei der Anwendung des soeben definierten Algorithmus auftreten können.

Offensichtlich ist die Ähnlichkeitstransformation $A^{(k)} \to A^{(k+1)}$ nur dann nicht durchführbar, wenn $a^{(k)}_{k+2,\,k+1}$ Null ist. Nehmen wir an, das wäre der Fall, dann gibt es zwei Möglichkeiten:

α) Alle $a^{(k)}_{j,\,k+1}$ sind gleich Null $(j = k+2, \ldots, n)$. Dann besitzt $A^{(k)}$ die Form

$$A^{(k)} = \left[\begin{array}{cccccc|c} & & & k\text{-te Spalte} \downarrow & (k+1)\text{-te Spalte} \downarrow & & \\ 0 & 0 & \cdots & 0 & a^{(k)}_{1,\,k+1} & & * \cdots * \\ 1 & 0 & \cdots & 0 & a^{(k)}_{2,\,k+1} & & * \cdots * \\ 0 & 1 & 0 & & \vdots & & \vdots \\ \vdots & & \ddots & \ddots & & & \\ & & & 1 \quad 0 & \vdots & & \vdots \quad \leftarrow (k\text{-te Zeile} \\ 0 & & & 1 & a^{(k)}_{k+1,\,k+1} & & * \cdots * \quad \leftarrow (k+1)\text{-te Zeile} \\ \hline 0 & \cdots & \cdots & \cdots & 0 & & \quad \leftarrow (k+2)\text{-te Zeile} \\ 0 & \cdots & \cdots & \cdots & 0 & & \\ \vdots & & & & \vdots & & B \\ 0 & \cdots & \cdots & \cdots & 0 & & \underbrace{\qquad\qquad}_{n-(k+1)} \end{array} \right];$$

dabei bezeichnet B eine quadratische Matrix von der Ordnung $n - (k+1)$.

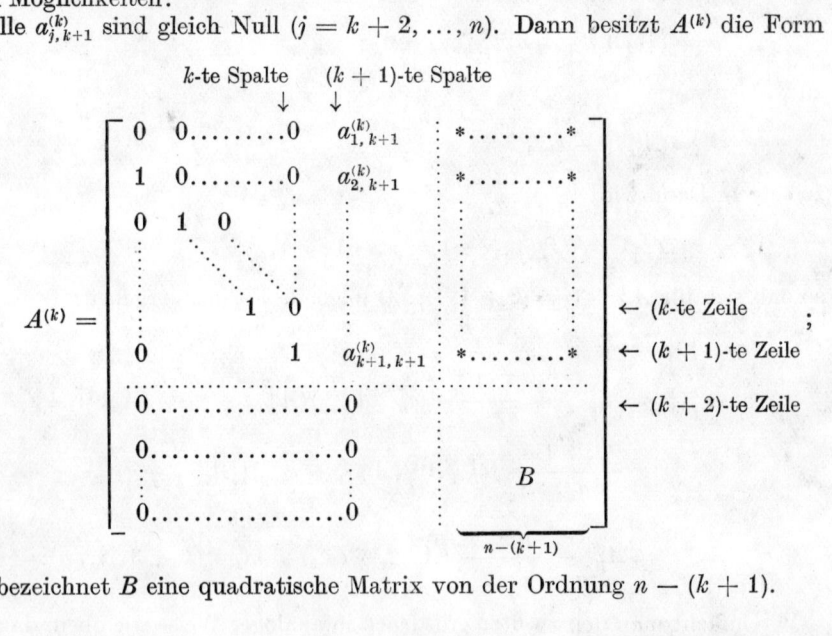

Stellt $F(\lambda)$ das gesuchte charakteristische Polynom dar, dann kann man offenbar schreiben:

$$F(\lambda) = \mathrm{Det}\begin{bmatrix} -\lambda & \cdots & \cdots & a_{1,k+1}^{(k)} \\ 1 & -\lambda & \cdots & a_{2,k+1}^{(k)} \\ & 1 & -\lambda \cdots & \vdots \\ & & \ddots & \vdots \\ 0 & & 1 & a_{k+1,k+1}^{(k)} - \lambda \end{bmatrix} \cdot \mathrm{Det}(B - \lambda I_{n-(k+1)}),$$

d. h., $F(\lambda)$ zerfällt in das Produkt von

α) $(-1)^{(k+1)}[\lambda^{k+1} - \lambda^k a_{k+1,k+1}^{(k)} - \lambda^{k-1} a_{k,k+1}^{(k)} - \cdots - a_{1,k+1}^{(k)}]$

mit dem charakteristischen Polynom von B.

β) Wir nehmen an, es sei $a_{k+2,k+1}^{(k)} = 0$, der Term $a_{l,k+1}^{(k)}$ jedoch von Null verschieden ($l > k + 2$). Es sei

$$V_{ij} = I - E_{ii} - E_{jj} + E_{ij} + E_{ji}.$$

Die Matrix V_{ij} ist von zweitem Grad, und es gilt $V_{ij}^{-1} = V_{ij}$. Das Produkt $V_{ij}M$ stimmt mit M überein, jedoch wurde die i-te Zeile mit der j-ten Zeile vertauscht. Ebenso stimmt das Produkt $M V_{ij}$ mit M überein, nur wurde die i-te Spalte mit der j-ten Spalte vertauscht.

Wir bilden nun $A_1^{(k)} = A^{(k)} V_{k+2,l}$; diese Matrix unterscheidet sich von $A^{(k)}$ nur durch eine Vertauschung der $(k + 2)$-ten und der l-ten Spalte; die $(k + 1)$-te Spalte dieser Matrix ist gleich der von $A^{(k)}$. Darauf bilden wir $A'^{(k)} = V_{k+2,l} A_1^{(k)}$; diese Matrix ist mit $A_1^{(k)}$ identisch bis auf eine Vertauschung der $(k + 2)$-ten Zeile mit der l-ten Zeile.

In der Matrix $A'^{(k)}$ ist also der Term $a'^{(k)}_{k+2,k+1} = a_{l,k+1}^{(k)}$ von Null verschieden. Diese Matrix hat dieselbe Form wie $A^{(k)}$, und die Matrizen $A'^{(k)}$ und $A^{(k)}$ sind zueinander ähnlich, $A'^{(k)} = V_{k+2,l} A^{(k)} V_{k+2,l}^{-1}$. Gelangt man auf den Fall β), dann genügt es, $A^{(k)}$ durch $A'^{(k)}$ zu ersetzen, um den Algorithmus anwenden zu können.

Satz 2. *Eine Matrix A der Ordnung n mit Elementen aus einem Körper $\mathcal{R}$ kann durch Ähnlichkeitstransformationen in eine Matrix von allgemeiner Frobenius-Form übergeführt werden, d. h. in eine Matrix der Gestalt*

$$\Phi = \begin{bmatrix} \mathcal{F}_1 & & & & X \\ & \mathcal{F}_2 & & & \\ & & \mathcal{F}_3 & & \\ & 0 & & \ddots & \\ & & & & \mathcal{F}_k \end{bmatrix}.$$

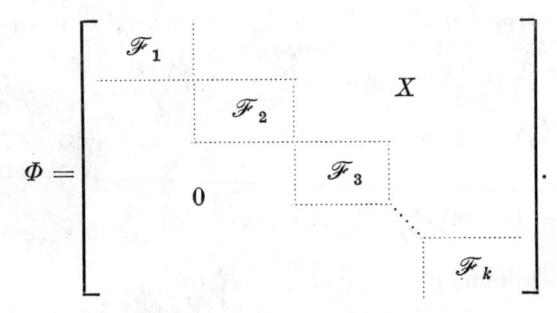

Die Teilmatrizen $\mathscr{F}_1, \mathscr{F}_2, \ldots, \mathscr{F}_n$ besitzen (einfache) Frobenius-Form,

$$\mathscr{F}_i = \begin{bmatrix} 0 & 0 & \cdots & \cdots & \pi_1^i \\ 1 & 0 & \cdots & \cdots & \pi_2^i \\ \vdots & 1 & 0 & & \vdots \\ \vdots & \vdots & \ddots & \ddots & \vdots \\ 0 & 0 & \cdots & 1 & \pi_l^i \end{bmatrix},$$

oder es ist $\mathscr{F}_i = 0$.

Diese Ähnlichkeitstransformationen sind alle rational über dem Körper $\mathscr{R}$ und man kann

$$\Phi = \mathscr{M} A \mathscr{M}^{-1}$$

setzen; dabei ist die Matrix $\mathscr{M}$ ein Produkt von Matrizen zweiten Grades der Form $-\mu I + X_i e_i^{\mathsf{T}}$, etwa V_{ij}.

Aus dem vorhergehenden Beweis erkennt man, daß mit dieser Methode das charakteristische Polynom der Matrix A immer berechnet werden kann. Hieraus leitet sich noch ein weiteres interessantes Resultat ab:

Satz 3. *Ist das charakteristische Polynom einer Matrix A irreduzibel über dem Körper $\mathscr{R}$, zu dem die Elemente von A gehören, dann existiert stets eine Folge von Matrizen zweiten Grades, deren Produkt die Matrix A in eine ähnliche Matrix von einfacher Frobenius-Form überführt.*

Dieser Satz ist eine einfache Folgerung aus dem vorhergehenden Beweis, wenn man beachtet, daß unter den Voraussetzungen des Satzes das Eintreten des Spezialfalls α) ausgeschlossen ist.

Die von uns soeben beschriebene Methode ist leicht zu programmieren. Beim Übergang von $A^{(k)}$ zu $A^{(k+1)}$ müssen wir

1. $A^{(k)} A^{(k)}_{.k+1}$ berechnen, was auf Grund der Form von $A^{(k)}$ gerade $(n-k)n$ Multiplikationen erfordert;
2. die Terme der neuen Spalten (der $(k+2)$-ten bis n-ten) berechnen, wozu $(n-k-1)n$ Multiplikationen ausgeführt werden müssen;
3. schließlich $n-k-1$ Divisionen durch den Faktor $a^{(k)}_{k+2,k+1}$ vornehmen.

Der „Gesamtaufwand" beim Übergang $A^{(k)} \to A^{(k+1)}$ besteht also in $n-k-1$ Divisionen und $n\big(2(n-k)-1\big)$ Multiplikationen.

Die vollständige Ähnlichkeitstransformation erfordert

$$\sum_{k=0}^{n-2} (n-k-1) = 1 + 2 + \cdots + (n-1) = \frac{n(n-1)}{2} \text{ Divisionen,}$$

$$n \sum_{k=0}^{n-2} [2(n-k)-1] = n(n^2-1) \text{ Multiplikationen.}$$

Diese Zahl ist von der Ordnung n^3.

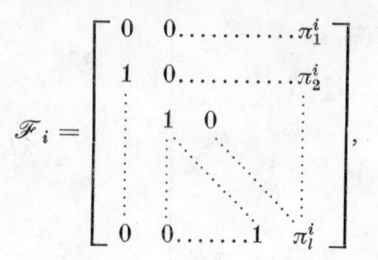

Es soll jetzt die der modifizierten Methode von DANILEWSKI entsprechende ALGOL-Prozedur angegeben werden:

```
 'PROCEDURE' DANILEWSKI (A) ORDNUNG: (M) ANZAHL
DER ISOLIERTEN EIGENWERTE: (NR) ISOLIERTE
EIGENWERTE: (R) ANZAHL DER
CHARAKTERISTISCHEN POLYNOME: (NP) ORDNUNG DER
CHARAKTERISTISCHEN POLYNOME: (OP) KOEFFIZIENT
DER CHARAKTERISTISCHEN POLYNOME: (P) ;
'INTEGER' M,NR,NP ; 'ARRAY' A,P,R ;
'INTEGER''ARRAY' OP ;
'BEGIN''PROCEDURE' ANNULK (A,N,K) ;
  'INTEGER' N,K ; 'ARRAY' A ;
    'BEGIN''INTEGER' I,J ;
      'ARRAY' C[1:N,1:N],G[1:N] ;
      'FOR' I := 1 'STEP' 1 'UNTIL' N 'DO'
      'FOR' J := K 'STEP' 1 'UNTIL' N 'DO'
      C[I,J] := 0.0 ;
      G[K+1,K] := 1.0 ;
      'FOR' I := 1 'STEP' 1 'UNTIL' N 'DO'
      G[I] := - A[I,K] / A[K+1,K] ;
      G[K+1] := 1.0 / A[K+1,K] ;
      'FOR' I := 1 'STEP' 1 'UNTIL' K , K+2
                   'STEP' 1 'UNTIL' N 'DO'
      'FOR' J := K 'STEP' 1 'UNTIL' N 'DO'
      C[I,K+1]:=C[I,K+1]+A[J,K]*(A[I,J]+G[I]*A[K+1,J]) ;
      'IF' K = 1 'THEN''GOTO' FORTSETZUNG ;
      'FOR' I := 2 'STEP' 1 'UNTIL' K 'DO'
      C[I,K+1] := C[I,K+1] + A[I-1,K] * A[I,I-1] ;
FORTSETZUNG:
      'FOR' J := K 'STEP' 1 'UNTIL' N 'DO'
      C[K+1,K+1] := C[K+1,K+1] + A[J,K] * A[K+1,J] ;
      C[K+1,K+1] := G[K+1] * C[K+1,K+1] ;
      'IF' K = N-1 'THEN''GOTO' IDENT ;
      'FOR' J := K+2 'STEP' 1 'UNTIL' N 'DO'
        'BEGIN'
          C[K+1,J] := A[K+1,J] / A[K+1,K] ;
          'FOR' I := 1 'STEP' 1 'UNTIL' K , K+2
                         'STEP' 1 'UNTIL' N 'DO'
          C[I,J] := A[I,J] + G[I] * A[K+1,J]
        'END' ;
```

```
IDENT:
       'FOR' I := 1 'STEP' 1 'UNTIL' N 'DO'
       'FOR' J := K 'STEP' 1 'UNTIL' N 'DO'
       A[I,J] := C[I,J]
     'END' PROZEDUR ANNULK ;
  'PROCEDURE' TRANSF (A,N,K) ;
  'INTEGER' N,K ; 'ARRAY' A ;
   'BEGIN''INTEGER' I,J ;
       'FOR' I := K+1 'STEP' 1 'UNTIL' N 'DO'
       'FOR' J := K+1 'STEP' 1 'UNTIL' N 'DO'
       A[I-K,J-K] := A[I,J]
     'END' PROZEDUR TRANSF;
  'PROCEDURE' CHARPOL (A,N,P,NP,OP) ;
  'INTEGER' N,NP ; 'ARRAY' A,P ;
  'INTEGER''ARRAY' OP ;
    'BEGIN''REAL' Q ; 'INTEGER' I ;
       NP := NP + 1 ;
       OP[NP] := N ;
       Q := (-1) 'POWER' (N+1) ;
       P[NP,N+1] := -Q ;
       'FOR' I := N 'STEP' -1 'UNTIL' 1 'DO'
       P[NP,I] := Q * A[I,N]
     'END' PROZEDUR CHARPOL ;
  'INTEGER' N,K,I,J ; 'REAL' F ;
  N := M ; NR := NP := 0 ;
BEG:
  K := 0 ;
ZEILENSPRUNG:
  Z1: K := K+1 ;
      'IF' ABS(A[K+1,K]) > #-6 'THEN' 'GOTO'
      PRUEFUNG 1 ; I := K+1 ;
  Z2: 'IF' I = N 'THEN''GOTO' Z3 ; I := I+1 ;
      'IF' ABS(A[I,K]) < #-6 'THEN''GOTO' Z2 ;
      'FOR' J := K 'STEP' 1 'UNTIL' N 'DO'
        'BEGIN' F := A[I,J] ;
          A[I,J] := A[K+1,J] ;
          A[K+1,J] := F
        'END' ;
      'FOR' J := 1 'STEP' 1 'UNTIL' N 'DO'
        'BEGIN' F := A[J,I] ;
          A[J,I] := A[J,K+1] ;
          A[J,K+1] := F
        'END' ;
```

```
PRUEFUNG 1:
  'FOR' I := 1 'STEP' 1 'UNTIL' K ,K+2
               'STEP' 1 'UNTIL' N 'DO'
  'IF' ABS(A[I,K]) > #-6 'THEN''GOTO' Z7 ;
  'GOTO' PRUEFUNG 2 ;
  Z7: ANNULK (A,N,K) ;
PRUEFUNG 2:
  'IF' K 'NOTEQUAL' N-1 'THEN''GOTO' Z1 ;
  CHARPOL (A,N,P,NP,OP) ;
  'GOTO' SCHLUSS ;
  Z3: 'IF' K 'NOTEQUAL' 1 'THEN''GOTO' Z4 ;
      NR := NR + 1 ;
      R[NR] := A[1,1] ;
      'IF' N 'NOTEQUAL' 2 'THEN''GOTO' Z5 ;
      NR := NR + 1 ;
      R[NR] := A[2,2] ;
      'GOTO' SCHLUSS ;
  Z5: TRANSF (A,N,K) ;
      N := N - K ;
      'GOTO' BEG ;
      ZEILENSPRUNG ;
  Z4: 'IF' K = N - 1 'THEN''GOTO' Z6 ;
      CHARPOL (A,K,P,NP,OP) ;
      TRANSF (A,N,K) ;
      N := N - K ;
      'GOTO' BEG ;
  Z6: NR := NR + 1 ;
      R[NR] := A[N,N] ;
      CHARPOL (A,K,P,NP,OP) ;
SCHLUSS:
'END' PROZEDUR DANILEWSKI ;
```

2. Transformation auf dreidiagonale Form (vgl. HOUSEHOLDER [10] und GASTINEL [8])

Wir wollen prüfen, ob es möglich ist, eine gegebene Matrix in eine zu ihr ähnliche dreidiagonale Matrix überzuführen, d. h. in eine Matrix der Form

$$\mathscr{T}_{\mathrm{D}} = \begin{bmatrix} \alpha_1 & \beta_1' & & & \\ \beta_1 & \alpha_2 & \ddots & & \\ & \ddots & \ddots & \ddots & \\ & & \ddots & \ddots & \beta_{n-1}' \\ & & & \beta_{n-1} & \alpha_n \end{bmatrix},$$

die außer in der Hauptdiagonale und in den zu dieser unmittelbar benachbarten oberen und unteren Parallelen nur Nullen enthält.

Wir benutzen Matrizen

$$M = aI + bK, \qquad M^{-1} = a'I + b'K,$$

wobei K wieder eine Matrix zweiten Grades ist und die Form $K = XY^{\mathsf{T}}$ besitzt. Wir wollen uns hierbei auf Vektoren X, Y von folgendem Typ beschränken:

$$X = \begin{bmatrix} 0 \\ \vdots \\ 0 \\ x_l \\ 0 \\ \vdots \\ 0 \\ x_m \\ 0 \\ \vdots \\ 0 \end{bmatrix}, \quad Y = \begin{bmatrix} 0 \\ \vdots \\ 0 \\ y_l \\ 0 \\ \vdots \\ 0 \\ y_m \\ 0 \\ \vdots \\ 0 \end{bmatrix};$$

dabei sind l und m zwei verschiedene Indizes; es sei etwa $l < m$.

In der Matrix $K = (k_{ij})$ gibt es dann nur vier von Null verschiedene Terme:

$$k_{ll} = x_l y_l, \qquad k_{ml} = x_m y_l,$$
$$k_{lm} = x_l y_m, \qquad k_{mm} = x_m y_m.$$

Hierbei gilt $\lambda = x_l y_l + x_m y_m$.

Gegeben sei eine Matrix $A = (a_{ij})$; überführt man A mit Hilfe der Matrix M in eine zu A ähnliche Matrix A' ($A' = MAM^{-1}$), so ist, wie wir gesehen haben,

$$a'_{ij} = a_{ij} - \frac{1}{\mu} x_i (a_{1j} y_1 + \cdots + a_{nj} y_n) + \frac{1}{\mu - \lambda} y_j (a_{i1} x_1 + \cdots + a_{in} x_n) - \frac{(Y^{\mathsf{T}} A X)}{\mu(\mu - \lambda)} x_i y_j.$$

Hieraus folgt, daß die Matrizen A' und A außer in den Zeilen und Spalten vom Rang l oder m übereinstimmen.

Setzen wir

$$R = a_{ll} x_l y_l + a_{lm} x_m y_l + a_{ml} x_l y_m + a_{mm} x_m y_m,$$

dann ergibt die obenstehende Formel

$$a'_{ij} = a_{ij} - \frac{1}{\mu} x_i [a_{lj} y_l + a_{mj} y_m] + \frac{1}{\mu - \lambda} y_j [a_{il} x_l + a_{im} x_m] + \frac{R x_i y_i}{\mu(\lambda - \mu)} \qquad (i, j = l, m).$$

Es sei r ein Index, so daß beispielsweise $r < l < m$ gilt; dann ist

$$a'_{mr} = a_{mr} - \frac{1}{\mu} x_m [a_{lr} y_l + a_{mr} y_m],$$

und für den zu a'_{mr} „symmetrischen" Term a'_{rm} erhalten wir

$$a'_{rm} = a_{rm} + \frac{1}{\mu - \lambda} y_m [a_{rl} x_l + a_{rm} x_m].$$

Können μ, x_l, x_m, y_l, y_m, aufgefaßt als Parameter, derart bestimmt werden, daß diese beiden Terme Null sind und die notwendigen Bedingungen $\mu \neq 0$ und $\mu \neq \lambda$ erfüllt sind $(\lambda = x_l y_l + x_m y_m)$?

Es genügt, die fünf Größen μ, x_l, y_l, x_m, y_m derart zu wählen, daß

$$0 = \mu a_{mr} - x_m [a_{lr} y_l + a_{mr} y_m],$$

$$0 = (\mu - \lambda) a_{rm} + y_m [a_{rl} x_l + a_{rm} x_m]$$

ist; daraus ergibt sich

$$a_{mr}[\mu - x_m y_m] - x_m y_l a_{lr} = 0,$$

$$a_{rm}[\mu - x_l y_l] + x_l y_m a_{rl} = 0,$$

und folglich ist

$$x_m [y_l a_{lr} + y_m a_{mr}] = \mu a_{mr},$$

$$x_l [y_l a_{rm} - y_m a_{rl}] = \mu a_{rm}.$$

Im weiteren ist zu beachten, daß a_{lr}, a_{rl}, a_{mr} und a_{rm} nicht gleichzeitig Null sein können; denn sonst ergäbe sich bereits $a_{mr} = a_{rm} = 0$, und es wäre überflüssig, nach einer zu A ähnlichen Matrix zu suchen, in der diese Terme Null sind; die Matrix A selbst erfüllte bereits diese Bedingung. Wie man leicht sieht, kann man auf Grund der letzten beiden Formeln und der Eigenschaft von $a_{lr}, a_{rl}, a_{rm}, a_{mr}$, nicht gleichzeitig zu verschwinden, y_l und y_m stets so bestimmen und μ derart wählen, daß

$$y_l a_{lr} + y_m a_{mr} \neq 0, \qquad y_l a_{rm} - y_m a_{rl} \neq 0$$

ist. Mit diesen Werten für y_l, y_m und μ ergibt sich

$$x_m = \frac{\mu a_{mr}}{y_l a_{lr} + y_m a_{mr}}, \qquad x_l = \frac{\mu a_{rm}}{y_l a_{rm} - y_m a_{rl}}.$$

In einem Programm kann man $y_l = y_m = \mu = 1$ setzen; das ergibt

$$x_m = \frac{a_{mr}}{a_{lr} + a_{mr}} = \xi_m, \qquad x_l = \frac{a_{rm}}{a_{rm} - a_{rl}} = \xi_r.$$

Für $a_{lr} + a_{mr} = 0$ oder $a_{rm} - a_{rl} = 0$ ist es bequem, wiederum $\mu = 1$ zu wählen und für y_l und y_m solche Werte einzusetzen, daß $y_l = \varepsilon$ und $y_m = \varepsilon'$ ist mit $|\varepsilon| = |\varepsilon'| = 1$.

In diesem Fall erhalten wir für die Berechnung folgende Formeln:

$$A \xrightarrow{\Theta} A' \begin{cases} a'_{ij} = a_{ij} \qquad (i \neq l, m;\; j \neq l, m), \\ a'_{ij} = a_{ij} - x_i[a_{lj}y_l + a_{mj}y_m] \\ \qquad + \dfrac{1}{1 - x_m y_m - x_l y_l}\,[y_j(a_{il}x_l + a_{im}x_m) - R x_i y_j], \\ R = a_{ll}x_l y_l + a_{lm}x_m y_l + a_{ml}x_l y_m + a_{mm}x_m y_m. \end{cases}$$

Es gilt also

Satz 4. *Zu einer gegebenen quadratischen Matrix A der Ordnung n kann im allgemeinen eine Matrix $M = aI + bK$ zweiten Grades gefunden werden, die A in eine zu A ähnliche Matrix A' überführt, so daß, wenn $r < l < m \leqq n$ drei gegebene Indizes sind, sich die Matrizen A und A' nur in den l-ten und m-ten Zeilen und Spalten unterscheiden und in der Matrix A' an den Stellen (r, m) und (m, r) Nullen stehen.*

Eine derartige Ähnlichkeitstransformation bezeichnen wir mit $\Theta(r; l, m)$.

Es sei nun A eine beliebige quadratische Matrix der Ordnung n. Die Ähnlichkeitstransformation $\Theta(1; 2, 3)$: $A \to A'$ ergibt eine Matrix, die sich von A nur in der zweiten und dritten Zeile bzw. Spalte unterscheidet und außerdem an den Stellen (1, 3) und (3, 1) Nullen besitzt.

Auf die Matrix A' wenden wir jetzt die Transformation $\Theta(1; 2, 4)$: $A' \to A''$ an. Diese Transformation verändert nur die zweite und vierte Zeile bzw. Spalte, bringt also keine neue Zahl an die Stelle der beiden Nullen in (1, 3) und (3, 1). Vielmehr gelangen durch $\Theta(1; 2, 4)$ Nullen auf die Stellen (1, 4) und (4, 1).

Wie man leicht sieht, kann man mit Hilfe der nachstehend aufgeführten Folge von Ähnlichkeitstransformationen

$$\begin{array}{l} \Theta(1; 2, 3), \quad \Theta(1; 2, 4), \quad \Theta(1; 2, 5), \quad \ldots, \quad \Theta(1; 2, n), \\ \Theta(2; 3, 4), \quad \Theta(2; 3, 5), \quad \Theta(2; 3, 6), \quad \ldots, \quad \Theta(2; 3, n), \\ \cdots\cdots\cdots\cdots\cdots\cdots\cdots\cdots \\ \Theta(n-3; n-2, n-1), \quad \Theta(n-3; n-2, n), \\ \Theta(n-2; n-1, n) \end{array}$$

stets erreichen, daß durch die Transformationen aus der ersten Zeile Nullen an die Stellen

$$(1, 3),\ (3, 1), \quad (1, 4),\ (4, 1), \quad \ldots, \quad (1, n),\ (n, 1)$$

gebracht werden, durch die Transformationen aus der zweiten Zeile Nullen an die Stellen

$$(2, 4),\ (4, 2), \quad \ldots, \quad (2, n),\ (n, 2)$$

gelangen usw.

Nach Abschluß dieser $(n-2)(n-1)/2$ Ähnlichkeitstransformationen erhält man eine Matrix $\mathcal{T}_D$ in dreidiagonaler Form

$$\mathcal{T}_D = \begin{bmatrix} \alpha_1 & \beta_1' & & \\ \beta_1 & \alpha_2 & \ddots & \\ & \ddots & \ddots & \beta_{n-1}' \\ & & \beta_{n-1} & \alpha_n \end{bmatrix}$$

Hieraus ergibt sich

Satz 5. *Zu einer beliebigen Matrix A existiert im allgemeinen eine Folge von Matrizen zweiten Grades, deren Produkt $\mathcal{M}$ die Matrix A in eine zu A ähnliche dreidiagonale Matrix $\mathcal{T}_D$ überführt:*

$$\mathcal{T}_D = \mathcal{M} A \mathcal{M}^{-1}.$$

Wenn $\mathcal{T}_D$ gefunden ist, ergibt sich für das charakteristische Polynom von A

$$F(\lambda) = \mathrm{Det} \begin{bmatrix} \alpha_1 - \lambda & \beta_1' & & \\ \beta_1 & \alpha_2 - \lambda & \ddots & \\ & \ddots & \alpha_{n-1} - \lambda & \beta_{n-1}' \\ & & \beta_{n-1} & \alpha_n - \lambda \end{bmatrix}$$

Um eine Rechengrundlage zu erhalten, setzen wir

$$f_i(\lambda) = \mathrm{Det} \begin{bmatrix} \alpha_1 - \lambda & \beta_1' & & \\ \beta_1 & \alpha_2 - \lambda & \ddots & \\ & \ddots & \ddots & \beta_{i-1}' \\ & & \beta_{i-1} & \alpha_i - \lambda \end{bmatrix}$$

so daß

$$f_n(\lambda) = F(\lambda), \qquad f_1(\lambda) = \alpha_1 - \lambda$$

ist; darüber hinaus kann $f_0(\lambda) = 1$ gewählt werden.

Entwickeln wir jetzt nach der letzten Zeile, so erhalten wir

$$f_i(\lambda) = (\alpha_i - \lambda) f_{i-1}(\lambda) - \beta_{i-1}\beta_{i-1}' f_{i-2}(\lambda).$$

8.2.1.2. Die Methode von Lanczos

Es sei A eine Matrix aus $\mathcal{M}_{(n,n)}(R)$ (oder $\mathcal{M}_{(n,n)}(C)$, wobei in diesem Fall die Transponierte durch die Adjungierte zu ersetzen ist); ferner seien x_1 und y_1 zwei beliebige Vektoren.

Wir bilden die beiden Vektorfolgen

$$\begin{aligned}
&x_1, && y_1,\\
&x_2 = Ax_1 - \alpha_1 x_1, && y_2 = A^\top y_1 - \alpha_1 y_1,\\
&x_3 = Ax_2 - \alpha_2 x_2 - \beta_1 x_1, && y_3 = A^\top y_2 - \alpha_2 y_2 - \beta_1 y_1,\\
&\dots\dots\dots\dots && \dots\dots\dots\dots\\
&x_p = Ax_{p-1} - \alpha_{p-1}x_{p-1} - \beta_{p-2}x_{p-2}, && y_p = A^\top y_{p-1} - \alpha_{p-1}y_{p-1} - \beta_{p-2}y_{p-2},
\end{aligned}$$

wobei $\{\alpha_1, \alpha_2, \dots, \alpha_p, \dots\}$ und $\{\beta_1, \beta_2, \dots, \beta_p, \dots\}$ die zu bestimmenden Zahlenfolgen sind.

Wir wählen α_1 so, daß $x_1^\top y_2 = 0$ ist, d. h., es muß

$$0 = x_1^\top A^\top y_1 - x_1^\top y_1 \alpha_1$$

gelten, falls $x_1^\top y_1 \neq 0$ ist; dann ergibt sich

$$\alpha_1 = \frac{x_1^\top A^\top y_1}{x_1^\top y_1} = \frac{y_1^\top A x_1}{y_1^\top x_1}.$$

Für diesen Wert von α_1 gilt gerade $y_1^\top x_2 = 0$.

Wir nehmen nun an, daß für $i = 1, 2, \dots, k$ die Werte α_i, β_i derart bestimmt wurden, daß $x_i^\top y_i \neq 0$ und $x_i^\top y_j = 0$ ist für $i \neq j \leq k$:

$$x_{k+1} = Ax_k - \alpha_k x_k - \beta_{k-1}x_{k-1}, \tag{1}$$

$$y_{k+1} = A^\top y_k - \alpha_k y_k - \beta_{k-1}y_{k-1}. \tag{1'}$$

Aus $y_k^\top x_{k+1} = 0$ erhalten wir mit (1)

$$0 = y_k^\top A x_k - \alpha_k y_k^\top x_k - \beta_{k-1} y_k^\top x_{k-1};$$

und da nach Voraussetzung $y_k^\top x_k \neq 0$ und $y_k^\top x_{k-1} = 0$ gilt, folgt

$$\alpha_k = \frac{y_k^\top A x_k}{y_k^\top x_k} = \frac{x_k^\top A^\top y_k}{x_k^\top y_k}. \tag{2}$$

Dieser Wert für α_k ergibt nach (1') $x_k^\top y_{k+1} = 0$.

Die Gleichung $y_{k-1}^\top x_{k+1} = 0$ liefert

$$0 = y_{k-1}^\top A x_k - \alpha_k y_{k-1}^\top x_k - \beta_{k-1} y_{k-1}^\top x_{k-1};$$

und da nach Voraussetzung $y_{k-1}^\top x_k = 0$ und $y_{k-1}^\top x_{k-1} \neq 0$ ist, erhalten wir

$$\beta_{k-1} = \frac{y_{k-1}^\top A x_k}{y_{k-1}^\top x_{k-1}}. \tag{3}$$

Hätten wir $x_{k-1}^\top y_{k+1} = 0$ gewählt, so wären wir ebenfalls zu einer Formel für β_{k-1} gelangt, nämlich

$$\beta_{k-1} = \frac{x_{k-1}^\top A^\top y_k}{y_{k-1}^\top x_{k-1}}. \tag{3'}$$

Nun ist

$$
\begin{aligned}
Ax_k &= A^2x_{k-1} - \alpha_{k-1}Ax_{k-1} - \beta_{k-2}Ax_{k-2}\\
&= A^2x_{k-1} - \alpha_{k-1}Ax_{k-1} - \beta_{k-2}(x_{k-1} + \alpha_{k-2}x_{k-2} + \beta_{k-3}x_{k-3})
\end{aligned}
$$

wegen $x_{k-1} = Ax_{k-2} - \alpha_{k-2}x_{k-2} - \beta_{k-3}x_{k-3}$; berücksichtigen wir die Orthogonalitätsbeziehungen, dann ergibt sich

$$y_{k-1}^{\mathsf T}Ax_k = y_{k-1}^{\mathsf T}A^2x_{k-1} - \alpha_{k-1}y_{k-1}^{\mathsf T}Ax_{k-1} - \beta_{k-2}y_{k-1}^{\mathsf T}x_{k-1}. \tag{4}$$

Ebenso finden wir, wenn wir von dem Ausdruck

$$A^{\mathsf T}y_k = (A^{\mathsf T})^2y_{k-1} - \alpha_{k-1}A^{\mathsf T}y_{k-1} - \beta_{k-2}A^{\mathsf T}x_{k-2}$$

ausgehen,

$$x_{k-1}^{\mathsf T}A^{\mathsf T}y_k = x_{k-1}^{\mathsf T}(A^{\mathsf T})^2y_{k-1} - \alpha_{k-1}x_{k-1}^{\mathsf T}A^{\mathsf T}y_{k-1} - \beta_{k-2}x_{k-1}^{\mathsf T}y_{k-1}. \tag{4'}$$

Anhand dieser neuen Beziehungen sehen wir, daß (4') aus (4) durch Transposition hervorgeht. Die beiden für β_{k-1} gefundenen Werte stimmen also überein.

Es bleibt noch zu prüfen, ob für die Vektoren

$$x_{k+1} = Ax_k - \alpha_kx_k - \beta_{k-1}x_{k-1}, \qquad y_{k+1} = A^{\mathsf T}y_k - \alpha_ky_k - \beta_{k-1}y_{k-1}$$

die Beziehungen

$$\left.\begin{aligned} x_{k+1}^{\mathsf T}y_i &= 0,\\ y_{k+1}^{\mathsf T}x_i &= 0 \end{aligned}\right\} \quad \text{für} \quad i = 1, 2, \ldots, k, \tag{5), (5'}$$

$$x_{k+1}^{\mathsf T}y_{k+1} \neq 0 \tag{6}$$

gelten, wenn α_k und β_{k-1} in der durch (2) und (3) angegebenen Weise gewählt werden. Den Beweis dafür führen wir durch Induktion. Für $k = 1$ ist die Aussage richtig, und wir nehmen an, sie gelte für k.

Für $i = k$ und $k - 1$ sind die beiden Gleichungen (5) und (5') auf Grund der Wahl von α_k und β_{k-1} erfüllt. Wir nehmen an, es sei $i < k - 1$. Dann gilt

$$x_{k+1}^{\mathsf T}y_i = y_i^{\mathsf T}x_{k+1} = y_i^{\mathsf T}Ax_k - \alpha_ky_i^{\mathsf T}x_k - \beta_{k-1}y_i^{\mathsf T}x_{k-1};$$

nach Voraussetzung ist $y_i^{\mathsf T}x_k = 0$, $y_i^{\mathsf T}x_{k-1} = 0$, und somit ergibt sich

$$x_{k+1}^{\mathsf T}y_i = y_i^{\mathsf T}Ax_k = x_k^{\mathsf T}A^{\mathsf T}y_i = x_k^{\mathsf T}[y_{i+1} + \alpha_iy_i + \beta_{i-1}y_{i-1}] = 0.$$

Analog beweist man $y_{k+1}^{\mathsf T}x_i = 0$ für $i < k - 1$.

Es ist noch zu prüfen, ob $x_{k+1}^{\mathsf T}y_{k+1} \neq 0$ ist.

Dazu führen wir für die bereits berechneten Größen α_i, β_i und $x_i^{\mathsf T}y_i$ verschiedene Ausdrücke ein. So betrachten wir die Matrix

$$M_{i+1} = \begin{bmatrix} y_1^{\mathsf T}x_1 & y_1^{\mathsf T}Ax_1 & \ldots y_1^{\mathsf T}A^ix_1\\ y_1^{\mathsf T}Ax_1 & y_1^{\mathsf T}A^2x_1 & \ldots y_1^{\mathsf T}A^{i+1}x_1\\ \vdots & \vdots & \vdots\\ y_1^{\mathsf T}A^ix_1 & y_1^{\mathsf T}A^{i+1}x_1 & \ldots y_1^{\mathsf T}A^{2i}x_1 \end{bmatrix} = \begin{bmatrix} y_1^{\mathsf T}\\ y_1^{\mathsf T}A\\ \vdots\\ y_1^{\mathsf T}A^i \end{bmatrix} \cdot [x_1, Ax_1, \ldots, A^ix_1],$$

und wir setzen $d_{i+1} = \mathrm{Det}(M_{i+1})$.

Offensichtlich verändern wir den Wert von d_{i+1} nicht, wenn wir in der zweiten, dritten, ..., $(i+1)$-ten Zeile von M_{i+1} den Vektor Ax_1 durch seine Darstellung mittels x_2 ($Ax_1 = x_2 + \alpha_1 x_1$) ersetzen. Wir erhalten somit

$$d_{i+1} = \operatorname{Det}\begin{bmatrix} y_1^\top x_1 & y_1^\top A x_1 & \dots y_1^\top A^i x_1 \\ y_1^\top x_2 & y_1^\top A x_2 & \dots y_1^\top A^i x_2 \\ y_1^\top A x_2 & y_1^\top A^2 x_2 & \dots y_1^\top A^{i+1} x_2 \\ \vdots & \vdots & \vdots \\ y_1^\top A^{i-1} x_2 & y_1^\top A^i x_2 & \dots y_1^\top A^{2i-1} x_2 \end{bmatrix}.$$

Im nächsten Schritt ersetzen wir Ax_2 durch $x_3 + \alpha_2 x_2 + \beta_1 x_1$ usw. Wie man sieht, ergibt sich

$$d_{i+1} = \operatorname{Det}\begin{bmatrix} y_1^\top x_1 & y_1^\top A x_1 & \dots y_1^\top A^i x_1 \\ y_1^\top x_2 & y_1^\top A x_2 & \dots y_1^\top A^i x_2 \\ \vdots & \vdots & \vdots \\ y_1^\top x_{i+1} & y_1^\top A x_{i+1} & \dots y_1^\top A^i x_{i+1} \end{bmatrix}.$$

Gehen wir nun in gleicher Weise für die Spalten vor, d. h., setzen wir

$$A^\top y_1 = y_2 + \alpha_1 y_1 \qquad \text{und} \qquad A^\top y_k = y_{k+1} + \alpha_k y_k + \beta_{k-1} y_{k-1},$$

so erhalten wir schließlich

$$d_{i+1} = \operatorname{Det}\begin{bmatrix} y_1^\top x_1 & y_2^\top x_1 & \dots y_{i+1}^\top x_1 \\ y_1^\top x_2 & y_2^\top x_2 & \dots y_{i+1}^\top x_2 \\ \vdots & \vdots & \vdots \\ y_1^\top x_{i+1} & y_2^\top x_{i+1} & \dots y_{i+1}^\top x_{i+1} \end{bmatrix} = \operatorname{Det}\left(\begin{bmatrix} y_1^\top \\ y_2^\top \\ \vdots \\ y_{i+1}^\top \end{bmatrix} \cdot [x_1, x_2, \dots, x_{i+1}]\right). \quad (7)$$

Davon ausgehend gelangen wir zu der Identität

$$\operatorname{Det}\left(\begin{bmatrix} y_1^\top \\ y_1^\top A \\ \vdots \\ y_1^\top A^i \end{bmatrix} \cdot [x_1, Ax_1, \dots, A^i x_1]\right) = \operatorname{Det}\left(\begin{bmatrix} y_1^\top \\ y_2^\top \\ \vdots \\ y_{i+1}^\top \end{bmatrix} \cdot [x_1, x_2, \dots, x_{i+1}]\right). \quad (8)$$

Zu der Beziehung (6) waren wir gekommen, ohne die Wahl von α_i, β_i zu berücksichtigen. In diesem Fall sind die Determinanten d_{i+1} ($i = 1, 2, \dots, k$) so beschaffen, daß die Matrix aus Formel (7) eine Diagonalmatrix ist. Wir erhalten also

$$\operatorname{Det}\left(\begin{bmatrix} y_1^\top \\ y_1^\top A \\ \vdots \\ y_1^\top A^k \end{bmatrix} \cdot [x_1, Ax_1, \dots, A^i x_1]\right) = (y_1^\top x_1)(y_2^\top x_2) \cdots (y_{i+1}^\top x_{i+1}). \quad (8')$$

Wie Formel (8′) bereits zeigt, gelangt man, wenn m der Grad des Minimalpolynoms einer Matrix A ist, für $k \leqq m$ notwendig auf die Gleichung $y_{k+1}^\top x_{k+1} = 0$.

Andererseits ist klar, daß in diesem Fall wenigstens ein Vektor x_1^0 existiert, so daß $x_1^0, Ax_1^0, \ldots, A^{m-1}x_1^0$ linear unabhängig sind (sonst wäre der Grad dieses Polynoms kleiner als m). Kann man zu diesem Vektor x_1^0 einen Vektor y_1^0 finden, so daß $y_1^{0\mathsf{T}} x_1^0 \neq 0$ und $\{y_1^0, A^\mathsf{T} y_1^0, \ldots, (A^\mathsf{T})^{m-1} y_1^0\}$ ebenfalls linear unabhängig sind?

Da $[P(A)]^\mathsf{T} = P(A^\mathsf{T})$ für jedes Polynom $P(u) \in K[u]$ gilt, besitzen A und A^T dasselbe Minimalpolynom. Man kann also auch einen Vektor y_1^0 wählen, so daß $\{y_1^0, A^\mathsf{T} y_1^0, \ldots, (A^\mathsf{T})^{m-1} y_1^0\}$ linear unabhängig sind.

Gilt jedoch $y_1^{0\mathsf{T}} x_1^0 \neq 0$? Es genügt darauf hinzuweisen, daß die Vektoren y_1^0, für die $\{y_1^0, A^\mathsf{T} y_1^0, \ldots, (A^\mathsf{T})^{m-1} y_1^0\}$ linear abhängig sind, im Raum R^n eine abgeschlossene Mannigfaltigkeit bilden, deren offenes Komplement nicht vollständig in der Hyperebene enthalten sein kann, die den Ort aller y_1^0 mit $y_1^{0\mathsf{T}} x_1^0 = 0$ darstellt ($x_1^0 \neq 0$).

In der Tat, es sei etwa $\{z_1, z_2, \ldots, z_k\}$ eine gegen Z konvergierende Vektorfolge aus R^n; jedem z_k mögen m nicht gleichzeitig verschwindende Zahlen $\alpha_1^{(k)}, \alpha_2^{(k)}, \ldots, \alpha_m^{(k)}$ entsprechen, und es gelte

$$\sum_{i=1}^{m} \alpha_i^{(k)} (A^\mathsf{T})^{i-1} z_k = 0. \tag{9}$$

Die Bedingung, daß der Vektor

$$a^{(k)} = \begin{bmatrix} \alpha_1^{(k)} \\ \alpha_2^{(k)} \\ \vdots \\ \alpha_m^{(k)} \end{bmatrix} \in R^m$$

von Null verschieden sei, zeigt, daß die Zahlen $\alpha_i^{(k)}$ so gewählt werden können, daß

$$\left(\sum_{i=1}^{m} \alpha_i^{(k)^2} \right)^{1/2} = 1$$

ist. Aus der Folge der Vektoren a^k, die zur (kompakten) Einheitskugel des R^m gehören, kann eine Teilfolge $a^{(k_j)}$ ausgewählt werden, die gegen einen Vektor

$$\mathscr{B} = \begin{bmatrix} b_1 \\ b_2 \\ \vdots \\ b_n \end{bmatrix}$$

konvergiert. Für $j \to \infty$ geht damit

$$\sum_{i=1}^{m} \alpha_i^{(k_j)} (A^\mathsf{T})^{i-1} z_{k_j} = 0$$

über in

$$\sum_{i=1}^{m} b_i (A^\mathsf{T})^{i-1} Z = 0,$$

und Z ist demzufolge ein Element der fraglichen Mannigfaltigkeit.

Somit können die Anfangsvektoren x_1, y_1 stets so gewählt werden (RUTISHAUSER), daß $y_i^\mathsf{T} x_i \neq 0$ ist für $i = 1, 2, \ldots, m$ und $y_{m+1}^\mathsf{T} x_{m+1} = 0$. Die Menge der Anfangspaare (x_1, y_1) ist offen in $R^n \times R^n$.

Um derartige Schwierigkeiten zu vermeiden, setzen wir voraus:

1. Das Minimalpolynom von A ist mit dem charakteristischen Polynom identisch.

2. Die Wahl von x_1 und y_1 wird in der von uns dargelegten Weise getroffen, d. h., es ist $y_i^\mathsf{T} x_i \neq 0$ für $i = 1, 2, \ldots, n$.

Diese Voraussetzungen sind bei praktischen Rechnungen stets erfüllt.

Notwendigerweise ist dann $y_{n+1} = x_{n+1} = 0$; denn y_{n+1} wie auch x_{n+1} können durch den Algorithmus bestimmt werden, und beide Vektoren müssen orthogonal zu $\{x_1, x_2, \ldots, x_n\}$ bzw. $\{y_1, y_2, \ldots, y_n\}$ sein, die bereits zwei Systeme von linear unabhängigen Vektoren darstellen.

Wir betrachten jetzt die Folge von reellen Polynomen, die bestimmt sind durch

$$\begin{aligned} p_0(u) &\equiv 1, \qquad p_1(u) = u - \alpha_1, \\ p_{i+1}(u) &= (u - \alpha_i) p_i(u) - \beta_{i-1} p_{i-1}(u) \qquad (i = 1, 2, \ldots, n). \end{aligned} \tag{I}$$

Es ist

$$x_k = p_{k-1}(A) x_1 \qquad \text{oder} \qquad y_k = p_{k-1}(A^\mathsf{T}) y_1$$

und somit

$$p_n(A) x_1 = 0 \qquad \text{oder} \qquad p_n(A^\mathsf{T}) y_1 = 0;$$

da die Menge der Anfangspaare (x_1, y_1) offen ist (in $R^n \times R^n$), stellt $p_n(u)$ (bis auf den Faktor $(-1)^n$) das gesuchte charakteristische Polynom dar.

Mit Hilfe der Folge von Rekursionsbeziehungen (I) und den nach den Formeln (2) und (3) berechneten α_i, β_i können wir die Koeffizienten von $p_n(u)$ bestimmen.

Ist $A = A^\mathsf{T}$, d. h., ist A symmetrisch, so können die beiden Folgen $\{x_i\}$ und $\{y_i\}$ übereinstimmen (man wähle $x_1 = y_1$).

B e m e r k u n g. Die oben dargestellte Methode beweist, daß sich eine Basis angeben läßt, die aus Vektoren $x_1, x_2, \ldots$ besteht, so daß die bezüglich der Fundamentalbasis durch A dargestellte Transformation σ in der neuen Basis dargestellt wird durch

$$L = \begin{bmatrix} \alpha_1 & \beta_1 & & & \\ 1 & \alpha_2 & \beta_2 & & \\ & 1 & \alpha_3 & \beta_3 & \\ & & \ddots & \ddots & \beta_{n-1} \\ & & & 1 & \alpha_n \end{bmatrix};$$

denn es ist

$$
\begin{aligned}
Ax_1 &= x_2 + \alpha_1 x_1, \\
Ax_2 &= x_3 + \alpha_2 x_2 + \beta_1 x_1, \\
&\dots\dots\dots\dots \\
Ax_n &= \alpha_n x_n + \beta_{n-1} x_{n-1}.
\end{aligned}
$$

Aufgabe. Welche reduzierte Form erhält man mit der Methode von LANCZOS, wenn das Minimalpolynom von A nicht mit dem charakteristischen Polynom übereinstimmt?

Wir geben jetzt eine dieser Methode entsprechende ALGOL-Prozedur an:

```
'PROCEDURE' LANCZOS (M,A,B,C,N) ; 'VALUE' N ;
'INTEGER' N ; 'REAL''ARRAY' M,A,B,C ;
'COMMENT' DIESE PROZEDUR BESTIMMT DAS
CHARAKTERISTISCHE POLYNOM DER MATRIX M
UEBER SEINE KOEFFIZIENTEN A[N,J]. DIE FELDER
B,C SIND SO GEWAEHLT, DASS B[K,I] , C[K,I] DIE
KOMPONENTEN VOM INDEX I DER VEKTOREN
X(K-1) , Y(K-1) AUS DEM VORSTEHENDEN TEXT
DARSTELLEN . DIE SPEICHERPLAETZE B[1,I] , C[1,I]
MUESSEN ZU BEGINN SO BELEGT WERDEN, DASS DIE
VEKTOREN XO UND YO NICHT ORTHOGONAL SIND ;
'BEGIN''INTEGER' I,J,K,L ;
  'REAL''ARRAY' D,E[1:N,1:N],S,F[1:N],G[2:N] ;
  'REAL''PROCEDURE' PS(A,B,P) ;
  'INTEGER' P ; 'REAL' A,B ;
    'BEGIN''REAL' S ; S := 0 ;
      'FOR' P := 1 'STEP' 1 'UNTIL' N 'DO'
      S := S + A * B ; PS := S ;
    'END' ;
  'FOR' I := 1 'STEP' 1 'UNTIL' N 'DO'
    'BEGIN' D[1,I] := 0 ; E[1,I] := 0 ;
    'END' ;
  'FOR' I := 1 'STEP' 1 'UNTIL' N 'DO'
  'FOR' J := 1 'STEP' 1 'UNTIL' N 'DO'
    'BEGIN' D[1,I] := D[1,I] + M[I,J] * B[1,J] ;
            E[1,I] := E[1,I] + M[J,I] * C[1,J]
    'END' ;
  S[1] := PS(B[1,I],C[1,I],I) ;
  F[1] := PS(C[1,I],D[1,I],I) / S[1] ;
  'FOR' I := 1 'STEP' 1 'UNTIL' N 'DO'
    'BEGIN' B[2,I] := D[1,I] - F[1] * B[1,I] ;
            C[2,I] := E[1,I] - F[1] * C[1,I]
    'END' ;
  K := 2 ; ITER: S[K] := PS(B[K,I],C[K,I],I) ;
  'FOR' I := 1 'STEP' 1 'UNTIL' N 'DO'
    'BEGIN' D[K,I] := 0 ; E[K,I] := 0
    'END' ;
```

```
'FOR' I := 1 'STEP' 1 'UNTIL' N 'DO'
'FOR' J := 1 'STEP' 1 'UNTIL' N 'DO'
  'BEGIN' D[K,I] := D[K,I] + M[I,J] * B[K,J] ;
          E[K,I] := E[K,I] + M[J,I] * C[K,J]
  'END' ;
F[K] := PS(C[K,I],D[K,I],I) / S[K] ;
G[K] := S[K] / S[K-1] ;
'IF' K < N 'THEN'
  'BEGIN' K := K+1 ;
    'FOR' I := 1 'STEP' 1  'UNTIL' N 'DO'
      'BEGIN' C[K,I] := E[K-1,I] - F[K-1]
                      * C[K-1,I] - G[K-1]
                      * C[K-2,I] ;
              B[K,I] := D[K-1,I] - F[K-1]
                      * B[K-1,I] - G[K-1]
                      * E[K-2,I]
      'END' ;
    'GOTO' ITER
  'END' ;
A[0,0] := 1 ; A[1,0] := F[1] ; A[1,1] := 1 ;
'FOR' K := 1 'STEP' 1 'UNTIL' N 'DO'
  'BEGIN' A[K,K] := 1 ;
    A[K,K-1] := A[K-1,K-2] - F[K] ;
    A[K,0] := -F[K] * A[K-1,0] - G[K] * A[K-2,0]
  'END' ;
K := 3 ; BIS: 'FOR' J := 1 'STEP' 1 'UNTIL' K-2 'DO'
A[K,J] := A[K-1 ,J-1] - F[K] * A[K-1,J]
                      - G[K] * A[K-2,J] ;
'IF' K < N 'THEN'
  'BEGIN' K := K+1 ; 'GOTO' BIS
  'END'
'END' ;
```

8.2.2. *Der Fall symmetrischer Matrizen A aus $\mathcal{M}_{(n,n)}(R)$ (Methode von Givens)*

Das Prinzip besteht in folgendem: Mit Hilfe einer orthonormalen Matrix O transformiert man A in $A' = O^{\mathsf{T}} A O$; darauf weist man mit einer Folge solcher Transformationen nach, daß A transformiert werden kann in eine Matrix der Gestalt

$$G = \begin{bmatrix} a_1 & b_1 & & & & \\ b_1 & a_2 & b_2 & & & \\ & b_2 & a_3 & \ddots & & \\ & & \ddots & \ddots & & \\ & & & & a_{n-1} & b_{n-1} \\ & & & & b_{n-1} & a_n \end{bmatrix},$$

d. h. in eine symmetrische dreidiagonale Matrix.

8.2.2.1. Givenssche Transformationen

Gegeben sei eine symmetrische Matrix $A = (a_{ij})$, d. h., es ist $a_{ij} = a_{ji}$. Setzen wir $(k < i)$

$$\Omega_{ki} = I + (c-1)(E_{kk} + E_{ii}) + s E_{ik} - s E_{ki}$$

$$\Omega_{ki} = \begin{array}{c} \begin{array}{ccccccccc} & & & \text{k-te Spalte} & & \text{i-te Spalte} & & & \\ & & & \downarrow & & \downarrow & & & \end{array} \\ \left[\begin{array}{ccccccccc} 1 & & & & & & & & \\ & \ddots & & & & & & & \\ & & 1 & & & & & & \\ & & & c & \cdots & -s & & & \\ & & & \vdots & 1 & \vdots & & & \\ & & & \vdots & \ddots & \vdots & & & \\ & & & \vdots & 1 & \vdots & & & \\ & & & s & \cdots & c & & & \\ & & & & & & 1 & & \\ & & & & & & & \ddots & \\ & & & & & & & & 1 \end{array}\right] \end{array} \begin{array}{l} \\ \\ \\ \\ \\ \leftarrow \text{k-te Zeile} \\ \\ \\ \\ \leftarrow \text{i-te Zeile} \\ \\ \\ \\ \end{array} ,$$

dann ist Ω_{ki} offenbar im allgemeinen $(s \neq 0)$ nicht symmetrisch, sondern es gilt

$$\Omega_{ki}^{\mathsf{T}} = I + (c-1)(E_{kk} + E_{ii}) - s E_{ik} + s E_{ki}.$$

Wir bilden

$$\begin{aligned} \Omega_{ki}^{\mathsf{T}} \Omega_{ki} &= I + (c-1)(E_{kk} + E_{ii}) + s E_{ik} + (c-1)(E_{kk} + E_{ii}) \\ &\quad + s^2 E_{ii} + s E_{ki} + s(c-1) E_{ki} + s^2 E_{kk} \\ &= I + (c-1)(2 + c - 1)(E_{kk} + E_{ii}) + s^2(E_{kk} + E_{ii}) \\ &= I + (s^2 + c^2 - 1)(E_{kk} + E_{ii}); \end{aligned}$$

Ω_{ki} ist also genau dann orthonormal, wenn

$$s^2 + c^2 = 1$$

ist (vgl. 4.8.7.). Im folgenden wollen wir voraussetzen, daß Ω_{ki} orthonormal sei; dann ist

$$\Omega_{ki}^{\mathsf{T}} = \Omega_{ki}^{-1}.$$

Wir berechnen $\Omega_{ki}^{\mathsf{T}} A \Omega_{ki}$.

Zunächst bilden wir $A \Omega_{ki} = B = (b_{ij})$.

Es ist klar, daß die Matrix B mit Ausnahme der k-ten und der i-ten Spalte aus den Spalten von A besteht,

$$b_{lj} = a_{lj} \quad \text{für} \quad j \neq k, i \quad \text{und} \quad l = 1, 2, \ldots, n.$$

Die k-te Spalte von B ist	Die i-te Spalte von B ist
$\begin{cases} b_{1k} = ca_{1k} + sa_{1i} \\ b_{2k} = ca_{2k} + sa_{2i} \\ \vdots \\ b_{nk} = ca_{nk} + sa_{ni} \end{cases}$	$\begin{cases} b_{1i} = -sa_{1k} + ca_{1i} \\ b_{2i} = -sa_{2k} + ca_{2i} \\ \vdots \\ b_{ni} = -sa_{nk} + ca_{ni} \end{cases}$

Darauf bilden wir

$$\Omega_{ki}^{\mathsf{T}} B = C = (c_{lj}).$$

Offenbar besitzt C bis auf die k-te und i-te Zeile dieselben Zeilen wie B,

$$c_{lj} = b_{lj} \quad \text{für} \quad l \neq k, i \quad \text{und} \quad j = 1, 2, \ldots, n.$$

Die k-te Zeile von C ist

$$c_{k1} = cb_{k1} + sb_{i1}, \quad c_{k2} = cb_{k2} + sb_{i2}, \quad \ldots, \quad c_{kn} = cb_{kn} + sb_{in},$$

die i-te Zeile von C ist

$$c_{i1} = -sb_{k1} + cb_{i1}, \quad c_{i2} = -sb_{k2} + cb_{i2}, \quad \ldots, \quad c_{in} = -sb_{kn} + cb_{in}.$$

Nach diesen Überlegungen sehen wir, daß folgende Beziehungen gelten (Überprüfung der Symmetrie):

1. $c_{lj} = a_{lj}$ für $j \neq k, i$,

2. $c_{kj} = ca_{kj} + sa_{ij}$ für $j \neq k, i$; k-te Zeile (bis auf zwei Terme),
   $c_{ij} = -sb_{kj} + ca_{ij}$ für $j \neq k, i$; i-te Zeile (bis auf zwei Terme),
   $c_{jk} = ca_{jk} + sa_{ji}$ für $j \neq k, i$; k-te Spalte (bis auf zwei Terme),
   $(F)\, c_{jk} = -sa_{jk} + ca_{ji}$ für $j \neq k, i$; i-te Spalte (bis auf zwei Terme),

3.
$$\begin{aligned} c_{kk} &= cb_{kk} + sb_{ik} = c[ca_{kk} + sa_{ki}] + s[ca_{ik} + sa_{ii}] \\ &= c^2 a_{kk} + 2sca_{ik} + s^2 a_{ii}, \\ c_{ik} &= -sb_{kk} + cb_{ik} = -s[ca_{kk} + sa_{ki}] + c[ca_{ik} + sa_{ii}] \\ &= (c^2 - s^2) a_{ik} + sc(a_{ii} - a_{kk}), \\ c_{ki} &= cb_{ki} + sb_{ii} = c[-sa_{kk} + ca_{ki}] + s[-sa_{ik} + ca_{ii}] \\ &= (c^2 - s^2) a_{ik} + sc(a_{ii} - a_{kk}), \\ c_{ii} &= -sb_{ki} + cb_{ii} = -s[-sa_{kk} + ca_{ki}] + c[-sa_{ik} + ca_{ii}] \\ &= c^2 a_{ii} - 2sca_{ik} + s^2 a_{kk}. \end{aligned}$$

Nach Abschluß dieser Berechnungen sieht die Methode von Givens vor, daß man mit dem Paar $k = 2$, $i = 3$ beginnt und den Term c_{13} durch geeignete Wahl von s und c annulliert:

$$s^2 + c^2 = 1, \qquad -sa_{12} + ca_{13} = 0 = c_{13} \quad \text{(Formel (F))};$$

man transformiert damit nur die Zeilen und Spalten mit den Indizes 2 und 3.

Ist diese Wahl getroffen, so transformiert man die Zeilen mit den Indizes 2 und 3, um zu einer Matrix C_{13} zu gelangen, so daß

$$\begin{bmatrix} * & * & 0 & * \\ * & * & * & * \\ 0 & * & * & \\ * & * & & \end{bmatrix} = C_{13} \quad \text{und} \quad s = t a_{13}, \; c = t a_{12}, \; t = \frac{1}{\sqrt{a_{12}^2 + a_{13}^2}}$$

ist.

Danach unterwirft man C_{13} einer analogen Transformation in bezug auf Ω_{24}, die durch eine geeignete Wahl von s und c den Term (1, 4) annulliert, ohne die Zeilen mit den Indizes 1 und 3 zu ändern.

Die Folge der Transformationen (2, 3), (2, 4), …, (2, n) überführt also die Terme an den Stellen (1, 3), (1, 4), …, (1, n) in Nullen ($n - 2$ Transformationen).

Das Verfahren wird mit den Transformationen (3, 4), (3, 5), …, (3, n) fortgesetzt ($n - 3$ Transformationen). Wie man sieht, benötigt man insgesamt $1 + 2 + \cdots + n - 2 = (n-2)(n-1)/2$ Transformationen. Es sind etwa $4n^3/3$ Multiplikationen auszuführen, um A in eine dreidiagonale Matrix G zu transformieren, deren charakteristisches Polynom noch zu bestimmen bleibt.

8.2.2.2. Das charakteristische Polynom einer symmetrischen dreidiagonalen Matrix

Gegeben sei die Matrix

$$G = \begin{bmatrix} a_1 & b_1 & & & \\ b_1 & a_2 & b_2 & & \\ & b_2 & a_3 & \ddots & \\ & & \ddots & a_{n-1} & b_{n-1} \\ & & & b_{n-1} & a_n \end{bmatrix}.$$

Wir setzen $f_0(\lambda) \equiv 1$, $f_1(\lambda) \equiv a_1 - \lambda$ und allgemein

$$f_k(\lambda) = \operatorname{Det} \begin{bmatrix} a_1 - \lambda & b_1 & & & \\ b_1 & a_2 - \lambda & b_2 & & \\ & b_2 & a_3 - \lambda & \ddots & \\ & & \ddots & \ddots & b_{k-1} \\ & & & b_{k-1} & a_k - \lambda \end{bmatrix},$$

so daß $f_n(\lambda)$ das gesuchte charakteristische Polynom $F(\lambda)$ darstellt.

Entwickeln wir $f_k(\lambda)$ nach der letzten Zeile, so erhalten wir

$$f_k(\lambda) = (a_k - \lambda) f_{k-1}(\lambda) - b_{k-1} \Delta_{k-1},$$

wobei Δ_{k-1} die Determinante bezeichnet, die sich bei Streichung der letzten Zeile und der vorletzten Spalte ergibt, d. h., es ist $\Delta_{k-1} = b_{k-1} f_{k-2}(\lambda)$. Hiermit gelangen wir für die Polynome f_k zu der Rekursionsbeziehung

$$f_k(\lambda) = (a_k - \lambda) f_{k-1}(\lambda) - b_{k-1}^2 f_{k-2}(\lambda), \tag{1}$$

die es ermöglicht, ausgehend von $f_0 \equiv 1$, $f_1 \equiv a_1 - \lambda$ das charakteristische Polynom $f_n(\lambda) \equiv F(\lambda)$ zu bestimmen.

Eigenschaften dieser Polynome (für den Fall, daß alle $b_i \neq 0$ sind):

1. Zwei aufeinanderfolgende Polynome f_i und f_{i-1} haben keine gemeinsamen Nullstellen; denn wie (1) zeigt, wäre eine solche Nullstelle α auch Nullstelle von f_{i-2} usw. und schließlich von $f_0(\lambda) \equiv 1$, was unmöglich ist.

2. Die Wurzeln von $f_i(\lambda) = 0$ seien $s_1, \ldots, s_i$; die Wurzeln von $f_{i-1}(\lambda) = 0$ seien $r_1, \ldots, r_{i-1}$ ($s_k \neq r_l$, $k = 1, 2, \ldots, i$; $l = 1, 2, \ldots, i-1$).

Als Koeffizient von λ^i in $f_i(\lambda)$ ergibt sich rekursiv $(-1)^i$; daher ist

$$f_i(\lambda) \equiv (s_1 - \lambda)(s_2 - \lambda) \cdots (s_i - \lambda),$$

und auf Grund von (1) können wir schreiben:

$$f_{i+1}(\lambda) \equiv (a_{i+1} - \lambda)(s_1 - \lambda) \cdots (s_i - \lambda) - b_i^2 (r_1 - \lambda) \cdots (r_{i-1} - \lambda). \tag{2}$$

Nehmen wir an, wir hätten bewiesen, daß die s_k reell und durch die r_l getrennt sind, d. h., es gelte (eventuell nach Änderungen der Indizes)

$$s_1 < r_1 < s_2 < r_2 < \cdots < s_{i-1} < r_{i-1} < s_i.$$

Für $i = 2$ ist das wegen

$$f_1(\lambda) \equiv a_1 - \lambda, \qquad f_2(\lambda) = (a_1 - \lambda)(a_2 - \lambda) - b_1^2$$

der Fall.

Nach dem Vorhergehenden ist $f_2(\lambda) = \lambda^2 + \cdots$ und $f_2(a_1) = -b_1^2 < 0$; die beiden Nullstellen von $f_2(\lambda)$ sind also reell, und a_1 liegt zwischen diesen beiden Nullstellen.

Wir wollen zeigen, daß die (nach wachsender Größe geordneten) Nullstellen $\alpha_1, \alpha_2, \ldots, \alpha_{i+1}$ von $f_{i+1}(\lambda) = 0$ reell sind und durch s_l ($l = 1, 2, .., i$) getrennt werden.

In der Tat, beachtet man, daß

$$f_{i+1}(s_j) = -b_i^2 (r_1 - s_j) \cdots (r_{j-1} - s_j)(r_j - s_j) \cdots$$

ist und daß $f_{i+1}(\lambda)$ und $f_i(\lambda)$ mit Gliedern von entgegengesetztem Vorzeichen beginnen, dann folgt sofort die Behauptung.

3. Damit ist bewiesen, daß die Polynome $f_i(\lambda)$ eine Sturmsche Kette bilden. Hieraus folgt für einen Wert a mit $f_n(a) \neq 0$, daß die Anzahl der Eigenwerte von G, die größer als a sind, gleich der Anzahl der Zeichenwechsel in der Folge $1, -f_1(a), f_2(a), \ldots, (-1)^n f_n(a)$ ist; wenn diese Zahl $V(a)$ ist, dann beträgt die Anzahl der zwischen a und b liegenden Nullstellen $V(a) - V(b)$.

8.2.2.3. Bestimmung der Eigenvektoren

Das Problem besteht darin, nach der Bestimmung der Eigenwerte diese Aufgabe für

$$G = \Omega^\mathsf{T} A \Omega \qquad \text{mit} \qquad \Omega_{23}\Omega_{24}\cdots\Omega_{2n}\Omega_{34}\cdots\Omega_{3n}\cdots = \Omega$$

zu lösen. Es sei beispielweise λ ein Eigenwert. In diesem Fall können wir für $(G - \lambda I)y = 0$ schreiben $\big(y = (y_i)\big)$:

$$(a_1 - \lambda)y_1 + b_1 y_2 = 0\,,$$

$$b_1 y_1 + (a_2 - \lambda) y_2 + b_2 y_3 = 0\,.$$

Man setze $y_1 = 1$ und verwende $(b_0 = 0)$

$$y_{i+1} = -b_i^{-1}[(a_i - \lambda)y_i + b_{i-1}y_{i-1}]\,.$$

Liegt der Eigenvektor y vor $(Gy = \lambda y)$, dann können wir $\Omega^\mathsf{T} A \Omega y = \lambda y$ schreiben, oder, da $\Omega^\mathsf{T} = \Omega^{-1}$ ist,

$$A\Omega y = \lambda \Omega y;$$

daher ist

$$x = (\Omega_{23}\Omega_{24}\cdots\Omega_{2n}\Omega_{34}\cdots\Omega_{n-1,n})y\,.$$

Man vergleiche diese Methode mit der Methode von Jacobi. (Insbesondere beachte man die entsprechenden Bemerkungen zur Bestimmung der Eigenvektoren in diesem Verfahren.)

Es folgt nun eine ALGOL-Prozedur für die Methode von Givens:

```
'PROCEDURE' EIGENWERT (B,N,KOEFF,WURZEL,R) ;
'COMMENT' BERECHNUNG DER (REELLEN) EIGENWERTE
EINER SYMMETRISCHEN MATRIX.
B BEZEICHNET DIE UNTERSUCHTE MATRIX, N DIE
ORDNUNG DERSELBEN. DIE N EIGENWERTE BILDEN DAS
N-ELEMENTIGE FELD R. KOEFF UND WURZEL SIND ZWEI
BOOLESCHE PARAMETER.
VERWENDETE METHODE: VERMITTELS EINER GIVENSSCHEN
TRANSFORMATION WIRD DIE MATRIX B IN EINE ZU B
AEHNLICHE DREIDIAGONALE MATRIX UEBERGEFUEHRT. JE
NACHDEM, OB KOEFF DEN WERT WAHR ODER FALSCH
ANNIMMT, DRUCKT DIE PROZEDUR ODER DRUCKT NICHT
DIE TERME DER DREIDIAGONALEN MATRIX AUS. DAS
AUSDRUCKEN ERFOLGT EVENTUELL IN ZWEI SPALTEN.
DIE ERSTE SPALTE STELLT DIE N DIAGONALELEMENTE
DAR. DIE ZWEITE DIE N-1 CODIAGONALEN TERME. DIE
BERECHNUNG DER EIGENWERTE GEHT VON DER
DREIDIAGONALEN MATRIX AUS UND GESCHIEHT UNTER
VERWENDUNG VON STURMSCHEN KETTEN.
JE NACHDEM, OB DIE WURZEL DEN WERT WAHR ODER
FALSCH ANNIMMT, WERDEN DIE N EIGENWERTE IN EINER
SPALTE AUSGEDRUCKT ODER NICHT. DIE PROZEDUR
VERAENDERT DIE AUSGANGSMATRIX B NICHT ;
```

```
'ARRAY' B,R ; 'INTEGER' N ;
'BOOLEAN' KOEFF,WURZEL ;
'BEGIN''PROCEDURE' POLY (M,N,Q,H,C,V) ;
  'ARRAY' M,N ; 'INTEGER' Q,V ; 'REAL' H,C ;
   'BEGIN''REAL' A,B ; 'INTEGER' J ;
     A := 1 ; B := H - M[1] ;
     V := 'IF' B > 0 'THEN' 0 'ELSE' 1 ;
     'FOR' J := 2 'STEP' 1 'UNTIL' Q 'DO'
       'BEGIN'
         C := (H - M[J]) * B - (N[J-1] 'POWER' 2) * A ;
         V := 'IF' B * C > 0 'THEN' V 'ELSE' V+1 ;
         A := B ; B := C
       'END'
   'END' ;
  'REAL''ARRAY' A[1:N,1:N] ;
  'INTEGER' I,J,K,DELTA,NRT ;
  'REAL''ARRAY' DIAG,CODIAG[1:N] ;
  'FOR' I := 1 'STEP' 1 'UNTIL' N 'DO'
  'FOR' J := 1 'STEP' 1 'UNTIL' N 'DO'
  A[I,J] := B[I,J] ;
  'FOR' K := 2 'STEP' 1 'UNTIL' N-1 'DO'
  'FOR' I := K+1 'STEP' 1 'UNTIL' N 'DO'
   'BEGIN''REAL' T,S,C,U,V ;
     J := K-1 ;
     'IF' ABS(A[J,I]) < #-6 'THEN''GOTO' ZWEIG ;
     T := SQRT(A[J,I] 'POWER' 2
            + A[J,K] 'POWER' 2) ;
     S := A[J,I] / T ; C := A[J,K] / T ;
     A[K,J] := T ;
     A[I,K] := (C 'POWER' 2 - S 'POWER' 2)
     * A[K,I] + S * C * (A[I,I] - A[K,K]) ;
     U := (C 'POWER' 2) * A[K,K] + 2 * S
     * C * A[K,I] + (S 'POWER' 2) * A[I,I] ;
     V := (C 'POWER' 2) * A[I,I] - 2 * S
     * C * A[K,I] + (S 'POWER' 2) * A[K,K] ;
     A[K,K] := U ; A[I,I] := V ; J := K ;
     V1: J := J+1 ;
     'IF' J = I 'THEN''GOTO' V2 ;
     A[J,K] := C * A[K,J] + S * A[J,I] ;
     A[I,J] := C * A[J,I] - S * A[K,J] ;
     'GOTO' V1 ;
     V2: J := J+1 ;
     'IF' J = N+1 'THEN''GOTO' V3 ;
     A[J,K] := C * A[K,J] + S * A[I,J] ;
     A[J,I] := C * A[I,J] - S * A[K,J] ;
     'GOTO' V2 ;
     V3: J := K-1 ;
     A[J,K] := A[K,J] ;
     A[J,I] := 0 ;
     A[K,I] := A[I,K] ;
     J := K ;
```

```
        M1: J := J+1 ;
        'IF' J = I 'THEN''GOTO' M2 ;
        A[K,J] := A[J,K] ;
        A[J,I] := A[I,J] ;
        'GOTO' M1 ;
        M2: J := J+1 ;
        'IF' J = N+1 'THEN''GOTO' ZWEIG ;
        A[K,J] := A[J,K] ;
        A[I,J] := A[J,I] ;
        'GOTO' M2 ;
ZWEIG:
     'END' ;
   NRT := 0 ;
   'FOR' I := 1 'STEP' 1 'UNTIL' N-1 'DO'
     'BEGIN' DIAG[I] := A[I,I] ;
             CODIAG[I] := A[I,I+1] ;
     'END' ;
   DIAG[N] := A[N,N] ;
   CODIAG[N] := 0 ;
   'IF' KOEFF 'THEN'
     'BEGIN''FOR' I := 1 'STEP' 1 'UNTIL' 5
       'DO' ZEILENSPRUNG ;
       'FOR' I := 1 'STEP' 1 'UNTIL' N-1 'DO'
       DRUCKE (DIAG[I] ,CODIAG[I]) ;
       DRUCKE (DIAG[N])
     'END' ;
   K := N ;
T1:
   I := 0 ;
T2:
   I := I+1 ;
   'IF' ABS(CODIAG[I]) < #-6 'THEN''GOTO' T3 ;
   'IF' I 'NOTEQUAL' K-1 'THEN''GOTO' T2 ;
   DELTA := K ; 'GOTO' T6 ;
T7:
   'IF' K = 0 'THEN''GOTO' AUS ;
T4:
   'IF' K 'NOTEQUAL' 1 'THEN''GOTO' T1 ;
   NRT := NRT+1 ; R[NRT] := DIAG[1] ;
   'GOTO' AUS ;
T3:
   'IF' I = 1 'THEN''GOTO' T5 ;
   DELTA := 1 ; 'GOTO' T6 ;
T5:
   NRT := NRT+1 ; R[NRT] := DIAG[1] ;
     'BEGIN''INTEGER' JA,JB ;
       'FOR' JA := 2 'STEP' 1 'UNTIL' K 'DO'
         'BEGIN' JB := JA-1 ;
           DIAG[JB] := DIAG[JA] ;
           CODIAG[JB] := CODIAG[JA]
         'END'
     'END' ;
   K := K-1 ; 'GOTO' T4 ;
```

```
T6:
    'BEGIN''REAL' X,Y,Z,W,CX,CY,CZ,CW,MX ;
      'INTEGER' J,VX,VY,VZ,VW ;
     X := 1000 / 9 ;
     POLY(DIAG,CODIAG,DELTA,X,CX,VX) ;
     'IF' VX = 0 'THEN' 'GOTO' S1 ;
     S2: X := 2 * X ;
     POLY(DIAG,CODIAG,DELTA,X,CX,VX) ;
     'IF' VX 'NOTEQUAL' 0 'THEN''GOTO' S2 ;
     Y := X / 2 ; 'GOTO' S3 ;
     S1: Y := X ;
     S4: Y := 'IF' Y > 25 'THEN' Y / 2
     'ELSE''IF' Y 'NOTLESS' 0 'THEN' Y - 10
     'ELSE' 2 * Y ;
     POLY(DIAG,CODIAG,DELTA,Y,CY,VY) ;
     'IF' VY 'NOTEQUAL' 0 'THEN''GOTO' S3 ;
     X := Y ; 'GOTO' S4 ;
     S3: J := 1 ;
     S5: Z := (X + Y) / 2 ;
     POLY(DIAG,CODIAG,DELTA,X,CX,VX) ;
     POLY(DIAG,CODIAG,DELTA,Z,CZ,VZ) ;
     'IF' VZ - VX 'NOTEQUAL' 0 'THEN''GOTO' S6 ;
     X := Z ; 'GOTO' S5 ;
     S6: 'IF' VZ - VX = 1 'THEN''GOTO' S7 ;
     Y := Z ; 'GOTO' S5 ;
     S7: MX := Z ;
     S8: W := (X * CZ - Z * CX) / (CZ -CX) ;
     'IF' ABS((W - Z) / W) < #-6 'THEN''GOTO' S9 ;
     'IF' ABS((W - X) / W) < #-6 'THEN''GOTO' S9 ;
     POLY(DIAG,CODIAG,DELTA,W,CW,VW) ;
     'IF' CW * CZ > 0 'THEN''GOTO' S10 ;
     X := W ; CX := CW ; 'GOTO' S8 ;
     S10: Z := W ; CZ := CW ; 'GOTO' S8 ;
     S9: NRT := NRT+1 ; R[NRT] := W ;
     'IF' J = DELTA 'THEN''GOTO' T10 ;
      X := MX ;
      S12: Y := 'IF' X > 25 'THEN' X / 2
     'ELSE''IF' X 'NOTLESS' 0 'THEN' X - 10
     'ELSE' 2 * X ;
     POLY(DIAG,CODIAG,DELTA,X,CX,VX) ;
     POLY(DIAG,CODIAG,DELTA,Y,CY,VY) ;
     'IF' VY > VX 'THEN''GOTO' S11 ;
     X := Y ; 'GOTO' S12 ;
     S11: J := J+1 ; 'GOTO' S5 ;
    'END' ;
T10:
  'IF' DELTA = K 'THEN''GOTO' T8 ;
    'BEGIN''INTEGER' JA,JB ;
      'FOR' JA := DELTA+1 'STEP' 1 'UNTIL' K 'DO'
        'BEGIN' JB := JA - DELTA ;
          DIAG[JB] := DIAG[JA] ;
          CODIAG[JB] := CODIAG[JA] ;
        'END'
    'END' ;
```

```
T8:
   K := K - DELTA ; 'GOTO' T7 ;
AUS:
   'IF' WURZEL 'THEN'
      'BEGIN''FOR' I := 1 'STEP' 1 'UNTIL' 5
        'DO' ZEILENSPRUNG ;
        'FOR' I := 1 'STEP' 1 'UNTIL' N
        'DO' DRUCKE (R[I]) ;
      'END'
'END' ;
```

8.3. Berechnung von Eigenwerten und Eigenvektoren durch Iterationsverfahren (für nicht notwendig symmetrische Matrizen)

8.3.1. *Die Potenzmethode*

Es sei A eine Matrix aus $\mathcal{M}_{(n,n)}(R)$, die folgende Eigenschaft besitzt: Der Eigenwert λ_M ist positiv,

$$\lambda_M = \varrho(A) = \max_i |\lambda_i|$$

(wobei λ_i die Eigenwerte von A sind), und λ_M ist eine einfache Nullstelle des charakteristischen Polynoms von A (d. h., diesem Eigenwert entspricht nur eine Richtung).

Ist X_0 ein beliebiger Vektor, der nicht auf der durch den Vektor v ($A^\mathsf{T} v = \lambda_M v$) festgelegten Richtung senkrecht steht ($v^\mathsf{T} X_0 \neq 0$), und bezeichnet φ eine Vektornorm in R^n, dann konvergiert die Iteration

$$X_{n+1} = \frac{A X_n}{\varphi(A X_n)} \tag{I}$$

für $n \to \infty$ gegen den Vektor u, so daß

$$A u = \lambda_M u, \qquad \varphi(u) = +1$$

ist, und das Verhältnis der Komponenten $(A X_n)_i/(X_n)_i$ strebt gegen λ_M.

In der Tat, auf Grund der Voraussetzung über A gibt es eine reelle Basis $\mathcal{B} = \{E_1, E_2, \ldots, E_n\}$, so daß die durch die Matrix A in der Fundamentalbasis $\mathcal{B}_0 = \{e_1, e_2, \ldots, e_n\}$ dargestellte Transformation in $\mathcal{B}$ durch eine Matrix

$$A' = \left[\begin{array}{c|c} \lambda_M & 0 \\ \hline 0 & A_1 \end{array}\right]$$

dargestellt wird; dabei ist A_1 eine Matrix vom Typ $(n-1, n-1)$. Unter anderem ist $A' = B^{-1} A B$, und E_1 ist ein zu λ_M gehöriger Eigenvektor. (Die Komponenten von E_1 bezüglich $\mathcal{B}_0$ sind die Terme aus der ersten Spalte von B, der Matrix des Basiswechsels.)

Ist

$$X_0 = \xi_1^{(0)} E_1 + \xi_2^{(0)} E_2 + \cdots + \xi_n^{(0)} E_n,$$

dann ist

$$\xi^{(0)} = \begin{bmatrix} \xi_1^{(0)} \\ \xi_2^{(0)} \\ \vdots \\ \xi_n^{(0)} \end{bmatrix} = B^{-1} X_0$$

und daher $\xi_1^{(0)} = v^\mathsf{T} X_0$, falls v^T die erste Zeile von B^{-1} ist. Betrachten wir nun das Produkt $B^{-1}AB$, so finden wir als erste Zeile:

$$v^\mathsf{T} AB = \{\lambda_M, 0, \ldots, 0\}. \tag{1}$$

Die rechtsseitige Multiplikation von (1) mit B^{-1} ergibt

$$v^\mathsf{T} ABB^{-1} = \{\lambda_M, 0, 0, \ldots, 0\} B^{-1} = \lambda_M v^\mathsf{T},$$

d. h., v genügt den Gleichungen $v^\mathsf{T} A = \lambda_M v^\mathsf{T}$, $A^\mathsf{T} v = \lambda_M v$. Wie wir sehen, bestimmt v die zum Eigenwert λ_M von A^T gehörige Richtung.

Wir setzen daher $\xi_1^{(0)} \neq 0$ voraus, da $\xi_1^{(0)} = v^\mathsf{T} X_0$ ist. Mit der Bezeichnung $\xi^{(n)} = B^{-1} X_n$ erhält die Iteration (I) bezüglich der Vektoren ξ die Form

$$\xi^{(n+1)} = \frac{(B^{-1}AB)\xi^{(n)}}{\varphi(AB\xi^{(n)})} = \frac{A'\xi^{(n)}}{\varphi(AB\xi^{(n)})}. \tag{2}$$

Setzen wir $\xi^{(n)} = \left[\dfrac{x_n}{Z_n}\right]$ mit $Z_n \in R^{n-1}$, dann ergibt sich aus den Formeln (2)

$$x_{n+1} = \frac{\lambda_M x_n}{\varphi(AB\xi^{(n)})}, \tag{α}$$

$$Z_{n+1} = \frac{A_1 Z_n}{\varphi(AB\xi^{(n)})}. \tag{β}$$

Wenn $\varphi(X)$ eine Norm darstellt, dann ist auch $\varphi_1(x) = \varphi(BX)$ eine Norm in R^n, da B nichtsingulär ist. Im weiteren genügt es daher, die Iteration

$$x_{n+1} = \frac{\lambda_M x_n}{\varphi_1(A'\xi^{(n)})}, \tag{α'}$$

$$Z_{n+1} = \frac{A_1 Z_n}{\varphi_1(A'\xi^{(n)})} \tag{β'}$$

zu untersuchen. Diese Formeln stimmen überein mit

$$\xi^{(n+1)} = \frac{A'\xi^{(n)}}{\varphi_1(A'\xi^{(n)})},$$

und folglich gilt stets

$$\varphi_1(\xi^{n+1}) = 1.$$

Es sei V_n der Vektor aus dem Raum H mit der Basis $\{E_2, E_3, \ldots, E_n\}$, dessen Komponenten Z_n sind. Mit L_1 bezeichnen wir die durch A_1 definierte lineare Transformation von H in sich. Für die Formeln (α') und (β') können wir schreiben:

$$x_{n+1} = \frac{\lambda_M x_n}{\varphi_1(\lambda_M x_n E_1 + L_1 V_n)}, \tag{α''}$$

$$V_{n+1} = \frac{L_1 V_n}{\varphi_1(\lambda_M x_n E_1 + L_1 V_n)}. \tag{β''}$$

Wenn $\lambda_M = 0$ ist, dann folgt aus unseren Voraussetzungen offenbar $A \equiv 0$ (und A ist von der Ordnung 1). Wir nehmen an, λ_M sei von Null verschieden, und zeigen, daß keiner der Vektoren $A' \xi^{(n)}$ der Nullvektor ist; denn auf Grund der Voraussetzung $\xi_1^{(0)} = x_0 \neq 0$ können die x_n nicht Null sein. Wenn also x_0 von Null verschieden ist, dann sind alle x_n von Null verschieden. Dividieren wir (β'') durch (α''), so erhalten wir

$$\frac{V_{n+1}}{x_{n+1}} = \frac{1}{\lambda_M} L_1 \frac{V_n}{x_n}.$$

Nun besitzt die Abbildung $(1/\lambda_M) L_1$ von H in sich aber die Matrix $(1/\lambda_M) A_1$ als Darstellung, deren Spektralradius nach Voraussetzung $(1/|\lambda_M|)\, \varrho(A_1) < 1$ ist. Die Folge der Vektoren $\{V_n/x_n\}$ aus H strebt in H also gegen Null.

Es ist aber

$$|x_{n+1}| = \frac{1}{\varphi_1\big(E_1 + (1/\lambda_M) L_1 (V_n/x_n)\big)},$$

und nach (α'') strebt daher $|x_{n+1}|$ gegen $1/\varphi_1(E_1)$ und $1/|x_n|$ gegen $\varphi_1(E_1)$, was von Null verschieden ist. Da somit der Ausdruck

$$\varphi_1\left(\frac{V_n}{x_n}\right) = \frac{1}{x_n} \varphi_1(V_n)$$

gegen Null strebt, strebt auch $\varphi_1(V_n)$, also V_n in H gegen Null.

Es existiert folglich ein N, von dem an für $n > N$ und beliebig kleines ε

$$0 < \varphi_1(\lambda_n x_n E_1) - \varepsilon \leqq \varphi_1(\lambda_M x_n E_1 + L_1 V_n) \leqq \varphi_1(\lambda_n x_n E_1) + \varepsilon$$

gilt, d. h., es ist

$$\frac{\lambda_M x_n}{\varphi_1(\lambda_M x_n E_1) + \varepsilon} \leqq x_{n+1} \leqq \frac{\lambda_M x_n}{\varphi_1(\lambda_M x_n E_1) - \varepsilon} \qquad (x_{n+1} > 0),$$

und da λ_M positiv ist, folgt daraus, daß erstens die x_n von einer gewissen Stelle an gleiches Vorzeichen haben, und zweitens für $x_n > 0$

$$\frac{1}{\varphi_1(E_1) + \dfrac{\varepsilon}{\lambda_M x_n}} \leqq \frac{x_{n+1}}{\lambda_M x_n} \leqq \frac{1}{\varphi_1(E_1) - \dfrac{\varepsilon}{\lambda_M x_n}} \tag{3}$$

gilt (sollte $x_n < 0$ sein, so genügt es, in den Ungleichungen (3) ε durch $-\varepsilon$ zu ersetzen).

Daher haben wir

$$\frac{x_{n+1}}{x_n} \to \frac{\lambda_M}{\varphi_1(E_1)},$$

und wegen

$$|x_n| \to \frac{1}{\varphi_1(E_1)}$$

erhalten wir, daß $x_n E_1$ gegen u strebt, wobei $\varphi_1(u) = 1$ ist und x_n gegen τ strebt.

Der Spaltenvektor $\xi^{(n)}$ besitzt somit als Grenzwert den Vektor

$$\begin{bmatrix} \tau \\ 0 \end{bmatrix} = \xi,$$

so daß $\varphi_1(\tau E_1) = 1$ ist, d. h., es ist $\varphi(B\xi) = 1$; daher existiert für die Folge $X_n = B\xi^{(n)}$ ein Grenzwert, und dieser ist $u = B\xi$, wobei $\varphi(u) = 1$ und außerdem $Au = \lambda_M u$ ist. Schließlich gilt offenbar

$$\frac{(A X_n)_i}{(X_n)_i} \to \lambda_M.$$

Bemerkung. In der Praxis führt man die Rechnung mit $\varphi(X) = \max_i |(X)_i|$ durch. Wie man leicht zeigt, konvergiert die Iteration

$$X_{n+1} = \frac{A X_n}{(A X_n)_k}$$

von einer gewissen Stelle an, wenn k so gewählt ist, daß $|(A X_n)_k| = \max_i |(A X_n)_i|$ ist, und wir erhalten

$$\frac{(A X_n)_i}{(X_n)_i} \to \lambda_M;$$

das gilt auch dann, wenn λ_M negativ ist.

Nachstehend geben wir für dieses Verfahren eine ALGOL-Prozedur an:

```
 'PROCEDURE' POTENZMETHODE (A,XO,LAMBDA,EPS1,
WERT,N,PRUEFE) ;
'VALUE' WERT,N ; 'INTEGER' WERT,N ;
'LABEL' PRUEFE ; 'REAL' LAMBDA,EPS1 ;
'ARRAY' A,XO ;
'BEGIN''INTEGER' I,J,K ;
  'REAL' NORM,S,LAMBDA1,CT,T ;
  'REAL''ARRAY' X[1:N] ; CT := 0 ;
```

```
SCHLEIFE:
  NORM := 0 ; K := 0 ; CT := CT+1 ;
  'FOR' I := 1 'STEP' 1 'UNTIL' N 'DO'
    'BEGIN' S := 0 ; 'FOR' J := 1 'STEP' 1
      'UNTIL' N 'DO'
      S := S + A[I,J] * XO[J] ;
      'IF' ABS(S) 'NOTLESS' NORM 'THEN'
        'BEGIN' K := 1 ; NORM := ABS(S)
        'END' ;
      X[I] := S
    'END' ;
  LAMBDA1 := X[K] ; T := 0 ;
TESTS:
  'FOR' I := 1 'STEP' 1 'UNTIL' N 'DO'
    'BEGIN' T := 'IF'
      (ABS(X[I] - LAMBDA * XO[I]) > T)
      'THEN' ABS(X[I] - LAMBDA * XO[I])
      'ELSE' T ;
      XO[I] := X[I] / X[K]
    'END' ;
  'IF' (T / NORM < EPS1) 'THEN'
    'BEGIN' LAMBDA := LAMBDA1 ;
      'GOTO' AUSGANG
    'END'
  'ELSE''IF' (CT < WERT) 'THEN'
  'GOTO' SCHLEIFE 'ELSE'
    'BEGIN' LAMBDA := LAMBDA1 ;
      'GOTO' PRUEFE
    'END'
AUSGANG:
'END' ;
```

8.3.2. *Das Abspaltungsverfahren*

Nach Anwendung der Potenzmethode zur Bestimmung eines Eigenwertes λ_M und eines zugehörigen Eigenvektors bleibt noch zu zeigen, wie man zu den folgenden Eigenwerten und Eigenvektoren gelangt.

Um die Darstellung nicht zu komplizieren, nehmen wir an, die Matrix A sei reell und besitze verschiedene reelle Eigenwerte $\lambda_1, \lambda_2, \ldots, \lambda_n$.

Es sei u_1 ein dem Eigenwert λ_1 entsprechender Eigenvektor und v_1 der zu demselben Eigenwert λ_1 gehörende Eigenvektor von A^T ($v_1 = u_1$ für $A^\mathsf{T} = A$), d. h., es ist

$$A^\mathsf{T} v_1 = \lambda_1 v_1. \tag{1}$$

Der Vektor v_1 kann entweder mit Hilfe der Potenzmethode in Anwendung auf A^T bestimmt werden oder bei Kenntnis von λ_1 über die Lösung der $n - 1$ Gleichungen aus (1).

8.3.2.1. Abspaltungen bezüglich der Matrix

Satz. *Besitzt die Matrix A die n reellen und verschiedenen Eigenwerte $\lambda_1, \lambda_2, \ldots, \lambda_n$ und sind $u_1, u_2, \ldots, u_n$ zu diesen Eigenwerten gehörige Eigenvektoren, dann besitzt*

$$A' = A - \lambda_1 \frac{u_1 v_1^\mathsf{T}}{v_1^\mathsf{T} u_1}$$

die Eigenwerte $0, \lambda_2, \lambda_3, \ldots, \lambda_n$, und die entsprechenden Eigenvektoren sind $u_1, u_2, \ldots, u_n$.

Beweis. Es ist

$$A' u_1 = A u_1 - \lambda_1 \frac{u_1 (v_1^\mathsf{T} u_1)}{v_1^\mathsf{T} u_1} = 0 \cdot u_1,$$

$$A' u_i = A u_i - \lambda_1 \frac{u_1 (v_1^\mathsf{T} u_i)}{v_1^\mathsf{T} u_1} \qquad (i = 2, 3, \ldots, n).$$

Nun gilt aber

$$v_1^\mathsf{T} A = \lambda_1 v_1^\mathsf{T}, \qquad \text{also} \qquad v_1^\mathsf{T} A u_i = \lambda_1 v_1^\mathsf{T} u_i,$$

da $A u_i = \lambda_i u_i$ und $\lambda_i v_1^\mathsf{T} u_i = \lambda_1 v_1^\mathsf{T} u_i$ oder $(\lambda_i - \lambda_1) v_1^\mathsf{T} u_i = 0$ ist; wegen $\lambda_i \neq \lambda_1$ ist $v_1^\mathsf{T} u_i = 0$ und $A' u_i = A u_i = \lambda_i u_i$.

Folglich ermöglicht für $\lambda_1 > \lambda_2 > \cdots > \lambda_n > 0$ die Anwendung der Potenzmethode auf A' die Bestimmung von λ_2; davon ausgehend gelangt man zu einem Vektor v_2; man bildet danach

$$A'' = A' - \lambda_2 \frac{u_2 v_2^\mathsf{T}}{u_2^\mathsf{T} v_2}$$

usw. und erhält auf diese Weise alle Eigenwerte. Im Fall von mehrfachen Eigenwerten oder von betragsgleichen Eigenwerten versagt die Methode.

Man sollte das Abspaltungsverfahren jedoch auch für symmetrische Matrizen heranziehen.

Für einen derartigen Fall wollen wir eine ALGOL-Prozedur angeben:

```
'PROCEDURE' ITEREIG(A,XO,L,EP1,CP,N,SCHLUSS) ;
'VALUE' CP,N ; 'INTEGER' CP,N ; 'LABEL' SCHLUSS ;
'REAL' EP1 ; 'ARRAY' A,XO,L ;
'BEGIN''INTEGER' I,J,K ;
  'REAL' MUE,SIG,PRO ;
  'REAL''ARRAY' Y[1:N] ;
SCHLEIFE:
  'FOR' I := 1 'STEP' 1 'UNTIL' N 'DO'
    'BEGIN' 'FOR' J := 1 'STEP' 1
      'UNTIL' N 'DO'
      Y[J] := XO[J,I] ;
      POTENZMETHODE(A,Y,MUE,EP1,CP,N,SCHLUSS) ;
      L[I] := MUE ;
```

```
NORMAL:
        SIG := 0 ;
        'FOR' J := 1 'STEP' 1 'UNTIL' N 'DO'
        SIG := SIG + Y[J] 'POWER' 2 ;
        SIG := SQRT(SIG) ;
        'FOR' J := 1 'STEP' 1 'UNTIL' N 'DO'
        XO[J,I] := Y[J] * SIG ;
ABSPALT:
        PRO := L[I] ;
        'FOR' J := 1 'STEP' 1 'UNTIL' N 'DO'
        'FOR' K := 1 'STEP' 1 'UNTIL' N 'DO'
        A[J,K] := A[J,K] - PRO * XO[J,I] * XO[K,I]
      'END'
'END' PROZEDUR ITEREIG
```

8.3.2.2. Abspaltung bezüglich der Anfangsvektoren

Im folgenden verwenden wir die in dem in 8.3.1. formulierten Satz gebrauchten Bezeichnungen. Auf Grund dieses Satzes ist klar, daß bei geeigneter Wahl von X_0, wenn etwa $x_0 = \xi_1^{(0)} = 0 = v^\mathsf{T} X_0$ in bezug auf die Basis $\mathscr{B}$ gilt, das Verfahren nur in dem durch $\{E_2, E_3, \ldots, E_n\}$ aufgespannten Unterraum angewendet zu werden braucht, d. h., es gilt den größten Eigenwert der Abbildung L_1 zu bestimmen und damit den der Matrix A_1. Wenn die Matrix A_1 die Voraussetzungen des Satzes aus 8.3.1. erfüllt, dann konvergiert

$$X_{n+1} = \frac{A X_n}{\varphi(A X_n)}$$

gegen den Vektor u_2, wenn der Anfangsvektor X_0 so gewählt ist, daß $v_1^\mathsf{T} X_0 = 0$ gilt; der Vektor u_2 entspricht dem Eigenwert λ_2; dabei ist $\varphi(u_2) = 1$ und außerdem gilt

$$\frac{(A X_n)_i}{(X_n)_i} \to \lambda_2$$

usw. ($\lambda_1 > \lambda_2 > \cdots > \lambda_n > 0$). Diese Methode ist weniger genau als die zuerst beschriebene.

Bemerkungen.

1. Für nicht zu große Matrizen A ($n < 10$) erweist es sich manchmal als vorteilhaft, die Potenzen $A, A^2, A^4, \ldots$ zu bilden und danach

$$X_{p+1} = \frac{(A^{2p}) X_p}{\varphi(A^{2p} X_p)}$$

zu setzen. Hat man die Kapazitätsüberschreitungen unter Kontrolle, so beschleunigt dieses Vorgehen die Konvergenz beträchtlich. (Man zeige, daß dieses Verfahren unter den Voraussetzungen des genannten Satzes konvergiert.)

2. Ist eine algebraische Gleichung in der Form

$$F(X) \equiv (-1)^n [X^n - p_1 X^{n-1} - p_2 X^{n-2} - \cdots - p_{n-1} X - p_n] = 0 \qquad (1)$$

gegeben, dann besteht die folgende Identität:

$$F(X) \equiv \operatorname{Det} \begin{bmatrix} p_1 - X & p_2 & p_3 & \cdots & p_n \\ 1 & -X & 0 & & 0 \\ 0 & 1 & \ddots & \ddots & \vdots \\ \vdots & & \ddots & -X & 0 \\ \vdots & & & 1 & -X \end{bmatrix}.$$

Zur Lösung der Gleichung (1) werden wir also auf die Bestimmung der Eigenwerte der Matrix C geführt:

$$C = \begin{bmatrix} p_1 & p_2 & p_3 & \cdots & p_n \\ 1 & 0 & 0 & \ddots & \vdots \\ & 1 & 0 & \ddots & \vdots \\ & & 1 & \ddots & 0 \\ & & & 1 & 0 \end{bmatrix}.$$

Wenden wir auf C die obenstehend beschriebene Variante der Potenzmethode an, so erhalten wir das Graeffe-Verfahren; bei dem Bernoullischen Verfahren handelt es sich um die Potenzmethode selbst.

8.4. Hermitesche (bzw. symmetrische) Matrizen

8.4.1. *Methode von Jacobi*

Es sei A eine Matrix aus $\mathscr{M}_{(n,n)}(C)$, A hermitesch: $A^* = A$. Wir betrachten die Matrix

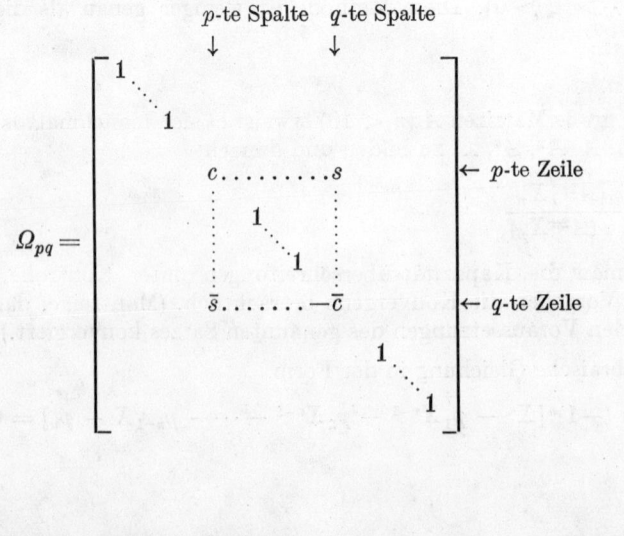

$$\Omega_{pq} = \begin{array}{c} \\ \\ \\ \\ \\ \\ \\ \\ \\ \end{array} \begin{bmatrix} 1 & & & & & & \\ & \ddots & & & & & \\ & & 1 & & & & \\ & & & \overset{\substack{p\text{-te Spalte} \\ \downarrow}}{c} & \cdots & \overset{\substack{q\text{-te Spalte} \\ \downarrow}}{s} & & \\ & & & \vdots & 1 & \vdots & & \\ & & & \vdots & \ddots & \vdots & & \\ & & & \vdots & 1 & \vdots & & \\ & & & \bar{s} & \cdots & -\bar{c} & & \\ & & & & & & 1 & \\ & & & & & & & \ddots \\ & & & & & & & & 1 \end{bmatrix} \begin{array}{l} \\ \\ \\ \leftarrow p\text{-te Zeile} \\ \\ \\ \\ \leftarrow q\text{-te Zeile} \\ \\ \\ \\ \end{array}$$

Offenbar ist Ω_{pq} unitär, wenn für die komplexen Zahlen c, s

$$|c|^2 + |s|^2 = 1 \tag{1}$$

gilt, da $c\bar{s} + s(\overline{-c}) = 0$ ist. In diesem Fall ergibt sich

$$\Omega_{pq}^{-1} = \Omega_{pq}^{*}.$$

Wir wollen $\Omega_{pq}^{*} A \Omega_{pq} = C$ bestimmen. Mit den bekannten Bezeichnungen ist $(p < q)$

$$B = A\Omega_{pq} = [A_{.1}, A_{.2}, \ldots, \overbrace{cA_{.p} + \bar{s}A_{.q}}^{p\text{-te Spalte}}, \ldots, \overbrace{-\bar{c}A_{.q} + sA_{.p}}^{q\text{-te Spalte}}, \ldots]$$

und

$$C = \Omega_{pq}^{*} B = \begin{bmatrix} B_{1.} \\ B_{2.} \\ \vdots \\ \bar{c}B_{p.} + sB_{q.} \\ \vdots \\ -cB_{q.} + \bar{s}B_{p.} \\ \vdots \end{bmatrix} \begin{matrix} \\ \\ \\ \leftarrow p\text{-te Zeile} \\ \\ \leftarrow q\text{-te Zeile} \\ \\ \end{matrix}$$

Die Matrix C enthält also dieselben Elemente wie A, ausgenommen in den Zeilen und Spalten mit den Indizes p und q.

Wir erhalten

$$\left.\begin{aligned} C_{ip} &= ca_{ip} + \bar{s}a_{iq}, \\ C_{iq} &= \bar{c}a_{iq} + sa_{ip}, \end{aligned}\right\} \quad i \neq p \quad \text{und} \quad i \neq q,$$

$$\left.\begin{aligned} C_{pj} &= \bar{c}a_{pj} + sa_{qj}, \\ C_{qj} &= -ca_{qj} + \bar{s}a_{pj}, \end{aligned}\right\} \quad j \neq p \quad \text{und} \quad j \neq q,$$

$$\begin{aligned} C_{pp} &= |c|^2 a_{pp} + \bar{c}\bar{s}a_{pq} + csa_{qp} + |s|^2 a_{qq}, \\ C_{qq} &= |c|^2 a_{qq} - csa_{qp} - \bar{c}\bar{s}a_{pq} + |s|^2 a_{pp}, \\ C_{pq} &= s\bar{c}(a_{pp} - a_{qq}) + s^2 a_{qp} - (\bar{c})^2 a_{pq}, \\ C_{qp} &= \bar{s}c(a_{pp} - a_{qq}) + (\bar{s})^2 a_{pq} - c^2 a_{qp}. \end{aligned}$$

Anhand dieser Formeln kann man nachprüfen, daß die Matrix C hermitesch ist, wenn A hermitesch ist.

Die Methode von Jacobi besteht darin, die Transformation von A in $C = \Omega_{pq}^{*} A \Omega_{pq}$ zu wiederholen; die Matrizen A und C sind offenbar ähnlich. Man bildet also sukzessive

$$A' = \Omega_{p_1q_1} A \Omega_{p_1q_1}, \quad A'' = \Omega_{p_2q_2} A' \Omega_{p_2q_2}$$

usw., bis man zu einer Matrix $A^{(N)}$ gelangt, die einer Diagonalmatrix möglichst nahe kommt. Bei jedem Schritt müssen gewählt werden:

a) das Paar p, q,
b) die Werte von c und s.

Für den Augenblick wollen wir p und q als fest ansehen und den Übergang von A nach C untersuchen.

Wir werden zeigen, daß die Zahlen c und s stets derart gewählt werden können, daß

$$C_{pq} = \overline{C}_{qp} = 0$$

ist. Dazu genügt es, s und c so zu bestimmen, daß

$$|c|^2 + |s|^2 = 1, \tag{1}$$

$$s\overline{c}(a_{pp} - a_{qq}) + s^2 a_{qp} - (\overline{c})^2 a_{pq} = 0 \tag{2}$$

ist. Wir setzen $a_{pq} = W$, $a_{pp} - a_{qq} = E$ und nehmen an, c sei von Null verschieden (was immer vorausgesetzt werden darf).

Wie man sieht, geht (2) mit

$$u = \frac{s}{\overline{c}}$$

über in

$$u^2\overline{W} + uE - W = 0. \tag{2'}$$

Für $F = \sqrt{E^2 + 4|W^2|}$ erhalten wir als Wurzeln von (2')

$$u = \frac{-E \mp F}{2\overline{W}}.$$

Wir wählen einen dieser Werte (im allgemeinen nehmen wir dasjenige Vorzeichen, welches den größten absoluten Betrag im Zähler ergibt) und erhalten ($\varepsilon = \pm 1$)

$$u = \frac{\varepsilon F - E}{2\overline{W}} = \frac{s}{\overline{c}}, \quad \text{d. h.} \quad \frac{\overline{c}}{s} = \frac{2\overline{W}}{\varepsilon F - E}.$$

Wie man bemerkt, ist $D = \varepsilon F - E$ reell; wir können also

$$\frac{\overline{c}}{s} = \frac{2\overline{W}}{D}$$

setzen. Ist aber

$$\mu = \frac{2|W|}{|D|},$$

dann erhalten wir nach Einsetzen in (1) $\mu^2|s|^2 + |s|^2 = 1$, also

$$|s|^2 = \frac{1}{1+\mu^2} = \frac{D^2}{D^2 + 4|W|^2}.$$

Wählen wir daher s reell und

$$s = \frac{|D|}{\sqrt{D^2 + 4W^2}} = R > 0,$$

dann erfüllt

$$\bar{c} = \frac{2R}{D}\overline{W}, \qquad c = \frac{2R}{D}W$$

die gestellten Bedingungen. Es genügt also, daß

$$s = R = \frac{|D|}{\sqrt{D^2 + 4|W|^2}}, \qquad c = \frac{2R}{D}W$$

ist, um zu erreichen, daß $C_{pq} = C_{qp} = 0$ ist.

Folgende Eigenschaften werden bei dieser Wahl erfüllt:

a) Es ist Spur $(A) =$ Spur (C); denn C und A sind ähnlich.

b) Wir betrachten die Norm $N(A) = \left(\sum_{i,j} |a_{ij}|^2\right)^{1/2}$. Offenbar ist

$$N^2(A) = \text{Spur}\,(AA^*).$$

Nun ist die Matrix AA^* zu der Matrix

$$\Omega_{pq}^* AA^* \Omega_{pq} = \Omega_{pq}^* A \Omega_{pq} \Omega_{pq}^* A^* \Omega_{pq} = CC^*$$

ähnlich, d. h., es ist

$$N^2(A) = \text{Spur}\,(AA^*) = \text{Spur}\,(CC^*) = N^2(C);$$

die Norm N bleibt beim Übergang von A nach C ungeändert.

c) Wir wollen $S' = \sum_{i=1}^{n} |C_{ii}|^2$ bestimmen. Auf Grund der weiter oben angegebenen Formeln gilt

$$C_{pp} + C_{qq} = |c|^2(a_{pp} + a_{qq}) + |s|^2(a_{pp} + a_{qq}) = a_{pp} + a_{qq},$$

und folglich ist

$$C_{pp} - C_{qq} = [|c|^2 - |s|^2](a_{pp} - a_{qq}) + 2[csa_{qp} + \bar{c}\bar{s}a_{pq}].$$

Wegen

$$a_{pq} = W, \qquad s = R, \qquad c = \frac{2R}{D}W$$

erhalten wir

$$csa_{qp} + \bar{c}\bar{s}a_{pq} = \frac{2R^2}{D}|W|^2 + \frac{2R^2}{D}|W|^2 = \frac{4R^2}{D}|W|^2,$$

$$C_{pp} - C_{qq} = \left(\frac{4R^2}{D^2}|W|^2 - R^2\right)E + \frac{8R^2}{D}|W|^2$$

$$= \frac{R^2}{D^2}[(4|W|^2 - D^2)E + 8D|W|^2].$$

Wie wir gesehen haben, ist

$$(D + E)^2 = F^2 = E^2 + 4|W|^2,$$

also

$$2ED = 4|W|^2 - D^2; \tag{4}$$

daraus folgt

$$C_{pp} - C_{qq} = \frac{R^2}{D^2}[2E^2D + 8D|W|^2] = \frac{2R^2}{D}[E^2 + 4|W|^2].$$

Es ist aber

$$\frac{2R^2}{D} = \frac{2D}{D^2 + 4|W|^2} = \frac{2D}{D^2 + D^2 + 2ED},$$

und auf Grund von (4) gilt

$$\frac{2R^2}{D} = \frac{1}{D + E};$$

damit ist (nach (3))

$$(C_{pp} - C_{qq})^2 = \left(\frac{2R^2}{D}\right)^2 [E^2 + 4|W|^2]^2 = \frac{1}{(D+E)^2}[E^2 + 4|W|^2]^2$$
$$= E^2 + 4|W|^2.$$

Abschließend ergibt sich

$$(C_{pp} + C_{qq})^2 = (a_{pp} + a_{qq})^2,$$
$$(C_{pp} - C_{qq})^2 = (a_{pp} - a_{qq})^2 + 4|a_{pq}|^2.$$

Addieren wir diese beiden Gleichungen, dann erhalten wir

$$C_{pp}^2 + C_{qq}^2 = a_{pp}^2 + a_{qq}^2 + 2|a_{pq}|^2;$$

folglich ist

$$\sum_{i=1}^{n} C_{ii}^2 = S' = \sum_{i=1}^{n} a_{ii}^2 + 2|a_{pq}|^2,$$

dabei sind die Terme in der Diagonale reell. Aus diesen Überlegungen resultiert der folgende

Satz (Jacobi). *Überführt man A durch eine Ähnlichkeitstransformation in*

$$A' = \Omega_{pq}^* A \Omega_{pq}$$

derart, daß die Terme an den Stellen (p, q) und (q, p) in A' Null werden, dann gilt:

1. *Die Norm N(A) ist gleich der Norm N(A').*

2. *Die Summe der Quadrate der Diagonalelemente von A' vergrößert sich um die Quadrate der Beträge der beiden eliminierten Terme.*

8.4.1.1. Jacobischer Algorithmus

Es sei $A = A^{(0)}$ und $A^{(1)} = C$ die oben beschriebene Matrix. Wir wollen eine Folge hermitescher Matrizen $\{A^0 = A, A^{(1)}, A^{(2)}, \ldots\}$ konstruieren.

Mit $D_p = \sum_{k=1}^{n} a_{kk}^{(p)2}$ bezeichnen wir die Summe der Quadrate der Diagonalelemente von $A^{(p)}$ und mit $S_p = \sum_{\substack{i,j=1\\ i\neq j}}^{n} |a_{ij}^{(p)}|^2$ die Quadratsumme der Beträge aller nicht in der Diagonale stehenden Elemente von $A^{(p)}$. Es ist

$$N^2 N(A^{(p+1)}) = N^2(A^{(p)}), \qquad \text{also} \qquad S_{p+1} + D_{p+1} = S_p + D_p, \tag{1}$$

$$S_p \leqq r \max_{i\neq j} |a_{ij}^{(p)}|^2, \tag{2}$$

wobei $r = n^2 - n - 2 = (n-2)(n+1)$ $(n > 2)$ die Anzahl der notwendig von Null verschiedenen Elemente außerhalb der Diagonale ist.

Nehmen wir an, daß beim Übergang von $A^{(p)}$ nach $A^{(p+1)}$ der Term $a_{kl}^{(p+1)}$ Null werde; dann sind k und l die Indizes, die einem der betragsgrößten Elemente von $A^{(p)}$ entsprechen, d. h., es ist

$$|a_{kl}^{(p)}| = \max_{i\neq j} |a_{ij}^{(p)}|. \tag{3}$$

Bei diesem Vorgehen erhalten wir

$$D_{p+1} = D_p + 2|a_{kl}^{(p)}|^2.$$

Setzen wir diesen Ausdruck in (1) ein, dann ergibt sich

$$S_{p+1} = S_p - 2|a_{kl}^{(p)}|^2.$$

Wegen (2) und (3) gilt aber

$$S_p \leqq r|a_{kl}^{(p)}|^2, \qquad \text{also} \qquad \frac{S_p}{r} \leqq |a_{kl}^{(p)}|^2,$$

und demnach ist

$$S_{p+1} \leqq S_p - \frac{2}{r} S_p.$$

Daraus folgt

$$S_{p+1} \leqq \left(1 - \frac{2}{r}\right) S_p$$

und schließlich

$$S_p \leqq S_0 \left(1 - \frac{2}{(n-2)(n+1)}\right)^p.$$

Für $p \to \infty$ geht also S_p gegen Null.

Satz. *Annulliert man in $A^{(p+1)}$ einen Term, der einem der betragsgrößten Elemente $a_{kl}^{(p)}$ aus $A^{(p)}$ entspricht, dann konvergiert die Methode von Jacobi, d. h., S_p strebt gegen Null.*

Bemerkungen.

1. Sobald S_p hinreichend klein ist, kann $A^{(p)}$ als zu A äquivalente Diagonalmatrix angesehen werden; die Eigenwerte von A sind also die Diagonalelemente von $A^{(p)}$.

Um die Eigenvektoren zu erhalten, genügt es zu beachten, daß

$$A^{(p)} = \Omega^{*(p)} \Omega^{*(p-1)} \dots \Omega^{*(1)} A \Omega^{(1)} \dots \Omega^{(p)} = V^* A V = B^{-1} A B$$

ist (auf die unteren Indizes der Ω wurde verzichtet). Da $A^{(p)}$ eine „Diagonalmatrix" ist, stimmen die Eigenvektoren von A mit den Spalten von $B = V$ überein. Um V zu erhalten, genügt es, das Produkt $\Omega^{(1)} \Omega^{(2)} \dots \Omega^{(p)} = V$ zu bilden.

8.4.1.2. Praktische Durchführung

In der Praxis verwendet man die folgende Variante (von der man ebenfalls zeigen kann, daß sie konvergiert). Man führt die Ähnlichkeitstransformationen

$$\Omega_{(2,1)}, \Omega_{(3,1)}, \Omega_{(3,2)}, \Omega_{(4,1)}, \Omega_{(4,2)}, \Omega_{(4,3)} \text{ usw.}$$

aus, wodurch in den verschiedenen Matrizen die unterhalb der Diagonale stehenden Terme Null werden. Einem „Umlauf" entspricht bei diesem Verfahren der Weg über alle unterhalb der Diagonalen stehenden Terme. Diese Methode ist einfacher zu programmieren, liefert im allgemeinen jedoch weniger gute Ergebnisse als die zuerst beschriebene. Die Frage nach der optimalen Strategie bleibt offen.

Für diese Methode geben wir nun eine ALGOL-Prozedur an:

```
 'PROCEDURE' JACOBI (N,AR,AI,LAMBDA,VR,VI,EPSILON) ;
'INTEGER' N ; 'REAL' EPSILON ;
'ARRAY' AR,AI,LAMBDA,VR,VI ;
'BEGIN''INTEGER' I,J,P,O,K ;
  'REAL' X,Y,WR,WI,E,F,D1,D2,D,MUER,MUEI,R,CR,CI,
         G,H,UR,UI,ZR,ZI,S,T ;
  'PROCEDURE' TRANSFO (R,TR,TI,UR,UI,WR,WI,ZR,ZI) ;
  'REAL' R,TR,TI,UR,UI,WR,WI,ZR,ZI ;
    'BEGIN' ZR := R * UR + TR * WR - T1 * WI ;
            Z1 := R * UI + TI * WR + TR * WI ;
    'END' ;
  'FOR' I := 1 'STEP' 1 'UNTIL' N 'DO'
  'FOR' J := 1 'STEP' 1 'UNTIL' N 'DO'
    'BEGIN' VR[I,J] := 'IF' I = J 'THEN' 1 'ELSE' 0 ;
            VI[I,J] := 0
    'END' ;
```

```
ITERATION:
  'FOR' P := 1 'STEP' 1 'UNTIL' N-1 'DO'
  'FOR' Q := P+1 'STEP' 1 'UNTIL' N 'DO'
  'IF' ABS(AR[P,Q]) + ABS(AI[P,Q]) 'NOTEQUAL' 0 'THEN'
    'BEGIN' X := AR[P,P] ; Y := AR[Q,Q] ;
     WR := AR[P,Q] ; WI := AI[P,Q] ; E := Y - X ;
     F := SQRT(E 'POWER' 2 + 4 * (WR 'POWER' 2
                                + WI 'POWER' 2)) ;
     D1 := E + F ; D2 := E - F ;
     D := 'IF' ABS(D1) > ABS(D2) 'THEN' D1 'ELSE' D2 ;
     MUER := 2 * WR / D ;
     MUEI := 2 * WI / D ;
     R := 1 / SQRT(1 + MUER 'POWER' 2 + MUEI 'POWER' 2) ;
     CR := R * MUER ; CI := R* MUEI;
     G := 2 * (CR * AR[P,Q] + CI * AI[P,Q]) * R ;
     H := X * R 'POWER' 2 + Y * (CR 'POWER' 2
                              + CI 'POWER' 2) ;
     T := Y * R 'POWER' 2 + X * (CR 'POWER' 2
                              + CI 'POWER' 2) ;
     AR[P,P] := G + H ; AR[Q,Q] := T - G ;
     AR[P,Q] := AI[P,Q] := 0 ;
     'IF' P 'NOTLESS' 2 'THEN''FOR' K := 1
     'STEP' 1 'UNTIL' P-1 'DO'
       'BEGIN' UR := AR[K,P] ; UI := AI[K,P] ;
         WR := AR[K,Q] ; WI := AI[K,Q] ;
         TRANSFO (R,CR,-CI,UR,UI,WR,WI,ZR,ZI) ;
         AR[K,P] := ZR ; AI[K,P] := ZI ;
         TRANSFO (R,-CR,-CI,WR,WI,UR,UI,ZR,ZI) ;
         AR[K,Q] := ZR ; AI[K,Q] := ZI ;
       'END' ;
     'IF' Q 'NOTLESS' P+2 'THEN''FOR' K := P+1
     'STEP' 1 'UNTIL' Q-1 'DO'
       'BEGIN' UR := AR[P,K] ; UI := AI[P,K] ;
         WR := AR[K,Q] ; WI := AI[K,Q] ;
         TRANSFO (R,-CR,CI,WR,WI,UR,-UI,ZR,ZI) ;
         AR[K,Q] := ZR ; AI[K,Q] := ZI ;
         TRANSFO (R,CR,CI,UR,UI,WR,-WI,ZR,ZI) ;
         AR[P,K] := ZR ; AI[P,K] := ZI ;
       'END' ;
      'IF' Q 'NOTGREATER' N-1 'THEN''FOR'
     K := Q+1 'STEP' 1 'UNTIL' N 'DO'
       'BEGIN' UR := AR[P,K] ; UI := AI[P,K] ;
         WR := AR[Q,K] ; WI := AI[Q,K] ;
         TRANSFO (R,CR,CI,UR,UI,WR,WI,ZR,ZI) ;
         AR[P,K] := ZR ; AI[P,K] := ZI ;
         TRANSFO (R,-CR,CI,WR,WI,UR,UI,ZR,ZI) ;
         AR[Q,K] := ZR ; AI[Q,K] := ZI ;
       'END' ;
```

```
          'FOR' I := 1 'STEP' 1 'UNTIL' N 'DO'
            'BEGIN' UR := VR[I,P] ; UI := VI[I,P] ;
              WR := VR[I,Q] ; WI := VI[I,Q] ;
              TRANSFO (R,CR,-CI,UR,UI,WR,WI,ZR,ZI) ;
              VR[I,P] := ZR ; VI[I,P] := ZI ;
              TRANSFO (R,-CI,WR,WI,UR,UI,ZR,ZI) ;
              VR[I,Q] := ZR ; VI[I,Q] := ZI ;
            'END'
        'END' ;
      S := T := 0 ;
      'FOR' I := 1 'STEP' 1 'UNTIL' N-1 'DO'
        'BEGIN''FOR' J := I+1 'STEP' 1 'UNTIL' N 'DO'
          S := S + ABS(AR[I,J]) + ABS(AI[I,J]) ;
          T := T + ABS(AR[I,I]) ;
        'END' ;
      S := T := 0 ;
      'FOR' I := 1 'STEP' 1 'UNTIL' N-1 'DO'
        'BEGIN''FOR' J := I+1 'STEP' 1
          'UNTIL' N 'DO'
          S := S + ABS(AR[I,J]) + ABS(AI[I,J]) ;
          T := T + ABS(AR[I,J]) ;
        'END' ;
      'IF' T = 0 'THEN''GOTO' ENDE ;
      'IF' S / T > EPSILON 'THEN''GOTO' ITERATION ;
ENDE:
      'FOR' J := 1 'STEP' 1 'UNTIL' N 'DO'
      LAMBDA J := AR[J,J]
'END' PROZEDUR JACOBI ;
```

8.4.2. *Die Methode von Rutishauser*

8.4.2.1. Erläuterung der allgemeinen LR-Methode

Gegeben sei eine Matrix A, die sich in Form eines Produktes $A = LR$ schreiben läßt; dabei bezeichnet L eine unitäre untere Dreiecksmatrix und R eine obere Dreiecksmatrix. Für die Möglichkeit einer solchen Darstellung von A reicht bekanntlich aus (vgl. Kapitel 4), daß die folgende Bedingung φ erfüllt ist (was bei praktischen Rechnungen der Fall ist): Die Anwendung des Gaußschen Eliminationsalgorithmus auf die Matrix A ergibt in der Diagonale keine Nullen.

(Über den Gaußschen Eliminationsalgorithmus erhält man auch die Matrizen L und R.)

Wir setzen $A_1 = RL = L^{-1}(LR)L = L^{-1}AL$; die Matrizen A und A_1 sind ähnlich. Darüber hinaus nehmen wir an, die Matrix A_1 genüge der Bedingung φ, d. h., wir können schreiben: $A_1 = L_1R_1$. Wir bilden dann $A_2 = R_1L_1$ usw.

Verlangt man, daß φ für die Matrizen $A = A_0, A_1, \ldots, A_k$ gilt, und definiert

$$A_{k+1} = R_kL_k \qquad \text{mit} \qquad A_k = L_kR_k,$$

dann ist klar, daß

$$A_{k+1} = L_k^{-1} A_k L_k = L_k^{-1} L_{k-1}^{-1} \cdots L_1^{-1} L^{-1} A L L_1 \cdots L_k$$

ist. Wir setzen

$$L L_1 \cdots L_k = \Lambda_k \qquad \text{und} \qquad P_k = R_k R_{k-1} \cdots R_1 R$$

und erhalten

$$A_{k+1} = \Lambda_k^{-1} A \Lambda_k, \tag{1}$$

nach (1) ist damit

$$\Lambda_{k+1} P_{k+1} = \Lambda_k L_{k+1} R_{k+1} P_k = \Lambda_k A_{k+1} P_k,$$

d. h. also

$$\Lambda_{k+1} P_{k+1} = A \Lambda_k P_k;$$

daraus folgt

$$\Lambda_{k+1} P_{k+1} = A A \Lambda_{k-1} P_{k-1} = \cdots = A_{k+1}.$$

Die Matrizen Λ_{k+1} und P_{k+1} sichern die LR-Zerlegung von A_{k+1} (denn Λ_{k+1} ist eine unitäre untere Dreiecksmatrix und P_{k+1} eine obere Dreiecksmatrix).

8.4.2.2. Die Konvergenz der Folge $\{A_k\}$

Wegen $A_{k+1} = \Lambda_k^{-1} A \Lambda_k$ ist für die Konvergenz der Folge $\{A_k\}$ hinreichend, daß die Folge $\{\Lambda_k\}$ konvergiert. Die Matrix Λ_k ist diejenige unitäre untere Dreiecksmatrix, für die $A_k = \Lambda_k P_k$ gilt, wobei P_k eine obere Dreiecksmatrix ist.

Mit $a_{ij}^{(k)}$ bezeichnen wir die Elemente von A_k. Wie man leicht nachprüft (vermittels der Formeln aus 4.4.4.), sind die Terme $\lambda_{ij}^{(k)}$ durch die Terme von A_k in folgender Weise bestimmt:

$$\lambda_{ij}^{(k)} = \frac{D_{ji}}{D_{jj}}, \quad D_{ji} = \operatorname{Det} \begin{bmatrix} a_{11}^{(k)} & a_{12}^{(k)} & \cdots & a_{1j}^{(k)} \\ a_{21}^{(k)} & a_{22}^{(k)} & \cdots & a_{2j}^{(k)} \\ \vdots & \vdots & & \vdots \\ a_{j-1,1}^{(k)} & a_{j-1,2}^{(k)} & \cdots & a_{j-1,j}^{(k)} \\ a_{i1}^{(k)} & a_{i2}^{(k)} & \cdots & a_{ij}^{(k)} \end{bmatrix}. \tag{I}$$

(Es handelt sich dabei um die Terme der beim Gaußschen Algorithmus „eliminierten“ Spalten). Weiter setzen wir voraus, daß A diagonalisierbar sei; es existiert eine nichtsinguläre Matrix V, so daß

$$D = \operatorname{Diag}(\lambda_1, \lambda_2, \ldots, \lambda_n),$$

$$A = V D V^{-1}$$

und somit

$$A_k = V D^k V^{-1}$$

ist. Es sei $V = (u_{ij})$, $V^{-1} = (v_{ij})$, so daß $\lambda_i^k v_{ij}$ der allgemeine Term von $D^k V^{-1}$ ist; damit ergibt sich

$$a_{ij}^{(k)} = \sum_{p=1}^{n} u_{ip} \lambda_p^k v_{pj} = \sum_{p=1}^{n} \lambda_p^k u_{ip} v_{pj}.$$

Setzen wir diesen Ausdruck in (I) ein und entwickeln die Determinanten, dann erhalten wir

$$\lambda_{ij}^{(k)} = \frac{\sum u^{(i)}_{\alpha_1\alpha_2\ldots\alpha_j} v_{\alpha_1\alpha_2\ldots\alpha_j} (\lambda_{\alpha_1}\lambda_{\alpha_2}\cdots\lambda_{\alpha_j})^k}{\sum u^{(j)}_{\alpha_1\alpha_2\ldots\alpha_j} v_{\alpha_1\alpha_2\ldots\alpha_j} (\lambda_{\alpha_1}\lambda_{\alpha_2}\cdots\lambda_{\alpha_j})^k}; \tag{II}$$

dabei ist $u^{(i)}_{\alpha_1\alpha_2\ldots\alpha_j}$ der Minor von der Ordnung j, der aus den Zeilen mit dem Index $1, 2, \ldots, j-1, i$ und den Spalten mit dem Index $\alpha_1, \alpha_2, \ldots, \alpha_j$ der Matrix V gebildet wird; $v_{\alpha_1\alpha_2\ldots\alpha_j}$ sind Minoren der Matrix V^{-1}.

Satz (Rutishauser). *Ist eine Matrix A diagonalisierbar und gilt:*

α) $|\lambda_1| > |\lambda_2| > \cdots > |\lambda_p|$ (*die Eigenwerte von A sind verschieden*)

$$\beta)\ \operatorname{Det}\begin{bmatrix} u_{11} & \cdots & u_{1j} \\ \vdots & & \vdots \\ u_{j1} & \cdots & u_{jj} \end{bmatrix} \cdot \operatorname{Det}\begin{bmatrix} v_{11} & \cdots & v_{j1} \\ \vdots & & \vdots \\ v_{1j} & \cdots & v_{jj} \end{bmatrix} \neq 0 \quad \textit{für } j = 1, 2, \ldots, n,$$

dann existiert der Grenzwert

$$\lim_{k\to\infty} A_k = A_\infty,$$

und dieser Grenzwert ist die Matrix der Dreieckszerlegung von V_i:

$$\lim_{k\to\infty} A_k = \begin{bmatrix} \lambda_1 & & * \\ & \lambda_2 & \\ & & \ddots \\ 0 & & \lambda_n \end{bmatrix}.$$

Beweis. In dem Ausdruck (II) überwiegen unter den $(\lambda_{\alpha_1}\lambda_{\alpha_2}\ldots\lambda_{\alpha_j})^k$ die Terme, welche $(\lambda_1\lambda_2\cdots\lambda_j)^k$ entsprechen; es ergibt sich $(i > j)$

$$\lim_{k\to\infty} \lambda_{ij}^{(k)} = \frac{\begin{bmatrix} u_{11} & \cdots & u_{1j} \\ \vdots & & \vdots \\ u_{i1} & \cdots & u_{ij} \end{bmatrix} \cdot \begin{bmatrix} v_{11} & \cdots & v_{j1} \\ \vdots & & \vdots \\ v_{1j} & \cdots & v_{jj} \end{bmatrix} (\lambda_1\lambda_2\cdots\lambda_j)^k}{\begin{bmatrix} u_{11} & \cdots & u_{1j} \\ \vdots & & \vdots \\ u_{j1} & \cdots & u_{jj} \end{bmatrix} \cdot \begin{bmatrix} v_{11} & \cdots & v_{j1} \\ \vdots & & \vdots \\ v_{1j} & \cdots & v_{jj} \end{bmatrix} (\lambda_1\lambda_2\cdots\lambda_j)^k} = \frac{\begin{bmatrix} u_{11} & \cdots & u_{j1} \\ \vdots & & \vdots \\ u_{j-1,1} & \cdots & u_{j-1,j} \\ u_{i1} & \cdots & u_{ij} \end{bmatrix}}{\begin{bmatrix} u_{11} & \cdots & u_{1j} \\ \vdots & & \vdots \\ u_{j1} & \cdots & u_{jj} \end{bmatrix}} = \mu_{ij}.$$

Setzen wir $(u_{ij}) = M = A_\infty$ (A_∞ ist eine unitäre untere Dreiecksmatrix), so erkennen wir, daß die Matrix M in der Zerlegung von V auftritt: $V = MN$, wobei N eine obere Dreicksmatrix ist. Es ist also

$$A_\infty = \Lambda_\infty^{-1} A \Lambda_\infty = \Lambda_\infty^{-1} V D V^{-1} \Lambda_\infty = N D N^{-1},$$

und NDN^{-1} hat offensichtlich die Form

$$\begin{bmatrix} \lambda_1 & * & * & \cdots \\ 0 & \lambda_2 & & * \\ 0 & & \ddots & \\ \vdots & 0 & & \\ & & & \lambda_n \end{bmatrix},$$

was zu beweisen war.

Bemerkungen

1. Ist A eine Bandmatrix ($a_{ij} = 0$ für $|i - j| > m, m$ fest), dann „respektiert" der Algorithmus diese Struktur in gewissem Grade, was von speziellem Interesse ist.

2. Ist A eine symmetrische Matrix, so kann anstelle der LR-Zerlegung die Choleskysche Zerlegung angewendet werden.

Für diesen Fall sei hier eine ALGOL-Prozedur angegeben (nach H. Rutishauser und H. R. Schwarz, The LR transformation method for symmetric matrices, Numer. Math. *5* (1963), 273—289):

```
   'PROCEDURE' LRCH (N,M,A,EPS,BAS,INFORM)
ERGEBNIS: (LAMBDA) ;
'VALUE' N ; 'REAL' EPS ; 'INTEGER' N,M ;
'BOOLEAN' BAS ; 'ARRAY' A,LAMBDA ;
'PROCEDURE' INFORM ;
'COMMENT' LRCH BERECHNET DIE EIGENWERTE EINER
SYMMETRISCHEN MATRIX A DER ORDNUNG N VERMITTELS
SUKZESSIVER ITERATIONEN. DAS VERFAHREN WIRD BEI
ERREICHEN DER GEFORDERTEN GENAUIGKEIT EPS
ABGEBROCHEN. DIE METHODE BERUECKSICHTIGT
GEGEBENENFALLS, DASS DIE MATRIX A EINE BANDMATRIX
IST. DAZU WIRD DIE GANZE ZAHL M EINGEFUEHRT, SO
DASS A[K,J] = 0 FUER ALLE K GILT, WENN J GROESSER
ALS M + K IST.
ES EMPFIEHLT SICH, DIE TERME DER MATRIX SO
UMZUORDNEN, DASS DIE DIAGONALELEMENTE MIT
WACHSENDEM INDEX KLEINER WERDEN.
```

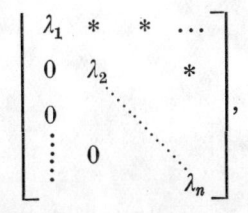

```
BEISPIEL
        1  1  1  0  0  0
        1  2  2  2  0  0
  A =   1  2  4  4  4  0
        0  2  4  8  8  8
        0  0  4  8 16 16
        0  0  0  8 16 32      ERGIBT
       32 16  8  0  0  0
       16 16  8  4  0  0
  A =   8  8  8  4  2  0
        0  4  4  4  2  1
        0  0  2  2  2  1
        0  0  0  1  1  1
 IN DIESEM BEISPIEL IST N = 6 , M = 2.
ES GENUEGT, DIE ELEMENTE DER MATRIX
FOLGENDERMASSEN IN EINEM FELD[1:N,0:N] ANZUORDNEN
      1.ZEILE  32 16  8
      2.ZEILE  16  8  4
      3.ZEILE   8  4  2
      4.ZEILE   4  2  1
      5.ZEILE   2  1  0
      6.ZEILE   1  0  0
INFORM IST EINE PROZEDUR, MIT DEREN HILFE
SICH DER NUTZER GEWUENSCHTE ZWISCHENERGEBNISSE
AUSDRUCKEN LASSEN KANN. (IN DER VORLIEGENDEN
BESCHREIBUNG IST INFORM LEER.)
JE NACHDEM, OB BAS WAHR ODER FALSCH IST,
ERFOLGT DIE BERECHNUNG DER EIGENWERTE, BEGINNEND
BEIM GROESSTEN ODER BEIM KLEINSTEN.
DIE AUSGABE DER EIGENWERTE GESCHIEHT UEBER DAS
FELD LAMBDA[1:N] ;

'BEGIN''REAL' Z,Y,H,HA,HB,PHI,OMEGA,X.U.V,W ;
  'INTEGER' NT,L,S,P,PA,K,J,CF ;
  'BOOLEAN' STOP,G ; 'ARRAY' R[1:N+M,0:M] ;
  'PROCEDURE' ZERLEG (EN) AUSGANG: (NICHTDEF) ;
  'INTEGER' EN ; 'LABEL' NICHTDEF ;
    'BEGIN''INTEGER' I,J ;
      'FOR' K := EN 'STEP' 1 'UNTIL' N+M 'DO'
      'FOR' J := 0 'STEP' 1 'UNTIL' M 'DO'
     R[K,J] := 0 ;
      'FOR' K := EN 'STEP' 1 'UNTIL' N 'DO'
        'BEGIN' X := A[K,0] - R[K,0] - Y ;
PRUEFUNG:
          'IF' X 'NOTGREATER' 0 'THEN''GOTO' NICHTDEF;
          R[K,0] := SQRT(X) ;
          'FOR' J := 1 'STEP' 1 'UNTIL' M 'DO'
          R[K,J] := (A[K,J] - R[K,J]) / R[K,0] ;
          'FOR' J := 1 'STEP' 1 'UNTIL' M 'DO'
          'FOR' I := 1 'STEP' 1 'UNTIL' M 'DO'
          R[K+J,I-J] := R[K+J,I-J] + R[K,J] * R[K,I]
        'END' SCHLEIFE K
    'END' PROZEDUR ZERLEG ;
```

```
 'PROCEDURE' UMORD ;
  'BEGIN''INTEGER' I,J,K ;
   H := HA := HB := R[1,0] ;
   P := PA := 1 ;
   'FOR' K := 1 'STEP' 1 'UNTIL' N 'DO'
    'BEGIN' HB := HA ; HA := H ; PA := P ;
     'IF' R[K,0] < H 'THEN'
      'BEGIN' H := R[K,0] ; P := K
      'END' ;
     'FOR' J := 0 'STEP' 1 'UNTIL' M 'DO'
      'BEGIN' A[K,J] := 0 ;
       'FOR' I := J 'STEP' 1 'UNTIL' M 'DO'
       A[K,J] := A[K,J] + R[K,I] * R[K+J,I-J] ;
ABWEICHUNG:
       'IF'A[K,J] = 0 'AND' K+J 'NOTGREATER' N
       'THEN' A[K,J] := 0.001 * EPS
      'END' SCHLEIFE J
    'END' SCHLEIFE K
  'END' PROZEDUR UMORD ;
BEGINN DES PROGRAMMS:
  Z := Y := 0 ; S := L := 0 ; OMEGA := PHI := 0,5 ;
  NT := ENTIER (1.5 * SQRT(N)) ; PA := 1 ;
  'IF' BAS 'THEN'
   'BEGIN''FOR' K := 1 'STEP' 1 'UNTIL' N 'DO'
    'FOR' J := 0 'STEP' 1 'UNTIL' M 'DO'
    A[K,J] := -A[K,J]
   'END';
ITERATION:
   'BEGIN' G := STOP := 'FALSE'
    INFORM (N,M,S,Z,Y,EPS,A,L,LAMBDA)
    RESULTAT: (STOP) ; CF := 0 ;
    'IF' N = 0 'OR' STOP 'THEN''GOTO' AUSGANG ;
    'IF' N = 1 'THEN''GOTO' EIGENWERT ;
ZER:  ZERLEG(1) AUSGANG: (SCHACH) ;
    'GOTO' UM ;
SCHACH:
     'BEGIN' CF := CF + 1 ;
      'IF' Y = 0 'THEN'
  NULL:   Y := -EPS * #6
      'ELSE''IF' Y < 0 'THEN'
  NEG:    Y := 10 * Y
      'ELSE''IF' CF = 3 'THEN'
  CF3:    Y := 0
      'ELSE''IF' K 'NOTGREATER' N-2 'THEN'
  TOT:     'BEGIN' OMEGA := (OMEGA + 1) 'POWER' 2 ;
          Y := Y / OMEGA - EPS ;
          'IF' Y < 0 'THEN''GOTO' CF3
         'END' TOT
      'ELSE'
```

```
TARD:       'BEGIN''IF' K = N-2 'THEN'
  UVW1:          'BEGIN' U := A[N,0] - R[N,0] - Y ;
                   V := A[N-1,1] - R[N-1,1] ;
                   W := X
                 'END' UVW1 ;
               'IF' K = N 'THEN'
  UVW2:          'BEGIN''IF' X + EPS < 0 'THEN'
    NEBEN:            'BEGIN' R[N,0] := 0;
                        'GOTO' UM
                      'END' NEBEN ;
                   U := X + R[N-1,1] * R[N-1,1] ;
                   V := R[N-1,1] * R[N-1,0] ;
                   W := R[N-1,0] * R[N-1,0]
                 'END' UVW2 ;
   GEMEINS:  H := (U + V) / 2 - SQRT((U - W)
                   'POWER' 2 / 4 + V 'POWER' 2) ;
              'IF' W > U 'THEN'
              H := U - V 'POWER' 2 / (W - H) ;
              H := ('IF' G 'THEN' 0.99999 * Y -EPS
                   'ELSE' Y) + H ;
              G := 'TRUE'
              'IF' H < 0 'THEN''GOTO' TOT ;
              Y := H ;
              'IF' CF = 1 'THEN'
              OMEGA := OMEGA / (OMEGA + 1)
            'END' TARD ;
          'GOTO' ZER
        'END' SCHACH ;
ZER:
     ZERLEG ;
     Z := Z + Y ;
NEUES PHI:
      'BEGIN'
  CF0:    'IF' CF := 0 'THEN'
          OMEGA := (OMEGA + 1.5) 'POWER' 2 ;
          OMEGA := 2 * OMEGA * H 'POWER' 2
            / (HA 'POWER' 2 + HB 'POWER' 2);
         PHI := 0.998 * PHI / (0.998* PHI
                 * (1 - OMEGA) + OMEGA)
      'END' NEUES PHI ;
  'IF' ABS(A[N,0]) < EPS 'THEN'
```

```
EIGENWERT:
         'BEGIN' L := L+1
           LAMBDA[L] := Z + A[N,0] ;
           'IF''NOT' BAS 'THEN'
           LAMBDA[L] := -LAMBDA[L] ;
           'FOR' J := 0 'STEP' 1 'UNTIL' M 'DO'
           'IF' J < N 'THEN' A[N-J,J] := 0 ;
           N := N-1 ;
           NT := ENTIER(1.5 * SQRT(N)) ;
           PHI := OMEGA := 0.5 ;
           P := PA ;
           'IF' P 'NOTLESS' N-1 'THEN' PHI := 1 ;
           'IF' N < 2 'THEN''GOTO' VOR
         'END' EIGENWERT ;
NEUES Y:
         'BEGIN''IF' P = N 'THEN'
             'BEGIN' U := A[N,0] ;
               V := A[N-1,1] ;
               W := A[N-1,0] ;
               HA := U * W - V 'POWER' 2
             'END'
           'ELSE'
             'BEGIN' U := R[P+1,0] 'POWER' 2 ;
               V := R[P,1] * R[P+1,0] ;
               W := R[P,0] 'POWER' 2
                         - R[P,1] 'POWER' 2 ;
               HA := (R[P,0] * R[P+1,0]) 'POWER' 2
             'END' ;
           H := HA / (U + W) / 2 + SQRT ((U - W)
              'POWER' 2 / 4 + V 'POWER' 2)) ;
           Y := H * PHI
         'END' NEUES Y ;
PROBE:
         'BEGIN' ZERLEG (N -NT + 1)
           AUSGANG: (SCHACH PROBE) ;
           'GOTO' VOR ;
    SCHACH PROBE:
           'IF' K 'NOTLESS' N-1 'AND'
           X > -Y / 2 'THEN' Y := Y + X
           'ELSE'
             'BEGIN' OMEGA := OMEGA + 1 ;
               Y := 0.8 *Y
             'END'
         'END' PROBE ;
VOR:   S := S + 1 ;
       'GOTO' ITERATION
     'END' ITERATION
```

```
AUSGANG:
  'FOR' K := 1 'STEP' 1 'UNTIL' N 'DO'
    'BEGIN' A[K,0] := Z + A[K,0] ;
      'IF''NOT' BAS 'THEN'
        'BEGIN''FOR' J := 0 'STEP' 1
          'UNTIL' M 'DO'
          A[K,J] := -A[K,J]
        'END'
    'END' SCHLEIFE K
    'END' PROZEDUR LRCH ;
```

3. Schließlich verweisen wir noch auf einen ausgezeichneten Algorithmus, welcher der LR-Methode völlig analog ist und auf der Zerlegung $A = QR$ basiert, wobei Q eine orthonormale Matrix und R eine obere Dreiecksmatrix ist (vgl. J. G. F. Francis, The QR transformation. An unitary analogue to the LR transformation I, Comput. J. *4* (1961), 265—271).

AUFGABEN ZU DEN KAPITELN 6 – 8

I

1. In R^3 betrachten wir die lineare Transformation σ, die bezüglich der Fundamentalbasis $\mathscr{B} = \{e_1, e_2, e_3\}$ von R^3 durch die Matrix

$$A = \begin{bmatrix} 1 & -1 & 2 \\ 3 & -3 & 6 \\ 2 & -2 & 4 \end{bmatrix}$$

definiert ist. Man bestimme das Minimalpolynom $m(u)$ von σ.

2. Gibt es eine Basis $\mathscr{B}'$, in welcher die definierende Matrix von σ Diagonalform besitzt? Wenn ja, gebe man diese Basis $\mathscr{B}'$ an.

3. Man bestimme die gesamte Elementarteilerkette von σ.

4. Man leite daraus die erste Normalform der Darstellungsmatrizen von σ her und gebe die Basis an, bezüglich derer diese Matrix die Transformation σ darstellt.

II

Es sei σ die lineare Transformation von R^4 in sich mit der Matrix

$$A = \begin{bmatrix} 3 & 1 & 0 & 0 \\ -4 & -1 & 0 & 0 \\ 7 & 1 & 2 & 1 \\ -17 & -6 & -1 & 0 \end{bmatrix}$$

bezüglich der Fundamentalbasis $\mathscr{B} = \{e_1, e_2, e_3, e_4\}$ des R^4.

1. Man gebe das charakteristische Polynom $F(u)$ von σ an.

2. Man stelle an diesem Beispiel die Methode von LEVERRIER zur Berechnung der Koeffizienten von $F(u)$ dar und bestimme $F(u)$ erneut.
(Für eine Gleichung $f(x) = a_0 x^n + a_1 x^{n-1} + \cdots + a_{n-1} x + a_n = 0$ bezeichne S_k die Summe der k-ten Potenzen der Wurzeln; es gelten die Newtonschen Formeln

$$a_0 S_p + a_1 S_{p-1} + \cdots + a_{p-1} S_1 + p a_p = 0 \quad \text{für } p = 1, 2, \ldots, n).$$

3. Welches Minimalpolynom besitzt σ?

4. Man gebe die möglichen Folgen von Elementarteilern sowie die entsprechenden Jordanschen Normalformen für die Matrix von σ an.

Man untersuche die in bezug auf σ invarianten Unterräume sorgfältig und leite daraus die Jordansche Normalform der Matrix von σ ab. Es sind die Formeln für den Basiswechsel anzugeben, der diese Darstellung erlaubt.

III

1. Gegeben sei eine Polynommatrix $F(u)$ vom Typ (n, n) in der Unbekannten u, deren Terme die Polynome $F_{ij}(u)$ sind $(i, j = 1, \ldots, n)$; der Grad von $F_{ij}(u)$ sei höchstens gleich m.

Es ist zu beweisen, daß die folgende Darstellung stets möglich ist:

$$F(u) = F_0 u^m + F_1 u^{m-1} + \cdots + F_m = u^m F_0 + u^{m-1} F_1 + \cdots + F_m \quad (F_0 \neq 0),$$

wobei F_i Matrizen mit von u unabhängigen Termen sind.

Es sei A eine Matrix vom Typ (n, n); wir setzen

$$F_R(A) = F_0 A^m + F_1 A^{m-1} + \cdots + F_m\text{: rechtsseitiger Wert von } F(u) \text{ für } A,$$

$$F_L(A) = A^m F_0 + A^{m-1} F_1 + \cdots + F_m\text{: linksseitiger Wert von } F(u) \text{ für } A.$$

2. Man zeige, daß es zwei Polynommatrizen $Q_R(u)$, $Q_L(u)$ gibt, deren Grad in u höchstens gleich $m - 1$ ist, und daß

$$F(u) = Q_R(u)(uI - A) + F_R(A),$$

$$F(u) = (uI - A)Q_L(u) + F_L(A)$$

gilt (I bezeichnet die Einheitsmatrix vom Typ (n, n)).

3. Für die Matrix $uI - A$ zeige man, daß eine Polynommatrix $B(u)$ vom selben Typ (n, n) existiert, so daß

$$(uI - A)B(u) = B(u)(uI - A) = f(u)I$$

ist, wobei $f(u)$ das mit $(-1)^n$ multiplizierte charakteristische Polynom bezeichnet.

4. Unter Verwendung der Ergebnisse aus den Aufgaben 2 und 3 gebe man einen Beweis für den Satz von Cayley-Hamilton an.

5. Es sei $f(u)$ das Polynom aus Aufgabe 3, und es bezeichnen λ, μ zwei neue Unbekannte; es ist zu beweisen, daß

$$\Delta(\lambda, \mu) = \frac{f(\lambda) - f(\mu)}{\lambda - \mu}$$

ein Polynom in λ, μ und

$$B(u) = \Delta(uI, A)$$

ist.

6. Man verwende diese Methode, um $B(u)$ für die folgende Matrix zu berechnen:

$$A = \begin{bmatrix} 2 & -1 & 1 \\ 0 & 1 & 1 \\ -1 & 1 & 1 \end{bmatrix}.$$

IV

1. Es sei $A_1 = (a_{ij}^{(1)})$, $A_2 = (a_{ij}^{(2)})$, ... eine unendliche Folge von komplexen Matrizen des Typs (n, n). Man sagt, die Matrizenreihe $\sum_{k=1}^{\infty} A_k$ *konvergiert*, wenn für jedes Indexpaar (i, j) die Reihe $\sum_{k=1}^{\infty} a_{ij}^{(k)}$ konvergiert, und man setzt $\sum_{k=1}^{\infty} A_k$ gleich der Matrix vom Typ (n, n), deren allgemeiner Term $\sum_{k=1}^{\infty} a_{ij}^{(k)}$ ist.

Die Matrizenreihe $\sum_{k=1}^{\infty} A_k$ heißt *absolut konvergent*, wenn alle Reihen $\sum_{k=1}^{\infty} a_{ij}^{(k)}$ absolut konvergieren.

Für zwei absolut konvergente Matrizenreihen $\sum_{k=1}^{\infty} A_k$, $\sum_{k=1}^{\infty} B_k$ beweise man die Gleichung

$$\left(\sum_{k=1}^{\infty} A_k\right)\left(\sum_{k=1}^{\infty} B_k\right) = \sum_{k=1}^{\infty} \sum_{l=1}^{\infty} A_k B_l.$$

2. Es sei $A = (a_{ij})$ eine komplexe Matrix vom Typ (n, n). Es ist zu zeigen, daß die Reihe

$$\sum_{n=0}^{\infty} \frac{A^n}{n!} = I + \frac{A}{1!} + \frac{A^2}{2!} + \frac{A^3}{3!} + \cdots$$

absolut konvergiert. Diese Matrix wird gleich e^A gesetzt. (Hinweis. Man setze $M(A) = \max_i |a_{ij}|$ und benutze eine Ungleichung zwischen $M(A^p)$ und $[nM(A)]^p$.)

3. Die Matrizen A und B seien vertauschbar ($AB = BA$); dann gilt

$$e^A e^B = e^B e^A = e^{A+B}.$$

Aus diesem Ergebnis leite man ab, daß e^A stets invertierbar ist und als Inverse e^{-A} besitzt. Welche Aussagen lassen sich über e^A und die Eigenwerte von e^A machen, wenn A eine Diagonalmatrix ist?

4. Es sei y ein Vektor aus C^n; (y) bezeichne die komplexe Matrix

$$(y) = \begin{bmatrix} y_1 & 0 \dots 0 \\ y_2 & 0 \dots 0 \\ \vdots & \vdots \quad \vdots \\ y_n & 0 \dots 0 \end{bmatrix}$$

vom Typ (n, n), deren erste Spalte die Komponenten von y darstellen und die sonst nur aus Nullen besteht.

Ist x eine komplexe Variable, dann wollen wir der Einfachheit halber Ax anstelle von xA schreiben. Wir betrachten die Matrix $e^{Ax}(y)$.

In dieser Matrix bestehen die Spalten mit dem Index $2, 3, \dots, n$ nur aus Nullen, während die Terme in der ersten Spalte Reihen in der Veränderlichen x darstellen.

a) Für welche Zahlen α und welche Vektoren y besteht die erste Spalte der Matrix $e^{(A-\alpha I)x}(y)$ aus Polynomen in x?

b) Man beweise, daß $e^{\alpha I x} B = e^{\alpha x} B$ für jede Matrix B gilt.

c) Wenn A und (y) gegeben sind, dann entsprechen diesen Matrizen endlich viele komplexe Zahlen $\alpha_1, \alpha_2, \dots, \alpha_r$ und Matrizen $(y_1), (y_2), \dots, (y_r)$ (die durch die Vektoren $y_1, y_2, \dots, y_r$ bestimmt sind), so daß

$$e^{Ax}(y) = \sum_{i=1}^{r} \left(e^{\alpha_i x} e^{(A-\alpha_i I)x}(y_i)\right)$$

ist. Alle Reihen in der ersten Spalte von $e^{Ax}(y)$ bilden also eine Summe der Form

$$\sum_{i=1}^{r} e^{\alpha_i x} f_i(x),$$

wobei $f_i(x)$ Polynome bezeichnen.

d) Man beweise, daß $d\left(e^{Ax}(y)\right)/dx = A\,e^{Ax}(y)$ ist, und leite daraus die Lösung des Differentialgleichungssystems

$$\frac{dY_i}{dx} = \sum_{k=1}^{n} a_{ik} Y_k$$

her; hierbei sind $Y_i(x)$ $(i = 1, 2, \ldots, n)$ die unbekannten Funktionen mit den Anfangsbedingungen $Y_i(0) = y_i$.

V

Wir betrachten eine Matrix H und eine Matrix V des Typs (n^2, n^2) von folgender Form:

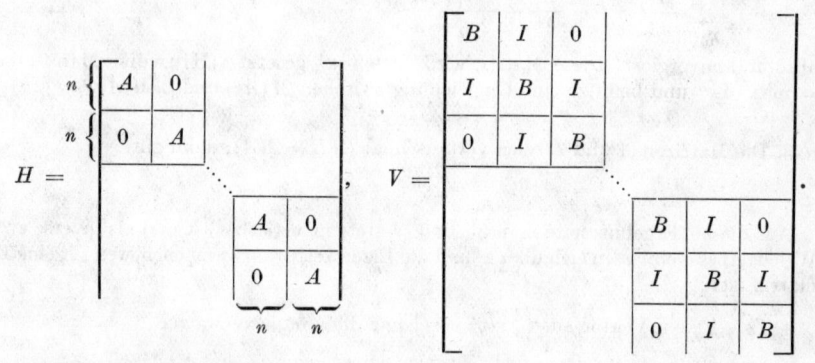

$$H = \begin{matrix} n\left\{\vphantom{A}\right. \\ n\left\{\vphantom{A}\right. \\ \\ \\ \\ \end{matrix} \begin{bmatrix} \begin{array}{c|c} A & 0 \\ \hline 0 & A \end{array} & & \\ & \ddots & \\ & & \begin{array}{c|c} A & 0 \\ \hline 0 & A \end{array} \\ & & \underbrace{\quad}_{n}\;\underbrace{\quad}_{n} \end{bmatrix}, \quad V = \begin{bmatrix} \begin{array}{c|c|c} B & I & 0 \\ \hline I & B & I \\ \hline 0 & I & B \end{array} & & \\ & \ddots & \\ & & \begin{array}{c|c|c} B & I & 0 \\ \hline I & B & I \\ \hline 0 & I & B \end{array} \end{bmatrix}.$$

Es sei A die folgende quadratische Matrix vom Typ (n, n):

$$A = \begin{bmatrix} -2 & 1 & & & & \\ 1 & -2 & 1 & & & \\ & 1 & -2 & 1 & & \\ & & \ddots & \ddots & \ddots & \\ & & & & -2 & 1 \\ & & & & 1 & -2 \end{bmatrix}$$

und es bezeichne I die Einheitsmatrix vom Typ (n, n); ferner sei $B = -2I$. In der Matrix H stehen nur in denjenigen Teilmatrizen vom Typ (n, n) von Null verschiedene Elemente, deren Hauptdiagonale mit der Hauptdiagonale von H übereinstimmt; alle diese Teilmatrizen sind mit A identisch.

Die Matrix V besitzt dieselbe Form wie H, jedoch sind die Matrizen A durch B ersetzt, und die zu B unmittelbar benachbarten Matrizen sind Einheitsmatrizen I; alle anderen Elemente von V sind gleich Null.

1. Sind H und V umkehrbar?

2. Man zeige, daß $HV = VH$ ist.

3. Man beweise, daß eine orthonormale Matrix P existiert, so daß $P^{\mathsf{T}}HP$ eine Diagonalmatrix D_1 darstellt. Wir setzen $P^{\mathsf{T}}VP = C_1$; man zeige, daß auch C_1 eine Diagonalmatrix ist. Was kann daraus für die Eigenvektoren u_i ($i = 1, 2, \ldots, n^2$) von H abgeleitet werden?

4. Es sei $\alpha = H + V$; wir wollen das System (von n^2 Gleichungen in n^2 Unbekannten)

$$\alpha x = b$$

lösen; b ist ein aus n^2 gegebenen Werten gebildeter Spaltenvektor. Wir bedienen uns dazu der folgenden Iteration (Verfahren von Peaceman-Rachford): Es sei $x^{(k)}$ eine bereits bestimmte k-te Iterierte; wir berechnen einen Zwischenvektor $x^{(k+1/2)}$, so daß

$$x^{(k+1/2)} = x^{(k)} - \alpha(Hx^{(k+1/2)} + Vx^{(k)} - b)$$

ist, und darauf

$$x^{(k+1)} = x^{(k+1/2)} - \alpha(Hx^{(k+1/2)} + Vx^{(k+1)} - b),$$

wobei α ein sogenannter Überrelaxationsparameter ist.

Man beweise, daß es sich bei diesem Verfahren um eine lineare Iteration vom Typ

$$x^{(k+1)} = Mx^{(k)} + b_1$$

handelt; M bezeichnet dabei eine Matrix vom Typ (n^2, n^2) und b_1 einen Vektor (Matrix vom Typ $(n^2, 1)$), der zu bestimmen ist.

5. Sind λ_i bzw. μ_i die Eigenwerte von H bzw. V, so bestimme man die Eigenwerte von M.

Was kann daraus für die Konvergenz dieses Iterationsverfahrens abgeleitet werden?

VI

Gegeben sei eine quadratische Matrix A vom Typ (n, n) in der Frobenius-Form:

$$A = \begin{bmatrix} 0 & 0 & \cdots & p_n \\ 1 & 0 & \cdots & p_{n-1} \\ 0 & 1 & & \vdots \\ \vdots & & \ddots & \vdots \\ 0 & & 1 & p_1 \end{bmatrix}.$$

1. Man beweise, daß $F(\lambda) = (-1)^n[\lambda^n - p_1\lambda^{n-1} - p_2\lambda^{n-2} - \cdots - p_n]$ das charakteristische Polynom von A ist.

Im weiteren setzen wir voraus, daß $F(\lambda)$ nur einfache Nullstellen $\lambda_1, \lambda_2, \ldots, \lambda_n$ besitzt.

2. Welches sind die linksseitigen Eigenvektoren v_i von A ($i = 1, 2, \ldots, n$), d. h. die Vektoren, für die $v_i^{\mathsf{T}} A = p_i v_i^{\mathsf{T}}$ gilt?

3. Wir betrachten die Folge der Polynome $f_i(\lambda)$ ($i = 0, 1, \ldots, n-1$), die definiert sind durch

$$f_0(\lambda) = p_n, \qquad f_i(\lambda) = f_{i-1}(\lambda) + \lambda^i p_{n-i}.$$

Unter Verwendung dieser Polynome bestimme man die Komponenten der (rechtsseitigen) Eigenvektoren von A.

4. Es sei A eine quadratische Matrix vom Typ (n, n), die n verschiedene Eigenwerte $\lambda_1, \lambda_2, \ldots, \lambda_n$ besitzt; mit u_i bzw. v_i bezeichnen wir die rechtsseitigen bzw. linksseitigen

Eigenvektoren, die dem Eigenwert λ_i entsprechen. Man überlege sich, weshalb stets

$$v_k^\mathsf{T} u_i = \delta_{ki} \qquad (i, k = 1, 2, \ldots, n)$$

vorausgesetzt werden kann (δ_{ki} ist das Kroneckersymbol).

5. Wir ersetzen A durch $A + \delta A$, u_i durch $u_i + \delta u_i$, v_i durch $v_i + \delta v_i$ und λ_i durch $\lambda_i + \delta \lambda_i$, wobei alle diese Änderungen hinreichend klein gehalten sein sollen, so daß man ihre Produkte vernachlässigen kann.

Man beweise, daß

$$\delta \lambda_i = v_i^\mathsf{T} \delta A u_i$$

ist.

Anwendung. Gegeben sei die algebraische Gleichung $\lambda^n - p_1 \lambda^{n-1} - \cdots - p_n = 0$, deren n verschiedene Wurzeln $\lambda_1, \lambda_2, \ldots, \lambda_n$ sind. Wir lassen die Koeffizienten p_i um die Größen δp_i variieren. Man bestimme in erster Ordnung die Variation der Wurzeln λ_i dieser Gleichung.

LITERATUR

[1] Aitken, A. C., Determinants and matrices, 9th ed., Oliver & Boyd, Edinburgh 1956.

[2] Bellmann, R., Introduction to matrix analysis, McGraw-Hill Book Comp., New York 1960.

[3] Bodewig, E., Matrix calculus, North-Holland Publ. Comp., Amsterdam 1956.

[4] Durand, E., Solutions numériques des équations algébriques, I, II, Masson, Paris 1960, 1961.

[5] Фаддеева, В. Н., Вычислительные методы линейной алгебры, Гостехиздат, Москва-Ленинград 1950 (engl. Übersetzung: Dover Publ., New York 1959).

[6] Forsythe, G. E., and W. R. Wasow, Finite-difference methods for partial differential equations, J. Wiley & Sons, New York 1960.

[7] Gantmacher, F. R., Matrizenrechnung, Band I, II, 2. Aufl., VEB Deutscher Verlag der Wissenschaften, Berlin 1965, 1966 (Übersetzung aus dem Russischen).

[8] Gastinel, N., Matrices du second degré et normes générales en A. Numérique linéaire. Publications scientifiques et techniques du Ministère de l'air, Paris. N.T. 110-S.D.I.T. 1962.

[9] Householder, A. S., Principles of numerical analysis, McGraw-Hill Book Comp., New York 1953.

[10] Householder, A. S., The theory of matrices in numerical analysis, Blaisdell, New York 1964.

[11] Lichnerowicz, A., Lineare Algebra und lineare Analysis, VEB Deutscher Verlag der Wissenschaften, Berlin 1956 (Übersetzung aus dem Französischen).

[12] Perlis, S., The theory of matrices, Addison-Wesley, Cambridge (Mass.) 1952.

[13] Schreier, O., und E. Sperner, Vorlesungen über Matrizen, B. G. Teubner, Leipzig 1932.

[14] Varga, R., Matrix iterative analysis, Prentice-Hall, New York 1962.

[15] Zurmühl, R., Matrizen und ihre technischen Anwendungen, 4. Aufl., Springer-Verlag, Berlin–Heidelberg–New York 1964.

[16] N.B.S., Simultaneous linear equations and the determination of eigenvalues, Fasc. No. 29, 39, 49 (No. 29 mit ausführlichem Literaturverzeichnis).

Zusatz bei der deutschen Ausgabe:

Faddejew, D. K., und W. N. Faddejewa, Numerische Methoden der linearen Algebra, 2. Aufl., VEB Deutscher Verlag der Wissenschaften, Berlin / R. Oldenbourg-Verlag, München-Wien 1970 (Übersetzung aus dem Russischen).

Schwarz, H. R., H. Rutishauser und E. Stiefel, Numerik symmetrischer Matrizen, B. G. Teubner, Stuttgart 1968 / BSB B. G. Teubner Verlagsgesellschaft, Leipzig 1969.

NAMEN- UND SACHVERZEICHNIS